2024 **NCS** 기준 전면개편된 출제기준반영

산업안전 기사
실기

필답형 + 작업형

ENGINEER
INDUSTRIAL SAFETY

신우균 편저

예문사

이 책의 차례(CONTENTS)

1권 산업안전기사 실기[필답형]

2권 산업안전기사 실기[작업형]

부록
작업형 기출문제

산업안전기사 실기 ENGINEER INDUSTRIAL SAFETY

PART 01

기계 및 운반안전

01 예상문제풀이

출제분야	기계안전
작업명	프레스 작업

▶ 동영상 설명

프레스 작업을 하고 있다.

문제 급정지장치가 설치되지 않은 프레스기에서 손 협착사고가 발생했다. 유효한 방호장치 2가지를 쓰시오.

해답 1. 손쳐내기식, 2. 수인식, 3. 양수기동식, 4. 게이트가드식

문제 크랭크 프레스로 철판에 구멍을 뚫는 작업을 하고 있다. 이 프레스가 작동 후 작업점까지의 도달시간이 0.6초 걸렸다면 양수기동식 방호장치의 설치거리는 최소 얼마가 되어야 하는가?

해답 $D_m = 1,600 \times T_m = 1,600 \times 0.6 = 960\text{mm} = 96\text{cm}$

문제 프레스 작업 중 작업자가 실수로 페달을 밟아 슬라이드가 하강하여 금형 사이에 손이 낀 사례이다. 이러한 재해의 재발을 방지하기 위하여 (1) 페달에는 무엇을 설치하고 (2) 상형과 하형 사이의 간격을 얼마 이하로 하는 것이 바람직한가?

해답 (1) 설치장치 : (U자형)덮개
(2) 설치간격 : 8[mm]

문제 프레스기계에 광전자식 안전장치를 설치할 때 이 안전장치의 급정지 시간이 5[ms]였다면 광축의 설치거리를 계산하시오.

해답 $D = 1,600 (T_l + T_s) = 1,600 \times 0.005 = 8\text{mm}$

문제 화면의 동영상은 작업자가 몸을 기울인 채 손으로 이물질을 제거하는 작업을 하다가 실수로 페달을 밟아 손이 다치는 재해가 발생한 사례이다. 이러한 사고의 예방을 위해 조치하여야 할 사항을 2가지만 쓰시오.

해답 1. 이물질을 제거할 때에는 손으로 제거하는 것보다는 플라이어 등의 수공구를 이용한다.
2. 프레스를 일시정지할 때에는 페달에 U자형 덮개를 씌운다.
3. 이물질 제거 시 프레스 전원을 차단하고 작업한다.

문제 작업자는 장갑을 끼고 있고 손으로 이물질을 제거하고 있고, 작업장소 바닥에는 철판 쓰레기가 있다. 크랭크 프레스로 철판 구멍 작업 중 위험요인 3가지 쓰시오.

해답 1. 프레스 페달을 발로 밟아 프레스의 슬라이드가 작동해 손을 다친다.
2. 금형에 붙어 있는 이물질을 제거하려다 손을 다친다.
3. 금형에 붙어 있는 이물질을 제거하려다 눈에 이물질이 들어가 눈을 다친다.
4. 작업장의 청소 및 정리상태가 불량하여 작업자가 넘어져 프레스 기계에 부딪힌다.

출제분야	기계안전
작업명	둥근톱작업

▷ 동영상 설명

둥근톱기계 작업을 하고 있다.

문제 둥근톱기계 정면에서 작업자가 나무를 자르고 있다. 둥근톱기계에 나무 파편이 튀어 눈을 찌푸리고 있다. 또 다른 곳을 보다가 손가락이 잘린다. 목재가공작업 시 안전을 위해 필요한 사항을 쓰시오.

해답 1. 안전작업에 필요한 날접촉예방장치, 분할날, 반발방지기구, 반발방지롤, 보조안내판 등을 설치한다.
2. 둥근톱 작업 시 손이 말려 들어갈 위험이 있는 장갑을 사용해서는 안 된다.
3. 톱날접촉예방장치는 가공재 상면과 덮개하단은 최대 8mm 이하, 테이블과 덮개하단 사이 최대 25mm 이하로 설치한다.
4. 작업 시 파편 등이 튀는 경우 보호구(보안경)를 착용하고, 작업 시 다른 곳을 보는 등의 부주의한 행동을 하지 않는다.

문제 영상 속 작업자는 전동톱을 작동하기 전에 작업발판용 나무토막을 가져다 놓고 한 발로 나무를 고정하고 톱질을 하고 있다. 이때 작업발판의 흔들림으로 인해 작업자가 넘어진다. 영상의 (1) 재해형태와 (2) 기인물, (3) 가해물은?

해답 (1) 재해형태 : 전도
(2) 기인물 : 작업발판
(3) 가해물 : 바닥

출제분야	기계안전
작업명	선반작업

▷ 동영상 설명

작업자가 선반에서 작업을 하고 있다.

문제 선반의 주축에 가공물(롤러)을 체결한 후 사포 연마작업 중 왼팔이 회전부에 말려 들어가 사망한 재해이다. 안전준수사항을 지키지 않고 작업할 때 일어날 수 있는 (1) 재해요인을 쓰시오. 또 이 영상에서 발생된 사고는 (2) 기계설비의 위험점 중 어느 것에 해당하는가?

해답 (1) 재해요인
    1. 회전물에 샌드페이퍼를 감아 손으로 지지하고 있기 때문에 작업복과 손이 감겨 들어간다.
    2. 작업에 집중하지 못하여(곁눈질) 실수로 작업복과 손이 말려 들어간다.
    3. 손을 기계 위에 올려놓고 작업을 하고 있어 손이 미끄러져 회전물에 말려 들어간다.
  (2) 기계설비의 위험점 : 회전말림점

출제분야	기계안전
작업명	드릴작업

▶ 동영상 설명

작업자가 드릴작업을 하고 있다.

문제 드릴작업 시 위험요인 2가지를 쓰시오.

해답 1. 일감은 견고하게 고정시켜야 하며 손으로 잡고 구멍을 뚫는 것은 위험함
2. 드릴을 끼운 후에 척렌치(Chuck Wrench)를 반드시 뺄 것
3. 손이 말려 들어갈 수 있는 장갑을 끼고 작업하지 말 것
4. 구멍을 뚫을 때 관통된 것을 확인하기 위하여 손을 집어넣지 말 것
5. 드릴작업에서 칩의 제거방법은 회전을 중지시킨 후 솔로 제거하여야 함

▷ **동영상 설명**

연마작업을 하고 있다.

문제 봉강 연마작업 중 발생한 사고사례이다. (1) 기인물은 무엇이며, (2) 연마작업 시 파편이나 칩의 비래에 의한 위험에 대비하기 위해 설치해야 하는 장치명을 쓰시오. (3) 또 작업 시 숫돌과 가공면과의 각도는 어느 범위가 적당한가?

해답 (1) 기인물 : 탁상공구 연삭기
(2) 장치명 : 칩비산방지투명판
(3) 각도 : 15~30도

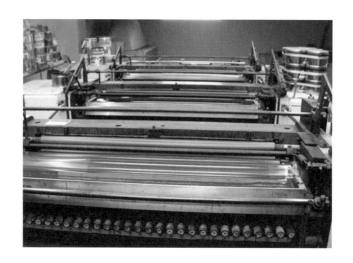

▷ **동영상 설명**

롤러작업을 하고 있다.

문제 인쇄용 롤러를 청소하는 중 재해가 발생하였다. 작업 중에 발생한 재해에서 핵심위험요인 2가지를 쓰시오.

해답 1. 전원을 차단하여 롤러기를 정지시키지 않은 상태에서 청소를 하고 있어 롤러에 말려 들어간다.
2. 방호장치가 없어 회전하는 롤러에 걸레의 윗부분이 넣어져서 손이 말려 들어간다.
3. 회전 중인 롤러에 물려 들어가는 쪽을 직접 손으로 눌러서 닦고 있어 걸레와 함께 손이 물려 들어가게 된다.
4. 체중을 걸쳐 닦고 있어서 말려 들어가게 된다(서서 청소하여야 함).

문제 화면에서 인쇄윤전기에 설치한 방호장치의 성능을 확인하기 위하여 윤전기 롤러의 표면원주속도를 구하려고 한다. 표면원주속도(m/min)를 구하는 공식을 쓰시오.

해답 표면원주속도 : $V = \dfrac{\pi DN}{1,000}$ (m/min)

여기서, D : 롤러의 직경(mm), N : 회전수(rpm)

문제 롤러작업에서 (1) 위험점은 무엇이며, (2) 발생되는 조건은 무엇인지 쓰시오.

해답 (1) 위험점 : 물림점
(2) 발생조건 : 회전체가 서로 반대 방향으로 맞물려 회전되어야 함

문제 롤러작업에서 표현된 기계에서 발생한 (1) 사고유형을 쓰고, (2) 답한 용어의 정의를 쓰시오.

해답 (1) 유형 : 협착
(2) 정의 : 물건에 끼워진 상태 또는 말려든 상태

PART
01

출제분야	기계안전
작업명	용접작업

▷ **동영상 설명**

작업자가 용접작업을 하고 있다.

문제 배관플랜지 용접작업 중 위험요인 2가지를 쓰시오.

[해답] 1. 고열 및 불티에 의한 화재 및 폭발의 위험(소화기, 물통, 건조사, 불티받이포 등을 준비)
2. 충전부 접촉에 의한 감전의 위험
3. 용접 흄, 유해가스, 유해광선, 소음, 고열에 의한 건강장해
4. 용접작업에 의한 화상

문제 작업자는 용접작업 도중에 무리하게 먼 거리에서 용접작업을 하려고 호스를 당기고 있다. 이때 호스가 가스통에서 분리되어서 용접스파크와 접촉하면서 폭발이 발생하였다(작업자는 보안경도 안전장치도 착용하지 않음). 관련 위험요인 2가지를 적으시오.

[해답] 1. 무리하게 호스를 당겨서 분리된 호스로 인해 누설된 가스와 스파크와의 접촉으로 인한 폭발
2. 보안경 미착용으로 인한 재해위험

PART
01

▶ **동영상 설명**

지게차 작업을 보여주고 있다.

문제 지게차의 작업시작 전 점검사항 3가지를 쓰시오.

해답 1. 제동장치 및 조정장치 기능의 이상 유무
2. 하역장치 및 유압장치 기능의 이상 유무
3. 바퀴의 이상 유무
4. 전조등 · 후미등 · 방향지시기 및 경보장치 기능의 이상 유무

문제 납품시간이 촉박한 지게차 운전자가 급히 물건을 적재하여 운반도중 통로의 작업자와 충돌하는 장면이다. 재해발생원인 2가지를 쓰시오.

해답 1. 물건의 적재불량으로 인한 운전자의 시계 불충분으로 지게차에 의해 다른 작업자가 다친다.
2. 작업자가 지게차의 운행경로상에 나와서 작업하고 있어 다친다.

문제 보기의 ( )에 알맞은 숫자를 쓰시오.

> (1) 강도는 지게차의 최대하중의 (①)배의 값(4톤을 넘는 값에 대해서는 4톤으로 한다)의 등분포정하중에 견딜 수 있는 것일 것
> (2) 상부틀의 각 개구의 폭 또는 길이가 (②)cm 미만일 것
> (3) 운전자가 앉아서 조작하거나 서서 조작하는 지게차의 헤드가드는 「산업표준화법」 제12조에 따른 한국산업 표준에서 정하는 높이 기준 이상일 것(좌승식 : (③)m 이상, 입승식 : (④)m 이상)

해답 ① 2, ② 16, ③ 0.903, ④ 1.88

문제 지게차 수리 중 포크가 하강하여 재해가 발생한 사례이다. 다음 물음에 답하시오.

> (1) 영상에서와 같이 지게차의 포크가 올라가 있을 때 지게차를 점검하는 경우 어떠한 조치를 해야 하는가?
> (2) 이 장비의 고장원인은 작업시작 전 점검사항 중 어떤 내용을 확인하면 예방할 수 있는가?
> (3) 재해의 가해물은?

해답 (1) 조치사항 : 안전지지대(안전블록)를 포크에 받쳐놓고 작업함
　　 (2) 점검사항 : 하역장치 및 유압장치 기능의 이상 유무
　　 (3) 가해물 : 포크

문제 화면을 보고 지게차 주행안전작업 사항 중 잘못된 내용 4가지를 쓰시오(위험예지포인트).

해답 1. 전방의 시야 불충분으로 지게차에 의해 다른 작업자가 다칠 수 있다.
　　 2. 물건을 과적하여 운전자의 시야를 가려 다른 작업자가 다칠 수 있다.
　　 3. 물건을 불안정하게 적재하여 화물이 떨어져 다른 작업자가 다칠 수 있다.
　　 4. 다른 작업자가 작업통로에 나와서 작업을 하고 있어 지게차에 다칠 수 있다.
　　 5. 난폭한 운전·과속으로 운전자 본인이 다치거나 다른 작업자가 다칠 수 있다.

문제 화물의 낙하가 운전자에게 위험을 미칠 염려가 있을 경우, 이러한 위험을 방지하기 위하여 머리 위에 설치하는 덮개를 무엇이라 하는가?

해답 헤드가드

문제 지게차에 적재된 화물이 현저하게 시계를 방해할 경우 운전자의 조치를 3가지만 쓰시오.

해답 1. 하차하여 주변의 안전을 확인한다.
2. 유도자를 지정하여 지게차를 유도하든가 후진으로 서행한다.
3. 경적과 경광등을 사용한다.

문제 동영상은 지게차로 운반작업을 하고 있다. 지게차의 각각 안정도를 쓰시오.

(1) 하역작업 시 전후 안정도
(2) 주행시 전후 안정도
(3) 하역작업 시 좌우 안정도
(4) 지게차가 5[km]의 속도로 주행 시 좌우 안정도

해답 (1) 4%
(2) 18%
(3) 6%
(4) $(15+1.1V)\% = 15+1.1 \times 5 = 20.5\%$

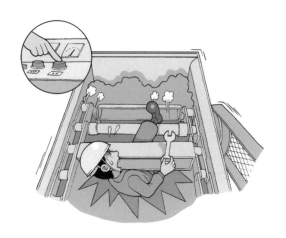

▷ 동영상 설명

컨베이어 작업을 하고 있다.

문제 컨베이어의 작업시작 전 점검사항 4가지를 쓰시오.

해답 1. 원동기 및 풀리기능의 이상 유무
2. 이탈 등의 방지장치기능의 이상 유무
3. 비상정지장치 기능의 이상 유무
4. 원동기 · 회전축 · 기어 및 풀리 등의 덮개 또는 울 등의 이상 유무

문제 컨베이어 작업 시 화물의 낙하로 인해 근로자에게 위험이 미칠 때 낙하위험방지 2가지를 쓰시오.

해답 덮개, 울

문제 경사용 컨베이어 벨트에서 하역작업 중 위험을(동영상은 컨베이어 위에 올라가 있는 작업자의 발이 아슬아슬한 모습을 잡아줌) 방지하기 위한 방호장치 3가지를 쓰시오.

해답 1. 비상정지장치 설치
2. 덮개 또는 울 설치
3. 건널다리 설치
4. 역전방지장치 설치

문제 한 작업자가 야간에 후레쉬를 들고 컨베이어 벨트를 점검하다가 부주의하여 한눈판 사이 손을 컨베이어 위에 두고 손이 롤러 사이에 끼어 말려 들어갔다. 작업자가 컨베이어 벨트 점검 시 안전조치사항 2가지를 쓰시오.

해답 1. 작업 시작 전 전원을 차단한다.
2. 장갑을 끼고 있어 손이 말려 들어가기 때문에 장갑을 벗는다.
3. 야간에 점검하지 않는다.
4. 비상정지 장치 기능을 설치한다.
5. 원동기 회전축 기어 및 풀리 등의 덮개 또는 울을 설치한다.

▶ **동영상 설명**

V벨트 수리작업을 보여주고 있다.

문제 영상은 작업자가 작동되는 양수기를 수리하고 있는 모습으로, 옆의 작업자와 잡담을 하며 수공구를 던져주다가 손이 벨트에 물리는 사고가 발생하였다. 이때 위험요인 3가지는?

해답 1. 작업에 집중하지 않고 있어 실수로 작업복이 기계에 말려 들어간다.
2. 기계에 손을 올려놓고 오른쪽 작업자가 작업하고 있어 손이나 작업복이 말려 들어갈 우려가 있다.
3. 회전하는 벨트에 왼쪽 작업자의 팔꿈치쪽이 걸려 접선물림점에 작업복이 말려 들어갈 수 있다.
4. 운전 중 점검작업을 하고 있어 위험하다.
5. 회전기계에서 장갑을 착용하고 있어 접선물림점에 손이 다칠 수 있다.
6. 회전체 부분에 방호장치가 없어서 작업자가 다친다.

문제 V벨트 교체작업 시 (1) 작업안전수칙에 3가지를 쓰시오. 이 영상에서 발생한 사고는 (2) 기계설비의 위험점 중 어느 것에 해당하는가?

해답 (1) 작업안전수직 3가지
　　　　1. 작업시작 전(V벨트 교체 작업 전) 전원을 차단한다.
　　　　2. V벨트 교체작업은 천대 장치를 사용한다.
　　　　3. 보수작업 중이라는 작업 중의 안내 표지를 부착하고 실시한다.
　　　(2) 위험점 : 접선 물림점

문제 장갑을 착용하고 작동 중인 회전기계를 점검하다 협착사고가 발생하였다. 재해원인과 대책 2가지를 쓰시오.

해답 1. 재해원인 : 점검작업 시 전원을 차단하여 기계의 작동을 정지시키지 않았다.
　　　　대책 : 점검작업 시에는 전원을 차단하여 기계의 작동을 정지시킨 후 작업을 실시한다.
　　　2. 재해원인 : 회전기계 취급 시 손이 말려 들어갈 위험이 있는 장갑을 착용하였다.
　　　　대책 : 회전기계 취급 시에는 장갑 착용을 금지한다.

▷ **동영상 설명**

크레인 작업을 하고 있다.

문제 크레인 배관 권상하중 시 위험요인을 쓰시오.

해답 1. 위험반경 내에서 크레인 수신호를 실시하고 있다.
2. 보조(유도)로프를 설치하지 않았다.

문제 크레인에 배관을 묶어 올리던 중 연결로프가 끊어질 것 같아서 다시 내리다가 배관의 흔들림에 의해 작업자의 머리를 치는 상황이다. 해당 (1) 재해의 형태와 (2) 그 정의를 쓰시오.

해답 (1) 재해형태 : 비래
(2) 정의 : 구조물, 기계 등에 고정되어 있던 물체가 중력, 원심력, 관성력 등에 의하여 고정부에서 이탈하거나 또는 설비 등으로부터 물질이 분출되어 사람을 가해하는 경우

문제 이동식 크레인에 매달린 물체가 골조에 부딪혀 위험하고, 신호방법(수신호)이 맞지 않아 작업자(안전모 미착용) 위로 낙하할 위험이 내재되어 있다. 재해를 방지할 수 있는 대책 3가지는?

해답 1. 보조(유도)로프를 이용해서 흔들림을 방지한다.
2. 무전기 등을 사용하여 신호하거나, 작업 전 일정한 신호방법을 약속으로 정한다.
3. 슬링와이어로프의 체결상태를 확인한다.
4. 화물을 작업자 위로 통과시키지 않도록 한다.
5. 보호구(안전모)를 착용한다.

문제 화면은 크레인(호이스트)을 이용하여 변압기를 트럭에 하역작업 중 재해가 발생한 사례이다. (1) 재해유형 및 (2) 화면상 재해원인 2가지를 쓰시오.

해답 (1) 재해유형 : 낙하
(2) 재해원인
　　1. 와이어로프를 호이스트 훅 끝에 불안하게 걸쳐 놓았다.
　　2. 보조로프를 사용하지 않았다.
　　3. 위험반경 내에서 크레인 수신호를 실시하고 있다.

문제 이동식 크레인 화물(파이프) 운반 작업에서 권상 중에 철골과 부딪치고 신호수가 철골 위에 올라서서 신호하고 있다. (1) 이 설비의 방호장치 3가지와 (2) 설비 운전 시 운전자가 조치해야 할 사항 3가지를 쓰시오.

해답 (1) 방호장치 3가지
　　1. 권과방지장치
　　2. 과부하방지장치
　　3. 브레이크장치
(2) 운전자가 조치해야 할 사항 3가지
　　1. 와이어로프의 안전상태 점검
　　2. 훅의 해지장치 및 안전상태 점검
　　3. 인양 도중 화물이 빠질 우려가 있는지의 여부
　　4. 작업반경 내 관계근로자 이외의 자는 출입금지

로프식 엘리베이터 (Electric Elevator) 구조도
* Helical Geared Type *

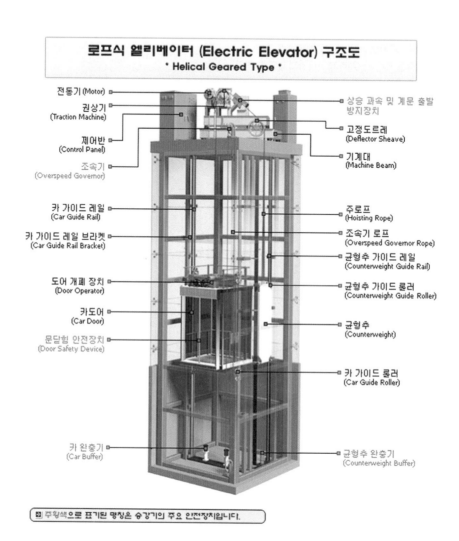

전동기 (Motor)
권상기 (Traction Machine)
제어반 (Control Panel)
조속기 (Overspeed Governor)
카 가이드 레일 (Car Guide Rail)
카 가이드 레일 브라켓 (Car Guide Rail Bracket)
도어 개폐 장치 (Door Operator)
카 도어 (Car Door)
문닫힘 안전장치 (Door Safety Device)
카 완충기 (Car Buffer)

상승 과속 및 개문 출발 방지장치
고정도르레 (Deflector Sheave)
기계대 (Machine Beam)
주로프 (Hoisting Rope)
조속기 로프 (Overspeed Governor Rope)
균형추 가이드 레일 (Counterweight Guide Rail)
균형추 가이드 롤러 (Counterweight Guide Roller)
균형추 (Counterweight)
카 가이드 롤러 (Car Guide Roller)
균형추 완충기 (Counterweight Buffer)

주황색으로 표기된 명칭은 승강기의 주요 안전장치입니다.

리프트를 보여주고 있다.

문제 리프트 점검사항 2가지를 쓰시오.

해답 1. 방호장치 · 브레이크 및 클러치의 기능
2. 와이어로프가 통하고 있는 곳의 상태

문제 시내버스를 정비하기 위하여 차량용 리프트로 차량을 들어올린 상태에서 한 작업자가 버스 밑에 들어가 샤프트 계통을 점검하고 있다. 그런데 다른 한 사람이 주변상황을 전혀 살피지 않고 버스에 올라 엔진을 시동하였다. 그 순간 밑에 있던 작업자의 팔이 버스의 회전하는 샤프트에 말려들어 협착사고가 일어났다(이때 주변에는 작업감시자가 없는 상황). (1) 버스정비작업 중 안전을 위해 취해야 할 사전안전조치사항 3가지를 쓰시오. 또 이 영상은 샤프트에 작업자가 재해를 입은 사고이다. (2) 기계설비의 위험점 중 어느 것에 해당하는가?

해답 (1) 안전조치 3가지
1. 정비작업 중임을 나타내는 표지판을 설치할 것
2. 작업과정을 지휘할 작업자를 배치할 것
3. 기동(시동)장치에 잠금장치를 할 것
4. 작업 시 운전금지를 위하여 열쇠를 별도 관리할 것
(2) 위험점 : 회전말림점

출제분야	운반안전
작업명	승강기 작업

▷ 동영상 설명

승강기 작업을 하고 있다.

문제 승강기 설치 전 피트 내부 청소작업 중 추락하였다. 추락재해 발생원인 3가지를 쓰시오.

해답 1. 작업발판이 고정되어 있지 않았다.
2. 작업자가 안전난간 및 안전대를 걸지 않고 작업하였다.
3. 추락방호망을 설치하지 않았다.

문제 승강기 내부 피트에 안전핀을 망치로 제거하는 상황이다. 재해원인을 쓰시오(발판이 나무 패널로 되어 있음).

해답 1. 안전대 및 안전대 부착설비가 되어 있지 않다.
2. 추락방호망을 설치되어 있지 않다.
3. 안전한 작업발판이 설치되어 있지 않다.

문제 작업자가 피트를 점검하고 있다. 피트 점검작업 시 안전수칙을 쓰시오.

해답 1. 작업장소에 표지판을 설치하고 작업한다.
2. 작업을 지휘할 작업자를 배치하고 작업한다.
3. 작업에 필요한 보호구를 착용한다.

문제 승강기 와이어로프에 끼인 기름 및 먼지 제거 작업 중(이물질이 발생하여 손으로 이물질을 제거하고 있음) (1) 위험점, (2) 재해발생형태, (3) 재해발생형태 정의를 쓰시오.

해답 (1) 위험점 : 접선물림점
(2) 재해발생형태 : 협착
(3) 협착의 정의 : 두 물체 사이의 움직임에 의하여 일어난 것으로 직선 운동하는 물체 사이의 협착, 회전부와 고정체 사이의 끼임, 롤러 등 회전체 사이에 물리거나 또는 회전체 · 돌기부 등에 감긴 경우

출제분야	기계안전
작업명	사출성형기 작업

▶ **동영상 설명**

사출성형기 작업을 하고 있다.

문제 사출성형기 작업 시 재해방지대책을 쓰시오.

해답 1. 작업자가 사출성형기의 내부 금형 사이에 출입할 때에는 사출성형기의 전원을 차단한 후 출입할 것
2. 작업 시 절연용보호구를 착용할 것
3. 이물질의 제거는 전용공구를 사용할 것
4. 사출성형기 충전부 방호조치(덮개) 실시할 것

▷ **동영상 설명**

슬라이스 기계를 보여주고 있다.

문제 무채를 썰어내는 슬라이스 기계의 위험점과 정의를 쓰시오.

해답 1. 위험점 : 절단점
2. 정의 : 회전하는 운동부 자체의 위험이나 운동하는 기계부분 자체의 위험에서 초래되는 위험점이다.

문제 슬라이스 작업의 안전예방대책을 3가지만 쓰시오.

해답 1. 인터록(연동장치)을 설치한다.
2. 전원을 차단하고 점검한다.
3. 슬라이드 부분에 덮개를 설치한다.

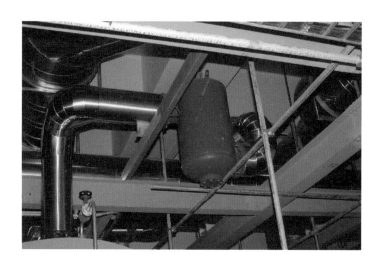

▶ 동영상 설명

증기가 흐르는 고소 배관 점검을 위해 이동식 사다리에 올라가 작업 중 사다리의 흔들림에 의해 떨어져 바닥에 부딪히는 상황(보안경 미착용에 양손 모두 맨손으로 작업 중)이다.

문제 위험요인 3가지를 쓰시오.

해답 1. 방열복 및 방열장갑 등 보호구를 착용하지 않았다.
　　 2. 이동식 사다리가 고정되어 있지 않다.
　　 3. 보안경 미착용으로 고압증기에 의한 눈 손상의 위험이 있다.
　　 4. 양손을 동시에 사용하고 있어 작업자세가 불안전하다.

▷ **동영상 설명**

덤프트럭을 수리하고 있다.

문제 덤프트럭의 유압실린더 작동 후 적재함 상승 후 그 사이에 들어가 점검하는 도중 적재함이 내려와서 재해가 발생한다. 차량용 운반 하역기계 작업 시 위험방지조치 3가지를 쓰시오.

해답 1. 안전지지대 또는 안전블록 등의 사용상황 등을 점검할 것
2. 작업순서를 결정하고 작업을 지휘할 것
3. 작업계획서를 작성할 것
4. 원동기를 정지시키고 브레이크를 확실히 거는 등 갑작스러운 주행을 방지하기 위한 조치를 할 것

※ 아래 그림들은 실제 출제되는 동영상문제와 다를 수 있습니다.

| 출제연도 | 2007년 7월(A형) |

06.

작업자가 인쇄기의 롤러부위를 청소하고 있다. 작업자는 전원을 넣은 상태로 저속운행을 실시하고 있는 상태에서 걸레를 이용하여 청소하다가 협착되는 동영상으로 위험요인 2가지를 적으시오.

해답   1. 롤러기를 정지시키지 않은 상태에서 청소를 하고 있어 롤러에 말려 들어간다.
      2. 방호장치가 없어 회전하는 롤러에 걸레의 윗부분이 넣어져서 손이 말려 들어간다.
      3. 회전 중인 롤러의 물려 들어가는 쪽을 직접 손으로 눌러서 닦고 있어 걸레와 함께 손이 물려 들어가게 된다.

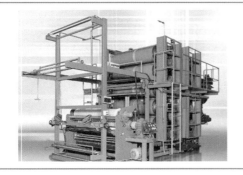

07.

섬유작업장에서 작업을 하다가 기계의 이상으로 기계작동이 정지된다. 작업자가 그 원인을 찾기 위해 기계에 몸을 넣고 있을 때 기계작동으로 롤러에 끼이는 재해이다. 위험요인 2가지를 적으시오.

해답   1. 정비 혹은 수리를 할 때는 항상 전원을 차단해야 하는데 전원을 켜 놓은 채로 작업을 하였다.
      2. 작업자의 손에 장갑을 착용하고 있어 끼임점이 발생하여 재해가 발생할 가능성이 있다.

05.

트럭의 적재함을 내리다가 적재함이 멈추어 섰다. 이때 작업자가 스패너 하나만 가지고 적재함 밑으로 내려가서 나사를 조이는데 적재함이 내려와 작업자가 깔리는 동영상이다. 차량계 하역장치의 수리나 조립, 해체 작업을 할 때 안전조치 사항 3가지를 쓰시오.

해답
1. 안전지지대 또는 안전블록 등의 사용상황 등을 점검할 것
2. 작업순서를 결정하고 작업을 지휘할 것
3. 작업계획서를 작성할 것
4. 원동기를 정지시키고 브레이크를 확실히 거는 등 갑작스러운 주행을 방지하기 위한 조치를 할 것

09.

프레스가 화면에 나오고 급정지기구가 설치되지 않았다. 이때 방호조치 4가지를 쓰시오.

해답 1. 손쳐내기식, 2. 수인식, 3. 양수기동식, 4. 게이트가드식

01.

브레이크라이닝 연마작업을 하고 있다. 위험요인 2가지를 쓰시오.

해답 1. 작업 시 장갑을 착용하고 있어서 손이 끼일 염려가 있음
       2. 비상정지장치, 덮개 등의 방호장치 미설치
       3. 이물질이 눈에 튀어 들어와서 눈을 다칠 위험이 있음

05.

안전장치가 없는 둥근톱기계에 고정식 접촉예방장치 설치 시 가공재 상면에서 덮개 하단까지 최대간격과 테이블면 상단에서 덮개 하단까지 최대간격은?

해답 1. 가공재 상면에서 덮개 하단까지 최대간격 : 최대 8mm
       2. 테이블면 상단에서 덮개 하단까지 최대간격 : 최대 25mm

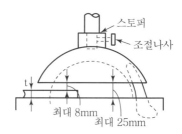

06.

작업자는 장갑을 끼고 있고 손으로 이물질을 제거하고 있으며, 작업바닥은 철판 쓰레기가 있다. 크랭크 프레스로 철판 구멍작업 중 위험요인 3가지를 쓰시오.

해답 1. 프레스 페달을 발로 밟아 프레스의 슬라이드가 작동해 손을 다친다.
　　 2. 금형에 붙어 있는 이물질을 제거하려다 손을 다친다.
　　 3. 금형에 붙어 있는 이물질을 제거하려다 눈에 이물질이 들어가 눈을 다친다.
　　 4. 작업장의 청소 및 정리상태가 불량하여 작업자가 넘어져 프레스 기계에 부딪힌다.

출제연도 　 2008년 4월(A형)

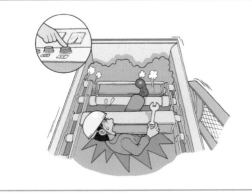

01.

한 작업자가 야간에 후레쉬를 들고 컨베이어 벨트를 점검하다가 부주의하여 한눈을 판 사이 컨베이어 위를 잡은 손이 롤러 사이에 끼어 말려 들어갔다. 작업자의 컨베이어 벨트 안전조치사항 2가지를 쓰시오.

해답 1. 작업 시작 전 전원을 차단한다.
　　 2. 장갑을 끼고 있어 손이 말려 들어가기 때문에 장갑을 벗는다.
　　 3. 야간에 점검하지 않는다.
　　 4. 비상정지장치 기능을 설치한다.
　　 5. 원동기 회전축 기어 및 풀리 등의 덮개 또는 울을 설치한다.

07.

지게차에 경유를 주입하는 중에 운전자가 시동을 켠 채로 내려 다른 작업자와 담배를 피며 이야기를 나눈다. 위 동영상을 보고 가장 근본적인 위험에 관해 서술하시오.

해답 │ 지게차에 경유를 주입하는 중에 운전자가 화기엄금 구역에서 담배를 피워 화재 폭발의 위험이 있다.

출제연도 │ 2008년 4월(B형)

04.

납품시간이 촉박한 지게차 운전자가 급히 물건을 적재하여 운반도중 통로의 작업자와 충돌하는 장면이다. 재해발생원인 2가지를 쓰시오.

해답 │ 1. 물건의 적재불량으로 운전자의 시계 불충분으로 지게차에 의해 다른 작업자가 다친다.
2. 작업자가 지게차의 운행경로상에 나와서 작업하고 있어 다친다.

05.

장갑을 착용하고 작동 중인 회전기계를 점검하다 협착사고가 발생하였다. 재해원인과 대책 2가지를 쓰시오.

해답 1. 재해원인 : 점검작업 시 전원을 차단하여 기계의 작동을 정지시키지 않았다.
　　 대책 : 점검작업 시에는 전원을 차단하여 기계의 작동을 정지시킨 후 작업을 실시한다.
　　2. 재해원인 : 회전기계 취급시 장갑을 착용하였다.
　　 대책 : 회전기계 취급시에는 장갑착용을 금지한다.

09.

작동되는 양수기를 수리하는 모습으로, 잡담을 하며 수공구를 던져주다가 손이 벨트에 물리는 사고가 발생하였다. 위험요인 3가지는?

해답 1. 작업에 집중하지 않고 있어 실수로 작업복이 기계에 말려 들어간다.
　　2. 기계에 손을 올려놓고 오른쪽 작업자가 작업하고 있어 손이나 작업복이 말려 들어갈 우려가 있다.
　　3. 회전하는 벨트에 왼쪽 작업자의 팔꿈치쪽이 걸려 접선물림점에 작업복이 말려 들어갈 수 있다.
　　4. 운전 중 점검작업을 하고 있어 위험하다.
　　5. 회전기계에서 장갑을 착용하고 있어 접선물림점에 손이 다칠 수 있다.
　　6. 회전체 부분에 방호장치가 없어서 작업자가 다친다.

01.

선반의 주축에 가공물(롤러)을 체결한 후 사포 연마작업 중 왼팔이 회전부에 말려 들어가 재해가 발생한다. 이때 위험한 부분 3가지를 적으시오.

해답 1. 회전물에 샌드페이퍼를 감아 손으로 지지하고 있기 때문에 작업복과 손이 감겨 들어간다.
2. 작업에 집중하지 못하여(곁눈질) 실수로 작업복과 손이 말려 들어간다.
3. 손을 기계 위에 올려놓고 작업을 하고 있어 손이 미끄러져 회전물에 말려 들어간다.

08.

무채 작업 동영상을 보여주고 있다. 덮개를 개방하면 자동으로 전원을 차단하는 안전장치 이름은?

해답 인터록 장치

04.

작동되는 양수기를 수리하는 모습으로, 잡담을 하며 수공구를 던져주다가 손이 벨트에 물리는 사고가 발생하였다. 위험요인 3가지는?

해답 1. 작업에 집중하지 않고 있어 실수로 작업복이 기계에 말려 들어간다.
2. 기계에 손을 올려놓고 오른쪽 작업자가 작업하고 있어 손이나 작업복이 말려 들어갈 우려가 있다.
3. 회전하는 벨트에 왼쪽 작업자의 팔꿈치쪽이 걸려 접선물림점에 작업복이 말려 들어갈 수 있다.
4. 운전 중 점검작업을 하고 있어 위험하다.
5. 회전기계에서 장갑을 착용하고 있어 접선물림점에 손이 다칠 수 있다.
6. 회전체 부분에 방호장치가 없어서 작업자가 다친다.

05.

전동톱을 작동하기 전에 작업발판용 나무토막을 가져다 놓고 한 발로 나무를 고정하고 톱질을 하다 작업발판의 흔들림으로 인해 작업자가 넘어진다. 이때 (1) 재해형태와 (2) 기인물, (3) 가해물은?

해답 (1) 재해형태 : 추락
(2) 기인물 : 작업발판
(3) 가해물 : 바닥

07.

롤러기 작업 시 (1) 위험점 및 (2) 발생조건을 쓰시오.

해답 (1) 위험점 : 물림점
　　 (2) 발생조건 : 회전체가 서로 반대 방향으로 맞물려 회전되어야 한다.

02.

컨베이어의 작업시작 전 점검사항 4가지를 쓰시오.

해답 1. 원동기 및 풀리기능의 이상 유무
　　 2. 이탈 등의 방지장치기능의 이상 유무
　　 3. 비상정지장치 기능의 이상 유무
　　 4. 원동기 · 회전축 · 기어 및 풀리 등의 덮개 또는 울 등의 이상 유무

07.

작업자가 브레이크라이닝 연마작업 도중 회전체에 장갑이 말려 들어가 손을 다친다. 안전대책 2가지를 쓰시오.

해답 1. 작업 시 장갑 착용하고 있어서 손이 끼일 염려가 있으므로 착용하지 않는다.
2. 비상정지장치, 덮개 등의 방호장치를 한다.
3. 이물질이 눈에 튀어 들어와서 눈을 다칠 위험이 있으므로 보안경을 착용한다.

출제연도	2009년 4월(A형)

01.

배관플랜지 용접작업 중 위험요인 2가지를 쓰시오.

해답 1. 고열 및 불티에 의한 화재 및 폭발의 위험(소화기, 물통, 건조사, 불티받이포 등을 준비)
2. 충전부 접촉에 의한 감전의 위험
3. 용접 흄, 유해가스, 유해광선, 소음, 고열에 의한 건강장해
4. 용접작업에 의한 화상

07.

작업자가 승강기 와이어로프에 끼인 기름 및 먼지 제거 작업을 맨손으로 하고 있다. 이때 발생할 수 있는 (1) 위험점, (2) 재해발생형태, (3) 재해발생형태의 정의를 쓰시오.

해답 (1) 위험점 : 접선물림점

(2) 재해발생형태 : 협착

(3) 협착의 정의 : 두 물체 사이의 움직임에 의하여 일어난 것으로 직선 운동하는 물체 사이의 협착, 회전부와 고정체 사이의 끼임, 롤러 등 회전체 사이에 물리거나 또는 회전체·돌기부 등에 감긴 경우

08.

작업자가 드릴 작업을 하고 있다. 드릴 작업 시 위험요인 2가지를 쓰시오.

해답 1. 일감은 견고하게 고정시켜야 하며 손으로 쥐고 구멍을 뚫는 것은 위험함

2. 드릴을 끼운 후에 척렌치(Chuck Wrench)를 반드시 뺄 것

3. 손이 말려 들어갈 위험이 있는 장갑을 끼고 작업하지 말 것

4. 구멍을 뚫을 때 관통된 것을 확인하기 위하여 손을 집어넣지 말 것

5. 드릴작업에서 칩의 제거방법은 회전을 중지시킨 후 솔로 제거할 것

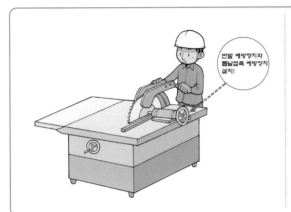

03.

목재가공작업 시 안전을 위해 필요한 사항을 쓰시오.

해답
1. 안전작업에 필요한 날접촉예방장치, 분할날, 반발방지기구, 반발방지롤, 보조안내판 등을 설치한다.
2. 톱날접촉예방장치는 가공재 상면과 덮개하단은 최대 8mm 이하, 테이블과 덮개 하단 사이 최대 25mm 이하로 설치한다.

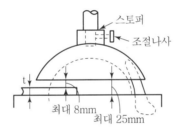

04.

사출성형기 작업을 하고 있다. 사출성형기 작업 시 재해방지 대책을 쓰시오.

해답　1. 작업자가 사출성형기의 내부 금형 사이에 출입할 때에는 사출성형기의 전원을 차단한 후 출입할 것
　　　2. 작업 시 절연용보호구를 착용할 것
　　　3. 이물질의 제거는 전용공구를 사용할 것
　　　4. 사출성형기 충전부 방호조치(덮개)를 실시할 것

출제연도 ┃ 2009년 4월(C형)

01.

인쇄용 롤러 청소하는 작업 중에 발생한 재해에서 핵심위험 요인 2가지를 쓰시오.

해답　1. 전원을 차단하여 롤러기를 정지시키지 않은 상태에서 청소를 하고 있어 롤러에 말려 들어간다.
　　　2. 방호장치가 없어 회전하는 롤러에 걸레의 윗부분이 넣어져서 손이 말려 들어간다.
　　　3. 회전 중인 롤러의 물려 들어가는 쪽을 직접 손으로 눌러서 닦고 있어 걸레와 함께 손이 말려 들어가게 된다.

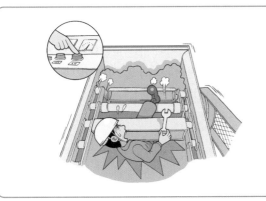

07.

컨베이어 작업을 하고 있다. 작업시작 전 점검사항 4가지를 쓰시오.

해답 1. 원동기 및 풀리기능의 이상 유무
2. 이탈 등의 방지장치기능의 이상 유무
3. 비상정지장치 기능의 이상 유무
4. 원동기 · 회전축 · 기어 및 풀리 등의 덮개 또는 울 등의 이상 유무

출제연도   2009년 9월(A형)

01.

작업자는 전동톱을 작동하기 전에 작업발판용 나무토막을 가져다 놓고 한 발로 나무를 고정하고 톱질을 한다. 작업발판의 흔들림으로 인해 작업자가 넘어졌다. 이때 발생할 수 있는 (1) 재해형태, (2) 기인물, (3) 가해물은?

해답 (1) 재해형태 : 전도
(2) 기인물 : 작업발판
(3) 가해물 : 바닥

02.

영상은 작동되는 양수기를 수리하는 모습으로, 두 작업자는 잡담을 하며 수공구를 던져주다가 한 작업자의 손이 벨트에 물리게 된다. 이때 위험요인 3가지는?

해답 1. 작업에 집중하지 않고 있어 실수로 작업복이 기계에 말려 들어간다.
2. 기계에 손을 올려놓고 오른쪽 작업자가 작업하고 있어 손이나 작업복이 말려 들어갈 우려가 있다.
3. 회전하는 벨트에 왼쪽 작업자의 팔꿈치쪽이 걸려 접선물림점에 작업복이 말려 들어갈 수 있다.
4. 운전 중 점검작업을 하고 있어 위험하다.
5. 회전기계에서 장갑을 착용하고 있어 접선물림점에 손이 다칠 수 있다.
6. 회전체 부분에 방호장치가 없어서 작업자가 다친다.

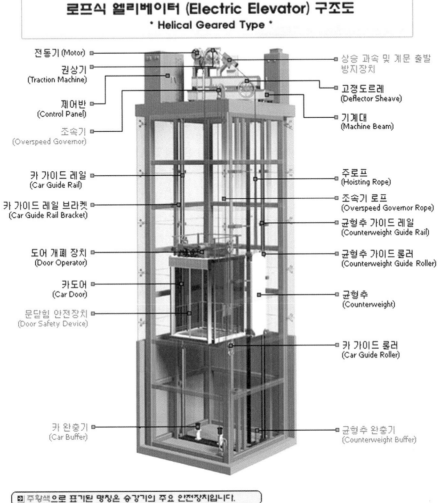

로프식 엘리베이터 (Electric Elevator) 구조도
* Helical Geared Type *

전동기 (Motor)
권상기 (Traction Machine)
제어반 (Control Panel)
조속기 (Overspeed Governor)
카 가이드 레일 (Car Guide Rail)
카 가이드 레일 브라켓 (Car Guide Rail Bracket)
도어 개폐 장치 (Door Operator)
카 도어 (Car Door)
문닫힘 안전장치 (Door Safety Device)
카 완충기 (Car Buffer)

상승 과속 및 계문 출발 방지장치
고정도르레 (Deflector Sheave)
기계대 (Machine Beam)
주로프 (Hoisting Rope)
조속기 로프 (Overspeed Governor Rope)
균형추 가이드 레일 (Counterweight Guide Rail)
균형추 가이드 롤러 (Counterweight Guide Roller)
균형추 (Counterweight)
카 가이드 롤러 (Car Guide Roller)
균형추 완충기 (Counterweight Buffer)

주황색으로 표기된 명칭은 승강기의 주요 안전장치입니다.

01.

리프트 점검사항 2가지를 쓰시오.

해답 1. 방호장치 · 브레이크 및 클러치의 기능
2. 와이어로프가 통하고 있는 곳의 상태

03.

영상에서 작업자가 인쇄용 롤러를 청소하는 중 재해가 발생하였다. 작업 중에 발생한 재해에서 핵심위험요인 2가지를 쓰시오.

해답 1. 롤러기를 정지시키지 않은 상태에서 청소를 하고 있어 롤러에 말려 들어간다.
　　　2. 방호장치가 없어 회전하는 롤러에 걸레의 윗부분이 넣어져서 손이 말려 들어간다.
　　　3. 회전 중인 롤러의 물려 들어가는 쪽을 직접 손으로 눌러서 닦고 있어 걸레와 함께 손이 물려 들어가게 된다.

07.

무채를 썰어내는 슬라이스 기계의 위험점의 정의를 쓰시오.

해답 1. 위험점 : 절단점
　　　2. 정의 : 회전하는 운동부 자체의 위험이나 운동하는 기계부분 자체의 위험에서 초래되는 위험점

02.

영상은 증기가 흐르는 고소 배관 점검을 위해 이동식 사다리에 올라가 작업 중 사다리의 흔들림에 의해 떨어져 바닥에 부딪히는 상황을 보여준다. 보안경 미착용에 양손 모두 맨손으로 작업 중이다. 이때 위험요인 3가지를 쓰시오.

해답 1. 방열복 및 방열장갑 등 보호구를 착용하지 않았다.
2. 이동식 사다리가 고정되어 있지 않다.
3. 보안경 미착용으로 고압증기에 의한 눈 손상의 위험이 있다.
4. 양손을 동시에 사용하고 있어 작업자세가 불안전하다.

06.

영상은 둥근톱기계를 사용하여 정면에서 작업자가 나무를 자르고 작업을 보여주고 있다. 작업자는 둥근톱기계로부터 나무 파편이 튀어 눈을 찌푸리다가 잠시 다른 곳을 보고 그 순간 손가락이 잘린다. 목재가공작업 시 안전을 위해 필요한 사항을 쓰시오.

해답 1. 안전작업에 필요한 날접촉예방장치, 분할날, 반발방지기구, 반발방지롤, 보조안내판 등을 설치한다.
2. 둥근톱 작업 시 손이 말려 들어갈 위험이 있는 장갑을 사용해서는 안 된다.
3. 톱날접촉예방장치는 가공재 상면과 덮개하단은 최대 8mm 이하, 테이블과 덮개하단 사이 최대 25mm 이하로 설치한다.
4. 작업 시 파편 등이 튀는 경우 보호구(보안경)를 착용하고, 작업 시 다른 곳을 보는 등의 부주의한 행동을 하지 않는다.

09.

영상에서 급정지장치가 설치되지 않은 프레스기에서 손 협착사고가 발생한다. 유효한 방호장치 2가지를 쓰시오.

해답 1. 손쳐내기식, 2. 수인식, 3. 양수기동식, 4. 게이트가드식

출제연도   2009년 9월(D형)

01.

용접작업 도중에 무리하게 먼 거리에서 용접작업을 하려고 호스를 당기다가 호스가 가스통에서 분리되어서 용접스파크와 접촉하면서 폭발이 발생하였다. 작업자는 보안경도 안전장치도 착용하지 않았다. 영상 속 위험요인 2가지를 적으시오.

해답 1. 무리하게 호스를 당겨서 분리된 호스로 인해 누설된 가스와 스파크와의 접촉으로 인한 폭발
2. 보안경 미착용으로 인한 재해위험

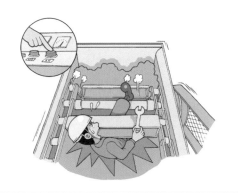

04.

영상은 컨베이어 위에 올라가 있는 작업자의 발이 위태로운 모습을 보여준다. 경사용 컨베이어 벨트에서 하역작업 중 위험을 방지하기 위한 방호장치 3가지를 쓰시오.

해답 1. 비상정지장치 설치
2. 덮개 또는 울 설치
3. 건널다리 설치
4. 역전방지장치 설치

07.

덤프트럭의 유압실린더 작동하여 적재함을 상승시킨 후 그 사이에 들어가 점검을 한다. 이때 갑자기 적재함이 내려와서 재해가 발생한다. 차량용 운반 하역기계 작업 시 위험방지조치 3가지를 쓰시오.

해답 1. 안전지지대 또는 안전블록 등의 사용상황 등을 점검할 것
2. 작업순서를 결정하고 작업을 지휘할 것
3. 작업계획서를 작성할 것
4. 원동기를 정지시키고 브레이크를 확실히 거는 등 갑작스러운 주행을 방지하기 위한 조치를 할 것

산업안전기사 실기　ENGINEER INDUSTRIAL SAFETY

PART 02

전기안전

출제분야	**전기안전**
작업명	습윤상태(수중펌프)에서의 전기작업

 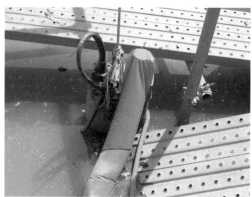

▶ **동영상 설명**

화면은 습윤한 장소(물기가 있는 장소)에서의 전기작업 및 관련 재해에 대한 동영상이다.

문제   동영상은 작업자가 수중펌프 접속부위에 감전되어 발생한 사고이다. 작업자가 감전사고를 당한 원인을 인체의 피부저항과 관련하여 설명하시오.

해답   1. 감전피해의 위험도에 가장 큰 영향을 미치는 통전전류의 크기는 인체의 전기저항 즉, 임피던스의 값에 의해 결정(반비례)되며 인체의 임피던스는 내부저항과 피부저항으로 구성
2. 내부저항은 교류, 직류에 따라 거의 일정(통전시간이 길어지면 인체의 온도상승에 의해 저항치 감소) 피부저항은 물에 젖어 있을 경우 1/25로 저항이 감소하므로 그만큼 통전전류가 커져 전격의 위험이 높아짐

문제 화면을 보고 작업자가 감전사고를 당한 원인을 인체 피부저항과 관련하여 설명하시오.

해답 피부저항은 물에 젖어 있을 경우 1/25로 저항이 감소하므로 그만큼 통전전류가 커져 전격의 위험이 높아진다.

문제 화면을 보고 전원 접속부에 감전사고를 방지하기 위해 설치해야 할 방호조치는 무엇인지 쓰시오.

해답 감전방지용 누전차단기 설치

문제 화면은 단무지가 있고 무릎 정도로 물이 차있는 상태에서 펌프를 작동과 동시에 감전재해가 발생하는 동영상이다. 재해방지대책 3가지를 쓰시오.

해답 1. 사용 전 수중 펌프와 전선 등의 절연상태 점검(절연저항 측정 등)
2. 감전방지용 누전차단기 설치
3. 수중 모터 외함 접지상태 확인

▶ **동영상 설명**

동영상은 양수기 수리작업 도중에 발생한 재해사례이다.

문제 동영상을 참고하여 (1) 감전사고 원인 및 (2) 위험요인을 3가지만 쓰시오.

해답 (1) 감전사고의 원인
    1. 정전작업 미실시
    2. 감전방지용 누전차단기 미실시
    3. 전문 수리업체에 미의뢰
(2) 재해 위험요인
    1. 집중력 결여로 인한 작업복 및 손의 협착 우려
    2. 기계 위의 손이 미끄러져 협착될 가능성 있음
    3. 정전작업 미실시로 감전 우려

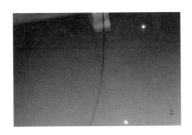 

▷ **동영상 설명**

화면의 동영상은 습윤상태에서 작업 중 감전재해를 당한 사례이다.

문제 동영상을 참고하여 동종의 재해가 발생하지 않도록 예방조치사항을 3가지 쓰시오.

해답
1. 전선을 서로 접속하는 때에는 당해 전선의 절연성능 이상으로 절연될 수 있는 것으로 충분히 피복 하거나 적합한 접속기구를 사용(접속부위의 절연상태 점검)
2. 물 등의 전도성이 높은 액체가 있는 습윤한 장소에서 근로자가 작업 또는 통행 등으로 인하여 접촉할 우려가 있는 이동전선 및 이에 부속하는 접속기구는 당해 전도성이 높은 액체에 대하여 충분한 절연효과가 있는 것을 사용(전선 피복의 손상 여부 점검)
3. 전선의 절연저항 측정
4. 감전방지용 누전차단기 설치

문제 화면에서와 같이 작업자가 감전된 이유를 구체적으로 설명하시오.

해답
1. 감전피해의 위험도에 가장 큰 영향을 미치는 통전전류의 크기는 인체의 전기저항 즉, 임피던스의 값에 의해 결정(반비례)되며 인체의 임피던스는 내부저항과 피부저항으로 구성한다.
2. 내부저항은 교류, 직류에 따라 거의 일정(통전시간이 길어지면 인체의 온도상승에 의해 저항치 감소) 피부저항은 물에 젖어 있을 경우 1/25로 저항이 감소하므로 그만큼 통전전류가 커져 전격의 위험이 높아진다.

▷ **동영상 설명**

화면은 배전반(분전반) 내부 전기작업 및 관련 재해 동영상이다.

문제 동영상은 작업자가 승강기 컨트롤 패널의 덮개를 열고 내부를 점검하는 작업장면을 보여주고 있다. 다음 물음에 답하시오.

> (1) 이 영상에서 재해방지대책 3가지를 쓰시오.
> (2) 이 영상에서 작업자가 감전당한 원인은 무엇인가?

해답 (1) 재해방지대책
　　　　1. 정전작업 실시
　　　　2. 개인보호구(감전방지용 보호구) 착용
　　　　3. 유자격자 이외는 전기기계 및 기구에 전기적인 접촉 금지
　　　　4. 관리감독자는 작업에 대한 안전교육 시행
　　　　5. 사고발생시의 처리순서를 미리 작성하여 둘 것
　　(2) 감전 원인 : 정전작업 안전 조치사항 미준수(충전 여부 미확인)에 의한 감전

문제 화면은 1만 볼트가 인가된 배전반 작업 중 발생한 사고 사례이다. 다음 물음에 답하시오.

---

(1) 이 작업 시 안전관리자 지정 작업인지 판단하고 사고유형 및 그 용어에 대하여 설명하시오.

해답 1. 안전관리자 : 지정
 2. 사고유형 : 감전
 3. 용어 정의
   - 감전(感電, Electric Shock) : 인체의 일부 또는 전체에 전류가 흐르는 현상을 말하며 이에 의해 인체가 받게 되는 충격을 전격(電擊, Electric Shock)이라고 한다.
   - 감전(전격)에 의한 재해 : 인체의 일부 또는 전체에 전류가 흘렀을 때 인체 내에서 일어나는 생리적인 현상으로 근육의 수축, 호흡곤란, 심실세동 등으로 부상 · 사망하거나 추락 · 전도 등의 2차적 재해가 일어나는 것을 말한다.

---

(2) 화면을 참고하여 작업자가 착용해야 할 보호장구의 명칭 3가지를 쓰시오.

해답 1. 절연장갑, 2. 절연화, 3. 절연(안전)모

---

(3) 이 작업 시 사고유형, 기인물, 가해물은 무엇인가?

해답 1. 사고유형 : 감전
 2. 기인물 : 배전반
 3. 가해물 : 전류

---

(4) 안전수칙 3가지를 쓰시오.

해답 1. 정전작업 실시
 2. 개인보호구 착용
 3. 유자격자 이외는 전기기계 및 기구에 전기적인 접촉 금지
 4. 관리감독자는 작업에 대한 안전교육 시행
 5. 사고발생 시의 처리순서를 미리 작성하여 둘 것

출제분야	전기안전
작업명	임시 배전반(분전반) 작업

▶ **동영상 설명**

화면은 임시 배전반의 작업 중에 발생한 재해이다.

문제 이 화면에서 위험요인 2가지를 쓰시오.

해답 1. 정전작업 미실시에 의한 감전 위험
2. 개인보호구(감전방지용 보호구) 미착용에 의한 감전 위험

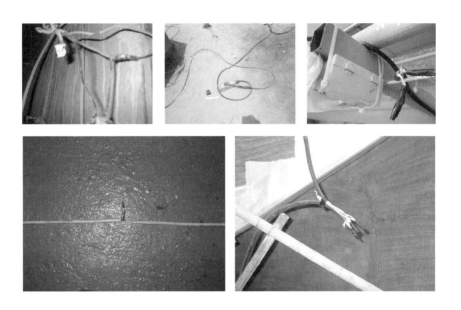

▷ **동영상 설명**

화면은 도로상 가설전선 점검작업 중 발생한 재해사례이다(작업자 절연장갑 미착용 및 활선상태를 보여주는 동영상).

문제 이 영상을 참고하여 감전사고 예방대책 3가지를 쓰시오.

해답 1. 개인보호구(절연장갑) 착용
2. 정전작업 실시
3. 감전방지용 누전차단기 설치
4. 당해 전선의 절연성능 이상으로 전선접속부 절연조치

문제 이 재해유형의 정의를 쓰시오.

해답 1. 감전(感電, Electric Shock) : 인체의 일부 또는 전체에 전류가 흐르는 현상을 말하며 이에 의해 인체가 받게 되는 충격을 전격(電擊, Electric Shock)이라고 한다.
2. 감전(전격)에 의한 재해 : 인체의 일부 또는 전체에 전류가 흘렀을 때 인체 내에서 일어나는 생리적인 현상으로 근육의 수축, 호흡곤란, 심실세동 등으로 부상·사망하거나 추락·전도 등의 2차적 재해가 일어나는 것을 말한다.

출제분야	전기안전
작업명	사출성형기 금형작업

▷ 동영상 설명

화면은 사출성형기 작업 및 관련 재해 동영상이다.

문제 사출성형기 V형 금형 작업 중 감전 재해가 발생한 사례이다. 다음 물음에 답하시오.

(1) 이 동영상에서 발생한 감전재해 대책을 쓰시오.

해답

간접접촉(누전)에 의한 감전인 경우	충전부 직접접촉에 의한 감전인 경우
① 전기기계 · 기구 접지 실시	① 정전작업 실시(작업 전 전원 차단)
② 누전차단기 접속 · 사용	② 노출 충전부 방호조치
③ 주기적인 절연저항 측정	③ 절연 보호구 착용

▶ 여러 경우가 출제될 수 있으므로 화면을 보고 두 가지 중 한 가지를 쓰면 된다.

(2) 이 영상에 나타난 재해원인 중 기인물을 무엇인가?

해답 사출성형기

문제 동영상 화면은 사출성형기의 금형을 손으로 청소하다가 감전사고가 발생한 장면을 보여주고 있다. 재해발생원인을 3가지만 쓰시오.

간접접촉(누전)에 의한 감전인 경우	충전부 직접접촉에 의한 감전인 경우
① 전기기계·기구 접지 미실시	① 정전작업 미실시(작업 전 전원 차단 미실시)
② 누전차단기 미설치	② 노출 충전부 방호조치 미실시
③ 주기적인 절연저항 측정관리 미실시	③ 절연 보호구 미착용

▸ 여러 경우가 출제될 수 있으므로 화면을 보고 두 가지 중 한 가지를 쓰면 된다.

문제 화면은 정지된 기계 점검 중 작업자가 감전당하는 동영상이다. 이 동영상에서 (1) 재해 발생 형태 및 (2) 발생원인을 쓰시오.

해답 (1) 재해 발생 형태 : 감전
  (2) 재해 발생 원인 : 정전작업 미실시, 개인보호구(절연장갑 등) 미착용 등

▷ **동영상 설명**

동영상은 작업자가 퓨즈 교체작업 중 발생한 감전재해 사례이다.

문제 전기기계 · 기구 중 누전에 의한 감전위험을 방지하기 위하여 감전방지용 누전차단기를 설치해야 하는 경우 3가지를 쓰시오.

해답 **누전차단기 적용범위(안전보건규칙 제304조)**

1. 대지전압이 150볼트를 초과하는 이동형 또는 휴대형 전기기계 · 기구
2. 물 등 도전성이 높은 액체가 있는 습윤 장소에서 사용하는 저압용 전기기계 · 기구
3. 철판 · 철골 위 등 도전성이 높은 장소에서 사용하는 이동형 또는 휴대형 전기기계 · 기구
4. 임시배선의 전로가 설치되는 장소에서 사용하는 이동형 또는 휴대형 전기기계 · 기구

▶ **동영상 설명**

화면은 전신주의 형강을 교체하고 있는 동영상이다.

문제 화면의 전기형강작업 중 위험요인(결여사항) 3가지를 기술하시오.

해답 1. 안전수칙 미준수(작업자세 및 상태불량 등) : 작업자 흡연 등
2. 감전 위험
3. 추락 위험 : 작업발판
4. 낙하·비래 위험 : COS 고정상태 불량

문제 화면에서 결여사항을 조치할 내용(안전대책) 3가지를 쓰시오.

해답

정전작업 시 단계 조치	정전작업 시의 조치사항(안전보건규칙 제319조)
작업 전(정전절차)	① 전기기기등에 공급되는 모든 전원을 관련 도면, 배선도 등으로 확인할 것 ② 전원을 차단한 후 각 단로기 등을 개방하고 확인할 것 ③ 차단장치나 단로기 등에 잠금장치 및 꼬리표를 부착할 것 ④ 개로된 전로에서 유도전압 또는 전기에너지가 축적되어 근로자에게 전기위험을 끼칠 수 있는 전기기기등은 접촉하기 전에 잔류전하를 완전히 방전시킬 것 ⑤ 검전기를 이용하여 작업 대상 기기가 충전되었는지를 확인할 것 ⑥ 전기기기등이 다른 노출 충전부와의 접촉, 유도 또는 예비동력원의 역송전 등으로 전압이 발생할 우려가 있는 경우에는 충분한 용량을 가진 단락 접지기구를 이용하여 접지할 것

정전작업 시 단계 조치	정전작업 시의 조치사항(안전보건규칙 제319조)
작업 중/종료 후	① 작업기구, 단락 접지기구 등을 제거하고 전기기기등이 안전하게 통전될 수 있는지를 확인할 것 ② 모든 작업자가 작업이 완료된 전기기기등에서 떨어져 있는지를 확인할 것 ③ 잠금장치와 꼬리표는 설치한 근로자가 직접 철거할 것 ④ 모든 이상 유무를 확인한 후 전기기기등의 전원을 투입할 것

충전전로에서의 전기작업(안전보건규칙 제321조)

① 사업주는 근로자가 충전전로를 취급하거나 그 인근에서 작업하는 경우에는 다음 각 호의 조치를 하여야 한다.
  1. 충전전로를 정전시키는 경우에는 제319조에 따른 조치를 할 것
  2. 충전전로를 방호, 차폐하거나 절연 등의 조치를 하는 경우에는 근로자의 신체가 전로와 직접 접촉하거나 도전재료, 공구 또는 기기를 통하여 간접 접촉되지 않도록 할 것
  3. 충전전로를 취급하는 근로자에게 그 작업에 적합한 절연용 보호구를 착용시킬 것
  4. 충전전로에 근접한 장소에서 전기작업을 하는 경우에는 해당 전압에 적합한 절연용 방호구를 설치할 것. 다만, 저압인 경우에는 해당 전기작업자가 절연용 보호구를 착용하되, 충전전로에 접촉할 우려가 없는 경우에는 절연용 방호구를 설치하지 아니할 수 있다.
  5. 고압 및 특별고압의 전로에서 전기작업을 하는 근로자에게 활선작업용 기구 및 장치를 사용하도록 할 것
  6. 근로자가 절연용 방호구의 설치·해체작업을 하는 경우에는 절연용 보호구를 착용하거나 활선작업용 기구 및 장치를 사용하도록 할 것

문제 이 작업(정전작업)을 완료한 후 조치사항 3가지를 쓰시오.

해답 1. 작업기구, 단락 접지기구 등을 제거하고 전기기기등이 안전하게 통전될 수 있는지를 확인할 것
  2. 모든 작업자가 작업이 완료된 전기기기등에서 떨어져 있는지를 확인할 것
  3. 잠금장치와 꼬리표는 설치한 근로자가 직접 철거할 것
  4. 모든 이상 유무를 확인한 후 전기기기등의 전원을 투입할 것

문제 화면을 보고 작업자가 착용해야 할 보호장구 2가지를 쓰시오.

해답 1. 안전(절연)모, 2. 안전대, 3. 안전화, 4. 절연장갑, 5. 활선접근경보기 등

문제 화면은 전신주에서 정전작업(봉각 교체작업)을 실시하고 있는 동영상이다. 이 작업 시 위험요인을 쓰시오.

해답 (1) 감전 위험
　　　1. 근접 활선에 대한 감전 위험
　　　2. 개폐기 오조작에 의한 감전 위험
　　　3. 근접 활선으로부터 정전유도에 의해 정전선로가 충전되어 감전 위험
　　(2) 기타 위험
　　　1. 추락 위험
　　　2. 낙하 · 비래물에 의한 하부 작업자의 접촉 · 충돌 재해 등

▷ **동영상 설명**

화면은 변압기 작업 및 재해 관련 동영상이다.

문제 화면은 1만 볼트의 고압이 인가된 기계에 변압기를 연결하여 내전압 검사 중 재해가 발생한 상황의 동영상이다. 다음 물음에 답하시오

(1) 화면의 동영상을 참고하여 사고원인을 3가지로 분류하여 쓰시오.

해답 1. 개인보호구(절연장갑 등) 미착용
2. 신호전달체계 불량
3. 작업자 안전수칙 미준수(활선 및 정전상태 미확인 후 작업)

(2) 화면에서 작업자가 착용해야 하는 보호장구 2가지를 쓰시오.

해답 1. 절연장갑, 2. 절연화

(3) 변압기 활선작업 시 감전사고 예방을 위한 활선 유무 확인방법 3가지를 쓰시오.

해답 1. 검전기(활선접근경보기)로 확인
2. 테스터기 활용(지시치 확인)
3. 변압기 전로의 전원투입 개폐기 투입상태 확인

문제 화면의 동영상에서 제어실(Test Room)과 작업장이 막혀 있어 원활한 의사소통이 되지 못하고 있다. 이에 대한 대책을 쓰시오.

해답 대화창을 설치한다.

문제 동영상에서 작업자는 고압변전설비(66,000V) 부근에서 공놀이를 하다가 공이 울타리 안쪽에 위치한 변압기 상단의 충전부에 떨어져 공을 주우러 가려 하고 있다. 영상을 참고하여 다음 물음에 답하시오.

(1) 동영상에서 예상되는 재해의 종류를 쓰시오.

해답 감전재해

(2) 동영상에서의 재해방지대책 4가지를 쓰시오.

해답 1. 전기시설물(고압변전설비) 주위 공놀이 금지
2. 변전설비에 관계근로자 외의 자의 출입이 금지되도록 잠금장치를 하고 위험표시 등의 방법으로 방호를 강화할 것
3. 전기의 위험성에 대한 안전교육 실시
4. 유자격자에 의한 변압기 상단의 공 제거(전원 차단 후)

문제 변전실 같은 곳에서 맨손으로 드라이버 등 공구를 사용하여 작업 중 감전되는 동영상이다. 간접원인은 무엇인가?

해답 잔류전하에 의한 방전

출제분야	전기안전
작업명	정전작업

▷ **동영상 설명**

화면은 정전작업에 관련된 그림을 보여주고 있다.

문제 정전작업 시 안전조치사항에 대하여 쓰시오.

해답 정전작업 시 단계 조치	정전작업 시의 조치사항(안전보건규칙 제319조)
작업 전(정전절차)	① 전기기기등에 공급되는 모든 전원을 관련 도면, 배선도 등으로 확인할 것 ② 전원을 차단한 후 각 단로기 등을 개방하고 확인할 것 ③ 차단장치나 단로기 등에 잠금장치 및 꼬리표를 부착할 것 ④ 개로된 전로에서 유도전압 또는 전기에너지가 축적되어 근로자에게 전기위험을 끼칠 수 있는 전기기기등은 접촉하기 전에 잔류전하를 완전히 방전시킬 것 ⑤ 검전기를 이용하여 작업 대상 기기가 충전되었는지를 확인할 것 ⑥ 전기기기등이 다른 노출 충전부와의 접촉, 유도 또는 예비동력원의 역송전 등으로 전압이 발생할 우려가 있는 경우에는 충분한 용량을 가진 단락 접지기구를 이용하여 접지할 것
작업 중/종료 후	① 작업기구, 단락 접지기구 등을 제거하고 전기기기등이 안전하게 통전될 수 있는지를 확인할 것 ② 모든 작업자가 작업이 완료된 전기기기등에서 떨어져 있는지를 확인할 것 ③ 잠금장치와 꼬리표는 설치한 근로자가 직접 철거할 것 ④ 모든 이상 유무를 확인한 후 전기기기등의 전원을 투입할 것

문제 화면에서 작업자가 정전상태를 확인하면서 작업할 수 있도록 하기 위한 경보장치는 무엇인가?

해답 활선접근경보기

문제 동영상은 중앙제어실에서 스피커를 통해서 지시된 지시사항을 정확히 듣지 못한 상태에서 NFB(No Fuse Breaker : 배선용 차단기)를 투입하는 장면을 보여주고 있다. 영상을 참고하여 다음 물음에 답하시오.

(1) 핵심위험요인(위험 Point) 3가지를 쓰시오.

해답 1. NFB 오조작에 의한 감전사고
2. 작업장소 내의 작업자 유무 미확인에 대한 위험
3. 작업지시내용 오판에 대한 즉각적인 행동에 의한 위험

(2) 정전작업 종료 후 전원을 재투입하고자 할 때에 안전조치사항 2가지를 쓰시오.

해답 1. 단락접지기구의 철거
2. 시건장치 및 표지판 철거
3. 작업자에 대한 위험이 없는 것을 최종 확인
4. 개폐기 투입으로 송전재개

문제 MCCB 전원을 투입하여 발생한 재해사례이다. 안전대책을 쓰시오.

해답 1. 전로의 개로개폐기에 시건장치 및 통전금지 표지판 부착
2. 작업 전 신호체계 확립 및 작업지휘자에 의한 작업지휘
3. 차단기에 회로구분 표찰 부착에 의한 오조작 방지 등

문제 동영상은 작업자가 전동권선기에 동선을 감는 작업 중에 기계가 정지하여 기계 내부를 손으로 점검하다가 사고가 발생한 장면을 보여주고 있다. 동영상에 나타난 (1) 재해형태와 (2) 재해발생원인을 1가지만 쓰시오.

해답 (1) 재해형태 : 감전
(2) 재해발생원인 : 정전작업 미실시, 절연보호구(절연장갑) 미착용 등

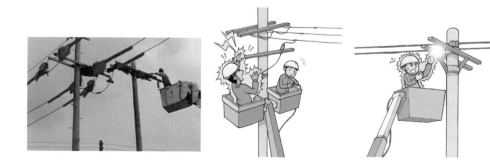

▷ **동영상 설명**

화면은 활선작업에 대한 동영상이다.

문제 이와 같이 활선작업 시 내재되어 있는 핵심 위험요인을 3가지만 쓰시오.

해답 1. 근접활선(절연용 방호구 미설치)에 대한 감전 위험
2. 절연용 보호구 착용상태 불량에 따른 감전 위험
3. 활선작업거리 미준수에 따른 감전 위험
4. 작업장소의 관계근로자 외의 자의 출입에 따른 감전 위험

▶ **동영상 설명**

화면은 크레인, 항타기 등의 고압전선로 인근 작업에 관한 동영상이다.

문제 동영상에서와 같은 항타기 · 항발기 작업 시 안전작업수칙을 2가지만 쓰시오.

해답

충전전로 인근에서 차량 · 기계장치 작업(안전보건규칙 제322조)

① 사업주는 충전전로 인근에서 차량, 기계장치 등(이하 이 조에서 "차량등"이라 한다)의 작업이 있는 경우에는 차량등을 충전전로의 충전부로부터 300센티미터 이상 이격시켜 유지시키되, 대지전압이 50킬로볼트를 넘는 경우 이격시켜 유지하여야 하는 거리(이하 이 조에서 "이격거리"라 한다)는 10킬로볼트 증가할 때마다 10센티미터씩 증가시켜야 한다. 다만, 차량등의 높이를 낮춘 상태에서 이동하는 경우에는 이격거리를 120센티미터 이상(대지전압이 50킬로볼트를 넘는 경우에는 10킬로볼트 증가할 때마다 이격거리를 10센티미터씩 증가)으로 할 수 있다.

② 제1항에도 불구하고 충전전로의 전압에 적합한 절연용 방호구 등을 설치한 경우에는 이격거리를 절연용 방호구 앞면까지로 할 수 있으며, 차량등의 가공 붐대의 버킷이나 끝부분 등이 충전전로의 전압에 적합하게 절연되어 있고 유자격자가 작업을 수행하는 경우에는 붐대의 절연되지 않은 부분과 충전전로 간의 이격거리는 제321조제1항의 표에 따른 접근 한계거리까지로 할 수 있다.

③ 사업주는 다음 각 호의 경우를 제외하고는 근로자가 차량등의 그 어느 부분과도 접촉하지 않도록 울타리을 설치하거나 감시인 배치 등의 조치를 하여야 한다.

　1. 근로자가 해당 전압에 적합한 제323조제1항의 절연용 보호구등을 착용하거나 사용하는 경우

　2. 차량등의 절연되지 않은 부분이 제321조 제1항의 표에 따른 접근 한계거리 이내로 접근하지 않도록 하는 경우

④ 사업주는 충전전로 인근에서 접지된 차량등이 충전전로와 접촉할 우려가 있을 경우에는 지상의 근로자가 접지점에 접촉하지 않도록 조치하여야 한다.

문제 화면은 1만 볼트의 전압이 흐르는 고압선 아래에서 작업 중 발생한 재해사례이다. 다음 물음에 답하시오.

> (1) 크레인을 이용하여 고압선 주변에서 작업할 경우 안전대책 3가지를 쓰시오.

해답 충전전로 인근에서 차량 · 기계장치 작업(안전보건규칙 제322조) 참조

> (2) 이 경우 충전전로의 접근한계거리는 얼마인가?

해답 300cm

충전전로 인근에서 차량, 기계장치 등(이하 이 조에서 "차량등"이라 한다)의 작업이 있는 경우에는 차량등을 충전전로의 충전부로부터 300센티미터 이상 이격시켜 유지시키되, 대지전압이 50킬로볼트를 넘는 경우 이격시켜 유지하여야 하는 거리(이하이 조에서 "이격거리"라 한다)는 10킬로볼트 증가할 때마다 10센티미터씩 증가시켜야 한다. 다만, 차량등의 높이를 낮춘 상태에서 이동하는 경우에는 이격거리를 120센티미터 이상(대지전압이 50킬로볼트를 넘는 경우에는 10킬로볼트 증가할 때마다 이격거리를 10센티미터씩 증가)으로 할 수 있다.

문제 화면은 30kV의 전압이 흐르는 전선 아래에서 작업 중 발생한 재해사례이다. 다음 물음에 답하시오.

> (1) 동영상과 같이 작업할 경우 사업주가 조치를 하여야 하는 사항을 적으시오.

해답 충전전로 인근에서 차량 · 기계장치 작업(안전보건규칙 제322조) 참조

> (2) 이 경우 작업자의 신체 등과 충전전로와의 사이에 접근한계거리(cm)는 얼마인가?

해답 300cm

충전전로 인근에서 차량, 기계장치 등(이하 이 조에서 "차량등"이라 한다)의 작업이 있는 경우에는 차량등을 충전전로의 충전부로부터 300센티미터 이상 이격시켜 유지시키되, 대지전압이 50킬로볼트를 넘는 경우 이격시켜 유지하여야 하는 거리(이하이 조에서 "이격거리"라 한다)는 10킬로볼트 증가할 때마다 10센티미터씩 증가시켜야 한다. 다만, 차량등의 높이를 낮춘 상태에서 이동하는 경우에는 이격거리를 120센티미터 이상(대지전압이 50킬로볼트를 넘는 경우에는 10킬로볼트 증가할 때마다 이격거리를 10센티미터씩 증가)으로 할 수 있다.

문제 화면은 고압선(활선) 부근에서 항타기로 전주를 세우는 작업 중 전로에 접촉하여 발생한 재해 사례이다. 다음 물음에 답하시오.

> (1) 동영상에서와 같이 발생한 재해발생 원인 중 직접원인에 해당되는 것은 무엇인가?

[해답] 근접 활선에 접촉

> (2) 동영상에서와 같은 동종재해를 예방하기 위한 대책 중 관리적 대책 3가지를 쓰시오.

[해답] 충전전로 인근에서 차량·기계장치 작업(안전보건규칙 제322조) 참조

문제 크레인을 이용하여 철근 운반 중 크레인 붐대가 22.9kV의 특고압전선에 접촉되어 철근다발을 잡고 있던 작업자가 감전되어 사망하였다. 다음 동영상에서의 재해원인 및 안전대책을 각각 3가지씩 쓰시오.

재해원인	안전대책
① 감전방지용 울타리 미설치 ② 감시인(신호수 등) 미배치 ③ 충전전로에 절연용 방호구 미설치	충전전로 인근에서 차량·기계장치 작업 (안전보건규칙 제322조) 참조

[해답] (표 앞)

▶ **동영상 설명**

화면은 교류아크용접작업 및 관련 재해가 발생한 동영상이다.

문제 화면은 교류아크용접작업 시 재해가 발생한 사례이다. 이 작업 시 눈과 감전재해위험으로부터 작업자를 보호하기 위해 착용해야 할 보호구 명칭 두 가지를 쓰시오.

해답	재해의 구분		보호구
눈	아크에 의한 장애 (가시광선, 적외선, 자외선)		차광보호구(보호안경과 보호면)
피부	감전 및 화상		가죽제품의 장갑, 앞치마, 각반, 안전화
용접 흄 및 가스(CO_2, H_2O)			방진마스크, 방독마스크, 송기마스크

문제 동영상의 화면은 교류아크용접작업을 하는 장면을 보여주고 있다. 다음 물음에 답하시오.

(1) 교류아크용접기에 부착하는 방호장치를 쓰시오.

해답 자동전격방지장치

(2) 교류아크용접작업 시 착용하는 보호구 5가지를 쓰시오.

해답

재해의 구분		보호구
눈	아크에 의한 장애 (가시광선, 적외선, 자외선)	차광보호구(보호안경과 보호면)
피부	감전 및 화상	가죽제품의 장갑, 앞치마, 각반, 안전화
용접 흄 및 가스(CO_2, H_2O)		방진마스크, 방독마스크, 송기마스크

▷ **동영상 설명**

화면은 폭발성 물질 취급작업 중 재해가 발생한 동영상이다.

문제 이 화면과 같이 폭발성 물질 저장소에 들어가는 작업자가 (1) 신발에 물을 묻히는 이유와 (2) 화재 시 소화방법에 대해 쓰시오.

해답 (1) 신발에 물을 묻히는 이유 : 대부분의 물체는 습도가 증가하면 전기저항치가 저하하고 이에 따라 대전성이 저하하므로, 작업자가 신발에 물을 묻히게 되면 도전성이 증가(전기저항치 감소)하고 이에 따라 인체의 대전성이 저하되므로 정전기 착화성 방전에 의한 화재 폭발을 방지할 수 있음
(2) 화재 시 소화방법 : 다량 주수에 의한 냉각소화(폭발성 물질은 분해에 의하여 산소가 공급되기 때문에 연소가 격렬하며 그 자체의 분해도 격렬하다. 소화법으로는 물을 다량 사용해서 냉각하여 분해온도 이하로 낮추고 가연물의 연소도 억제해서 폭발을 방지하는 것이다. 소화제로는 질식소화는 효과가 없고, 물을 다량으로 사용하는 것이 최선이다.)

▷ **동영상 설명**

화면은 작업자가 전신주에 올라가다 도중에 장애물(도로표지판)에 머리를 부딪치는 동영상이다.

문제 이 화면에서 위험요인 2가지를 쓰시오.

해답 1. 추락위험 : 안전대 미착용
　　　2. 낙하 · 비래 위험 : COS 고정상태 불량

▷ 동영상 설명

화면은 VDT(영상표시단말기)를 취급하는 작업이다.

문제 화면에서 VDT(영상표시단말기) 작업 시 위험요인 3가지를 쓰시오.

해답 1. 불편한 자세 : 책상 및 컴퓨터의 위치 또는 구조로 인한 불편한 자세 유발
 2. 반복성 : 키보드, 마우스 작업 시 높은 반복작업 발생
 3. 정적 자세 : 작업 시 정적 자세 발생
 4. 접촉 스트레스 : 책상 모서리 및 키보드, 마우스 사용시 접촉 스트레스 발생

문제 화면에서와 같이 VDT(영상표시단말기)를 취급하는 작업장 주변환경의 밝기는 어느 정도의 조도가 적당한지
쓰시오.

해답 [참고자료] → 영상표시단말기(VDT) 취급 근로자 작업관리지침 → 제7조 참조
 1. 화면의 바탕색이 검정 계통일 경우 : 300~500[Lux]
 2. 화면의 바탕색이 흰색 계통일 경우 : 500~700[Lux]

문제 VDT 작업 시 올바른 작업자세를 3가지만 쓰시오.

해답 [참고자료] → 영상표시단말기(VDT) 취급 근로자 작업관리지침 → 제6조 참조

1. 영상표시단말기 취급 근로자의 시선은 화면상단과 눈높이가 일치할 정도로 하고 작업 화면상의 시야범위는 수평선상으로부터 10~15° 밑에 오도록 하며 화면과 근로자의 눈과의 거리(시거리 : Eye-screen Distance)는 적어도 40cm 이상이 확보될 수 있도록 할 것
2. 위팔(Upper Arm)은 자연스럽게 늘어뜨려, 작업자의 어깨가 들리지 않아야 하며, 팔꿈치의 내각은 90° 이상이 되어야 하고, 아래팔(Forearm)은 손등과 수평을 유지하여 키보드를 조작하도록 할 것
3. 연속적인 자료의 입력작업 시에는 서류받침대(Document Holder)를 사용하도록 하고, 서류받침대는 높이·거리·각도 등을 조절하여 화면과 동일한 높이 및 거리에 두어 작업하도록 할 것(그림 4)
4. 의자에 앉을 때는 의자 깊숙이 앉아 의자등받이에 작업자의 등이 충분히 지지되도록 할 것
5. 영상표시단말기 취급근로자의 발바닥 전면이 바닥면에 닿는 자세를 기본으로 하되, 그러하지 못할 때에는 발 받침대(Foot Rest)를 조건에 맞는 높이와 각도로 설치할 것
6. 무릎의 내각(Knee Angle)은 90° 전후가 되도록 하되, 의자의 앉는 면의 앞부분과 영상표시단말기 취급근로자의 종아리 사이에는 손가락을 밀어 넣을 정도의 틈새가 있도록 하여 종아리와 대퇴부에 무리한 압력이 가해지지 않도록 할 것(그림 6)
7. 키보드를 조작하여 자료를 입력할 때 양 손목을 바깥으로 꺾은 자세가 오래 지속되지 않도록 주의할 것

문제 동영상은 VDT(영상표시단말기) 작업을 하고 있는 작업자가 의자에 엉덩이를 반 정도 걸친 자세로 앉아서 팔이 들린 채로 작업을 실시하고 있다. 이 동영상에서와 같은 작업자세로 VDT작업을 장시간 실시할 경우에 올 수 있는 신체이상증상(장애) 3가지를 쓰시오.

해답 그림 참조

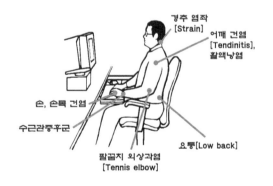

1. 장시간 불편한 자세에 의한 요통장애
2. 반복작업에 의한 어깨 및 손목 통증
3. 장시간 화면 보기에 의한 시력 저하 및 장애

영상표시단말기(VDT) 취급 근로자 작업관리지침

제1장 총칙

제1조(목적)

이 고시는 「산업안전보건법」 제13조에 따라 영상표시단말기(Visual Display Terminal, VDT)작업에 종사하는 근로자의 건강장해를 예방하기 위하여 사업주 또는 근로자가 지켜야 하는 지침을 정하는 것을 목적으로 한다.

제2조(정의)

① 이 고시에서 사용하는 용어의 뜻은 다음과 같다.
  1. "영상표시단말기"란 음극선관(Cathode, CRT)화면, 액정 표시(Liquid Crystal Display, LCD)화면, 가스플라즈마(Gasplasma)화면 등의 영상표시단말기를 말한다.
  2. "영상표시단말기등"이란 영상표시단말기 및 영상표시단말기와 연결하여 자료의 입력·출력·검색 등에 사용하는 키보드·마우스·프린터 등 영상표시단말기의 주변기기를 말한다.
  3. "영상표시단말기 취급근로자"란 영상표시단말기의 화면을 감시·조정하거나 영상표시단말기 등을 사용하여 입력·출력·검색·편집·수정·프로그래밍·컴퓨터설계(CAD) 등의 작업을 하는 사람을 말한다.
  4. "영상표시단말기 연속작업"이란 자료입력·문서작성·자료검색·대화형 작업·컴퓨터설계(CAD) 등 근무시간동안 연속하여 영상표시단말기 화면을 보거나 키보드·마우스 등을 조작하는 작업을 말한다.
  5. "영상표시단말기 작업으로 인한 관련 증상(VDT 증후군)"이란 영상 표시단말기를 취급하는 작업으로 인하여 발생되는 경견완증후군 및 기타 근골격계 증상·눈의 피로·피부증상·정신신경계증상 등을 말한다.
② 그 밖에 이 고시에서 사용하는 용어의 뜻은 이 고시에 특별한 규정이 없으면 「산업안전보건법」, 같은 법 시행령 및 시행규칙, 「산업안전보건기준에 관한 규칙」에서 정하는 바에 따른다.

제3조(적용대상)

이 고시는 영상표시단말기 취급 작업을 보유한 사업주 및 해당 업무에 종사하는 근로자에 대하여 적용한다.

제2장 작업관리

제4조(작업시간 및 휴식시간)

① 사업주는 영상표시단말기 연속작업을 수행하는 근로자에 대해서는 영상표시단말기 작업 외의 작업을 중간에 넣거나 또는 다른 근로자와 교대로 실시하는 등 계속해서 영상표시단말기 작업을 수행하지 않도록 하여야 한다.

② 사업주는 영상표시단말기 연속작업을 수행하는 근로자에 대하여 작업시간중에 적정한 휴식시간을 주어야 한다. 다만, 연속작업 직후 「근로기준법」 제54조에 따른 휴게시간 또는 점심시간이 있을 경우에는 그러하지 아니하다.

③ 사업주는 영상표시단말기 연속작업을 수행하는 근로자가 휴식시간을 적절히 활용할 수 있도록 휴식장소를 제공하여야 한다.

제5조(작업기기의 조건)

① 사업주는 다음 각 호의 성능을 갖춘 영상표시단말기 화면을 제공하여야 한다.

1. 영상표시단말기 화면은 회전 및 경사조절이 가능할 것
2. 화면의 깜박거림은 영상표시단말기 취급근로자가 느낄 수 없을 정도이어야 하고 화질은 항상 선명할 것
3. 화면에 나타나는 문자 · 도형과 배경의 휘도비(Contrast)는 작업자가 용이하게 조절할 수 있을 것
4. 화면상의 문자나 도형 등은 영상표시단말기 취급근로자가 읽기 쉽도록 크기 · 간격 및 형상 등을 고려할 것
5. 단색화면일 경우 색상은 일반적으로 어두운 배경에 밝은 황 · 녹색 또는 백색문자를 사용하고 적색 또는 청색의 문자는 가급적 사용하지 않을 것

② 사업주는 다음 각 호의 성능 및 구조를 갖춘 키보드와 마우스를 제공하여야 한다.

1. 키보드는 특수목적으로 고정된 경우를 제외하고는 영상표시단말기 취급 근로자가 조작위치를 조정할 수 있도록 이동이 가능할 것
2. 키의 성능은 입력 시 영상표시단말기 취급 근로자가 키의 작동을 자연스럽게 느낄 수 있도록 촉각 · 청각 및 작동압력 등을 고려할 것
3. 키의 윗부분에 새겨진 문자나 기호는 명확하고, 작업자가 쉽게 판별할 수 있을 것
4. 키보드의 경사는 5도 이상 15도 이하, 두께는 3센티미터 이하로 할 것
5. 키보드와 키 윗부분의 표면은 무광택으로 할 것
6. 키의 배열은 입력 작업 시 작업자의 팔 자세가 자연스럽게 유지되고 조작이 원활하도록 배치할 것
7. 작업자의 손목을 지지해 줄 수 있도록 작업대 끝면과 키보드의 사이는 15센티미터 이상을 확보하고 손목의 부담을 경감할 수 있도록 적절한 받침대(패드)를 이용할 수 있을 것
8. 마우스는 쥐었을 때 작업자의 손이 자연스러운 상태를 유지할 수 있을 것

③ 사업주는 다음 각 호의 사항을 갖춘 작업대를 제공하여야 한다.

1. 작업대는 모니터 · 키보드 및 마우스 · 서류받침대 및 그 밖에 작업에 필요한 기구를 적절하게 배치할 수 있도록 충분한 넓이를 갖출 것
2. 작업대는 가운데 서랍이 없는 것을 사용하도록 하며, 근로자가 영상표시단말기 작업 중에 다리를 편안하게 놓을 수 있도록 다리 주변에 충분한 공간을 확보할 것

3. 작업대의 높이(키보드 지지대가 별노 설치된 경우에는 키보드 시시내 높이)는 조정되지 않는 작업내를 사용하는 경우에는 바닥면에서 작업대 높이가 60센티미터 이상 70센티미터 이하 범위의 것을 선택하고, 높이 조정이 가능한 작업대를 사용하는 경우에는 바닥면에서 작업대 표면까지의 높이가 65센티미터 전후에서 작업자의 체형에 알맞도록 조정하여 고정할 수 있을 것

4. 작업대의 앞쪽 가장자리는 둥글게 처리하여 작업자의 신체를 보호할 수 있을 것

④ 사업주는 다음 각 호의 사항을 갖춘 의자를 제공하여야 한다.

1. 의자는 안정감이 있어야 하며 이동 회전이 자유로운 것으로 하되 미끄러지지 않는 구조일 것

2. 바닥 면에서 앉는 면까지의 높이는 눈과 손가락의 위치를 적절하게 조절할 수 있도록 적어도 35센티미터 이상 45센티미터 이하의 범위에서 조정이 가능할 것

3. 의자는 충분한 넓이의 등받이가 있어야 하고 영상표시단말기 취급 근로자의 체형에 따라 요추(Lumbar)부위부터 어깨부위까지 편안하게 지지할 수 있어야 하며 높이 및 각도의 조절이 가능할 것

4. 영상표시단말기 취급근로자가 필요에 따라 팔걸이(Elbow Rest)를 사용할 수 있을 것

5. 작업 시 영상표시단말기 취급근로자의 등이 등받이에 닿을 수 있도록 의자 끝부분에서 등받이까지의 깊이가 38센티미터 이상 42센티미터 이하일 것

6. 의자의 앉는 면은 영상표시단말기 취급근로자의 엉덩이가 앞으로 미끄러지지 않는 재질과 구조로 되어야 하며 그 폭은 40센티미터 이상 45센티미터 이하일 것

제6조(작업자세)

영상표시단말기 취급근로자는 다음 각 호의 요령에 따라 의자의 높이를 조절하고 화면 · 키보드 · 서류받침대 등의 위치를 조정하도록 한다.

1. 영상표시단말기 취급근로자의 시선은 화면상단과 눈높이가 일치할 정도로 하고 작업 화면상의 시야는 수평선상으로부터 아래로 10도 이상 15도 이하에 오도록 하며 화면과 근로자의 눈과의 거리(시거리 : Eye-Screen Distance)는 40센티미터 이상을 확보할 것
작업자의 시선은 수평선상으로부터 아래로 10~15° 이내일 것
눈으로부터 화면까지의 시거리는 40cm 이상을 유지할 것

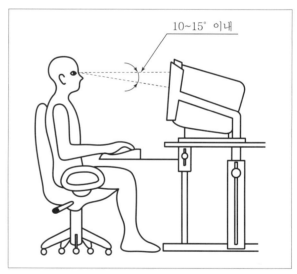

[그림 1] 작업자의 시선범위

2. 윗팔(Upper Arm)은 자연스럽게 늘어뜨리고, 작업자의 어깨가 들리지 않아야 하며, 팔꿈치의 내각은 90도 이상이
   되어야 하고, 아래팔(Forearm)은 손등과 수평을 유지하여 키보드를 조작할 것(그림 2, 3)
   아래팔은 손등과 일직선을 유지하여 손목이 꺾이지 않도록 한다.

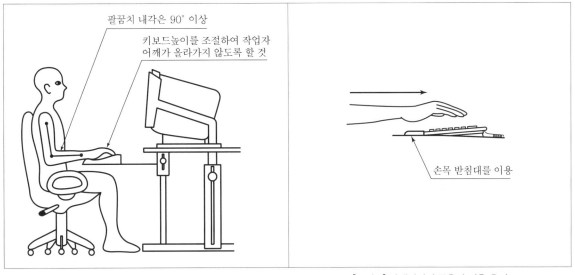

[그림 2] 팔꿈치 내각 및 키보드 높이   [그림 3] 아래팔과 손등은 수평을 유지

3. 연속적인 자료의 입력 작업 시에는 서류받침대(Document Holder)를 사용하도록 하고, 서류받침대는 높이 · 거리 ·
   각도 등을 조절하여 화면과 동일한 높이 및 거리에 두어 작업할 것(그림 4)

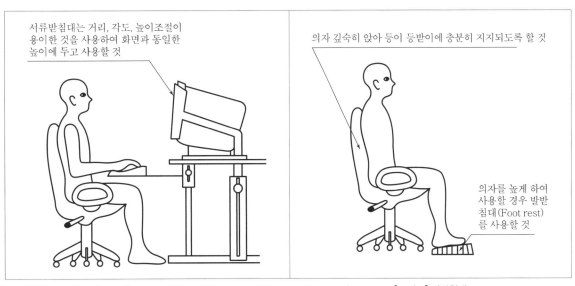

[그림 4] 서류받침대 사용   [그림 5] 발받침대

4. 의자에 앉을 때는 의자 깊숙이 앉아 의자등받이에 등이 충분히 시시되도록 할 것(그림 5)

5. 영상표시단말기 취급근로자의 발바닥 전면이 바닥면에 닿는 자세를 기본으로 하되, 그러하지 못할 때에는 발 받침대(Foot Rest)를 조건에 맞는 높이와 각도로 설치할 것(그림 5)

6. 무릎의 내각(Knee Angle)은 90도 전후가 되도록 하되, 의자의 앉는 면의 앞부분과 영상표시단말기 취급근로자의 종아리 사이에는 손가락을 밀어 넣을 정도의 틈새가 있도록 하여 종아리와 대퇴부에 무리한 압력이 가해지지 않도록 할 것(그림 6)

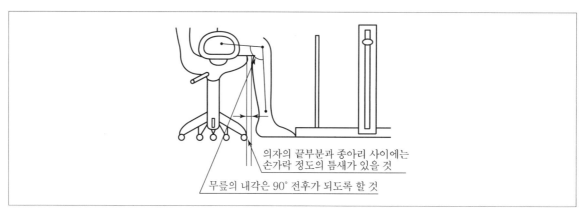

[그림 6] 무릎내각

7. 키보드를 조작하여 자료를 입력할 때 양 손목을 바깥으로 꺾은 자세가 오래 지속되지 않도록 주의할 것

제3장 작업환경관리

제7조(조명과 채광)

① 사업주는 작업실내의 창·벽면 등을 반사되지 않는 재질로 하여야 하며, 조명은 화면과 명암의 대조가 심하지 않도록 하여야 한다.

② 사업주는 영상표시단말기를 취급하는 작업장 주변환경의 조도를 화면의 바탕 색상이 검정색 계통일 때 300럭스(Lux) 이상 500럭스 이하, 화면의 바탕색상이 흰색 계통일 때 500럭스 이상 700럭스 이하를 유지하도록 하여야 한다.

③ 사업주는 화면을 바라보는 시간이 많은 작업일수록 화면 밝기와 작업대 주변 밝기의 차이를 줄이도록 하고, 작업 중 시야에 들어오는 화면·키보드·서류 등의 주요 표면 밝기를 가능한 한 같도록 유지하여야 한다.

④ 사업주는 창문에는 차광망 또는 커텐 등을 설치하여 직사광선이 화면·서류 등에 비치는 것을 방지하고 필요에 따라 언제든지 그 밝기를 조절할 수 있도록 하여야 한다.

⑤ 사업주는 작업대 주변에 영상표시단말기작업 전용의 조명등을 설치할 경우에는 영상표시단말기 취급근로자의 한쪽 또는 양쪽 면에서 화면·서류면·키보드 등에 균등한 밝기가 되도록 설치하여야 한다.

제8조(눈부심 방지)

① 사업주는 지나치게 밝은 조명·채광 또는 깜박이는 광원 등이 직접 영상표시단말기 취급근로자의 시야에 들어오지 않도록 하여야 한다.

② 사업주는 눈부심 방지를 위하여 화면에 보안경 등을 부착하여 빛의 반사가 증가하지 않도록 하여야 한다.

③ 사업주는 작업면에 도달하는 빛의 각도를 화면으로부터 45도 이내가 되도록 조명 및 채광을 제한하여 화면과 작업대 표면반사에 의한 눈부심이 발생하지 않도록 하여야 한다(그림 7). 다만, 조건상 빛의 반사방지가 불가능할 경우에는 다음 각 호의 방법으로 눈부심을 방지하도록 하여야 한다.

1. 화면의 경사를 조정할 것
2. 저휘도형 조명기구를 사용할 것
3. 화면상의 문자와 배경과의 휘도비(Contrast)를 낮출 것
4. 화면에 후드를 설치하거나 조명기구에 간이 차양막 등을 설치할 것
5. 그 밖의 눈부심을 방지하기 위한 조치를 강구할 것

빛이 작업화면에 도달하는 각도는 화면으로부터 45° 이내일 것

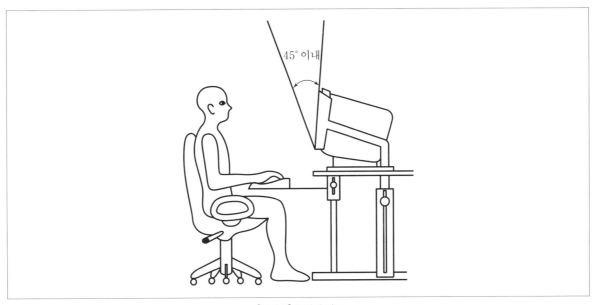

[그림 7] 조명의 각도

제9조(소음 및 정전기 방지)

사업주는 영상표시단말기 등에서 소음·정전기 등의 발생이 심하여 작업자에게 건강장해를 일으킬 우려가 있을 때에는 다음 각 호의 소음·정전기 방지조치를 취하거나 방지장치를 설치하도록 하여야 한다.

1. 프린터에서 소음이 심할 때에는 후드·칸막이·덮개의 설치 및 프린터의 배치 변경 등의 조치를 취할 것
2. 정전기의 방지는 접지를 이용하거나 알콜 등으로 화면을 깨끗이 닦아 방지할 것

제10조(온도 및 습도)

사업주는 영상표시단말기 작업을 주목적으로 하는 작업실 안의 온도를 18도 이상 24도 이하, 습도는 40퍼센트 이상 70퍼센트 이하를 유지하여야 한다.

제11조(점검 및 청소)

① 영상표시단말기 취급근로자는 작업개시 전 또는 휴식시간에 조명기구 · 화면 · 키보드 · 의자 및 작업대 등을 점검하여 조정하여야 한다.

② 영상표시단말기 취급근로자는 수시 또는 정기적으로 작업장소 · 영상표시단말기 등을 청소함으로써 항상 청결을 유지하여야 한다.

2 기출문제풀이

※ 아래 그림들은 실제 출제되는 동영상문제와 다를 수 있습니다.

출제연도	2007년 7월(A형)

05.

VDT작업을 하고 있다. 작업자는 의자에 엉덩이를 반 정도 걸친 자세로 팔이 들린 채 작업을 실시하고 있고 의자의 높이는 어깨높이이다. 이 작업을 장시간 실시할 경우 신체이상 3가지를 적으시오.

해답 그림 참조

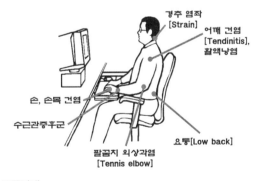

1. 장시간 불편한 자세에 의한 요통장애
2. 반복작업에 의한 어깨 및 손목 통증
3. 장시간 화면 보기에 의한 시력 저하 및 장애

01.

동영상은 작업자가 수중펌프 접속 부위에 감전되어 발생한 사고이다. 작업자가 감전사고를 당한 원인을 인체의 피부저항과 관련하여 설명하시오.

해답 1. 감전피해의 위험도에 가장 큰 영향을 미치는 통전전류의 크기는 인체의 전기저항 즉, 임피던스의 값에 의해 결정(반비례)되며 인체의 임피던스는 내부저항과 피부저항으로 구성
2. 내부저항은 교류, 직류에 따라 거의 일정(통전시간이 길어지면 인체의 온도상승에 의해 저항치 감소)하고 피부저항은 물에 젖어 있을 경우 1/25로 저항이 감소하므로 그만큼 통전전류가 커져 전격의 위험이 높아짐

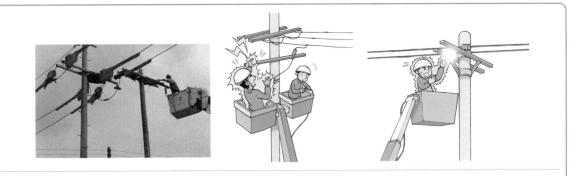

03.

화면은 활선작업에 대한 동영상이다. 이와 같이 활선작업 시 내재되어 있는 핵심 위험요인을 3가지만 쓰시오.

해답　1. 근접활선(절연용 방호구 미설치)에 대한 감전 위험
2. 절연용 보호구 착용상태 불량에 따른 감전 위험
3. 활선작업거리 미준수에 따른 감전 위험
4. 작업장소의 관계근로자 외의 자의 출입에 따른 감전 위험

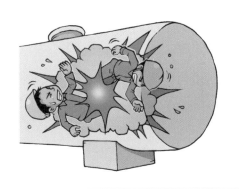

06.

화면은 폭발성 물질 취급작업 중 재해가 발생한 동영상이다. 이 화면과 같이 폭발성 물질 저장소에 들어가는 작업자가 (1) 신발에 물을 묻히는 이유와 (2) 화재 시 소화방법에 대해 쓰시오.

해답　(1) 신발에 물을 묻히는 이유 : 대부분의 물체는 습도가 증가하면 전기저항치가 저하하고 이에 따라 대전성이 저하하므로, 작업자가 신발에 물을 묻히게 되면 도전성이 증가(전기저항치 감소)하고 이에 따라 인체의 대전성이 저하되므로 정전기 착화성 방전에 의한 화재 폭발을 방지할 수 있음
(2) 화재 시 소화방법 : 다량 주수에 의한 냉각소화(폭발성 물질은 분해에 의하여 산소가 공급되기 때문에 연소가 격렬하며 그 자체의 분해도 격렬하다. 소화법으로는 물을 다량 사용해서 냉각하여 분해온도 이하로 낮추고 가연물의 연소도 억제해서 폭발을 방지하는 것이다. 소화제로는 질식소화는 효과가 없고, 물을 다량으로 사용하는 것이 최선이다.)

07.

동영상은 작업자가 승강기 컨트롤 패널의 덮개를 열고 내부를 점검하는 작업장면을 보여주고 있다. 이 화면에서 재해방지대책 3가지를 쓰시오.

해답 1. 정전작업 실시
2. 개인보호구 착용
3. 유자격자 이외는 전기기계 및 기구에 전기적인 접촉 금지
4. 관리감독자는 작업에 대한 안전교육 시행
5. 사고발생시의 처리순서를 미리 작성

PART
02

02.

화면은 안전대를 착용한 작업자가 전주에 올라가 변압기에 설치된 플랫폼 너트조임 작업을 하던 중 발판용 볼트를 딛자 미끄러지는 것을 보여준다. 영상을 통해 알 수 있는 불안전한 상태 2가지를 쓰시오.

해답   1. 불안전한 작업자세(작업자가 발판용 볼트를 딛고 있음)
　　　 2. 안전대 미고정

04.

화면은 전신주의 형강을 교체하고 있는 동영상이다. 이 작업(정전작업)이 완료한 후 조치사항 3가지를 쓰시오.

해답   1. 작업기구, 단락 접지기구 등을 제거하고 전기기기등이 안전하게 통전될 수 있는지를 확인할 것
　　　 2. 모든 작업자가 작업이 완료된 전기기기등에서 떨어져 있는지를 확인할 것
　　　 3. 잠금장치와 꼬리표는 설치한 근로자가 직접 철거할 것
　　　 4. 모든 이상 유무를 확인한 후 전기기기등의 전원을 투입할 것

03.

화면은 30kV의 전압이 흐르는 전선 아래에서 작업 중 발생한 재해사례이다. 이 동영상과 같이 작업할 경우 사업주가 조치하여야 하는 사항을 적으시오.

해답

충전전로 인근에서 차량·기계장치 작업(안전보건규칙 제322조)

① 사업주는 충전전로 인근에서 차량, 기계장치 등(이하 이 조에서 "차량등"이라 한다)의 작업이 있는 경우에는 차량등을 충전전로의 충전부로부터 300센티미터 이상 이격시켜 유지시키되, 대지전압이 50킬로볼트를 넘는 경우 이격시켜 유지하여야 하는 거리(이하 이 조에서 "이격거리"라 한다)는 10킬로볼트 증가할 때마다 10센티미터씩 증가시켜야 한다. 다만, 차량등의 높이를 낮춘 상태에서 이동하는 경우에는 이격거리를 120센티미터 이상(대지전압이 50킬로볼트를 넘는 경우에는 10킬로볼트 증가할 때마다 이격거리를 10센티미터씩 증가)으로 할 수 있다.

② 제1항에도 불구하고 충전전로의 전압에 적합한 절연용 방호구 등을 설치한 경우에는 이격거리를 절연용 방호구 앞면까지로 할 수 있으며, 차량등의 가공 붐대의 버킷이나 끝부분 등이 충전전로의 전압에 적합하게 절연되어 있고 유자격자가 작업을 수행하는 경우에는 붐대의 절연되지 않은 부분과 충전전로 간의 이격거리는 제321조제1항의 표에 따른 접근한계거리까지로 할 수 있다.

③ 사업주는 다음 각 호의 경우를 제외하고는 근로자가 차량등의 그 어느 부분과도 접촉하지 않도록 울타리을 설치하거나 감시인 배치 등의 조치를 하여야 한다.
  1. 근로자가 해당 전압에 적합한 제323조제1항의 절연용 보호구등을 착용하거나 사용하는 경우
  2. 차량등의 절연되지 않은 부분이 제321조제1항의 표에 따른 접근 한계거리 이내로 접근하지 않도록 하는 경우

④ 사업주는 충전전로 인근에서 접지된 차량등이 충전전로와 접촉할 우려가 있을 경우에는 지상의 근로자가 접지점에 접촉하지 않도록 조치하여야 한다.

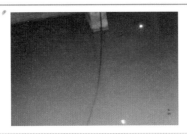

04.

영상의 작업자는 습윤한 장소에서 무채 작업을 하고 있다. 바닥은 작업자의 무릎정도로 물이 차 있으며 전기기구를 손으로 쥐고 있으며 이동전선이 물속에 잠겨있다. 위 동영상을 보고 습윤한 장소에서 감전 재해 이동전선 사용 전 점검사항 3가지를 쓰시오.

해답 1. 전선을 서로 접속하는 때에는 당해 전선의 절연성능 이상으로 절연될 수 있는 것으로 충분히 피복하거나 적합한 접속기구를 사용(접속부위의 절연상태 점검)
2. 물 등의 전도성이 높은 액체가 있는 습윤한 장소에서 근로자가 작업 또는 통행 등으로 인하여 접촉할 우려가 있는 이동전선 및 이에 부속하는 접속기구는 당해 전도성이 높은 액체에 대하여 충분한 절연효과가 있는 것을 사용(전선 피복의 손상 유무 점검)
3. 전선의 절연저항 측정
4. 감전방지용 누전차단기 설치

출제연도	2008년 4월(B형)

03.

화면은 1만 볼트의 고압이 인가된 기계에 변압기를 연결하여 내전압 검사 중 재해가 발생한 상황의 동영상이다. 화면의 동영상을 참고하여 사고원인을 3가지로 분류해서 쓰시오.

해답 1. 개인보호구(절연장갑 등) 미착용
2. 신호전달체계 불량
3. 작업자 안전수칙 미준수(활선 및 정전상태 미확인 후 작업)

04.

화면은 작업자가 불안전한 상태로 흡연하며 전신주의 형강을 교체하고 있는 동영상이다. 화면의 전기형강작업 중 위험요인(결여사항) 3가지를 기술하시오.

해답　1. 안전수칙 미준수(작업자세 및 상태불량 등) : 작업자 흡연 등
　　　2. 감전 위험
　　　3. 추락위험 : 작업발판
　　　4. 낙하 · 비래위험 : COS 고정상태 불량

01.

화면은 단무지가 있고 무릎 정도 물이 차있는 상태에서 펌프를 작동과 동시에 감전재해가 발생하는 동영상이다. 재해방지대책 3가지를 쓰시오.

해답 1. 사용 전 수중 펌프와 전선 등의 절연 상태 점검(절연저항 측정 등)
2. 감전방지용 누전차단기 설치
3. 수중 모터 외함 접지상태 확인

02.

화면은 방전 금형을 제작하는 과정에서 작업자는 계속 이물질을 천을 이용하여 맨손으로 직접 제거하고 있다. 금형의 한쪽에서는 연기가 조금씩 나는 과정에서 작업자가 금형을 만지다 감전재해가 발생하는 동영상이다. 영상 속 재해요인 2가지를 쓰시오.

해답 1. 전기기계·기구 접지 미실시
2. 누전차단기 미설치
3. 주기적인 절연저항 측정관리 미실시

02.

화면은 1만 볼트의 고압이 인가된 기계에 변압기를 연결하여 내전압검사 중 재해가 발생한 상황의 동영상이다. 재해원인 3가지를 쓰시오(작업자 장갑 미착용 및 슬리퍼 착용, 마지막에 대화창에서 수신호를 하는 과정에서 나중에 잘 알아듣지 못하는 상황임).

해답 1. 개인보호구(절연장갑 등) 미착용
　　　2. 신호전달체계 불량
　　　3. 작업자 안전수칙 미준수(활선 및 정전상태 미확인 후 작업)

05.

화면은 고압선(활선) 부근에서 항타기로 전주를 세우는 작업 중 전로에 접촉하여 발생한 재해 사례이다. 재해의 직접원인은?

해답 근접 활선에 접촉

03.

화면은 정지된 기계 점검 중 작업자가 감전당하는 동영상이다. 이 동영상에서 재해 발생 형태 및 원인을 쓰시오.

해답   1. 재해 발생 형태 : 감전
        2. 재해 발생 원인 : 정전작업 미실시, 개인보호구(절연장갑 등) 미착용 등

04.

동영상은 작업자가 퓨즈 교체 작업 중 발생한 감전사례이다. 전기기계 · 기구 중 누전에 의한 감전위험을 방지하기 위하여 감전방지용 누전차단기를 설치해야 하는 경우 3가지를 쓰시오.

해답   **누전차단기 적용범위(안전보건규칙 제304호)**

      1. 대지전압이 150볼트를 초과하는 이동형 또는 휴대형 전기기계 · 기구
      2. 물 등 도전성이 높은 액체가 있는 습윤 장소에서 사용하는 저압용 전기기계 · 기구
      3. 철판 · 철골 위 등 도전성이 높은 장소에서 사용하는 이동형 또는 휴대형 전기기계 · 기구
      4. 임시배선의 전로가 설치되는 장소에서 사용하는 이동형 또는 휴대형 전기기계 · 기구

02.

동영상은 작업자가 승강기 컨트롤 패널의 덮개를 열고 내부를 점검하는 작업장면을 보여준다. 감전방지대책 3가지를 쓰시오.

해답   1. 정전작업 실시
2. 개인보호구(감전방지용 보호구) 착용
3. 유자격자 이외는 전기기계 및 기구에 전기적인 접촉 금지
4. 관리감독자는 작업에 대한 안전교육 시행
5. 사고발생시의 처리순서를 미리 작성하여 둘 것

05.

화면은 안전대를 착용한 작업자가 전주에 올라가 작업 중 발판용 볼트를 딛고 있다가 미끄러지고 있다. 영상의 불안전한 상태 2가지를 쓰시오.

해답   1. 불안전한 작업자세(작업자가 발판용 볼트를 딛고 있음)
2. 안전대 미고정

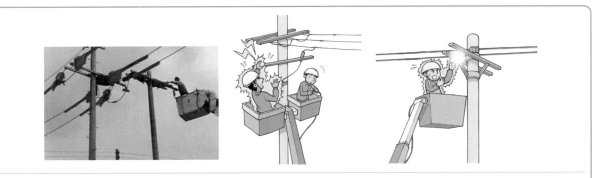

01.

화면은 활선작업에 대한 동영상이다. 이와 같이 활선작업 시 내재되어 있는 핵심 위험요인을 3가지만 쓰시오.

해답　1. 근접활선(절연용 방호구 미설치)에 대한 감전 위험
      2. 절연용 보호구 착용상태 불량에 따른 감전 위험
      3. 활선작업거리 미준수에 따른 감전 위험
      4. 작업장소의 관계근로자 외의 자의 출입에 따른 감전 위험

02.

화면은 임시 배전반의 작업 중에 발생한 재해이다. 이 화면에서 알 수 있는 위험요인 2가지를 쓰시오.

해답   1. 정전작업 미실시
2. 개인보호구(감전방지용 보호구) 미착용

07.

동영상은 1만 볼트의 전압이 흐르는 고압선 아래에서 작업 중(크레인 작업) 발생한 재해사례이다. 안전대책을 쓰시오.

해답

충전전로 인근에서 차량·기계장치 작업(안전보건규칙 제322조)

① 사업주는 충전전로 인근에서 차량, 기계장치 등(이하 이 조에서 "차량등"이라 한다)의 작업이 있는 경우에는 차량등을 충전전로의 충전부로부터 300센티미터 이상 이격시켜 유지시키되, 대지전압이 50킬로볼트를 넘는 경우 이격시켜 유지하여야 하는 거리(이하 이 조에서 "이격거리"라 한다)는 10킬로볼트 증가할 때마다 10센티미터씩 증가시켜야 한다. 다만, 차량등의 높이를 낮춘 상태에서 이동하는 경우에는 이격거리를 120센티미터 이상(대지전압이 50킬로볼트를 넘는 경우에는 10킬로볼트 증가할 때마다 이격거리를 10센티미터씩 증가)으로 할 수 있다.

② 제1항에도 불구하고 충전전로의 전압에 적합한 절연용 방호구 등을 설치한 경우에는 이격거리를 절연용 방호구 앞면까지로 할 수 있으며, 차량등의 가공 붐대의 버킷이나 끝부분 등이 충전전로의 전압에 적합하게 절연되어 있고 유자격자가 작업을 수행하는 경우에는 붐대의 절연되지 않은 부분과 충전전로 간의 이격거리는 제321조제1항의 표에 따른 접근 한계거리까지로 할 수 있다.

③ 사업주는 다음 각 호의 경우를 제외하고는 근로자가 차량등의 그 어느 부분과도 접촉하지 않도록 울타리을 설치하거나 감시인 배치 등의 조치를 하여야 한다.
   1. 근로자가 해당 전압에 적합한 제323조제1항의 절연용 보호구등을 착용하거나 사용하는 경우
   2. 차량등의 절연되지 않은 부분이 제321조제1항의 표에 따른 접근 한계거리 이내로 접근하지 않도록 하는 경우

④ 사업주는 충전전로 인근에서 접지된 차량등이 충전전로와 접촉할 우려가 있을 경우에는 지상의 근로자가 접지점에 접촉하지 않도록 조치하여야 한다.

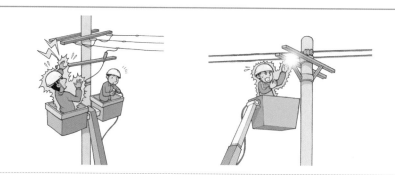

09.

작업자가 전신주에 올라가다 도중에 장애물(도로표지판)에 머리를 부딪치는 화면이다. 이 화면에서 위험요인 2가지를 쓰시오.

해답 1. 추락위험 : 안전대 미착용
2. 낙하 · 비래 위험 : COS 고정상태 불량

출제연도   2009년 9월(B형)

04.

작업자가 전기기구를 만지다가 감전사고가 발생한 화면이다. 이 화면의 재해원인 2가지를 쓰시오.

해답 1. 정전작업 미실시(작업 전 전원 미차단)
2. 절연용 보호구 미착용

05.

화면은 전신주에서 정전작업(봉각교체작업)을 실시하고 있는 동영상이다. 이 작업 시 위험요인을 쓰시오.

해답 (1) 감전 위험
　　　1. 근접 활선에 대한 감전 위험
　　　2. 개폐기 오조작에 의한 감전 위험
　　　3. 근접 활선으로부터 정전유도에 의해 정전선로가 충전되어 감전 위험
　　(2) 기타 위험
　　　1. 추락위험
　　　2. 낙하 · 비래물에 의한 하부 작업자의 접촉 · 충돌 재해 등

09.

동영상 화면은 사출성형기의 금형을 손으로 청소하다가 감전사고가 발생한 장면을 보여주고 있다. 재해발생원인을 3가지만 쓰시오.

해답

간접접촉(누전)에 의한 감전인 경우	충전부 직접접촉에 의한 감전인 경우
① 전기기계 · 기구 접지 미실시	① 정전작업 미실시(작업 전 전원 차단 미실시)
② 누전차단기 미설치	② 노출 충전부 방호조치 미실시
③ 주기적인 절연저항 측정관리 미실시	③ 절연 보호구 미착용

▸ 여러 경우가 출제될 수 있으므로 화면을 보고 두 가지 중 한 가지를 쓰면 된다.

05.

변전실 같은 곳에서 맨손으로 드라이버 등 공구를 사용하여 작업 중 감전되는 동영상이다. 재해의 간접원인은 무엇인가?

해답 잔류전하에 의한 방전

08.

MCCB 전원을 투입하여 발생한 재해사례이다. 안전대책을 쓰시오.

해답 1. 전로의 개로개폐기에 시건장치 및 통전금지 표지판 부착
2. 작업 전 신호체계 확립 및 작업지휘자에 의한 작업지휘
3. 차단기에 회로구분 표찰 부착에 의한 오조작 방지 등

02.

변압기 활선작업 시 감전사고 예방을 위한 활선 유무 확인방법 3가지를 쓰시오.

해답 1. 검전기(활선접근경보기)로 확인
     2. 테스터기 활용(지시치 확인)
     3. 변압기 전로의 전원투입 개폐기 투입상태 확인

08.

화면의 배전반의 차단 스위치는 ON 상태이며 작업자는 맨손으로 작업을 하고 있다. 작업자의 오른손이 배전반 도어 틈에 들어가는 상황에서 다른 작업자가 그 도어를 닫는 바람에 손가락이 끼게 된다. 배전반 작업 시 위험요인 2가지만 적으시오.

해답 (1) 감전 위험
         1. 정전작업 미실시에 의한 감전 위험
         2. 개인보호구(감전방지용 보호구) 미착용에 의함 감전 위험
     (2) 기타 재해위험 : 신호전달체계 미확립에 의한 협착 재해

산업안전기사 실기　ENGINEER INDUSTRIAL SAFETY

PART 03

화공안전

출제분야	화공안전
작업명	유해·위험물 취급작업

▶ 동영상 설명

유해한 화학물질을 아무런 보호구 없이 맨손으로 취급하고 있다.

문제 실험실에서 화학약품을 맨손으로 만지고 있습니다. 이때 작업자에게 신체로 유입되는 경로 2가지를 쓰시오.

해답 1. 피부 및 점막 접촉에 의한 피부로의 흡수
2. 흡입을 통한 호흡기로의 흡수
3. 구강을 통한 소화기로의 흡수

문제 유해물질이 흡수되는 경로를 모두 쓰시오.

해답 1. 피부(점막)
     2. 호흡기
     3. 소화기

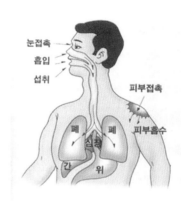

문제 위험물 제조 · 취급 시 화재 및 폭발을 예방하기 위한 일반적인 주의사항 3가지를 쓰시오.

해답 1. 폭발성 물질을 화기 기타 점화원이 될 우려가 있는 것에 접근시키거나 가열하거나 마찰시키거나 충격을 가하는 행위
     2. 발화성 물질을 각각 그 특성에 따라 화기 기타 점화원이 될 우려가 있는 것에 접근시키거나 산화를 촉진하는 물질 또는 물에 접촉시키거나 가열하거나 충격을 가하는 행위
     3. 산화성 물질을 분해가 촉진될 우려가 있는 물질에 접촉시키거나 가열하거나 마찰시키거나 충격을 가하는 행위
     4. 인화성 물질을 화기 기타 점화원이 될 우려가 있는 것에 접근시키거나 주입 또는 가열하거나 증발시키는 행위
     5. 가연성 가스를 화기 기타 점화원이 될 우려가 있는 것에 접근시키거나 압축 · 가열 또는 주입하는 행위
     6. 부식성 물질 또는 독성물질을 누출시키는 등으로 인하여 인체에 접촉시키는 행위
     7. 위험물을 제조하거나 취급하는 설비가 있는 장소에 가연성 가스 또는 산화성 물질을 방치하는 행위

▶ 동영상 설명

작업자가 화학물질을 취급하고 있다.

문제 유해물질의 제조 · 수입 · 운반 · 저장 · 취급 시 근로자가 볼 수 있는 장소에 게시 또는 비치하여야 할 사항 3가지를 쓰시오.

해답 MSDS 작성 내용

1. 대상화학물질의 명칭
1의 2. 구성성분의 명칭 및 함유량
2. 안전 · 보건상의 취급주의 사항
3. 건강 유해성 및 물리적 위험성
4. 그 밖에 고용노동부령으로 정하는 사항

▶ 동영상 설명

지게차가 주유 중이다. 지게차 운전자는 담배를 피우며 주유원과 이야기하고 있고, 지게차는 시동이 걸려 있는 상태이다.

문제 위험요소 2가지를 쓰시오.

해답 1. 지게차 운전자가 주유 중 담배를 피우고 있어 화재발생 위험이 있다.
2. 주유 중인 지게차에 시동이 걸려 있어 임의동작 또는 오동작으로 인한 사고발생 위험이 있다.
3. 주유원이 작업 중 잡담을 하고 있어 정량 이상을 주유하여 바닥에 유류가 흘러넘쳐 그로 인한 화재발생 위험이 있다.

▷ **동영상 설명**

인화성 물질 저장창고에서 한 작업자가 인화성 물질이 든 운반용 용기를 몇 개 이동시키고 나서 잠시 쉬려고 인화성 물질이 든 드럼통 옆에서 윗옷을 벗는 순간 "펑"하고 폭발사고가 발생하는 장면이다.

문제 핵심 위험요인은 무엇인지 쓰시오.

해답 인화성 물질에 발화원이 접촉할 경우 화재 또는 폭발위험이 있다.

문제 폭발을 일으킨 가연물질과 점화원을 쓰시오.

해답 1. 가연물질 : 인화성 물질의 증기
2. 점화원 : 정전기

▷ 동영상 설명

어둡고 밀폐된 LPG 저장소에서 작업자가 전등의 전원을 투입하는 순간 "펑"하고 폭발사고가 발생하는 장면이다.

문제 사고유형과 기인물을 쓰시오.

해답 1. 사고유형 : 가스누출에 의한 폭발
2. 기인물 : LPG 저장용기에서 누출된 가스(가연물), 전원 스위치에서 발생한 전기 스파크(점화원)

문제 위 장면에서 가스누설감지경보기를 설치할 때 적절한 설치위치와 경보설정값을 쓰시오.

해답 1. 설치위치 : 바닥에 인접한 낮은 곳에 설치한다(LPG는 공기보다 무거우므로 가라앉음).
2. 경보설정값 : 폭발하한계(LEL) 25% 이하

문제 가압상태의 저장용기 내부의 가연성 액체가 대기 중에 유출되어 순간적으로 기화가 일어나 점화원에 의해 일어나는 폭발은 무엇인가?

해답 증기운 폭발(UVCE)

▶ **동영상 설명**

공기 중에 LPG 가스가 누출되고 있다.

문제 공기와 혼합된 기체의 조성은 공기 55%, 프로판 40%, 부탄 5%라 가정하면 이때의 혼합기체의 폭발하한계를 구하여라. (단, 공기 중 프로판 및 부탄의 폭발하한계는 2.1%, 1.8%이다.)

해답 1. 프로판 가스의 조성 : $\dfrac{40}{45} ≒ 88.9$

2. 부탄 가스의 조성 : $\dfrac{5}{45} ≒ 11.1$

3. 혼합가스의 폭발하한계 $L = \dfrac{100}{\dfrac{88.9}{2.1} + \dfrac{11.1}{1.8}} = 2.07(\%)$

문제 위와 같은 프로판 가스 용기의 저장장소로 부적절한 곳 3가지를 쓰시오.

해답 1. 통풍 또는 환기가 불충분한 장소
      2. 화기를 사용하는 장소 및 그 부근
      3. 위험물, 화약류 또는 가연성 물질을 취급하는 장소 및 그 부근

문제 LPG의 주성분인 프로판(C_3H_8) 가스의 최소산소농도(MOC)를 계산하시오. (단, 프로판의 연소범위는 2.1~

9.5%이고, $MOC = \dfrac{\text{연료몰수}}{\text{연료몰수} \times \text{공기몰수}} \times \dfrac{\text{산소몰수}}{\text{연료몰수}}$이며, $C_3H_8 + 5O_2 \rightarrow 3CO_2 + 4H_2O$이다.)

해답 $MOC = \text{폭발하한(%)} \times \dfrac{\text{산소mol수}}{\text{연소가스mol수}} = 2.1 \times \dfrac{5}{1} = 10.5 \text{vol\%}$

▷ 동영상 설명

작업자가 개인보호구 없이 밀폐공간에서 작업을 하고 있다.

문제 작업자가 미착용한 개인보호구 3가지를 쓰시오.

해답 1. 송기마스크, 공기마스크, 2. 안전대 또는 구명밧줄, 3. 안전화, 4. 안전모

문제 산소결핍장소란 산소 몇 % 미만인가를 쓰고, 밀폐공간에서 질식된 작업자를 구조할 때 구조자가 착용해야 하는 보호구를 쓰시오.

해답 1. 산소결핍장소 : 산소 18% 미만
    2. 구조자가 착용해야 할 보호구 : 송기마스크, 공기마스크

문제 밀폐공간 작업의 핵심 위험요인 3가지를 쓰시오.

해답 1. 밀폐공간에서의 산소결핍 위험이 있다.
    2. 유독성 가스가 있는 경우 작업자가 질식, 중독의 위험이 있다.
    3. 가연성 가스, 증기 또는 가연성 분진이 존재하는 경우 점화원에 의한 폭발위험이 있다.

문제 밀폐공간 작업 시 안전관리자의 직무 3가지를 쓰시오.

해답 1. 산소가 결핍된 공기나 유해가스에 노출되지 아니하도록 작업시작 전에 작업방법을 결정하고 이에 따라 당해 근로자의 작업을 지휘하는 일
2. 작업을 행하는 장소의 공기가 적정한지 여부를 작업시작 전에 확인하는 일
3. 측정장비ㆍ환기장치 또는 송기마스크, 공기마스크 등을 작업시작 전에 점검하는 일
4. 근로자에게 송기마스크, 공기마스크 등의 착용을 지도하고 착용상황을 점검하는 일

▶ 동영상 설명

밀폐공간 작업 전 산소농도를 측정하고 있다.

문제 다음의 ( ) 안에 알맞은 숫자를 쓰시오.

"적정한 공기"라 함은 산소농도의 범위가 (①)% 이상, (②)% 미만, 이산화탄소의 농도가 (③)% 미만, 황화수소의 농도가 (④)ppm 미만인 수준의 공기를 말한다.

해답 ① 18, ② 23.5, ③ 1.5, ④ 10

문제 산소결핍장소의 안전수칙을 쓰시오.

해답 1. 작업 전 산소 및 유해가스 농도 측정 후 작업한다.
2. 산소농도가 18% 미만일 때는 환기를 시키고, 작업 중에도 계속 환기시킨다.
3. 가능한 급배기를 동시에 실시하고, 환기를 실시할 수 없거나 산소결핍장소에서 작업할 때에는 공기공급식 호흡용 보호구를 착용한다.

▷ 동영상 설명

밀폐공간을 퍼지하고 있다.

문제 퍼지작업의 종류 3가지를 쓰시오.

해답 1. 진공퍼지, 2. 압력퍼지, 3. 스위프 퍼지 4. 사이펀 퍼지

문제 퍼지의 목적을 쓰시오.

해답 1. 가연성 및 지연성 가스 : 화재 및 폭발사고와 산소결핍사고 예방
2. 독성가스 : 중독사고 예방
3. 불활성가스 : 산소결핍 예방

▶ **동영상 설명**

폐수처리조에서 슬러지 제거작업을 하고 있다.

문제 위와 같은 장소에 작업자가 들어갈 때 필요한 호흡용 보호구의 종류 2가지를 쓰시오.

해답 1. 송기마스크, 2. 공기호흡기

문제 밀폐공간보건작업프로그램 수립내용을 3가지 쓰시오.

해답 1. 작업시작 전 적정한 공기 상태 여부의 확인을 위한 측정 · 평가
2. 응급조치 등 안전보건 교육 및 훈련
3. 공기호흡기 또는 송기마스크 등의 착용 및 관리
4. 그 밖에 밀폐공간 작업근로자의 건강장해예방에 관한 사항

▷ 동영상 설명

작업자가 크롬 도금작업을 하고 있다. 담배를 피우고 있으며, 젖은 손으로 호이스트 팬던트 스위치를 조작하고 있다. 바닥은 쇠망으로 되어있고 작업자는 고무장화를 신고 있다.

문제　위 동영상에서 확인할 수 있는 위험요소 3가지를 쓰시오.

해답　1. 크롬 또는 크롬 화합물 흡입으로 인한 중독발생위험
　　　2. 젖은 손으로 팬던트 스위치 조작으로 인한 감전 위험
　　　3. 인화성 물질이 존재하는 경우 담뱃불로 인한 화재 · 폭발위험

문제 크롬 또는 크롬 화합물의 퓸, 분진, 미스트를 장기간 흡입하여 발생되는 (1) 직업병과 (2) 그 증상은 무엇인가?

해답 (1) 직업병 : 비중격천공
(2) 증상 : 코에 구멍이 뚫림

문제 크롬 화합물이 체내에 유입될 수 있는 경로는 무엇인가?

해답 호흡기, 소화기, 피부점막

문제 도금작업 시 유해물질에 대한 안전수칙을 4가지 쓰시오.

해답 1. 유해물질에 대한 유해성 사전 조사
2. 유해물질 발생원의 봉쇄
3. 작업공정 은폐, 작업장의 격리
4. 유해물의 위치 및 작업공정 변경
5. 전체환기 또는 국소배기
6. 점화원의 제거
7. 환경의 정돈과 청소

PART
03

▷ **동영상 설명**

자동차 부품을 도금 후 유기용제를 이용하여 세척하는 장면이다.

문제 영상을 참고로 하여 위험예지훈련을 하고자 할 때, 연관된 행동목표 두 가지를 쓰시오.

해답 1. 점화원을 멀리하여 화재, 폭발을 예방하자.
2. 적절한 보호구를 착용하여 유기용제에 의한 중독 등을 예방하자.
3. 고무장화를 착용하자.

문제 이 영상에서 세척조에 시너를 사용할 경우 발생 가능한 재해유형은 무엇인가?

해답 1. 화재 또는 폭발로 인한 화상 및 질식 재해
2. 유기용제 중독에 의한 재해

▷ **동영상 설명**

작업자들이 화학설비를 점검하고 있다.

문제 이 화면에서 특수화학설비 내부의 이상상태를 조기에 파악하기 위하여 설치해야 할 장치를 4가지 쓰시오.

해답 1. 온도계, 2. 유량계, 3. 압력계, 4. 자동경보장치

※ 아래 그림들은 실제 출제되는 동영상문제와 다를 수 있습니다.

| 출제연도 | 2007년 7월(A형) |

08.

지게차가 주유 중이다. 지게차 운전자는 담배를 피우며 주유원과 이야기하고 있고, 지게차는 시동이 걸려 있는 상태이다.

(1) 이 동영상에서 위험요소를 2가지 쓰시오.
(2) 이 동영상에서 담뱃불에 해당하는 발화원의 형태(유형)은 무엇인가?

해답 (1) 위험요소
  1. 지게차 운전자가 주유 중 담배를 피우고 있어 화재발생 위험이 있다.
  2. 주유 중인 지게차에 시동이 걸려 있어 임의동작 또는 오동작으로 인한 사고 발생 위험이 있다.
  3. 주유원이 작업 중 잡담을 하고 있어 정량 이상을 주유하여 바닥에 유류가 흘러넘쳐 그로 인한 화재발생 위험이 있다.
  (2) 발화원의 형태(유형) : 나화

04.

실험실에서 화학약품을 맨손으로 만지고 있다. 이때 작업자에게 신체로 유입되는 경로를 2가지 쓰시오.

해답
1. 피부 접촉에 의한 피부로의 흡수
2. 흡입을 통한 호흡기로의 흡수
3. 구강을 통한 소화기로의 흡수

07.

LPG 저장소에서 용기에 가스를 충전하는 작업을 하고 있다. 경보기를 설치하는 경우 (1) 설치 장소와 (2) 경보기의 설정값을 쓰시오.

해답
1. 설치 장소 : 바닥에 인접한 낮은 곳에 설치한다(LPG는 공기보다 무거우므로 가라앉음).
2. 경보설정값 : 폭발하한계(LEL) 25% 이하

09.

작업자가 화학물질을 취급하고 있는 동영상이다. 유해물질의 제조 · 수입 · 운반 · 저장 · 취급시 근로자가 볼 수 있는 장소에 게시 또는 비치하여야 할 사항을 3가지 쓰시오.

해답) MSDS 작성 내용

1. 대상화학물질의 명칭
1의2. 구성성분의 명칭 및 함유량
2. 안전 · 보건상의 취급주의 사항
3. 건강 유해성 및 물리적 위험성
4. 그 밖에 고용노동부령으로 정하는 사항

01.

인화성 물질 저장창고에서 한 작업자가 운반용 용기를 몇 개 옮기고, 잠시 쉬고자 드럼통 옆에서 윗옷을 벗는 순간 "펑"하고 폭발사고가 발생하는 장면이다.

(1) 핵심 위험요인은 무엇인지 쓰시오.
(2) 폭발을 일으킨 가연물질과 점화원을 쓰시오.

해답 (1) 핵심 위험요인 : 인화성 물질에 발화원이 접촉할 경우 화재 또는 폭발 위험이 있다.
    (2) 가연물질 : 인화성 물질의 증기, 점화원 : 정전기

02.

작업자가 도금작업을 하고 있는 동영상이다. 도금작업 시 유해물질에 대한 안전수칙을 4가지 쓰시오.

해답
1. 유해물질에 대한 유해성 사전 조사
2. 유해물질 발생원의 봉쇄
3. 작업공정 은폐, 작업장의 격리
4. 유해물의 위치 및 작업공정 변경
5. 전체환기 또는 국소배기
6. 점화원의 제거
7. 환경의 정돈과 청소

07.

자동차 부품을 도금 후 유기용제를 이용하여 세척하는 장면이다.

(1) 영상을 참고로 하여 위험예지훈련을 하고자 할 때, 연관된 행동목표 두 가지를 쓰시오.
(2) 이 영상에서 세척조에 시너를 사용할 경우 발생 가능한 재해유형은 무엇인가?

해답 (1) 행동목표
    1. 점화원을 멀리하여 화재, 폭발을 예방하자.
    2. 적절한 보호구를 착용하여 유기용제에 의한 중독 등을 예방하자.
    3. 고무장화를 착용하자.
(2) 재해유형
    1. 화재 또는 폭발로 인한 화상 및 질식 재해
    2. 유기용제 중독에 의한 재해

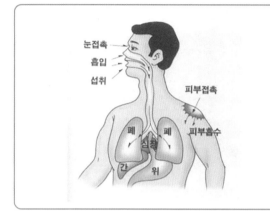

01.

작업자가 화학약품을 취급하고 있다. 유해물질이 흡수되는 경로를 모두 쓰시오.

해답   1. 피부(점막), 2. 호흡기, 3. 소화기

06.

영상은 인화성 물질 저장창고에서 한 작업자가 인화성 물질이 든 운반용 용기 뚜껑을 열고, 잠시 쉬려 드럼통 옆에서 윗옷을 벗는 순간 "펑"하고 폭발사고가 발생하는 장면이다. (1) 핵심 위험요인과 (2) 폭발의 종류를 쓰시오.

해답   (1) 핵심 위험요인 : 인화성 물질에 발화원이 접촉할 경우 화재 또는 폭발 위험이 있다.
      (2) 폭발의 종류 : 기상폭발(혼합가스 폭발)

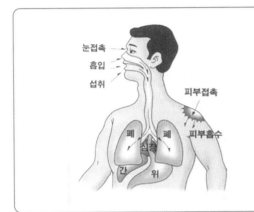

09.

작업자가 화학약품을 취급하고 있다. 유해물질이 흡수되는 경로를 2가지 쓰시오.

[해답] 1. 피부(점막), 2. 호흡기, 3. 소화기

출제연도　　2009년 4월(A형)

06.

작업자들이 신발에 물을 묻히고 폭발성 화학물질을 취급하고 있다.

(1) 신발에 물을 묻히는 이유는 무엇인가?
(2) 폭발성 화학물질에 의한 화재 발생시 소화방법은 무엇인가?

[해답] (1) 인체에 대전된 정전기는 점화원으로 작용할 수 있으므로, 대전된 정전기를 땅으로 흘려보내 신발과 바닥면 사이의 저항을 최소화하기 위함
(2) 다량 주수에 의한 냉각소화

08.

밀폐공간 작업 전 퍼지작업을 하고 있다. 퍼지의 종류 3가지를 쓰시오.

해답 1. 진공퍼지, 2. 압력퍼지, 3. 스위프 퍼지, 4. 사이펀 퍼지

04.

작업자들이 화학설비를 점검하고 있다. 이 화면에서 특수화학설비 내부의 이상상태를 조기에 파악하기 위하여 설치해야 할 장치를 4가지 쓰시오.

해답 1. 온도계, 2. 유량계, 3. 압력계, 4. 자동경보장치

04.

작업자들이 밀폐공간에서 작업하고 있다. 밀폐공간 작업 시 안전관리자의 직무 3가지를 쓰시오.

해답 1. 산소가 결핍된 공기나 유해가스에 노출되지 아니하도록 작업시작 전에 작업방법을 결정하고 이에 따라 당해 근로자의 작업을 지휘하는 일
2. 작업을 행하는 장소의 공기가 적정한지 여부를 작업시작 전에 확인하는 일
3. 측정장비·환기장치 또는 송기마스크, 공기마스크 등을 작업시작 전에 점검하는 일
4. 근로자에게 송기마스크, 공기마스크 등의 착용을 지도하고 착용상황을 점검하는 일

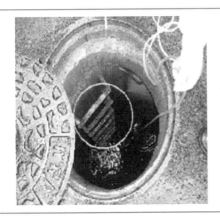

08.

작업자들이 밀폐공간에서 작업하고 있다. 산소결핍장소에서의 작업 안전수칙을 쓰시오.

해답 1. 작업 전 산소 및 유해가스 농도 측정 후 작업한다.
2. 산소농도가 18% 미만일 때는 환기를 시키고, 작업 중에도 계속 환기시킨다.
3. 가능한 급배기를 동시에 실시하고, 환기를 실시할 수 없거나 산소결핍장소에서 작업할 때에는 호흡용 보호구를 착용한다.

09.

어둡고 밀폐된 LPG 저장소에서 작업자가 전등의 전원을 투입하는 순간 "펑"하고 폭발사고가 발생하는 장면이다. (1) 사고유형과 (2) 기인물을 쓰시오.

해답 (1) 사고유형 : 가스누출에 의한 폭발
(2) 기인물 : LPG 저장용기에서 누출된 가스(가연물), 전원 스위치에서 발생한 전기 스파크(점화원)

memo

산업안전기사 실기 ENGINEER INDUSTRIAL SAFETY

PART 04

건설안전

출제분야	건설안전
작업명	항타기 · 항발기 작업

▶ **동영상 설명**

항타기 · 항발기가 작업 중이며 인근에 고압 가공전선이 있다.

문제 고압전선로 인근에서 항타기 · 항발기 작업 시 안전작업수칙 3가지를 쓰시오.

해답 1. (이격거리 확보) 차량 등을 충전부로부터 300[cm] 이상 이격시키되, 대지전압이 50[kV]를 넘는 경우에는 10[kV]가 증가할 때마다 이격거리를 10[cm]씩 증가시킨다.
2. (절연용 방호구 설치) 절연용 방호구 등을 설치한 경우에는 이격거리를 절연용 방호구 앞면까지로 할 수 있다.
3. (울타리 설치 또는 감시인 배치) 울타리를 설치하거나 감시인 배치 등의 조치를 하여야 한다.
4. (접지점 관리 철저) 접지된 차량 등이 충전전로와 접촉할 우려가 있는 경우에는 근로자가 접지점에 접촉되지 않도록 조치하여야 한다.

▷ **동영상 설명**

항타기 · 항발기의 조립작업 중이다.

문제 항타기 · 항발기의 조립작업 시 점검해야 할 사항 3가지를 쓰시오.

해답 1. 본체 연결부의 풀림 또는 손상의 유무
2. 권상용 와이어로프 · 드럼 및 도르래의 부착상태의 이상 유무
3. 권상장치의 브레이크 및 쐐기장치 기능의 이상 유무
4. 권상기의 설치상태의 이상 유무
5. 리더(leader)의 버팀 방법 및 고정상태의 이상 유무
6. 본체 · 부속장치 및 부속품의 강도가 적합한지 여부
7. 본체 · 부속장치 및 부속품에 심한 손상 · 마모 · 변형 또는 부식이 있는지 여부

문제 다음은 항타기 또는 항발기의 조립작업 시 도르래의 위치에 관한 법적 기준이다. 빈칸에 알맞은 단어를 재우시오.

> 권상장치의 드럼축과 권상장치로부터 첫 번째 도르래의 축과의 거리를 권상장치의 드럼폭의 (①) 이상으로 하여야 하며, 도르래는 권상장치 드럼의 (②)을 지나야 하며 축과 (③) 상에 있어야 한다.

해답 ① 15배, ② 중심, ③ 수직면

▷ **동영상 설명**

항타기 · 항발기로 말뚝(H형강)을 인양하고 있다.

문제 항타기 · 항발기에 사용되는 권상용 와이어로프의 안전계수는 최소 (①) 이상이어야 하며 인양하는 말뚝의 최대하중이 2ton이라면 와이어로프의 절단하중은 (②)ton 이상이어야 하는가?

해답 ① 안전계수는 최소 5 이상

② 안전계수 $= \dfrac{절단하중}{최대사용하중}$ 이므로 절단하중 = 안전계수 × 최대사용하중이다.

따라서, 절단하중 = 5 × 2ton = 10ton

▶ 동영상 설명

이동식크레인을 이용하여 중량물을 양중하고 있다.

문제 이러한 작업을 하는 때에 사업주로서 작업시작 전 점검해야 할 사항 3가지를 쓰시오.

해답 1. 권과방지장치 그 밖의 경보장치의 기능
　　　2. 브레이크 · 클러치 및 조정장치의 기능
　　　3. 와이어로프가 통하고 있는 곳 및 작업장소의 지반상태

▶ **동영상 설명**

이동식크레인에 화물을 매달아 양중하는 작업을 하고 있다.

문제 화면에서 사용한 장비의 와이어로프로 화물을 직접 지지하는 경우 (1) 와이어로프의 안전계수와 (2) 줄걸이용 와이어로프의 적당한 인양 각도는 얼마인가?

해답 (1) 와이어로프 안전계수 : 5 이상
(2) 인양 각도 : 60° 이내

▷ 동영상 설명

이동식크레인으로 H형강, 강관비계 등을 인양하고 있다.

문제 화면에서 사용한 장비에 부착하고 유효하게 작동될 수 있도록 미리 조정하여야 하는 방호장치의 종류 3가지를 쓰시오.

해답 1. 권과방지장치, 2. 과부하방지장치, 3. 브레이크장치

문제 화면의 장비를 사용할 때 운전원이 준수해야 할 사항 3가지를 쓰시오.

해답 1. 자기판단에 의해 조작하지 말고 신호수의 신호에 따라 인양작업을 실시한다.
2. 화물을 매단 채 운전석을 이탈하지 말아야 한다.
3. 작업이 끝나면 동력을 차단시키고 정지조치를 확실히 시행한다.

▷ 동영상 설명

터널 굴착을 위한 막장면 발파를 준비하고 있다.

문제 발파를 위한 폭약을 장전할 때 장전구의 사용기준을 쓰시오.

해답 장전구는 마찰 · 충격 · 정전기 등에 의한 폭발이 발생할 위험이 없는 안전한 것을 사용하여야 한다.

문제 발파 작업 후 낙반의 위험을 방지하기 위한 부석의 유무 또는 불발화약의 유무를 확인하기 위해 발파작업장에 접근할 수 있는 시간은 발파 후 몇 분이 경과한 후인가?

해답 1. 전기뇌관의 경우 : 5분 이상
2. 전기뇌관 외의 것인 경우 : 15분 이상

▷ **동영상 설명**

터널 건설작업 중 낙반에 의한 재해를 보여주고 있다.

문제 이러한 낙반 등에 의한 재해를 방지하기 위해 필요한 조치사항 2가지를 쓰시오.

해답 1. 터널지보공 및 록(Rock)볼트의 설치
2. 부석의 제거

▶ **동영상 설명**

터널 굴착(발파)작업이 진행되고 있다.

문제 영상과 같은 터널 굴착작업 시 시공계획에 포함되어야 할 사항 3가지를 쓰시오.

해답 1. 굴착의 방법
2. 터널지보공 및 복공의 시공방법과 용수의 처리방법
3. 환기 또는 조명시설을 설치할 때에는 그 방법

문제 발파작업 시 사용하는 발파공의 충진재료로 적당한 것은?

해답 점토 · 모래 등 발화성 또는 인화성의 위험이 없는 재료

▶ **동영상 설명**

NATM 공법에 의한 터널시공 장면을 보여주고 있다.

문제 터널 굴착작업 시 공사의 안전성 및 설계의 타당성 판단 등을 확인하기 위해 실시하는 계측의 종류를 3가지만 쓰시오.

해답 1. 내공변위 측정, 2. 천단침하 측정, 3. 지표면침하 측정 4. 지중변위 측정, 5. Rock Bolt 축력 측정, 6. 숏크리트 응력 측정

문제 이러한 터널 건설공사 시 가연성 가스가 존재하여 폭발 또는 화재가 발생할 위험이 있는 때 가연성 가스 농도의 이상상승을 조기에 파악하기 위해 (1) 설치해야 하는 장치와 (2) 작업시작 전 점검해야 하는 사항을 3가지 쓰시오.

해답 (1) 장치 : 자동경보장치
　　 (2) 점검사항
　　　　1. 계기의 이상 유무
　　　　2. 검지부의 이상 유무
　　　　3. 경보장치의 작동상태

▷ **동영상 설명**

타워크레인으로 H빔 또는 배관용 자재를 운반하는 작업 중 화물이 흔들리고 인양로프는 심하게 손상되었으며 신호수는 운반경로 하부에서 수신호를 하고 있다.

문제 이와 같은 작업상황에서 재해발생 원인을 3가지 쓰시오.

> 해답   1. 유도로프를 사용하지 않아 화물이 흔들리며 낙하할 위험
>   2. 신호수가 낙하위험구간에서 신호실시
>   3. 인양 전 인양로프 미점검으로 로프파단 위험
>   4. 작업 전 신호방법 및 신호계획 미수립

문제 위와 같은 작업상황에서 재해를 방지할 수 있는 대책 3가지를 쓰시오.

> 해답   1. 유도로프를 사용하여 화물의 흔들림을 방지
>   2. 낙하위험구간에는 근로자 출입금지조치
>   3. 작업 전 인양로프의 손상 유무 및 체결상태를 확인
>   4. 작업 전 일정한 신호방법을 미리 정하고 무전기 등을 이용하여 신호

▶ 동영상 설명

타워크레인을 이용하여 자재를 올리던 중 인양로프가 끊어질 것 같아서 자재를 내리고 있다. 이때 자재가 흔들리며 밑에서 작업하던 작업자의 머리를 때렸다.

문제 위와 같은 재해의 (1) 발생형태와 (2) 정의를 쓰시오.

해답 (1) 발생형태 : 낙하 · 비래
(2) 정의 : 물체가 위에서 떨어지거나, 다른 곳으로부터 날아와 작업자가 맞음으로써 발생하는 재해

▷ **동영상 설명**

아파트 건설공사 중 건설용 리프트가 운행 중이다.

문제 위와 같은 건설용 리프트 작업 시작 전 점검사항 2가지를 쓰시오.

해답 1. 방호장치 · 브레이크 및 클러치의 기능
2. 와이어로프가 통하고 있는 곳의 상태

출제분야	건설안전
작업명	건물 해체작업

▷ **동영상 설명**

압쇄기를 이용한 건물 해체작업이 실시되고 있다.

문제 건물 해체작업 시 해체작업 계획에 포함되어야 하는 사항 3가지를 쓰시오.

해답 1. 해체의 방법 및 해체순서 도면
2. 가설설비, 방호설비, 환기설비 및 살수 · 방화설비 등의 방법
3. 사업장 내 연락방법
4. 해체물의 처분계획
5. 해체작업용 기계 · 기구 등의 작업계획서
6. 해체작업용 화약류 등의 사용계획서
7. 그 밖의 안전 · 보건에 관련된 사항

▷ **동영상 설명**

철제해머 또는 압쇄기를 이용한 건물해체 작업이 진행되고 있다.

문제 화면과 같은 건물해체 작업 시 위험부분에 작업자가 머무르는 것은 특히 위험하다. 따라서 해체장비 주위 (　　　) 안에 접근을 금지하여야 한다.

해답 4m

문제 해체작업 시 해체장비와 해체물 사이의 안전거리는 얼마가 적당한가? (단, 압쇄기를 이용하여 무너뜨리는 경우이며 건물높이는 9m이다.)

해답 해체장비와 해체물 사이의 안전거리(L)≧0.5H이므로 0.5×9＝4.5m 이상

▷ **동영상 설명**

교량 하부 점검작업 중 추락재해가 발생하였다.

문제 재해발생원인을 3가지 쓰시오.

해답   1. 작업(통로)발판 미설치
      2. 안전대 부착설비 미설치 및 안전대 미착용
      3. 추락방지용 추락방호망 미설치

문제 위와 같은 상황에서 작업발판을 설치할 경우 (1) 작업발판의 폭과 (2) 틈의 기준은?

해답   (1) 작업발판의 폭 : 40cm 이상
      (2) 틈 : 3cm 이하

▶ 동영상 설명

건물 외벽에 쌍줄비계를 설치하고 비계 위에 작업발판을 설치하고 있다.

문제 비계 위 작업발판을 설치할 때 작업발판의 설치기준 3가지를 쓰시오.

해답 1. 발판재료는 작업 시의 하중을 견딜 수 있도록 견고한 것으로 할 것
2. 작업발판의 폭은 40cm 이상으로 하고, 발판재료 간의 틈은 3cm 이하로 할 것
3. 추락의 위험성이 있는 장소에는 안전난간을 설치할 것
4. 작업발판의 지지물은 하중에 의하여 파괴될 우려가 없는 것을 사용할 것
5. 작업발판재료는 뒤집히거나 떨어지지 않도록 둘 이상의 지지물에 연결하거나 고정시킬 것
6. 작업발판을 작업에 따라 이동시킬 때에는 위험 방지에 필요한 조치를 할 것

▷ **동영상 설명**

엘리베이터 피트 주변에서 작업 중 피트 단부로 추락하는 재해가 발생하였다.

문제   재해의 발생원인을 3가지 쓰시오.

해답   1. 피트 내부에 추락방호망 미설치
   2. 개구부(피트) 단부 안전난간 미설치
   3. 안전대 부착설비 미설치 및 안전대 미착용

PART
04

▶ **동영상 설명**

승강기 설치 전 E/V Pit 내부 작업을 위해 발판을 설치하여 작업하던 중 발판이 뒤집히면서 추락재해가 발생하였다.

문제　추락재해의 발생원인을 3가지만 쓰시오.

해답　1. 작업발판이 고정되지 않았다.
　　　2. 작업자가 안전대를 착용하지 않았다.
　　　3. 피트 내부에 추락방호망을 설치하지 않았다.

▷ **동영상 설명**

박공지붕 설치작업 중 건물의 하부에서 휴식을 취하던 작업자 쪽으로 지붕 위에 쌓아 놓았던 박공지붕 자재가
낙하·비래하여 재해가 발생하였다.

문제 영상의 재해의 발생원인을 3가지만 쓰시오.

해답 1. 경사지붕 하부에 낙하물방지망 미설치
2. 박공지붕 적치상태 불량 및 체결상태 불량
3. 박공지붕의 과적치
4. 근로자가 낙하(비래)위험 장소에서 휴식
5. 낙하(비래)위험구간 출입통제 미실시

▶ **동영상 설명**

철골기둥 및 철골보를 조립하는 작업이 진행 중이다.

문제 철골작업 시 작업중지를 해야 하는 기상조건 3가지를 쓰시오.

해답 1. 풍속이 초당 10m 이상인 경우
2. 강우량이 시간당 1mm 이상인 경우
3. 강설량이 시간당 1cm 이상인 경우

▶ **동영상 설명**

공장 지붕 패널 설치 작업 중이며 작업자가 패널에서 미끄러질 위험이 있고 이동전선 등에 걸려 넘어질 우려가 있다.

문제 영상과 같이 천장 패널 설치 작업 시 위험요인 및 안전대책을 2가지씩 쓰시오.

해답 (1) 위험요인

　　1. 안전대 부착설비 미설치 및 안전대 미착용

　　2. 추락방호망 미설치

　　3. 작업발판 미설치

(2) 안전대책

　　1. 안전대 부착설비에 안전대 걸고 작업

　　2. 작업장 하부에 추락방호망 설치 철저

　　3. 미끄럼 방지용 안전발판 설치

출제분야	건설안전
작업명	갱폼 작업(가이데릭)

▶ 동영상 설명

가이데릭을 이용하여 갱폼을 인양하는 작업 중이며 작업장 바닥에는 눈이 쌓여 있다.

문제 영상과 같은 갱폼 인양작업 중 위험요인을 2가지 쓰시오.

해답 1. 파이프의 아랫부분에만 철사로 고정시켜 무너질 위험이 있다.
2. 버팀대가 미끄러져 사고의 위험이 있다.

출제분야	건설안전
작업명	전주 작업

▷ **동영상 설명**

작업자가 전주에 오르다가 장애물에 머리를 부딪혀 추락하는 재해이다.

문제 영상과 같은 전주 작업 시 위험요소를 2가지 쓰시오.

해답 1. 안전대 부착설비 미설치(수직구명줄 미설치)
2. 안전대 미착용(추락방지대 미착용)

04 기출문제풀이

※ 아래 사진(그림)들은 실제 출제되는 동영상문제와 다를 수 있습니다.

출제연도	2007년 7월(A형)

02.

다음은 항타기 또는 항발기의 조립작업 시 도르래의 위치에 관한 법적 기준이다. 빈칸에 알맞은 단어를 채우시오.

권상장치의 드럼축과 권상장치로부터 첫 번째 도르래의 축과의 거리를 권상장치의 드럼폭의 (①) 이상으로 하여야 하며, 도르래는 권상장치 드럼의 (②)을 지나야 하며 축과 (③) 상에 있어야 한다.

해답 ① 15배, ② 중심, ③ 수직면

09.

압쇄기를 이용한 건물 해체작업이 진행되고 있다. 건물 해체작업 시 해체작업 계획에 포함되어야 하는 사항 3가지를 쓰시오.

해답 1. 해체의 방법 및 해체순서 도면

2. 가설설비, 방호설비, 환기설비 및 살수 · 방화설비 등의 방법

3. 사업장 내 연락방법

4. 해체물의 처분계획

5. 해체작업용 기계 · 기구 등의 작업계획서

6. 해체작업용 화약류 등의 사용계획서

7. 기타 안전 · 보건에 관련된 사항

02.

이동식 크레인으로 전기와 관련한 전주작업을 하던 중 작업자가 전주에 부딪히는 재해가 발생하였다. (1) 재해발생형태는 무엇이며 (2) 가해물은 무엇인가? 또한 (3) 이때 착용해야 하는 안전모의 종류는?

해답 (1) 재해발생형태 : 비래
　　 (2) 가해물 : 전주
　　 (3) 안전모 : AE, ABE

06.

항타기 · 항발기가 작업 중이며 인근에 고압 가공전선이 있다. 이와 같이 고압전선로 인근에서 항타기 · 항발기 작업 시 안전작업수칙을 3가지 쓰시오.

해답 1. (이격거리 확보) 차량 등을 충전부로부터 300[cm] 이상 이격시키되, 대지전압이 50[kV]를 넘는 경우에는 10[kV]가 증가할 때마다 이격거리를 10[cm]씩 증가시킨다.
　　 2. (절연용 방호구 설치) 절연용 방호구 등을 설치한 경우에는 이격거리를 절연용 방호구 앞면까지로 할 수 있다.
　　 3. (울타리 설치 또는 감시인 배치) 울타리를 설치하거나 감시인 배치 등의 조치를 하여야 한다.
　　 4. (접지점 관리 철저) 접지된 차량 등이 충전전로와 접촉할 우려가 있는 경우에는 근로자가 접지점에 접촉되지 않도록 조치하여야 한다.

04.

엘리베이터 피트 주변에서 작업 중 피트 단부로 추락하는 재해가 발생하였다. 이와 같은 추락재해의 발생원인을 3가지 쓰시오.

해답) 1. 피트 내부에 추락방호망 미설치
2. 개구부(피트) 단부 안전난간 미설치
3. 안전대 부착설비 미설치 및 안전대 미착용

05.

대형 바닥개구부로 자재를 인양하던 중 자재가 흔들리면서 날아와 작업자를 때려 재해가 발생하였다. 이때 (1) 재해 발생 형태와 (2) 그 재해의 정의를 쓰시오.

해답) (1) 발생형태 : 비래
(2) 정의 : 물체가 다른 곳으로부터 날아와 작업자가 맞음으로써 발생하는 재해

08.

교량 하부 점검작업 중 추락재해가 발생하였다. 이때 재해 발생 원인을 3가지 쓰시오.

해답 1. 작업(통로)발판 미설치
2. 안전대 부착설비 미설치 및 안전대 미착용
3. 추락방지용 추락방호망 미설치

출제연도 2007년 10월(B형)

01.

승강기 설치 전 E/V Pit 내부의 고정되지 않은 작업발판 위에서 폼타이 핀을 해체하던 중 추락하였다. 추락재해의 발생 원인을 3가지 쓰시오.

해답 1. 작업발판이 고정되지 않았다.
2. 작업자가 안전대를 착용하지 않았다.
3. 피트 내부에 추락방호망을 설치하지 않았다.

03.

타워크레인으로 배관자재를 인양하던 중 인양로프의 1/3 정도가 끊어져 있고 배관자재가 흔들리며 작업자가 배관자재에 부딪히는 재해가 발생하였다. 이와 같은 작업상황에서 위험요인 2가지를 쓰시오.

해답 1. 유도로프를 사용하지 않아 화물이 흔들리며 낙하할 위험
2. 인양 전 인양로프 미점검으로 로프파단 위험
3. 신호수가 낙하위험구간에서 신호 실시

출제연도   2008년 4월(A형)

06.

아파트 건설현장에서 건설용 리프트가 작동 중이다. 이와 같이 건설용 리프트 작업을 할 때 작업 시작 전 점검사항 2가지는 무엇인가?

해답 1. 방호장치 · 브레이크 및 클러치의 기능
2. 와이어로프가 통하고 있는 곳의 상태

09.

경사진 박공지붕 설치 작업 중 건물의 하부에서 휴식을 취하던 작업자에게 박공지붕이 떨어져 재해가 발생하였다. 이때 재해 발생원인을 3가지 쓰시오.

해답 1. 경사지붕 하부에 낙하물방지망 미설치
2. 박공지붕 적치상태불량 및 체결상태 불량
3. 박공지붕의 과적치
4. 근로자가 낙하(비래)위험 장소에서 휴식
5. 낙하(비래) 위험구간 출입통제 미실시

출제연도 　2008년 4월(B형)

06.

작업자가 이동식크레인으로 강관비계 등 자재를 운반하고 있다. 이때 이동식크레인의 운전자가 준수하여야 할 조치사항을 3가지 쓰시오.

해답 1. 자기판단에 의해 조작하지 말고 신호수의 신호에 따라 인양작업을 실시한다.
2. 화물을 크레인에 매단 채 운전석을 이탈하지 않는다.
3. 작업이 끝나면 동력을 차단시키고 정지조치를 확실히 시행한다.

08.

항타기·항발기가 작업 중이며 인근에 고압 가공전선이 있다. 이와 같이 고압전선로 인근에서 항타기·항발기 작업 시 안전작업수칙을 3가지 쓰시오.

해답　1. (이격거리 확보) 차량 등을 충전부로부터 300[cm] 이상 이격시키되, 대지전압이 50[kV]를 넘는 경우에는 10[kV]가 증가할 때마다 이격거리를 10[cm]씩 증가시킨다.
2. (절연용 방호구 설치) 절연용 방호구 등을 설치한 경우에는 이격거리를 절연용 방호구 앞면까지로 할 수 있다.
3. (울타리 설치 또는 감시인 배치) 울타리를 설치하거나 감시인 배치 등의 조치를 하여야 한다.
4. (접지점 관리 철저) 접지된 차량 등이 충전전로와 접촉할 우려가 있는 경우에는 근로자가 접지점에 접촉되지 않도록 조치하여야 한다.

출제연도	2008년 7월(A형)

03.

압쇄기를 이용한 건물해체 작업이 진행되고 있다. 이때 작업자가 위험부분에 머무르는 것은 특히 위험하다. 따라서 해체장비로부터 작업자는 최소한 몇 m 접근을 금지하여야 하는가?

해답　4m

06.

NATM 공법에 의한 터널시공 장면을 보여주고 있다. 이러한 터널 굴착작업 시 공사의 안전성 및 설계의 타당성 판단 등을 확인하기 위해 실시하는 계측의 종류를 3가지만 쓰시오.

해답 1. 내공변위 측정, 2. 천단침하 측정, 3. 지표면침하 측정, 4. 지중변위 측정, 5. Rock Bolt 축력 측정, 6. 숏크리트 응력 측정

07.

작업자가 전주에 오르다가 표지판 등 장애물에 머리를 부딪혀 추락하는 재해가 발생하였다. 이와 같은 전주 작업에서 위험요소를 2가지 쓰시오.

해답 1. 안전대 부착설비 미설치(수직구명줄 미설치)
　　　2. 안전대 미착용(추락방지대 미착용)

03.

터널 굴착작업을 위해 발파를 실시한 후 낙반 등에 의한 위험이 있을 때 이를 방지하기 위한 조치사항 2가지를 쓰시오.

해답　1. 터널지보공 및 록(Rock)볼트의 설치, 2. 부석의 제거

06.

타워크레인으로 H빔 또는 강관비계를 인양하여 운반하던 중 자재가 다소 흔들리며 신호하던 작업자와 부딪히는 재해가 발생하였다. 이와 같은 작업상황에서 재해발생 원인을 3가지 쓰시오.

해답　1. 유도로프를 사용하지 않았다.
　　　2. 신호수가 낙하위험구간에서 신호를 실시하였다.
　　　3. 작업 전 신호방법 및 신호계획을 수립하지 않았다.
　　　4. 자재를 작업자 위로 운반하였다.

03.

가이데릭을 이용하여 갱폼을 인양하는 작업 중이며 작업장 바닥에는 눈이 쌓여 있고 파이프는 철선으로 고정되어 있으며 버팀대는 각재 하나로 고정된 상태이다. 이와 같은 가이데릭 작업 시 위험요인 2가지를 쓰시오.

해답) 1. 파이프의 아랫부분에만 철사로 고정시켜 무너질 위험이 있다.
2. 버팀대가 미끄러져 사고의 위험이 있다.

08.

경사진 박공지붕 설치 작업 중 건물의 하부에서 휴식을 취하던 작업자에게 박공지붕이 떨어져 재해가 발생하였다. 이때 재해 발생원인을 3가지 쓰시오.

해답) 1. 경사지붕 하부에 낙하물방지망 미설치
2. 박공지붕 적치상태불량 및 체결상태불량
3. 박공지붕의 과적치
4. 근로자가 낙하(비래)위험 장소에서 휴식
5. 낙하(비래)위험구간 출입통제 미실시

01.

항타기 · 항발기의 조립작업이 진행 중이다. 이때 도르래의 위치에 관한 법적 사항 중 빈칸에 알맞은 단어를 채우시오.

권상장치의 드럼축과 권상장치로부터 첫 번째 도르래의 축과의 거리를 권상장치의 드럼폭의 (①) 이상으로 하여야 하며, 도르래는 권상장치의 드럼의 (②)을 지나야 하며 축과 (③)상에 있어야 한다.

해답 ① 15배, ② 중심, ③ 수직면

05.

교량하부에서 점검작업을 위해 작업발판에서 이동하던 중 추락하는 재해가 발생하였다. 이렇게 작업발판을 설치할 때 (1) 작업발판의 폭 및 (2) 틈의 설치기준은 무엇인가?

해답 (1) 작업발판의 폭 : 40cm 이상
(2) 틈 : 3cm 이하

01.

승강기 설치 전 E/V Pit 내부에서 작업하던 중 추락하는 재해가 발생하였다. 추락재해의 발생원인을 3가지만 쓰시오.

해답
1. 작업발판이 고정되지 않았다.
2. 작업자가 안전대를 착용하지 않았다.
3. 피트 내부에 추락방호망을 설치하지 않았다.

02.

엘리베이터 피트 주변에서 청소 등 작업 시 추락재해의 발생을 방지하기 위한 안전수칙을 3가지만 쓰시오.

해답
1. 피트 단부 안전난간 설치
2. 피트 내부에 추락방호망 설치
3. 안전대 부착설비 설치 및 안전대 착용

05.

교량 하부 점검작업 중 추락재해가 발생하였다. 이때 재해
발생원인을 3가지 쓰시오.

해답 1. 작업(통로)발판 미설치 또는 안전난간 미설치
2. 안전대 부착설비 미설치 및 안전대 미착용
3. 추락방지용 추락방호망 미설치

07.

타워크레인으로 배관자재를 인양하던 중 인양로프의 1/3 정
도가 끊어져 있고 배관자재가 흔들리며 작업자(신호수)가 배
관자재에 부딪히는 재해가 발생하였다. 이와 같은 작업상황
에서 위험요인 2가지를 쓰시오.

해답 1. 유도로프를 사용하지 않아 화물이 흔들리며 낙하할 위험
2. 인양 전 인양로프 미점검으로 로프파단 위험
3. 신호수가 낙하 위험구간에서 신호실시

05.

가이데릭을 이용하여 갱폼을 인양하는 작업 중이며 작업장 바닥에는 눈이 쌓여 있고 파이프는 철선으로 고정되어 있으며 버팀대는 각재 하나로 고정된 상태이다. 이와 같은 가이데릭 작업 시 위험요인 2가지를 쓰시오.

해답 1. 파이프의 아랫부분에만 철사로 고정시켜 무너질 위험이 있다.
2. 버팀대가 미끄러져 사고의 위험이 있다.

06.

터널발파 작업 후 낙반의 위험을 방지하기 위한 부석의 유무 또는 불발화약의 유무를 확인하기 위해 발파작업장에 접근할 수 있는 시간은 발파 후 몇 분이 경과한 후인가?

해답 1. 전기뇌관의 경우 : 5분 이상
2. 전기뇌관 외의 것인 경우 : 15분 이상

06.

항타기가 고압전선로 인근에서 작업 중이다. 이때 안전수칙을 3가지만 쓰시오.

해답
1. (이격거리 확보) 차량 등을 충전부로부터 300[cm] 이상 이격시키되, 대지전압이 50[kV]를 넘는 경우에는 10[kV]가 증가할 때마다 이격거리를 10[cm]씩 증가시킨다.
2. (절연용 방호구 설치) 절연용 방호구 등을 설치한 경우에는 이격거리를 절연용 방호구 앞면까지로 할 수 있다.
3. (울타리 설치 또는 감시인 배치) 울타리를 설치하거나 감시인 배치 등의 조치를 하여야 한다.
4. (접지점 관리 철저) 접지된 차량 등이 충전전로와 접촉할 우려가 있는 경우에는 근로자가 접지점에 접촉되지 않도록 조치하여야 한다.

08.

타워크레인에 매달린 물체가 흔들려 골조에 충돌할 위험이 있고 운전원과 신호수의 신호가 맞지 않아 작업자 위로 물체가 낙하할 위험이 있다. 이러한 재해를 방지하기 위한 대책 3가지를 쓰시오.

해답
1. 유도로프를 사용하여 물체의 흔들림을 방지한다.
2. 작업 전 신호방법 및 신호계획을 수립하여 신호를 실시한다.
3. 화물을 작업자 위로 통과시키지 않는다.
4. 낙하위험구간에는 작업자를 출입시키지 않는다.
5. 인양 전 슬링 또는 와이어로프의 체결상태를 확인한다.

02.

타워크레인을 이용하여 건설현장에서 중량물을 운반하는 작업을 할 때 낙하 또는 비래재해를 방지하기 위한 안전대책 3가지를 쓰시오.

해답   1. 신호수를 배치하여 중량물을 작업자 위로 통과시키지 않는다.
2. 중량물에 유도로프를 설치하여 흔들림을 방지한다.
3. 작업 전 운전자와 신호방법, 순서를 정하고 통신장비를 이용하여 신호한다.
4. 낙하위험구간에는 작업자를 출입시키지 않는다.
5. 인양 전 슬링 또는 와이어로프의 체결상태를 확인한다.

03.

타워크레인을 이용하여 배관자재를 인양하던 중 인양로프가 끊어질 것 같아서 다시 내리다가 배관자재가 흔들리며 작업자(신호수)의 머리를 때리는 재해가 발생하였다. 이때 (1) 재해형태와 (2) 정의를 쓰시오.

해답 (1) 발생형태 : 비래
(2) 정의 : 물체가 다른 곳으로부터 날아와 작업자가 맞음으로써 발생하는 재해

04.

승강기 내부 피트에서 폼타이 핀을 망치로 제거하는 작업을 하던 중 합판으로 설치된 발판에서 추락하는 재해가 발생하였다. 이때 재해 발생원인을 3가지 쓰시오.

해답 1. 작업발판이 고정되지 않았다.
2. 작업자가 안전대를 착용하지 않았다.
3. 피트 내부에 추락방호망을 설치하지 않았다.

03.

공장지붕 패널(Panel) 설치 작업 중 작업자의 발이 자꾸 미끄러지고 통로에 이동전선이 널려있다. 이때 추락위험요인을 3가지 쓰시오.

해답 1. 안전대 부착설비 미설치 및 안전대 미착용
2. 작업장 하부에 추락방호망 미설치
3. 미끄럼 방지용 작업발판 미설치

산업안전기사 실기 ENGINEER INDUSTRIAL SAFETY

PART 05

보호장구

출제분야	보호구
작업명	보호장구명 : 안전모

▶ **동영상 설명**

전주를 옮기는 작업을 하던 중 작업자의 머리가 전주에 부딪히는 사고가 발생하였다.

문제 이와 같은 재해가 발생하였을 때 (1) 가해물과 전기를 취급하는 작업을 할 때 착용하여야 할 (2) 안전모의 종류를 쓰시오.

해답 (1) 가해물 : 전주
　　　(2) 안전모의 종류 : AE, ABE

문제 다음은 화면에서 보여주는 보호구의 구조이다. 각부의 명칭을 쓰시오.

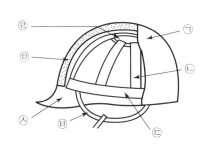

번호	각부명칭	
㉠	(①)	
㉡	착장체	(②)
㉢		(③)
㉣		(④)
㉤	(⑤)	
㉥	(⑥)	
㉦	모자챙(차양)	

해답 ① 모체, ② 머리받침끈, ③ 머리고정대, ④ 머리받침고리, ⑤ 충격흡수재, ⑥ 턱끈

문제 화면에서 보여주는 보호구(안전모)의 시험성능기준 6가지를 쓰시오.

해답 1. 내관통성 시험, 2. 충격흡수성 시험, 3. 내전압성 시험, 4. 내수성 시험, 5. 난연성 시험, 6. 턱끈풀림 시험

▷ **동영상 설명**

물체의 낙하, 충격 또는 날카로운 물체에 의한 찔림 위험 등으로부터 발을 보호하기 위한 안전화를 보여주고 있다.

문제 가죽제 안전화의 성능기준 항목 3가지를 쓰시오.

해답 1. 내압박성 및 내충격성, 2. 박리저항, 3. 내답발성

문제 물체의 낙하, 충격 또는 날카로운 물체에 의한 찔림 위험으로부터 발을 보호하고 내수성 또는 내화학성을 겸한 안전화의 종류는?

해답 고무제 안전화

문제 도금작업장에서 작업자가 화학물질용 보호복, 방독마스크, 고무장갑, 고무제 안전화 등을 착용하고 작업 중이다. 이때, 고무제 안전화의 사용장소에 따른 구분 4가지는?

해답 1. 일반용, 2. 내유용, 3. 내산용, 4. 내알칼리용, 5. 내산, 알칼리 겸용

▷ **동영상 설명**

안전대의 한 종류인 안전블록을 보여주고 있다.

문제 동영상에서 보여주고 있는 (1) 보호장구의 명칭과 (2) 구조조건을 쓰시오.

해답 (1) 명칭 : 안전블록
(2) 구조조건
　　1. 신체지지의 방법으로 안전그네만을 사용할 것
　　2. 안전블록은 정격 사용 길이가 명시될 것
　　3. 안전블록의 줄은 합성섬유로프, 웨빙(webbing), 와이어로프이어야 하며, 와이어로프인 경우 최소지름이 4mm 이상일 것

문제 동영상에서 보여주고 있는 (1) 보호장구의 명칭과 (2) 정의를 쓰시오.

해답 (1) 명칭 : 안전블록
(2) 정의 : 안전그네와 연결하여 추락발생 시 추락을 억제할 수 있는 자동잠김장치가 갖추어져 있고 죔줄이 자동적으로 수축되는 장치

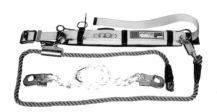 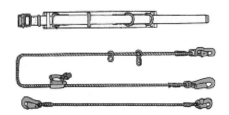

━━━●━
▶ **동영상 설명**

안전대의 한 종류인 U자 걸이용 안전대를 보여주고 있다.

문제 전주작업을 실시할 때 착용하는 안전대의 명칭은 무엇인가?

해답 U자 걸이용 안전대

▷ **동영상 설명**

방열복 상·하의, 방열장갑, 일체형 방열복, 방열두건 등을 보여주고 있다.

문제 방열복의 종류별 무게기준을 쓰시오.

해답 1. 방열상의 : 3.0kg 이하
2. 방열하의 : 2.0kg 이하
3. 방열일체복 : 4.3kg 이하
4. 방열장갑 : 0.5kg 이하
5. 방열두건 : 2.0kg 이하

문제 방열복 내열원단의 시험성능기준 항목 3가지를 쓰시오.

해답 1. 난연성, 2. 절연저항, 3. 인장강도, 4. 내열성, 5. 내한성

 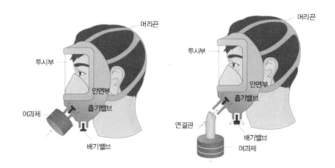

▶ 동영상 설명

분진, 미스트 또는 흄이 호흡기를 통하여 체내에 유입되는 것을 방지하기 위하여 사용되는 보호구인 방진마스크를 보여주고 있다.

문제 방진마스크의 일반적인 구조조건 3가지를 쓰시오.

해답 1. 착용 시 이상한 압박감이나 고통을 주지 않을 것
2. 전면형은 호흡 시에 투시부가 흐려지지 않을 것
3. 분리식 마스크에 있어서는 여과재, 흡기밸브, 배기밸브 및 머리끈을 쉽게 교환할 수 있고 착용자 자신이 안면과 분리식 마스크의 안면부와의 밀착성 여부를 수시로 확인할 수 있어야 할 것
4. 안면부여과식 마스크는 여과재로 된 안면부가 사용기간 중심하게 변형되지 않을 것
5. 안면부여과식 마스크는 여과재를 안면에 밀착시킬 수 있어야 할 것

▶ **동영상 설명**

석면을 해체하는 장면을 보여주고 있다.

문제 영상과 같이 석면이 함유된 건축물을 해체하는 작업을 할 때 석면분진의 발산 및 근로자의 오염을 방지하기 위해 정하여야 하는 작업수칙을 3가지만 쓰시오.

해답 1. 진공청소기 등을 이용한 작업장 바닥의 청소방법
2. 작업자의 왕래와 외부기류 또는 기계진동 등에 의한 분진의 흩날림을 방지하기 위한 조치
3. 분진이 쌓일 염려가 있는 깔개 등을 작업장 바닥에 방치하는 행위를 방지하기 위한 조치
4. 분진이 확산되거나 작업자가 분진에 노출될 위험이 있는 경우에는 선풍기 사용금지에 관한 사항
5. 용기에 석면을 넣거나 꺼내는 작업
6. 석면을 담은 용기의 운반
7. 여과집진방식 집진장치의 여과재 교환
8. 당해 작업에 사용된 용기 등의 처리
9. 이상상태가 발생한 경우의 응급조치
10. 보호구의 사용 · 점검 · 보관 및 청소
11. 그 밖에 석면분진의 발산을 방지하기 위하여 필요한 조치

문제 석면 취급 작업 시 (1) 근로자에게 미치는 위험요인 및 (2) 석면분진으로 인해 발생할 수 있는 질병의 종류 3가지를 쓰시오.

> 해답 (1) 위험요인 : 작업자가 방진마스크를 착용하지 않을 경우 석면분진이 체내로 흡입될 수 있다.
> (2) 질병 : 1. 악성중피종, 2. 석면폐, 3. 폐암

문제 브레이크 라이닝 작업 중 방진마스크를 착용하지 않고 작업 중이다. 이때 (1) 직업성 질병에 걸리는 이유와 (2) 발생할 수 있는 직업성 질병 2가지를 쓰시오.

> 해답 (1) 질병요인 : 작업자가 적절한 보호구(방진마스크)를 착용하지 않아 석면분진이 체내로 유입될 경우 직업성 질병이 발생할 수 있다.
> (2) 질병 : 1. 악성중피종, 2. 석면폐, 3. 폐암

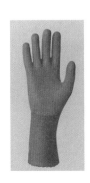  

▷ 동영상 설명

작업자가 방진마스크 및 보안경을 착용한 상태에서 평상복을 입고 맨손으로 브레이크 라이닝의 이물질을 제거하는 작업을 실시하고 있다.

문제 이와 같이 브레이크 라이닝 작업을 실시하고 있을 경우 작업자가 착용하여야 할 보호구의 종류를 3가지 쓰시오.

해답 1. 화학물질용 보호복, 2. 유기화합물용 안전장갑, 3. 고무제 안전화

문제 도금작업이 진행 중이며 작업자가 작업 도중 내용물을 꺼내어 표면의 상태를 확인하고 냄새를 맡는다. 작업자는 고무장갑과 고무장화는 착용하고 있는 상태이다. 이때, 작업자의 건강장해 예방을 위하여 착용하여야 할 보호구의 종류를 3가지 쓰시오.

해답 1. 화학물질용 보호복, 2. 방독마스크, 3. 보안경

▶ **동영상 설명**

전기드릴을 이용하여 금속제의 구멍을 넓히는 작업이 진행 중이며 작업자는 안전모, 보안경, 안전장갑 등을 착용하지 않은 상태이다.

문제 위와 같이 금속제에 구멍을 넓히거나 뚫는 드릴작업을 할 때 착용하여야 할 보호구의 종류를 3가지 쓰시오.

해답 1. 보안경, 2. 안전모, 3. 안전장갑

문제 유해광선에 의한 시력장해의 우려가 있는 장소에서 근로자가 작업을 할 때 착용하여야 하는 보호구는 무엇인가?

해답 차광용 보안경

▶ **동영상 설명**

화면에서 헤드폰처럼 생긴 모양의 귀덮개를 보여주고 있다.

문제 강렬한 소음이 발생되는 장소에서 작업자가 반드시 착용해야 할 보호구의 명칭과 기호를 쓰시오.

해답 귀덮개, EM

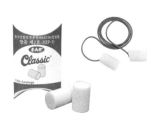  

문제 방음보호구 중 귀마개의 종류 2가지를 쓰고 각각 그 기호 및 성능을 쓰시오.

해답

등급	기호	성능
1종	EP-1	저음부터 고음까지 차음하는 것
2종	EP-2	주로 고음을 차음하고 저음(회화음영역)은 차음하지 않는 것

▷ **동영상 설명**

산소농도가 18% 미만인 장기간 밀폐된 강재의 보일러 또는 탱크 내부로 작업자가 청소작업을 위해 들어가려고 하고 있다.

문제 동영상과 같이 산소결핍장소 또는 가스·증기·분진 흡입 등에 의한 근로자의 건강장해가 예상되는 장소에서 작업 시 사용하여야 하는 호흡용 보호구는 무엇인가?

해답 송기마스크, 공기마스크

▶ **동영상 설명**

통신선 공사를 위해 맨홀 내부에서 작업을 하고 있다. 이때 맨홀 내부에서 작업을 하던 동료가 의식을 잃고 쓰러졌다.

문제 장기간 사용하지 아니한 우물 등의 내부, 해수가 있거나 있었던 열교환기 · 관 · 암거 · 맨홀 또는 피트의 내부와 같은 밀폐공간에서 작업 시 안전수칙 3가지를 쓰시오.

해답 1. 작업시작 전 산소농도가 18% 이상 유지되도록 환기실시
2. 환기시킬 수 없거나 환기가 곤란한 경우 작업자에게 송기마스크, 공기마스크 등 호흡용 보호구 지급 · 착용
3. 작업자는 입출입시 반드시 인원점검실시
4. 밀폐작업장과 관리감독자 사이에 상시 연락할 수 있도록 연락설비 설치
5. 공기호흡기, 사다리, 로프 등 비상시 대피용 기구의 비치
6. 구출작업자는 반드시 송기마스크, 공기마스크 등 호흡용 보호구를 지급 · 착용
7. 작업시작 전 산소농도 및 유해가스 측정

▷ **동영상 설명**

작업자가 무색의 암모니아 냄새가 나는 수용성 액체인 유해물질 DMF(디메틸포름아미드) 취급 작업을 하고 있다.

문제 이와 같이 유해물질인 DMF를 취급할 때 착용해야 하는 보호구의 종류를 3가지 쓰시오.

해답 1. 방독마스크, 2. 화학물질용 보호복, 3. 안전장갑(화학물질용)

▶ **동영상 설명**

정화통에 H자가 있는 방독마스크를 보여주고 있다.

문제 화면에서 보여주는 (1) 방독마스크의 종류는 무엇이며 (2) 정화통(흡수관)의 주성분은 무엇인지 쓰시오.

해답 (1) 방독마스크 종류 : 암모니아용 방독마스크
(2) 정화통 주성분 : 큐프라마이트

▷ **동영상 설명**

정화통에 기호 I가 새겨진 방독마스크를 보여주고 있다.

문제 화면에서 보여주는 (1) 방독마스크의 명칭은 무엇이며 (2) 정화통(흡수관)의 주성분은 무엇인지 쓰시오. 또한, 파과시간이 15분일 때 (3) 방독마스크의 파과농도는 몇 ppm인가?

해답 (1) 방독마스크 종류 : 아황산 · 황용 방독마스크
(2) 정화통 주성분 : 산화금속, 알칼리제제
(3) 방독마스크 파과농도 : 5ppm

▷ **동영상 설명**

작업자가 페인트 도장작업을 실시하고 있으며 유기가스용 방독마스크를 착용하고 있다.

문제 영상과 같은 유기화합물용 방독마스크의 흡수제의 종류를 2가지 쓰시오.

해답 1. 활성탄, 2. 알칼리제제

문제 강재파이프에 래커 스프레이로 페인트작업을 할 때 방독마스크의 흡수제의 종류를 3가지만 쓰시오.

해답 1. 활성탄, 2. 소다라임, 3. 호프카라이트

▷ **동영상 설명**

정화통에 기호 A가 새겨져 있는 방독마스크를 착용하고 있다.

문제 화면에서 보여주는 (1) 방독마스크의 명칭은 무엇이며 (2) 정화통(흡수관)의 주성분은 무엇인지 쓰시오. 또한 (3) 정화통 제독능력시험을 위한 시험가스는 무엇인가?

해답 (1) 방독마스크 명칭 : 할로겐용 방독마스크
(2) 정화통 주성분 : 소다라임(Soda lime), 활성탄
(3) 시험가스 : 염소

[방독마스크의 정화통(흡수관)의 종류]

종류	대응독물	주성분
보통가스용	염소 및 할로겐류, 포스겐 유기 및 산성가스	활성탄 소다라임
산성가스용	염산, 할로겐화수소, 산, 이산화탄소, 이산화질소, 산화질소	소다라임 알칼리제제
유기가스용	유기가스 및 증기, 이황화탄소	활성탄
일산화탄소용	일산화탄소	호프카라이트 방습제
암모니아용	암모니아	큐프라마이트
아황산용	아황산 및 황산 미스트	산화금속 알칼리제제
황화수소용	황화수소	금속염류 알칼리제제

[방독마스크의 정화통 외부측면의 표시색]

종류	표시색
유기화합물용 정화통	갈색
할로겐용 정화통	회색
황화수소용 정화통	회색
시안화수소용 정화통	회색
아황산용 정화통	노란색
암모니아용 정화통	녹색
복합용 및 겸용의 정화통	복합용의 경우 해당가스 모두 표시(2층 분리) 겸용의 경우 백색과 해당가스 모두 표시(2층 분리)

[시험가스의 조건 및 파과농도, 파과시간]

종류 및 등급		시험가스의 조건		파과농도 (ppm, ±20%)	파과시간 (분)
		시험가스	농도(%, ±10%)		
유기화합물용	고농도	시클로 헥산	0.5	10.0	35 이상
	중농도	〃	0.1		70 이상
	저농도	〃	0.05		70 이상
할로겐가스용	고농도	염소가스	0.5	0.5	20 이상
	중농도	〃	0.1		20 이상
	저농도	〃	0.05		20 이상
황화수소용	고농도	황화수소가스	0.5	10.0	40 이상
	중농도	〃	0.1		40 이상
	저농도	〃	0.05		40 이상
시안화수소용	고농도	시안화수소가스	0.5	10.0*	25 이상
	중농도	〃	0.1		25 이상
	저농도	〃	0.05		25 이상
아황산가스용	고농도	아황산가스	0.5	5.0	20 이상
	중농도	〃	0.1		20 이상
	저농도	〃	0.05		20 이상
암모니아용	고농도	암모니아가스	0.5	25.0	40 이상
	중농도	〃	0.1		50 이상
	저농도	〃	0.05		50 이상

* 시안화수소가스에 의한 제독능력시험 시 시아노겐(C_2N_2)은 시험가스에 포함될 수 있다.
　(C_2N_2＋HCN)를 포함한 파과농도는 10ppm을 초과할 수 없다.
** 겸용의 경우 정화통과 여과재가 장착된 상태에서 분진포집효율시험을 하였을 때 등급에 따른 기준치 이상이어야 한다.

▷ **동영상 설명**

용접 시 발생하는 유해한 자외선, 강열한 가시광선 등으로부터 눈을 보호하고 열에 의한 화상 또는 용접 파편에 의한 위험으로부터 용접자의 안면, 머리부 등을 보호하기 위한 용접용 보안면을 보여주고 있다.

문제 용접용 보안면의 성능기준 항목을 5가지 쓰시오.

해답 1. 절연시험, 2. 내식성, 3. 굴절력, 4. 투과율, 5. 시감투과율 차이

문제 화면에서는 용접용 보안면을 보여준다.

(1) 용접용 보안면의 등급을 나누는 기준은?
(2) 용접용 보안면의 투과율의 종류는?

해답 (1) 등급 기준 : 차광도 번호
(2) 투과율의 종류 : 자외선 최대 분광투과율, 적외선 투과율, 시감 투과율

※ 아래 그림들은 실제 출제되는 동영상문제와 다를 수 있습니다.

출제연도	2007년 7월(A형)

01.

방열복 상·하의, 방열장갑, 일체형 방열복 등을 보여주고 있다. 각각의 무게기준을 쓰시오.

해답 1. 방열상의 : 3.0kg 이하
　　　2. 방열하의 : 2.0kg 이하
　　　3. 방열일체복 : 4.3kg 이하
　　　4. 방열장갑 : 0.5kg 이하
　　　5. 방열두건 : 2.0kg 이하

03.

석면을 해체하는 장면을 보여주고 있다. 이와 같이 석면이 함유된 건축물을 해체하는 작업을 할 때 석면분진의 발산 및 근로자의 오염을 방지하기 위해 정하여야 하는 작업수칙을 3가지만 쓰시오.

해답
1. 진공청소기 등을 이용한 작업장 바닥의 청소방법
2. 작업자의 왕래와 외부기류 또는 기계진동 등에 의한 분진의 흩날림을 방지하기 위한 조치
3. 분진이 쌓일 염려가 있는 깔개 등을 작업장 바닥에 방치하는 행위를 방지하기 위한 조치
4. 분진이 확산되거나 작업자가 분진에 노출될 위험이 있는 경우에는 선풍기 사용금지에 관한 사항
5. 용기에 석면을 넣거나 꺼내는 작업
6. 석면을 담은 용기의 운반
7. 여과집진방식 집진장치의 여과재 교환
8. 당해 작업에 사용된 용기 등의 처리
9. 이상상태가 발생한 경우의 응급조치
10. 보호구의 사용 · 점검 · 보관 및 청소
11. 그 밖에 석면분진의 발산을 방지하기 위하여 필요한 조치

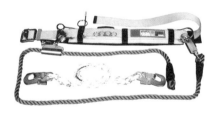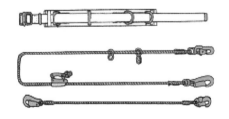

04.

안전대를 착용한 작업자가 전주에서 작업을 하고 있다. 이와 같이 전주작업을 할 때 착용하는 안전대의 명칭은 무엇인가?

해답 U자 걸이용 안전대

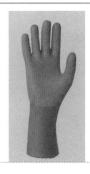  

02.

작업자가 방진마스크 및 보안경을 착용한 상태에서 평상복을 입고 맨손으로 브레이크 라이닝의 이물질을 제거하는 작업을 실시하고 있다. 이때 작업자가 착용하여야 할 보호구의 종류를 3가지 쓰시오.

해답 1. 화학물질용 보호복, 2. 유기화합물용 안전장갑, 3. 고무제 안전화

09.

안전대의 한 종류인 안전블록을 보여주고 있다. 화면에서 보여주고 있는 (1) 보호장구의 명칭과 (2) 정의를 쓰시오.

해답 (1) 명칭 : 안전블록
(2) 정의 : 안전그네와 연결하여 추락발생시 추락을 억제할 수 있는 자동잠김장치가 갖추어져 있고 죔줄이 자동적으로 수축되는 장치

07.

정화통에 H자가 새겨져 있는 방독마스크를 보여주고 있다. 화면에서 보여주고 있는 (1) 방독마스크의 종류는 무엇이며 (2) 정화통(흡수관)의 주성분은 무엇인지 쓰시오.

해답 (1) 방독마스크 종류 : 암모니아용 방독마스크
　　(2) 정화통 주성분 : 큐프라마이트

08.

작업자는 방진마스크를 착용하지 않고 브레이크 라이닝 작업을 하고 있다. (1) 이때 직업성 질병에 걸리는 이유와 (2) 발생할 수 있는 직업성 질병 2가지를 쓰시오.

해답 (1) 작업자가 적절한 보호구(방진마스크)를 착용하지 않아 석면분진이 체내로 유입될 경우 직업성 질병이 발생할 수 있다.
　　(2) 직업성 질병 : 1. 악성중피종, 2. 석면폐, 3. 폐암

02.

전기드릴을 이용하여 금속제의 구멍을 넓히는 작업이 진행 중이다. 이때 작업자가 착용하여야 할 보호구의 종류를 3가지 쓰시오.

해답) 1. 보안경, 2. 안전모, 3. 안전장갑

05.

작업자가 무색의 암모니아 냄새가 나는 수용성 액체인 유해물질 DMF(디메틸포름아미드) 취급 작업을 하고 있다. 유해물질인 DMF를 취급할 때 착용해야 하는 보호구의 종류를 3가지 쓰시오.

해답) 1. 방독마스크, 2. 화학물질용 보호복, 3. 안전장갑(화학물질용)

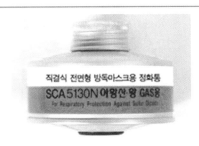

08.

정화통에 기호 I가 새겨진 방독마스크를 보여주고 있다. 화면에서 보여주는 (1) 방독마스크의 명칭과 (2) 정화통 (흡수관)의 주성분을 쓰시오.

해답 (1) 방독마스크의 명칭 : 아황산 · 황용 방독마스크
　　　(2) 정화통 주성분 : 산화금속, 알칼리제제

출제연도　　2008년 4월(B형)

02.

작업자가 페인트 도장작업을 실시하고 있으며 유기가스용 방독마스크를 착용하고 있다. 이와 같은 유기화합물용 방독마스크의 흡수제의 종류를 2가지 쓰시오.

해답 1. 활성탄, 2. 알칼리제제

07.

고열 작업에 의한 화상·열중증 등을 방지하기 위한 의복인 방열복을 보여주고 있다. 이러한 방열복 내열원단의 시험성능기준 항목 3가지를 쓰시오.

해답 1. 난연성, 2. 절연저항, 3. 인장강도, 4. 내열성, 5. 내한성

출제연도 2008년 7월(A형)

05.

안전대의 한 종류인 안전블록을 보여주고 있다. 화면에서 보여주고 있는 (1) 보호장구의 명칭과 (2) 일반구조 조건을 쓰시오.

해답 (1) 명칭 : 안전블록
(2) 구조조건
　　1. 신체지지의 방법으로 안전그네만을 사용할 것
　　2. 안전블록은 정격 사용 길이가 명시될 것
　　3. 안전블록의 줄은 합성섬유로프, 웨빙(webbing), 와이어로프이어야 하며, 와이어로프인 경우 최소지름이 4mm 이상일 것

09.

장기간 사용하지 아니한 우물 등의 내부, 해수가 있거나 있었던 교환기 · 관 · 암거 · 맨홀 또는 피트의 내부와 같은 밀폐공간에서 작업 시 안전수칙 3가지를 쓰시오.

해답
1. 작업시작 전 산소농도가 18% 이상 유지되도록 환기실시
2. 환기시킬 수 없거나 환기가 곤란한 경우 작업자에게 송기마스크, 공기마스크 등 호흡용 보호구지급 · 착용
3. 작업자는 입출입시 반드시 인원점검실시
4. 밀폐작업장과 관리감독자 사이에 상시 연락할 수 있도록 연락설비 설치
5. 공기호흡기, 사다리, 로프 등 비상시 대피용 기구의 비치
6. 구출작업자는 반드시 송기마스크, 공기마스크 등 호흡용 보호구를 지급 · 착용
7. 작업시작 전 산소농도 및 유해가스 측정

출제연도	2008년 7월(B형)

08.

분진, 미스트 또는 흄이 호흡기를 통하여 체내에 유입되는 것을 방지하기 위하여 사용되는 보호구인 방진마스크를 보여주고 있다. 방진마스크의 일반적인 구조조건 3가지를 쓰시오.

해답
1. 착용 시 이상한 압박감이나 고통을 주지 않을 것
2. 전면형은 호흡 시에 투시부가 흐려지지 않을 것
3. 분리식 마스크에 있어서는 여과재, 흡기밸브, 배기밸브 및 머리끈을 쉽게 교환할 수 있고 착용자 자신이 안면과 분리식 마스크의 안면부와의 밀착성 여부를 수시로 확인할 수 있어야 할 것
4. 안면부여과식 마스크는 여과재로 된 안면부가 사용기간 중 심하게 변형되지 않을 것
5. 안면부여과식 마스크는 여과재를 안면에 밀착시킬 수 있어야 할 것

09.

강재파이프에 래커 스프레이로 페인트작업을 할 때 방독마스크 흡수제의 종류를 3가지만 쓰시오.

해답 1. 활성탄, 2. 소다라임, 3. 호프카라이트

출제연도 2008년 7월(C형)

마스크 연결 호스
허리밴드
공기조절밸브

04.

산소농도가 18% 미만인 장기간 밀폐된 강재의 보일러 또는 탱크 내부로 작업자가 청소작업을 위해 들어가려 하고 있다. 이와 같이 산소결핍장소 또는 가스 · 증기 · 분진 흡입 등에 의한 근로자의 건강장해가 예상되는 장소에서 작업 시 사용하여야 하는 호흡용 보호구는 무엇인가?

해답 송기마스크, 공기마스크

06.

작업자가 보안경을 착용하지 않고 손에는 목장갑을 낀 상태로 띠톱을 이용하여 강재를 절단하고 있다. 강재를 절단한 후 전원을 차단하지 않은 상태에서 절단된 강재를 빼내고 있다. 이때 위험요소 3가지를 쓰시오.

해답 1. 장갑을 착용하고 있어 손이 톱날에 끼일 위험이 있다.
2. 보안경 미착용으로 강재의 비산물에 눈을 다칠 위험이 있다.
3. 강재를 빼낼 때 전원을 차단하지 않았고 동작스위치의 잠금장치를 하지 않아 실수로 티톱이 작동되어 다칠 위험이 있다.

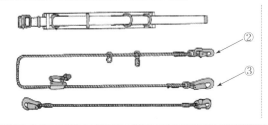

09.

안전대를 착용한 작업자가 전주에서 작업을 하고 있다. 이와 같이 전주작업을 할 때 착용하는 ① 안전대의 명칭은 무엇인가? 또한 안전대의 구성품 ②, ③의 명칭을 쓰시오.

해답 ① U자 걸이용 안전대, ② 훅, ③ 보조훅

01.

작업자가 정화통에 기호 A가 새겨져 있는 방독마스크를 착용하고 있다. 화면에서 보여주는 (1) 방독마스크의 명칭은 무엇이며 (2) 정화통(흡수관)의 주성분은 무엇인지 쓰시오. 또한, (3) 정화통 제독능력시험을 위한 시험가스는 무엇인가?

해답 (1) 방독마스크 명칭 : 할로겐용 방독마스크
(2) 정화통 주성분 : 소다라임(Soda lime), 활성탄
(3) 시험가스 : 염소

04.

도금작업장에서 작업자가 화학물질용 보호복, 방독마스크, 고무장갑, 고무제 안전화 등을 착용하고 작업 중이다. 이때, 고무제 안전화의 사용장소에 따른 구분 4가지는?

해답 1. 일반용, 2. 내유용, 3. 내산용, 4. 내알칼리용, 5. 내산, 알칼리 겸용

06.

석면해체작업이 진행 중이다. 이처럼 석면 취급 작업 시 (1) 근로자에게 미치는 위험요인 및 (2) 석면분진으로 인해 발생할 수 있는 질병의 종류 3가지를 쓰시오.

해답 (1) 위험요인 : 작업자가 방진마스크를 착용하지 않을 경우 석면분진이 체내로 흡입될 수 있다.
　　　(2) 질병 : 1. 악성중피종, 2. 석면폐, 3. 폐암

09.

안전대의 한 종류인 안전블록을 보여주고 있다. 화면에서 보여주고 있는 (1) 보호장구의 명칭과 (2) 일반 구조조건을 쓰시오.

해답 (1) 명칭 : 안전블록
　　　(2) 구조조건
　　　　　1. 신체지지의 방법으로 안전그네만을 사용할 것
　　　　　2. 안전블록은 정격 사용 길이가 명시될 것
　　　　　3. 안전블록의 줄은 합성섬유로프, 웨빙(webbing), 와이어로프이어야 하며, 와이어로프인 경우 최소지름이 4mm 이상일 것

03.

작업자가 페인트 도장작업을 실시하고 있으며 유기가스용 방독마스크를 착용하고 있다. 이와 같은 유기화합물용 방독마스크의 흡수제 종류를 2가지 쓰시오.

해답   1. 활성탄, 2. 알칼리제제

08.

전주를 옮기는 작업을 하던 중 작업자의 머리가 전주에 부딪히는 사고가 발생하였다. 이와 같은 재해가 발생하였을 때 (1) 가해물과 전기를 취급하는 작업을 할 때 착용하여야 할 (2) 안전모의 종류를 쓰시오.

해답   (1) 가해물 : 전주
      (2) 안전모의 종류 : AE, ABE

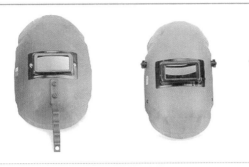

09.

화면은 용접 시 발생하는 유해한 자외선, 강렬한 가시광선 등으로부터 눈을 보호하고 열에 의한 화상 또는 용접 파편에 의한 위험으로부터 용접자의 안면, 머리부 등을 보호하기 위한 용접용 보안면을 보여주고 있다. 용접용 보안면의 성능기준 항목을 5가지 쓰시오.

해답 1. 절연시험, 2. 내식성, 3. 굴절력, 4. 투과율, 5. 시감투과율 차이

출제연도   2009년 9월(A형)

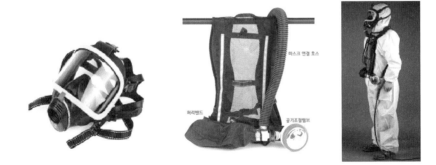

03.

영상 속 작업자는 통신선 공사를 위해 맨홀 내부에서 작업을 하고 있다. 이때 맨홀 내부에서 작업하던 동료가 갑자기 의식을 잃고 쓰러졌다. 이와 같은 밀폐공간에서 질식된 작업자를 구조할 때 구조자가 착용해야 할 보호구를 쓰시오.

해답 송기마스크, 공기마스크

05.

안전대의 한 종류인 안전블록을 보여주고 있다. 화면에서 보여주고 있는 (1) 보호장구의 명칭과 (2) 일반구조 조건을 쓰시오.

해답 (1) 명칭 : 안전블록
(2) 구조조건
    1. 신체지지의 방법으로 안전그네만을 사용할 것
    2. 안전블록은 정격 사용 길이가 명시될 것
    3. 안전블록의 줄은 합성섬유로프, 웨빙(webbing), 와이어로프이어야 하며, 와이어로프인 경우 최소지름이 4mm 이상일 것

출제연도	2009년 9월(B형)

06.

고열 작업에 의한 화상·열중증 등을 방지하기 위한 의복인 방열복을 보여주고 있다. 이러한 방열복 내열원단의 시험성능기준 항목 3가지를 쓰시오.

해답 1. 난연성, 2. 절연저항, 3. 인장강도, 4. 내열성, 5. 내한성

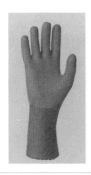  

01.

영상의 작업자는 도금작업을 진행 중이며 작업 도중 내용물을 꺼내어 표면의 상태를 확인하고 냄새를 맡는다. 작업자는 고무장갑과 고무장화는 착용하고 있는 상태이다. 이때, 작업자의 건강장해 예방을 위하여 착용하여야 할 보호구의 종류를 3가지 쓰시오.

해답 1. 화학물질용 보호복, 2. 방독마스크, 3. 보안경

07.

화면에서 헤드폰처럼 생긴 모양의 귀덮개를 보여주고 있다. 강렬한 소음이 발생되는 장소에서 작업자가 반드시 착용해야 할 보호구의 (1) 명칭과 (2) 기호를 쓰시오.

해답 (1) 보호구 명칭 : 귀덮개
(2) 보호구 기호 : EM

05.

작업자가 페인트 도장작업을 실시하고 있다. 이때 착용하여 야 할 (1) 방독마스크의 종류는 무엇이며 (2) 흡수제의 종류 를 2가지 쓰시오.

해답 (1) 방독마스크의 종류 : 유기화합물용 방독마스크
　　 (2) 흡수제 종류 : 활성탄, 알칼리제제

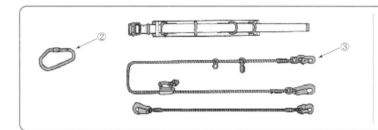

06.

화면에서 보여주고 있는 안전대의 명칭(①) 은 무엇인가? 또한, 안전대의 구성품 ②, ③ 의 명칭을 쓰시오.

해답 ① U자 걸이용 안전대, ② 카라비너, ③ 훅

memo

산업안전기사 실기　ENGINEER INDUSTRIAL SAFETY

부록

작업형 기출문제

2010년 작업형 기출문제

산업안전기사(4월 A형)

01 영상에서 확인할 수 있는 재해원인은?

[동영상 설명]
작업자가 드릴작업을 하고 있다. 장갑을 끼지 않고 작은 물체를 드릴링하고 밑에는 나무판을 대고 일반 모자를 쓰고 있다.

해답 1. 안전모 미착용
2. 보안경 미착용
3. 작은 물체를 바이스로 미고정

02 화면을 참고하여 사고원인을 쓰시오.

[동영상 설명]
작업자는 2인이고 작업자 한 명이 전기기기를 점검(보수)하고 있고 다른 한 명은 투명유리벽 안에서 전원을 넣어주는 역할을 하고 있다. 전선 연결한 작업자(맨손에 슬리퍼를 신고 있음)가 작업종료 후 전기기계에 손을 대는 순간 쓰러졌다.

해답 1. 개인보호구(절연장갑 등) 미착용
2. 신호전달체계 불량
3. 작업자 안전수칙 미준수(활선 및 정전상태 미확인 후 작업)

03 화학설비 설치 시 내부의 이상상태를 조기에 파악하기 위한 계측장치의 종류를 3가지 쓰시오.

해답 1. 유량계, 2. 온도계, 3. 압력계, 4. 자동경보장치

04 이동식 크레인의 작업시작전 점검사항 2가지는? (단, 경보장치의 기능은 제외한다.)

해답 1. 브레이크·클러치 및 조정장치의 기능
2. 와이어로프가 통하고 있는 곳 및 작업장소의 지반상태

05 산업안전보건법상 작업발판의 구조 5가지를 쓰시오. (단, 폭, 넓이 관련 제외한다.)

해답 1. 발판재료는 작업할 때의 하중을 견딜 수 있도록 견고한 것으로 할 것
2. 추락의 위험성이 있는 장소에는 안전난간을 설치할 것
3. 작업발판의 지지물은 하중에 의하여 파괴될 우려가 없는 것을 사용할 것
4. 작업발판재료는 뒤집히거나 떨어지지 않도록 둘 이상의 지지물에 연결하거나 고정시킬 것
5. 작업발판을 작업에 따라 이동시킬 경우에는 위험방지에 필요한 조치를 할 것

06 화면의 작업자가 감전사고를 당한 원인을 인체의 피부 저항과 관련하여 설명하시오.

[동영상 설명]
작업자가 물기가 있는 장소에서 드릴 작업 중 감전사고가 발생한다.

해답 1. 감전피해의 위험도에 가장 큰 영향을 미치는 통전전류의 크기는 인체의 전기저항 즉, 임피던스의 값에 의해 결정(반비례)되며 인체의 임피던스는 내부저항과 피부저항으로 구성한다.
2. 내부저항은 교류, 직류에 따라 거의 일정(통전시간이 길어지면 인체의 온도상승에 의해 저항치 감소) 피부저항은 물에 젖어 있을 경우 1/25로 저항이 감소하므로 그만큼 통전전류가 커져 전격의 위험이 높아진다.

07 영상의 재해 발생원인은?

[동영상 설명]
섬유기계의 실이 끊어지면서 기계가 멈춘다. 작업자가 회전기계의 문을 열고 안쪽을 보다가 갑자기 기계가 작동하면서 작업자의 몸이 끼이게 된다.

해답 1. 기계의 전원을 차단하지 않고(기계를 정지시키지 않고) 점검을 하여 말려 들어갈 수 있다.
2. 회전기계의 문을 열면 기계가 작동하지 않도록 하는 연동장치가 설치되어 있지 않다.

08 다음과 같은 마스크의 (1) 명칭, (2) 등급 3종류, (3) 산소농도를 쓰시오.

해답 (1) 명칭 : 방진마스크
(2) 등급종류 : 특급, 1급, 2급
(3) 산소농도 : 18%

09 영상을 참고하여 다음 질문에 답하시오.

[동영상 설명]
지게차가 주유 중이다. 지게차 운전자는 담배를 피우며 주유원과 이야기하고 있고, 지게차는 시동이 걸려 있는 상태이다.

(1) 이 동영상에서 위험요소를 2가지 쓰시오.
(2) 이 동영상에서 담뱃불에 해당하는 발화원의 형태(유형)은 무엇인가?

해답 (1) 위험요소
1. 지게차 운전자가 주유 중 담배를 피우고 있어 화재발생 위험이 있다.
2. 주유 중인 지게차에 시동이 걸려 있어 임의동작 또는 오동작으로 인한 사고 발생 위험이 있다.
3. 주유원이 작업 중 잡담을 하고 있어 정량 이상을 주유하여 바닥에 유류가 흘러넘쳐 그로 인한 화재발생 위험이 있다.
(2) 발화원의 형태 : 나화

01 크레인 (1) 방호장치 및 (2) 검사주기에 대하여 쓰시오.

해답 (1) 방호장치 : 과부하방지장치, 비상정지장치
(2) 검사주기 : 2년(크레인 최초 설치 후 3년 후에 안전검사를 실시하고, 그 이후에는 2년 주기마다 안전검사 실시)

02 화면에서와 같이 NATM터널 굴착공사시 공사의 안전성 및 시공의 적합성을 확인하기 위해 이용하는 계측방법의 종류 3가지를 쓰시오.

해답 1. 내공변위 측정, 2. 천단침하 측정, 3. 지표면침하 측정, 4. 지중변위 측정, 5. Rock Bolt 축력 측정, 6. 숏크리트 응력 측정

03 화면에서 보여주고 있는(EP-1, EP-2) 방음용 보호구인 귀마개의 (1) 등급(기호) 및 (2) 성능기준을 쓰시오.

등급	기호	성능
1종	EP-1	저음부터 고음까지 차음하는 것
2종	EP-2	주로 고음을 차음하고 저음(회화음영역)은 차음하지 않는 것

04 화면을 참고하여 작업자에게 신체로 유입되는 경로를 쓰시오.

[동영상 설명]
작업자가 실험실에서 화학약품을 맨손으로 만지고 있다.

해답 1. 피부 및 점막 접촉에 의한 피부로의 흡수
2. 흡입을 통한 호흡기로의 흡수
3. 구강을 통한 소화기로의 흡수

05 화면 속 (1) 핵심 위험 요인과 (2) 폭발의 종류를 쓰시오.

[동영상 설명]
인화성 물질 저장창고에서 한 작업자가 인화성 물질이 든 운반용 용기 뚜껑을 열고, 잠시 쉬려고 드럼통 옆에서 윗옷을 벗는 순간 "펑"하고 폭발사고가 발생한다.

해답 (1) 핵심 위험 요인 : 인화성 물질에 발화원이 접촉할 경우 화재 또는 폭발 위험이 있다.
(2) 폭발의 종류 : 기상폭발(혼합가스 폭발)

06 프레스 방호장치를 적으시오.

해답 게이트가드식 방호장치, 수인식 방호장치, 손쳐내기식 방호장치, 양수조작식 방호장치

07 화면에서와 같은 항타기 · 항발기 작업 시 충전전로에 의한 근로자 감전 위험발생 우려가 있을 때 사업주로서 조치하여야 할 사항 4가지를 쓰시오.

해답 1. (이격거리 확보) 차량 등을 충전부로부터 300[cm] 이상 이격시키되, 대지전압이 50[kV]를 넘는 경우에는 10[kV]가 증가할 때마다 이격거리를 10[cm]씩 증가시킨다.
2. (절연용 방호구 설치) 절연용 방호구 등을 설치한 경우에는 이격거리를 절연용 방호구 앞면까지로 할 수 있다.
3. (울타리 설치 또는 감시인 배치) 울타리를 설치하거나 감시인 배치 등의 조치를 하여야 한다.
4. (접지점 관리 철저) 접지된 차량 등이 충전전로와 접촉할 우려가 있는 경우에는 근로자가 접지점에 접촉되지 않도록 조치하여야 한다.

08 화면을 참고하여 관련 (1) 재해형태 및 (2) 재해원인을 쓰시오.

[동영상 설명]
작업자가 모터 수리 중 전기재해가 발생하여 쓰러지게 된다.

해답 (1) 재해형태 : 감전
(2) 재해원인
1. 절연용 보호구 미착용
2. 감전방지용 누전차단기 미설치
3. 정전작업 미실시

09 화면과 같은 재해를 막기 위한 동종재해방지대책을 쓰시오.

[동영상 설명]
작업자가 전기패널 내부의 차단기 투입 과정 중 재해 발생한다.

해답 1. 정전작업 실시
2. 개인보호구(감전방지용 보호구) 착용
3. 유자격자 이외는 전기기계 및 기구에 전기적인 접촉 금지
4. 관리감독자는 작업에 대한 안전교육 시행
5. 사고발생시의 처리순서를 미리 작성하여 둘 것
6. 차단기별로 회로명을 표기하여 오동작을 방지

산업안전기사(7월 A형)

01 화면 속 근로자가 착용해야 하는 마스크의 흡수제 종류는 무엇인가?

[동영상 설명]
작업자가 배관에 스프레이 등으로 도장을 하고 있다. 작업자의 옆으로 페인트통에 노란색, 녹색통이 보인다.

해답 활성탄, 소다라임, 호프카라이트

02 화면은 작업자가 엘리베이터 피트 내부의 나무로 엉성하게 만든 작업발판 위에서 폼타이 핀을 망치로 제거하는 작업 도중 개구부로 떨어지는 장면을 보여주고 있다. 이때 재해발생의 위험요인 3가지를 쓰시오.

해답 1. 피트 내부에 추락방호망 미설치
2. 작업발판 미고정
3. 안전대 부착설비 미설치 및 안전대 미착용
4. 개구부(피트) 단부에 안전난간 미설치

03 전동톱을 작동하기 전에 작업발판용 나무토막을 가져다 놓고 한 발로 나무를 고정하고 톱질을 하다 작업발판의 흔들림으로 인해 작업자가 넘어지는 동영상이다. 재해형태와 가해물은?

해답
1. 재해형태 : 추락
2. 가해물 : 바닥

04 다음 그림의 명칭을 쓰시오.

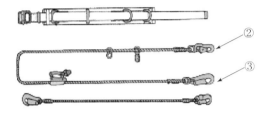

(1) 안전대의 명칭 : (①)
(2) 각 부분의 명칭 : (②), (③)

해답
① U자 걸이용 안전대, ② 보조훅, ③ 훅

05 동영상은 지게차로 운반작업을 하고 있다. 지게차의 각각 안정도를 쓰시오.

(1) 하역작업 시 전후안정도
(2) 하역작업 시 좌우안정도
(3) 주행 시 전후안정도

해답
(1) 하역작업 시 전후안정도 : 4%
(2) 하역작업 시 좌우안정도 : 6%
(3) 주행 시 전후안정도 : 18%

06 영상 속 작업의 재해원인 3가지를 쓰시오.

[동영상 설명]
작업자가 로프를 배관을 걸어둔 뒤 수신호를 하고 있다. 작업자가 작업 도중 배관에 부딪히는 재해가 발생하였다. 로프는 반쯤 배관에 걸려있고, 보조로프를 사용하지 않았다.

해답
1. 보조로프를 설치하지 않았다.
2. 로프상태 불량하다.
3. 위험반경 내에서 크레인 신호작업을 하였다.

07 화면 속 영상의 위험요인을 쓰시오.

[동영상 설명]
작업자가 활선작업 중 추락한다. 적업자는 장갑은 면장갑에 안전화는 절연화가 아니고, 안전대는 가지고는 있으나 걸지 않았다. 추락방호망도 없었다.

해답
1. 절연용 보호구(절연장갑, 절연화) 착용상태 불량에 따른 감전 위험
2. 근접활선(절연용 방호구 미설치)에 대한 감전 위험
3. 안전대를 걸지 않아 추락위험

08 도금을 다루는 유해물 작업 시 영상과 같은 도금을 다루는 유해물 작업 시 일반적인 주의사항 4가지만 쓰시오.

[동영상 설명]
작업자는 도금작업을 하고 있다. 젖은 고무장갑과 바닥에는 도금액이 가득 차 있고 물건을 옮기는데 도금액이 떨어진다.

해답
1. 유해물질에 대한 유해성 사전조사
2. 유해물질 발생원인의 봉쇄
3. 작업공정의 은폐. 작업장의 격리
4. 유해물의 위치 및 작업공정 변경
5. 전체 환기 또는 국소배기
6. 점화원의 제거
7. 환경의 정돈과 청소

09 영상과 같은 작업 시 하여야 할 사고방지대책은?

[동영상 설명]
사출성형기 노즐부 잔류물 제거를 하다가 재해가 발생하였다. 전원을 차단하지 않았고 작업자는 개인보호구를 미착용하였고, 전용공구를 사용하지 않았다.

해답
1. 작업자가 사출성형기의 내부 금형 사이에 출입할 때에는 사출성형기의 전원을 차단한 후 출입할 것
2. 작업 시 절연용보호구를 착용할 것
3. 이물질의 제거는 전용공구를 사용할 것
4. 사출성형기 충전부 방호조치(덮개)를 실시할 것

01 화면 속 영상의 (1) 재해형태와 (2) 정의를 쓰시오.

[동영상 설명]
와이어로프로 화물을 1층에서 2층으로 끌어 올리다가 화물을 떨어뜨린다.

해답 (1) 재해형태 : 낙하
(2) 정의 : 구조물, 기계 등에 고정되어 있던 물체가 중력, 원심력, 관성력 등에 의하여 고정부에서 이탈하거나 또는 설비 등으로부터 물질이 분출되어 사람을 가해하는 경우

02 화면 속 영상의 재해방지대책 3가지를 쓰시오.

[동영상 설명]
작업자가 승강기 컨트롤패널 점검 도중(스위치를 내리고 맨손으로 작업) 감전을 당한다. 이때 작업자는 보호구 착용하였고 회로명을 표기, 차단기에 잠금장치를 하였다.

해답 1. 정전작업 실시
2. 개인보호구(감전방지용 보호구) 착용
3. 유자격자 이외는 전기기계 및 기구에 전기적인 접촉 금지
4. 관리감독자는 작업에 대한 안전교육을 시행할 것
5. 사고발생시의 처리순서를 미리 작성하여 둘 것
6. 차단기별로 회로명을 표기하여 오동작을 방지

03 교량하부 작업발판에서 작업을 하다 추락하는 동영상이다.(작업발판 미고정, 안전대 미착용, 추락방지방 미설치) 위험요인 3가지를 쓰시오.

해답 1. 작업(통로)발판 미고정으로 작업발판이 불안정
2. 안전대 부착설비 미설치 및 안전대 미착용
3. 추락방지용 추락방호망 미설치

04 영상의 작업 위험요인 2가지를 쓰시오.

[동영상 설명]
컨베이어 위에 올라 작업자가 형광등을 교체하다 추락한다. 이때 작업자의 작업자세 불안정하고 보호구를 미착용하였다.

해답 1. 작동하는 컨베이어에 올라 작업하여 자세가 불안정해 추락할 위험이 있다.
2. 안전모등 보호구를 착용하지 않아 위험하다.

05 화면 속 영상의 위험요인 2가지를 쓰시오.

[동영상 설명]
작업자가 교류아크용접 작업장에서 용접을 하고 있다. 작업장 내 인화성 물질이 있으며 페인트통이 넘어지려 한다.

해답 1. 주변에 페인트 도료 등 인화성 물질이 있어 불꽃으로 인한 화재 및 폭발의 위험이 있다.
2. 작업자가 양손으로 작업하고 있어 주변 환경을 파악하지 못하고 주변 페인트 통에 의해 전도될 가능성이 있다.

06 폭발성 물질이 있는 저장창고에 신발에 물을 묻히고 들어가는 동영상이다. (1) 신발에 물을 묻히는 이유와 (2) 화재시 소방방법에 대해 쓰시오.

해답 (1) 신발에 물을 묻히는 이유 : 대부분의 물체는 습도가 증가하면 전기저항치가 저하하고 이에 따라 대전성이 저하하므로, 작업자가 신발에 물을 묻히게 되면 도전성이 증가(전기저항치 감소)하고 이에 따라 인체의 대전성이 저하되므로 정전기 착화성 방전에 의한 화재폭발을 방지할 수 있음
(2) 화재시 소화방법 : 다량 주수에 의한 냉각소화(폭발성 물질은 분해에 의하여 산소가 공급되기 때문에 연소가 격렬하며 그 자체의 분해도 격렬하다. 소화법으로는 물을 다량 사용해서 냉각하여 분해온도 이하로 낮추고 가연물의 연소도 억제해서 폭발을 방지하는 것이다. 소화제로는 질식소화는 효과가 없고, 물을 다량으로 사용하는 것이 최선이다.)

07 연삭기로 환봉을 연마하다가 튀어서 다치는 동영상이다. (1) 재해의 기인물을 쓰고 (2) 이 작업에서 칩의 비래 및 파편을 방지하기 위한 방호장치는 무엇인가?

해답 1. 기인물 : 연삭기
2. 방호장치 : 투명 비산방지판

08 화면 속 영상의 위험요인 3가지를 쓰시오.

> [동영상 설명]
> 프레스 금형을 호이스트로 운반하다가 중심을 잃고 조작레버를 건드려 발등에 화물을 떨어뜨린다. 이때 작업자는 보호구 미착용하였으며 단독으로 작업하였다.

해답 1. 작업자가 보호구를 착용하지 않고 작업을 실시하였다.
2. 집중을 하지 못하고 몸의 중심을 잃어 조작레버를 건드려서 물체를 떨어뜨렸다.
3. 근로자 단독으로 양손을 사용하여 작업하므로서 집중을 하지 못해 위험하다.

09 고무제 안전화를 보여주는 동영상이다. 사진과 같은 보호구의 종류 4가지를 사용장소에 따라 구분하여 쓰시오.

해답 1. 일반용, 2. 내유용, 3. 내산용, 4. 내알칼리용, 5. 내산, 알칼리 겸용

산업안전기사(7월 C형)

01 보호구(방진마스크) 일반적인 구비조건 4가지를 쓰시오.

해답 1. 분진포집효율(여과효율)이 좋을 것
2. 흡기, 배기저항이 낮을 것
3. 사용적이 적을 것
4. 중량이 가벼울 것
5. 시야가 넓을 것
6. 안면밀착성이 좋을 것

02 지게차가 주유 중이다. 지게차 운전자는 담배를 피우며 주유원과 이야기하고 있고 시동이 걸려 있는 상태이다. 담뱃불에 해당하는 발화원의 형태(유형)는 무엇인가?

해답 나화

03 전기기계 · 기구 중 누전에 의한 감전위험을 방지하기 위하여 감전방지용 누전차단기를 설치해야 하는 경우 3가지를 쓰시오.

해답 **누전차단기 적용범위(안전보건규칙 제304조)**
1. 대지전압이 150볼트를 초과하는 이동형 또는 휴대형 전기기계 · 기구
2. 물 등 도전성이 높은 액체가 있는 습윤 장소에서 사용하는 저압용 전기기계 · 기구
3. 철판 · 철골 위 등 도전성이 높은 장소에서 사용하는 이동형 또는 휴대형 전기기계 · 기구
4. 임시배선의 전로가 설치되는 장소에서 사용하는 이동형 또는 휴대형 전기기계 · 기구

04 건물 외벽에 쌍줄비계를 설치하고 비계 위에 작업발판을 설치하고 있다. (1) 작업발판의 폭과, (2) 발판재료 간의 틈은 얼마인가?

해답 (1) 작업발판의 폭 : 40cm 이상
(2) 틈 : 3cm 이하

05 화면의 동영상은 프레스 작업 중 작업자가 몸을 기울인 채 손으로 이물질을 제거하는 작업을 하다가 실수로 페달을 밟아 손이 다치는 재해가 발생한 사례이다. 이러한 사고의 예방을 위해 조치하여야 할 사항 3가지를 쓰시오.

해답 1. 이물질을 제거할 때에는 손으로 제거하는 것보다는 플라이어 등의 수공구를 이용한다.
2. 프레스를 일시정지할 때에는 페달에 U자형 덮개를 씌운다.
3. 이물질 제거시 프레스 전원을 차단하고 작업한다.

06 화면은 1만 볼트의 고압이 인가된 기계에 변압기를 연결하여 내전압 검사 중 재해가 발생한 상황의 동영상이다. 화면의 동영상을 참고하여 사고원인을 3가지로 분류해서 쓰시오.

해답 1. 개인보호구(절연장갑 등) 미착용
2. 신호전달체계 불량
3. 작업자 안전수칙 미준수(활선 및 정전상태 미확인 후 작업)

07 다음은 항타기 또는 항발기의 조립작업 시 도르래의 위치에 관한 법적 기준이다. 빈칸에 알맞은 단어를 채우시오.

> 권상장치의 드럼축과 권상장치로부터 첫 번째 도르래의 축과의 거리를 권상장치의 드럼폭의 (①) 이상으로 하여야 하며, 도르래는 권상장치 드럼의 (②)을 지나야 하며 축과 (③) 상에 있어야 한다.

해답 ① 15배, ② 중심, ③ 수직면

08 유기화합물 취급 작업 시 각 신체부위(손, 눈, 피부)에 착용하여야 하는 보호구의 종류는?

➡해답 1. 손 : 유기화합물용 안전장갑
2. 눈 : 보안경
3. 피부 : 화학물질용 보호복

09 휴대용 그라인더 작업 시 설치해야 할 (1) 방호장치와 (2) 노출각도는?

해답 (1) 방호장치 : 덮개
(2) 노출각도 : 180도 이내

산업안전기사(9월 A형)

01 형강작업에 사용하는 안전대의 종류를 쓰시오.

해답 U자 걸이용 안전대

02 작업자가 슬러지 제거를 하고 있는 동영상이다. 이때 사용하는 피난용구 종류를 3가지 쓰시오.

해답 1. 호흡용보호구(송기마스크, 공기호흡기), 2. 구명로프, 3. 사다리, 4. 안전대

03 해체작업 시 작업 지휘자와 해제 장비와의 사이는 최소 몇 m 이상 떨어져야 하는가?

해답 4m

04 화면 속 영상의 (1) 재해형태와 (2) 가해물 및 작업 시 착용하여야 할 (3) 안전모의 종류를 쓰시오.

> [동영상 설명]
> 트럭크레인을 이용하여 운전원이 전주를 크레인에 묶어 비스듬한 상태로 들어 올리고 지상에서 두 명의 작업자가 이 전주를 유도하여 내리던 순간 전주의 윗부분이 크레인 운전원의 머리에 부딪히는 재해가 발생한다.

해답 (1) 재해형태 : 비래
(2) 가해물 : 전주
(3) 안전모의 종류 : AE, ABE

05 안전블록을 보여주고 있다. 화면에서 보여주는 보호장구의 (1) 명칭과 (2) 일반구조 조건을 쓰시오.

해답 (1) 명칭 : 안전블록
(2) 구조조건
1. 신체지지의 방법으로 안전그네만을 사용할 것
2. 안전블록은 정격 사용 길이가 명시될 것
3. 안전블록의 줄은 합성섬유로프, 웨빙(webbing), 와이어로프이어야 하며, 와이어로프인 경우 최소지름이 4mm 이상일 것

06 작업자가 컨베이어 위에서 작업하다 떨어지는 사고가 발생하였다. 작업 방법상 위험요소를 쓰시오.

해답 1. 덮개, 울, 비상정지장치가 없어서 작업자의 발이 컨베이어에 말려 들어갈 수 있다.
2. 작업자가 컨베이어 위에 올라가 작업중이고 작업발판 및 안전모를 착용하고 있지 않아 추락의 위험이 있다.

07 선반작업에서 작업자가 샌드 페이퍼로 공작물을 누르고 작업하고 있다. 이때 위험요인을 쓰시오.

> 해답 1. 회전물에 샌드페이퍼를 감아 손으로 지지하고 있기 때문에 작업복과 손이 감겨 들어간다.
> 2. 작업에 집중하지 못하여(옆눈질) 실수로 작업복과 손이 말려 들어간다.
> 3. 손을 기계 위에 올려놓고 작업을 하고 있어 손이 미끄러져 회전물에 말려 들어간다.

08 작업자가 일반 마스크와 면장갑을 끼고 라이닝 세척작업을 하고 있다. 이때 근로자가 착용하여야 하는 보호구의 종류 3가지를 쓰시오.

> 해답 1. 방독마스크. 2. 유기화합물용 안전장갑. 3. 보안경

09 영상과 같은 크레인 작업 시 운전자가 준수해야 할 사항을 쓰시오.

> [동영상 설명]
> 작업자는 크레인 작업을 하고 있다. 크레인에 걸려있는 물체가 흔들려 철재빔에 부딪히게 된다. 이때 화물 아래 신호수가 있다.

> 해답 1. 보조(유도)로프를 이용해서 흔들림을 방지한다.
> 2. 무전기 등을 사용하여 신호하거나, 작업 전 일정한 신호방법을 약속으로 정한다.
> 3. 슬링와이어로프의 체결상태를 확인한다.
> 4. 화물을 작업자 위로 통과시키지 않도록 한다.

산업안전기사(9월 B형)

01 영상과 같은 드릴 작업 중 위험요인 2가지를 쓰시오.

> [동영상 설명]
> 작업자가 장갑을 착용한 상태에서 드릴작업을 하던 중 맨손으로 이물질 제거하다가 사고가 발생한다.

> 해답 1. 손이 말려 들어갈 수 있는 장갑을 끼고 작업하지 말 것
> 2. 드릴작업에서 이물질의 제거방법은 회전을 중지시킨 후 솔로 제거하여야 한다.

02 탱크 내부 슬러지 작업 중 필요한 호흡용 보호구 2가지를 쓰시오.

> 해답 1. 공기호흡기. 2. 송기마스크

03 석면취급장소 안전작업수칙 3가지를 쓰시오.

> 해답 1. 석면취급작업 시 담배를 피우거나 음식물을 먹지 않도록 하고, 그 내용을 보기 쉬운 장소에 게시한다.
> 2. 석면취급작업에 따른 분진청소시 빗자루 등으로 쓸어 담지 말고 진공청소기나 습식상태에서 청소한다.
> 3. 석면취급작업 시 분진흡입 방지를 위하여 방진마스크 등 보호구를 착용하거나 근로자의 안전을 위하여 push – pull 또는 국소배기장치를 설치한 후 작업한다.

04 화면의 위험점과 재해형태를 적고 재해형태를 간단히 정의하시오.

> [동영상 설명]
> 작업자가 승강기 모터 벨트 부분을 걸레로 청소하다가 벨트 상단에 손이 협착되는 사고가 발생한다.

> 해답 1. 위험점 : 접선물림점
> 2. 재해형태 : 협착
> 3. 협착의 정의 : 두 물체 사이의 움직임에 의하여 일어난 것으로 직선운동하는 물체 사이의 협착, 회전부와 고정체 사이의 끼임, 롤러 등 회전체 사이에 물리거나 또는 회전체 · 돌기부 등에 감긴 경우

05 가죽제 안전화의 뒷굽 높이를 제외한 몸통높이를 쓰시오.

> 해답 1. 단화 : 113mm 미만
> 2. 중단화 : 113mm 이상
> 3. 장화 : 178mm 이상

06 작업자가 사다리차를 타고 전주의 고압선로에 절연방호구를 설치하고 있다. 동영상과 같은 활선작업 시 내재된 위험요인 3가지를 쓰시오.

해답 1. 근접활선(절연용 방호구 미설치)에 대한 감전 위험
2. 절연용 보호구 착용상태 불량에 따른 감전 위험
3. 활선작업거리 미준수에 따른 감전 위험
4. 작업장소의 관계근로자 외의 자의 출입에 따른 감전 위험

07 항타기 · 항발기의 조립작업 시 점검해야 할 사항 3가지를 쓰시오.

해답 1. 본체 연결부의 풀림 또는 손상의 유무
2. 권상용 와이어로프 · 드럼 및 도르래의 부착상태의 이상 유무
3. 권상장치의 브레이크 및 쐐기장치 기능의 이상 유무
4. 권상기의 설치상태의 이상 유무
5. 리더(leader)의 버팀 방법 및 고정상태의 이상 유무
6. 본체 · 부속장치 및 부속품의 강도가 적합한지 여부
7. 본체 · 부속장치 및 부속품에 심한 손상 · 마모 · 변형 또는 부식이 있는지 여부

08 화면은 1만 볼트의 고압이 인가된 기계에 변압기를 연결하여 내전압 검사 중 재해가 발생한 상황의 동영상이다. 사고 발생요인 2가지를 쓰시오.

해답 1. 개인보호구(절연장갑 등) 미착용
2. 신호전달체계 불량
3. 작업자 안전수칙 미준수(활선 및 정전상태 미확인 후 작업)

09 터널 굴착 중 화약장전할 때의 위험요인 1가지를 쓰시오.

해답 화약을 장전할때 화약이 충격이나 마찰, 정전기로 인하여 폭발할 위험이 있다.

01 항타기 · 항발기 작업을 하던 중 작업자가 전선에 접촉하여 감전사고가 발생하였다. 항타기 · 항발기 작업 시 사업주가 조치해야 할 사항 2가지를 쓰시오.

해답 1. (이격거리 확보) 차량 등을 충전부로부터 300[cm] 이상 이격시키되, 대지전압이 50[kV]를 넘는 경우에는 10[kV]가 증가할 때마다 이격거리를 10[cm]씩 증가시킨다.
2. (절연용 방호구 설치) 절연용 방호구 등을 설치한 경우에는 이격거리를 절연용 방호구 앞면까지로 할 수 있다.
3. (울타리 설치 또는 감시인 배치) 울타리를 설치하거나 감시인 배치 등의 조치를 하여야 한다.
4. (접지점 관리 철저) 접지된 차량 등이 충전전로와 접촉할 우려가 있는 경우에는 근로자가 접지점에 접촉되지 않도록 조치하여야 한다.

02 작업자가 프레스에 묻은 이물질을 제거하다가 실수로 페달을 밟아 사고를 당했다. 프레스 이물질 제거시 주의사항을 쓰시오.

해답 1. 이물질을 제거할 때에는 손으로 제거하는 것보다는 플라이어 등의 수공구를 이용한다.
2. 프레스를 일시정지할 때에는 페달에 U자형 덮개를 씌운다.
3. 이물질 제거시 프레스 전원을 차단하고 작업한다.

03 정화통에 안전인증사항 외에 표시해야 할 사항 4가지를 쓰시오.

해답 1. 파과곡선도
2. 사용시간 기록카드
3. 정화통의 외부측면의 표시색
4. 사용상의 주의사항

04 작업자가 무채기계 작업 중 기계가 고장이 발생해 점검하다가 기계가 갑자기 작동하여 사고를 당했다. (1) 기인물과 (2) 가해물을 쓰시오.

해답 (1) 기인물 : 무채 슬라이스 기계
(2) 가해물 : 슬라이스 칼날

05 작업자가 박공지붕 작업 시 휴식을 취하던 중 미끄러진 박공지붕에 맞아 추락하였다. 위험요인 3가지를 쓰시오.

해답 1. 경사지붕 단부에 추락방지용 안전난간 설치
2. 안전대 부착설비 미설치 및 근로자 안전대 미착용
3. 자재를 과적하여 낙하할 위험
4. 근로자가 불안전한 장소에서 휴식

06 영상 속 작업자는 물에 잠긴 단무지가 있는 곳에서 작업을 하다가 펌프가 작동되지 않아 확인하려 만지자 감전사고를 당했다. 이때 장갑을 끼고 있지 않았다. 영상과 같은 작업 시 주의사항을 쓰시오.

해답 1. 사용 전 수중 펌프와 전선 등의 절연상태 점검(절연저항 측정 등)
2. 감전방지용 누전차단기 설치
3. 수중 모터 외함 접지상태 확인

07 퍼지의 필요성을 쓰시오.

해답 1. 가연성 및 지연성 가스에 의한 화재 및 폭발사고와 산소결핍사고 예방
2. 급성독성물질에 의한 중독사고 예방
3. 불활성가스에 의한 산소결핍 예방

08 동영상에서 작업자의 추락원인 2가지를 쓰시오.

[동영상 설명]
아파트 건설공사 현장 3층 창틀에서 작업하던 작업자가 작업발판이 없어 창틀의 옆쪽을 밟았다가 미끄러져 떨어진다.

해답 1. 안전대 부착설비 미설치
2. 안전대 미착용
3. 추락방호망 미설치
4. 안전난간 미설치
5. 작업발판 미설치

09 유기화합물용 방독마스크의 정화통에 사용되는 흡수제의 종류 2가지를 쓰시오.

해답 1. 활성탄, 2. 알칼리제제

산업안전기사(5월 A형)

01 작업자가 개구부에서 자재 인양작업을 하고 있다. 이와 같은 작업진행 시 안전수칙 2가지를 쓰시오.

해답 1. 물건이 낙하하여 재해가 발생할 수 있으므로 낙하위험구역 내에는 근로자의 출입을 금지한다.
2. 물건 인양 시 적당한 기계, 기구를 이용한다.
3. 개구부에는 안전난간을 설치하여 근로자의 추락을 방지한다.
4. 난간을 설치하기 곤란한 경우에는 안전대를 착용한다.

02 작업자가 사다리차를 타고 전주의 고압선로에 절연방호구를 설치하고 있다. 동영상과 같은 활선작업 시 내재된 위험요인 3가지를 쓰시오.

해답 1. 근접활선(절연용 방호구 미설치)에 대한 감전 위험
2. 절연용 보호구 착용상태 불량에 따른 감전 위험
3. 활선작업거리 미준수에 따른 감전 위험
4. 작업장소의 관계근로자 외의 자의 출입에 따른 감전 위험

03 황산으로 유리용기를 세척하던 중 작업자에게 황산이 묻어 재해를 입었다. 재해형태와 원인를 쓰시오.

해답 1. 재해형태 : 화학물질에 의한 화상
2. 재해원인 : 부식성을 가지는 황산이 피부에 접촉하여 화상을 입게 됨

04 가죽제 안전화를 보여주고 있다. 가죽제 안전화의 성능시험 3가지를 쓰시오.

해답 1. 내압박성 시험, 2. 내충격성 시험, 3. 박리저항 시험, 4. 내답발성 시험

05 작업자가 브레이크 라이닝 작업 중 손이 말려 들어가는 재해를 당했다. 위험요소 2가지를 쓰시오.

해답 1. 작업 시 장갑 착용하고 있어서 손이 끼일 염려가 있음
2. 비상정지장치, 덮개 등의 방호장치 미설치
3. 이물질이 눈에 튀어 들어와서 눈을 다칠 위험이 있음

06 띠톱작업 중 자재가 끼어 빼어내는 중 톱날에 장갑이 걸려 들어가는 재해가 발생하였다. 위험요소 2가지를 쓰시오.

해답 1. 장갑을 착용하고 있어 손이 톱날에 끼일 위험이 있다.
2. 강재를 빼낼 때 전원을 차단하지 않았고 동작스위치의 잠금장치를 하지 않아 실수로 띠톱이 작동되어 다칠 위험이 있다.
3. 공작물을 수공구를 사용하지 않아 재해 발생원인이 된다.

07 영상 속 재해원인 3가지를 쓰시오.

[동영상 설명]
크레인 작업 중 배관을 로프에 걸어 수신호하다 배관에 부딪히는 재해가 발생하였다. 이때 로프는 반쯤 잘려있고, 배관 아래서 수신호 작업을 하고 있고, 보조로프를 설치하지 않았다.

해답 1. 보조로프를 설치하지 않음
2. 로프상태 불량
3. 위험반경내에서 크레인 신호작업

08 작업자가 밀폐장소에서 작업하던 중 실수로 국소배기 장치 전원을 차버렸다. 밀폐장소 작업 시 감독자의 직무 3가지를 쓰시오.

해답 1. 산소가 결핍된 공기나 유해가스에 노출되지 아니하도록 작업시작 전에 작업방법을 결정하고 이에 따라 당해 근로자의 작업을 지휘하는 일
2. 작업을 행하는 장소의 공기가 적정한지 여부를 작업시작 전에 확인하는 일
3. 측정장비 · 환기장치 또는 송기마스크, 공기마스크 등을 작업시작 전에 점검하는 일
4. 근로자에게 송기마스크, 공기마스크 등의 착용을 지도하고 착용상황을 점검하는 일

09 작업자가 전주에 올라가다 표지판에 부딪혀 추락하는 재해가 발생하였다. 재해발생원인 2가지를 쓰시오.

해답 1. 안전대 부착설비 미설치(수직구명줄 미설치)
2. 안전대 미착용(추락방지대 미착용)

산업안전기사(5월 B형)

01 납품시간이 촉박한 지게차 운전자가 급히 물건을 적재(화물을 높게 적재하여 시계 불충분)하여 운반도중 통로의 작업자와 충돌하는 장면이다. 재해발생원인 2가지를 쓰시오.

해답 1. 물건의 적재불량으로 인한 운전자의 시계 불충분으로 지게차에 의해 다른 작업자가 다친다.
2. 작업자가 지게차의 운행경로상에 나와서 작업하고 있어 다친다.

02 보호구(안전블럭)를 보여주고 있다. 화면에서 보여주고 있는 (1) 보호구의 명칭과 (2) 일반 구조조건 2가지 쓰시오.

해답 (1) 명칭 : 안전블록
(2) 구조조건
　1. 신체지지의 방법으로 안전그네만을 사용할 것
　2. 안전블록은 정격 사용 길이가 명시될 것
　3. 안전블록의 줄은 합성섬유로프, 웨빙(webbing), 와이어로프이어야 하며, 와이어로프인 경우 최소지름이 4mm 이상일 것

03 작업자가 인근에 고압 가공전선이 있는 상태에서 항타기, 항발기 작업을 하고 있다. 작업 시 안전수칙 2가지 쓰시오.

해답 1. (이격거리 확보) 차량 등을 충전부로부터 300[cm] 이상 이격시키되, 대지전압이 50[kV]를 넘는 경우에는 10[kV]가 증가할 때마다 이격거리 를 10[cm]씩 증가시킨다.
2. (절연용 방호구 설치) 절연용 방호구 등을 설치한 경우에는 이격거리를 절연용 방호구 앞면까지로 할 수 있다.
3. (울타리 설치 또는 감시인 배치) 울타리를 설치하거나 감시인 배치 등의 조치를 하여야 한다.
4. (접지점 관리 철저) 접지된 차량 등이 충전전로와 접촉할 우려가 있는 경우에는 근로자가 접지점에 접촉되지 않도록 조치하여야 한다.

04 작업자가 전주설치 작업을 하고 있다. 전주 설치시 사고예방 관리적 대책을 3가지 쓰시오.

해답 1. 작업지휘자에 의한 작업지휘 또는 감시인 배치
2. 작업 내용(감전 위험 포함)에 대한 위험성 주지 및 교육
3. 개인보호구 착용 및 취급사항 교육 및 감독

05 동영상에서 작업자의 추락원인 2가지를 쓰시오.

[동영상 설명]
아파트 건설공사 현장 3층 창틀에서 작업하던 작업자가 작업발판이 없어 창틀의 옆쪽을 밟았다가 미끄러져 떨어진다.

해답 1. 안전대 부착설비 미설치
2. 안전대 미착용
3. 추락방호망 미설치
4. 안전난간 미설치
5. 작업발판 미설치

06 유해물질 인체 흡입경로 3가지를 쓰시오.

해답 1. 피부(점막), 2. 호흡기, 3. 소화기

07 화면은 작업자가 작동되는 양수기를 수리하는 모습으로, 잡담을 하며 수공구를 던져주고 하다가 손이 벨트에 물리는 영상이다. 영상 속 위험요인 3가지는?

해답 1. 작업에 집중하지 않고 있어, 실수로 작업복이 기계에 말려 들어간다.
2. 기계에 손을 올려놓고 오른쪽 작업자가 작업하고 있어, 손이나 작업복이 말려 들어갈 우려가 있다.
3. 회전하는 벨트에 왼쪽 작업자의 팔꿈치쪽이 걸려, 접선물림점에 작업복이 말려 들어갈 수 있다.
4. 운전 중 점검작업을 하고 있어 위험하다.
5. 회전기계에서 장갑을 착용하고 있어 접선물림점에 손이 다칠 수 있다.
6. 회전체 부분에 방호장치가 없어서 작업자가 다친다.

08 작업자가 방전가공기 청소작업을 하던 중 재해를 당하였다. 재해발생원인 2가지를 쓰시오.

해답 1. 정전작업 미실시
2. 절연보호구 미착용

09 유기화합물 취급 작업 시 착용하여야 하는 보호구의 종류 2가지를 쓰시오.

해답 1. 유기화합물용 안전장갑, 2. 보안경, 3. 화학물질용 보호복

산업안전기사(5월 C형)

01 전동톱을 작동하기 전에 작업발판용 나무토막을 가져다 놓고 한발로 나무를 고정하고 톱질하다 작업발판의 흔들림으로 인해 작업자가 넘어졌다. 발생한 재해의 (1) 재해형태, (2) 기인물, (3) 가해물은?

해답 (1) 재해형태 : 전도
(2) 기인물 : 작업발판
(3) 가해물 : 바닥

02 산소결핍장소에서 작업 시작 전 안전수칙을 3가지 쓰시오.

해답 1. 작업 전 산소 및 유해가스 농도 측정 후 작업한다.
2. 산소농도가 18% 미만일 때는 환기를 시키고, 작업 중에도 계속 환기시킨다.
3. 가능한 급배기를 동시에 실시하고, 환기를 실시할 수 없거나 산소결핍장소에서 작업할 때에는 공기공급식 호흡용 보호구를 착용한다.

03 건설현장에서 리프트가 운행 중이다. 작업 전 점검사항을 2가지 쓰시오.

해답 1. 방호장치 · 브레이크 및 클러치의 기능
2. 와이어로프가 통하고 있는 곳의 상태

04 피트작업 중 작업자가 피트 내부를 확인하던 중 추락하였다. 이때 필요한 안전조치 3가지를 쓰시오.

해답 1. 피트 내부에 추락방호망을 설치
2. 개구부(피트) 단부에 안전난간 설치
3. 안전대 부착설비 설치 및 안전대 착용 후 작업

05 물에 잠긴 단무지가 있는 곳에서 작업을 하다 펌프가 작동되지 않아 만지던 중 감전사고를 당했다. 작업자는 장갑을 끼고 있지 않고 있다. 작업 시 주의사항을 쓰시오.

해답 1. 사용 전 수중 펌프와 전선 등의 절연상태 점검(절연저항 측정 등)
2. 감전방지용 누전차단기 설치
3. 수중 모터 외함 접지상태 확인

06 작업자가 교류아크 용접작업을 하고 있다. 아크용접작업 시 필요한 보호구의 종류 2가지를 쓰시오.

해답 1. 용접용 보안면, 2. 절연장갑

07 작업자가 자동차 도금 세척작업을 하고 있다. 관련 위험예지훈련 2가지를 쓰시오.

해답 1. 점화원을 멀리하여 화재, 폭발을 예방하자
2. 적절한 보호구를 착용하여 유기용제에 의한 중독 등을 예방하자
3. 고무장화를 착용하자

08 건물해체공사 장면을 보여주고 있다. 건물해체공사 시 작업계획서 포함내용을 3가지 쓰시오.

해답 1. 해체의 방법 및 해체순서 도면
2. 가설설비, 방호설비, 환기설비 및 살수 · 방화설비 등의 방법
3. 사업장 내 연락방법
4. 해체물의 처분계획
5. 해체작업용 기계 · 기구 등의 작업계획서
6. 해체작업용 화약류 등의 사용계획서

09 정화통 색이 녹색인 방독마스크를 보여주고 있다. 이 방독마스크의 종류와 정화통의 주성분, 파과시간을 쓰시오.

해답 1. 종류 : 암모니아용 방독마스크
2. 정화통의 주성분 : 큐프라마이트
3. 파과시간

등급	시험가스 농도 (%, ±10%)	파과농도 (ppm, ±20%)	파과시간(분)
고농도	0.5		40 이상
중농도	0.1	25.0	50 이상
저농도	0.05		50 이상

산업안전기사(7월 A형)

01 인쇄용 롤러를 청소하는 작업 중에 손이 말려 들어가는 재해가 발생하였다. 핵심 위험요인 2가지를 쓰시오.

해답 1. 전원을 차단하여 롤러기를 정지시키지 않은 상태에서 청소를 하고 있어 롤러에 말려 들어간다.
2. 방호장치가 없어 회전하는 롤러에 걸레의 윗부분이 넣어져서 손이 말려 들어간다.

02 특수화학설비 내부의 이상상태를 조기에 파악하기 위하여 설치해야 할 장치를 4가지 쓰시오.

해답 1. 온도계, 2. 유량계, 3. 압력계, 4. 자동경보장치

03 영상은 정화통 색이 갈색인 방독마스크를 보여주고 있다. 영상 속 (1) 방독마스크의 종류와 (2) 정화통의 주성분, (3) 시험가스의 종류를 쓰시오.

해답 (1) 방독마스크 종류 : 유기화합물용 방독마스크
(2) 정화통의 주성분 : 활성탄
(3) 시험가스의 종류 : 사염화탄소

04 전신주의 형강교체작업 동영상을 보여주고 있다. 정전작업 종료 후 조치해야 할 사항 3가지를 쓰시오.

해답 **정전작업 작업 중/종료 후 조치사항**
1. 작업기구, 단락 접지기구 등을 제거하고 전기기기등이 안전하게 통전될 수 있는지를 확인할 것
2. 모든 작업자가 작업이 완료된 전기기기등에서 떨어져 있는지를 확인할 것
3. 잠금장치와 꼬리표는 설치한 근로자가 직접 철거할 것
4. 모든 이상 유무를 확인한 후 전기기기등의 전원을 투입할 것

05 건물외벽작업을 위해 강관비계에 작업발판을 설치하고 있다. 이때 (1) 작업발판의 폭과 (2) 발판재료 간의 틈에 대한 기준을 쓰시오.

해답 (1) 작업발판의 폭 : 40cm 이상 (2) 틈 : 3cm 이하

06 차량계 하역운반기계 등의 수리 또는 부속장치의 장착 및 해체작업을 하는 때, 작업 전 조치해야 할 사항 3가지를 쓰시오.

해답 1. 작업의 지휘자를 지정할 것
2. 작업순서를 결정하고 작업을 지휘할 것
3. 안전지지대 또는 안전블록 등의 사용 상황 등을 점검할 것

07 작업자가 터널 속 안전관련 전기작업 중 전기에 감전되는 사고가 발생하였다. (1) 재해의 형태와 (2) 정의를 쓰시오.

해답 (1) 사고유형 : 감전
(2) 용어 정의
1. 감전(感電, Electric Shock) : 인체의 일부 또는 전체에 전류가 흐르는 현상을 말하며 이에 의해 인체가 받게 되는 충격을 전격(電擊, Electric Shock)이라고 한다.

2. 감전(전격)에 의한 재해 : 인체의 일부 또는 전체에 전류가 흘렀을 때 인체 내에서 일어나는 생리적인 현상으로 근육의 수축, 호흡곤란, 심실세동 등으로 부상·사망하거나 추락·전도 등의 2차적 재해가 일어나는 것을 말한다.

08 작업자는 보호구를 착용하지 않은 채 실험실에서 황산을 비커에 따르는 작업을 하고 있다. 작업자가 맨손, 호흡기 미착용인 상황에서 인체흡수경로 2가지를 쓰시오.

해답 1. 피부 및 점막 접촉에 의한 피부로의 흡수
2. 흡입을 통한 호흡기로의 흡수
3. 구강을 통한 소화기로의 흡수

09 한 작업자가 야간에 후레쉬를 들고 컨베이어 벨트를 점검하다가 부주의하여 한눈판 사이 손을 컨베이어 위에 두고 손이 롤러 사이에 끼어 말려 들어간다. 작업자가 컨베이어 벨트에서 지켜야 할 안전조치사항 2가지 쓰시오.

해답 1. 작업 시작 전 전원을 차단한다.
2. 장갑을 끼고 있어 손이 말려 들어가기 때문에 장갑을 벗는다.
3. 야간에 점검을 하지 않는다.
4. 비상정지 장치 기능을 설치한다.
5. 원동기 회전축 기어 및 풀리 등의 덮개 또는 울을 설치한다.

산업안전기사(7월 B형)

01 동영상에는 이동식 크레인을 이용하여 배관을 위로 올리는 작업을 하고 있다. 동영상을 참고하여 화물의 낙하·비래위험을 방지하기 위한 사전점검 또는 조치내용을 3가지 쓰시오.

해답 1. 유도로프를 사용하여 화물(배관)의 흔들림을 방지
2. 낙하위험구간에는 근로자 출입금지조치
3. 작업 전 인양로프의 손상 유무 및 체결상태를 확인
4. 작업 전 일정한 신호방법을 미리 정하고 무전기 등을 이용하여 신호

02 동영상에는 작업자가 출고에 늦지 않도록 하기 위해 지게차를 이용하여 급하게 재료를 운반하고 있다. 동영상에서와 같이 적재된 화물에 의해 시계가 현저하게 방해될 경우 운전자가 취해야 할 조치사항 3가지를 쓰시오.

해답 1. 유도자를 배치하여 지게차를 유도하고 후진으로 서행한다.
2. 하차하여 주변의 위험을 확인한다.
3. 주변 작업자에게 지게차의 이동 상태를 알리는 경적, 경광등을 사용한다.

03 동영상은 발파시작 전 천공작업과 취급에 관한 영상이다. 동영상에서와 같이 터널 등의 건설작업에 있어서 낙반 등에 의하여 근로자에게 위험을 미칠 우려가 있을 때 위험을 방지하기 위하여 필요한 조치사항 3가지 쓰시오.

해답 1. 터널지보공 설치
2. 록(Rock)볼트 설치
3. 부석 제거

04 섬유작업장에서 작업을 하다가 기계의 이상으로 기계작동이 정지된다. 작업자는 그 원인을 찾기 위해 기계에 몸을 넣고 있을 때 기계작동으로 롤러에 끼이는 재해이다. 위험요인 2가지 적으시오.

해답 1. 정비 혹은 수리시에는 항상 전원을 차단해야 하는데, 전원을 켜 놓은 채로 작업을 하였다.
2. 작업자의 손에 장갑을 착용하고 있어, 끼임점이 발생하여 재해가 발생할 가능성이 있다.

05 동영상은 이동식 크레인으로 전주의 상단부를 묶어 전주 세우기 작업 중 인접 활선에 전주가 접촉되어 크레인으로 전기가 통하는 장면을 보여주고 있다. 동영상에서의 재해발생 원인 중 직접원인에 해당되는 것을 2가지 쓰시오.

해답 1. 작업 장소 주변에 인접한 충전전로에 절연용 방호구 미설치
2. 충전전로 인근 작업 시 접근한계거리 미준수

06 인화성 물질의 저장소에서 작업자가 옷을 벗는 도중 폭발이 일어났다. 동영상에서와 같은 (1) 가스폭발의 종류를 쓰고 (2) 그 정의를 설명하시오.

해답 (1) 폭발의 종류 : 증기운 폭발(UVCE)
(2) 정의 : 가압상태의 저장용기 내부의 가연성 액체가 대기 중에 유출되어 순간적으로 기화가 일어나 점화원에 의해 일어나는 폭발

07 동영상은 스팀배관의 보수를 위해 누출 부위를 점검하던 중에 발생한 재해이다. 동영상에서와 같은 재해를 산업재해 기록·분류에 관한 지침에 따라 분류할 때 해당하는 재해의 발생형태를 쓰시오.

해답 이상온도 노출·접촉
※ "이상온도 노출·접촉"은 고·저온 환경 또는 물체에 노출·접촉된 경우를 말한다.

08 화면은 콘크리트 전주 세우기 작업 도중에 발생한 사례이다. 동영상에서와 같이 발생한 재해발생 원인 중 직접원인에 해당되는 것은 무엇인지 쓰시오.

해답 1. 충전전로에 대한 접근 한계거리 미준수
2. 인접 충전전로에 절연용 방호구 미설치

09 분리식 방진마스크를 보여주고 있다. 이와 같은 보호구의 각 등급별 포집효율을 쓰시오.

해답

형태 및 등급		염화나트륨(NaCl) 및 파라핀 오일(Paraffin oil) 시험(%)
분리식	특급	99.95 이상
	1급	94.0 이상
	2급	80.0 이상

산업안전기사(7월 C형)

01 고압전선로 옆 항타기·항발기 작업 중 실수로 활선전로를 건드렸다. 항타기·항발기 작업 시 안전수칙 2가지를 쓰시오.

해답 1. (이격거리 확보) 차량 등을 충전부로부터 300[cm] 이상 이격시키되, 대지전압이 50[kV]를 넘는 경우에는 10[kV]가 증가할 때마다 이격거리를 10[cm]씩 증가시킨다.
2. (절연용 방호구 설치) 절연용 방호구 등을 설치한 경우에는 이격거리를 절연용 방호구 앞면까지로 할 수 있다.
3. (울타리 설치 또는 감시인 배치) 울타리를 설치하거나 감시인 배치 등의 조치를 하여야 한다.

4. (접지점 관리 철저) 접지된 차량 등이 충전전로와 접촉할 우려가 있는 경우에는 근로자가 접지점에 접촉되지 않도록 조치하여야 한다.

02 화면의 영상을 참고하여 (1) 버스정비작업 중 안전을 위해 취해야 할 사전안전조치사항 3가지를 쓰시오. 또한 해당 영상은 샤프트에 의해 작업자가 재해를 입은 사고로 (2) 기계설비의 위험점 중 어느 것에 해당하는지 쓰시오.

[동영상 설명]
시내버스를 정비하기 위하여 차량용 리프트로 차량을 들어 올린 상태에서 한 작업자가 버스 밑에 들어가 샤프트 계통을 점검하고 있다. 그런데 다른 한 사람이 주변상황을 전혀 살피지 않고 버스에 올라 엔진을 시동하였다. 그 순간 밑에 있던 작업자의 팔이 버스의 회전하는 샤프트에 말려 들어 협착사고를 일으킨다. 이때 주변에는 작업감시자가 없다.

해답 (1) 사전안전조치사항 3가지
1. 정비작업 중임을 나타내는 표지판을 설치할 것
2. 작업과정을 지휘할 작업자를 배치할 것
3. 기동(시동)장치에 잠금장치를 할 것
4. 작업 시 운전금지를 위하여 열쇠를 별도 관리할 것
(2) 위험점 : 회전말림점

03 단무지 작업 중 작업자가 감전재해를 당하였다. 이를 인체저항에 비교하여 감전요인 설명하시오.

해답 1. 감전피해의 위험도에 가장 큰 영향을 미치는 통전전류의 크기는 인체의 전기저항 즉, 임피던스의 값에 의해 결정(반비례)되며 인체의 임피던스는 내부저항과 피부저항으로 구성
2. 내부저항은 교류, 직류에 따라 거의 일정(통전시간이 길어지면 인체의 온도상승에 의해 저항치 감소) 피부저항은 물에 젖어 있을 경우 1/25로 저항이 감소하므로 그만큼 통전전류가 커져 전격의 위험이 높아진다.

04 동영상에서 DMF 드럼통을 보여주고 있다. 이와 같이 피부 자극성 및 부식성 물질 취급 작업 시 착용해야 할 보호구의 종류 3가지를 쓰시오.

해답 1. 방독마스크, 2. 화학물질용 보호복, 3. 안전장갑(화학물질용),
4. 보안경

05 작업자는 일반 마스크를 끼고 석면작업을 하고 있다. 작업자에게 직업 질환이 발생했을 경우 왜 발생하였는지 쓰시오.

해답 석면작업에 적합한 방진마스크를 착용하지 않고 일반 마스크를 착용하여 석면이 흡입될 수 있다.

06 비계 위 작업발판을 설치할 때 고려해야 할 사항 3가지를 쓰시오. (단, 폭, 틈새기준은 제외하고 쓰시오.)

해답
1. 발판재료는 작업 시의 하중을 견딜 수 있도록 견고한 것으로 할 것
2. 작업발판의 폭은 40cm 이상으로 하고, 발판재료 간의 틈은 3cm 이하로 할 것
3. 추락의 위험성이 있는 장소에는 안전난간을 설치할 것
4. 작업발판의 지지물은 하중에 의하여 파괴될 우려가 없는 것을 사용할 것
5. 작업발판재료는 뒤집히거나 떨어지지 않도록 둘 이상의 지지물에 연결하거나 고정시킬 것
6. 작업발판을 작업에 따라 이동시킬 때에는 위험 방지에 필요한 조치를 할 것

07 슬라이스 무채 작업 중 갑자기 슬라이스가 돌아가며 재해가 발생하였다. 해당 재해의 (1) 위험점과 (2) 그 정의를 쓰시오.

해답
(1) 위험점 : 절단점
(2) 정의 : 회전하는 운동부 자체의 위험이나 운동하는 기계부분 자체의 위험에서 초래되는 위험점이다.

08 화면에서 보여주고 있는 방음보호구(귀마개)의 등급에 따른 기호 및 성능을 쓰시오.

해답

등급	기호	성능
1종	EP-1	저음부터 고음까지 차음하는 것
2종	EP-2	주로 고음을 차음하고 저음(회화음영역)은 차음하지 않는 것

09 작업자가 사무실에서 키보드와 모니터를 보고 있으며, 허리를 의자 앞쪽으로 앉아 구부정한 상태로 작업하고 있다. VDT작업에서 개선해야 할 사항 3가지를 쓰시오.

해답
1. 앉은 자세가 의자 앞쪽으로 기울어져 있어 요통을 유발한 위험이 있으므로 허리를 등받이 깊숙이 지지하여 앉는다.
2. 키보드가 너무 높은 곳에 있어 손목통증의 위험이 있으므로 키보드를 조작하기 편한 위치에 놓는다.
3. 모니터가 작업자와 너무 근접하여 시력 저하의 우려가 있으므로 모니터를 보기 편한위치에 놓는다.
4. 영상표시단말기 취급 근로자의 시선은 화면상단과 눈높이가 일치할 정도로 하고 작업 화면상의 시야범위는 수평선상으로부터 10~15° 밑에 오도록 하며 화면과 근로자의 눈과의 거리(시거리 : Eye-screen Distance)는 적어도 40cm 이상이 확보될 수 있도록 할 것
5. 위팔(Upper Arm)은 자연스럽게 늘어뜨려, 작업자의 어깨가 들리지 않아야 하며, 팔꿈치의 내각은 90° 이상이 되어야 하고, 아래팔(Forearm)은 손등과 수평을 유지하여 키보드를 조작하도록 할 것
6. 연속적인 자료의 입력작업 시에는 서류받침대(Document Holder)를 사용하도록 하고, 서류받침대는 높이 · 거리 · 각도 등을 조절하여 화면과 동일한 높이 및 거리에 두어 작업하도록 할 것
7. 의자에 앉을 때는 의자 깊숙이 앉아 의자등받이에 작업자의 등이 충분히 지지되도록 할 것
8. 영상표시단말기 취급근로자의 발바닥 전면이 바닥면에 닿는 자세를 기본으로 하되, 그러하지 못할 때에는 발 받침대(Foot Rest)를 조건에 맞는 높이와 각도로 설치할 것
9. 무릎의 내각(Knee Angle)은 90° 전후가 되도록 하되, 의자의 앉는 면의 앞부분과 영상표시단말기 취급근로자의 종아리 사이에는 손가락을 밀어 넣을 정도의 틈새가 있도록 하여 종아리와 대퇴부에 무리한 압력이 가해지지 않도록 할 것
10. 키보드를 조작하여 자료를 입력할 때 양 손목을 바깥으로 꺾은 자세가 오래 지속되지 않도록 주의할 것

산업안전기사(10월 A형)

01 화면의 영상을 참고하여 관련 (1) 재해요인과 (2) 재해발생 시 조치사항을 쓰시오.

[동영상 설명]
경사용 컨베이어가 작동 중이고, 컨베이어 아래쪽에서 작업자 2명이 컨베이어에 포대를 올리고 있다. 이때 컨베이어에 포대를 삐뚤게 놓여 올라가고 있는데 위쪽에서 작업하고 있는 작업자의 발에 부딪혀 오른쪽으로 쓰러진다. 작업자의 팔이 기계 하단으로 들어가 아파하는데 아래쪽 작업자가 와서 안아준다.

해답 (1) 재해요인 : 안전장치(덮개 또는 울)가 설치되지 않았고, 작업자가 위험구역 내 위치 해 있어 재해의 위험이 있다.
(2) 재해발생 시 조치사항 : 컨베이어 기계 정지(비상정지장치 작동)

02 동영상을 참고하여 작업자의 눈, 손, 신체에 필요한 유기화합물의 보호구를 쓰시오.

[동영상 설명]
보호구를 착용하지 않은 작업자가 변압기 작업을 하고 있다. 변압기의 양쪽에 나와 있는 선을 양손으로 들고 유기화합물 통에 넣었다 빼서 앞쪽 선반에 올리는 작업을 하고 있다.

해답 1. 눈 : 보안경
2. 손 : 유기화합물용 안전장갑
3. 신체 : 불침투성 보호복

03 동영상에서의 위험요인을 2가지 쓰시오.

[동영상 설명]
작업자가 배관을 용접하고 있는 장면을 보여주고 있다. 작업자는 양손으로 작업(오른손은 용접봉을 들고 용접을 하고 왼손은 플랜지를 돌리기 위한 스위치를 조작)을 하고 있으며 주위에 인화성 물질(페인트통 등)이 산재해 있다.

해답 1. 양손을 동시에 사용하고 있어 작업자세가 불안전한다.
2. 주변에 인화성 물질이 산재해 있어 화재 위험이 있다.

04 동영상을 참고하여 (1) 재해 발생형태와 (2) 가해물을 쓰시오.

[동영상 설명]
작업자가 승강기 판넬을 점검하던 중 다른 작업자가 작업 중인 것을 모르고 절연저항을 측정하기 위해 장비의 스위치를 올리며 작업을 하여 점검 중인 작업자가 재해를 당했다.

해답 (1) 재해 발생형태 : 감전
(2) 가해물 : 전류

05 화면에서와 같이 마그네틱 크레인(Magnetic Crane)으로 물건을 옮기다 발생한 재해위험요인 2가지를 쓰시오.

[동영상 설명]
작업자(안전모 미착용)가 마그네틱 크레인(Magnetic Crane)을 사용(마그네트를 금형 위에 올리고 손잡이를 작동시켜 들어 올리고 이동하는데 작업자가 오른손으로 금형을 잡고, 왼손으로 펜던트스위치를 누르면서 이동하다가 갑자기 쓰러지면서 오른손이 마그네틱의 손잡이를 작동해 금형이 떨어짐)하다가 협착사고가 일어난다.

해답 1. 마그네틱 크레인에 훅해지장치가 없고, 작동스위치의 전선이 벗겨져 있는 상태라서 재해의 위험이 있다.
2. 보조(유도)로프를 사용하지 않아 재해 위험이 있다.

06 작업자가 배전반 작업을 하던 중 배전반(손잡이에 송전중 꼬리표 설치됨)의 잔류전하에 의해 감전당하는 사고가 발생하였다. 재해를 예방하기 위한 조치를 3가지 쓰시오.

해답 1. 정전작업 실시(잔류전하 제거)
2. 개인보호구(감전방지용 보호구) 착용
3. 유자격자 이외는 전기기계 및 기구에 전기적인 접촉 금지
4. 관리감독자는 작업에 대한 안전교육 시행
5. 사고발생시의 처리순서를 미리 작성하여 둘 것

07 그림은 고무제 안전화를 보여주고 있다. 이 보호구에 대한 사용 장소에 따른 구분을 쓰시오.

해답 1. 일반용, 2. 내유용, 3. 내산용, 4. 내알칼리용, 5. 내산, 알칼리 겸용

08 박공지붕 작업 시 박공지붕이 미끄러지면서 밑으로 떨어지면서 휴식을 취하고 있던 작업자에게 맞는 재해가 발생하였다. 이를 방지하기 위한 조치를 3가지 쓰시오.

해답 1. 경사지붕 하부에 낙하물방지망 설치
2. 박공지붕 과적 금지 및 체결상태 확인
3. 근로자가 낙하위험 장소에서 휴식하지 않도록 조치
4. 낙하위험구간에 출입통제 조치

09 동영상은 화약을 장전하고 있는 장면을 보여주고 있다. 작업자는 젖은 손으로 화약을 장전하고 있고 천공 구멍에 화약을 넣을 때 철근으로 마구 찌르는 장면을 보여주고 있다. 동영상에서의 문제점을 쓰시오.

해답 화약은 충격이나 마찰에 매우 민감하기에 철근으로 찌를 경우 충격 또는 마찰에 의해 화약이 폭발할 수 있다.

산업안전기사(10월 B형)

01 방진마스크의 사진을 보여주고 있다. 이러한 보호장구의 일반적인 구비조건 3가지를 쓰시오.

해답 1. 분진포집효율(여과효율)이 좋을 것
2. 흡기, 배기저항이 낮을 것
3. 사용적이 적을 것
4. 중량이 가벼울 것
5. 시야가 넓을 것
6. 안면밀착성이 좋을 것

02 기계 작업 중(롤러로 동선을 감고 있음) 갑자기 기계가 작동하지 않자 보호구를 착용하지 않은 작업자가 기계 판넬을 열어 점검하다 감전을 당했다. 해당 (1) 재해형태와 (2) 원인을 쓰시오.

해답 (1) 재해유형 : 감전
(2) 재해원인 : 정전작업 미실시에 의한 감전, 개인보호구(감전방지용 보호구 등)를 착용하지 않고 작업을 실시하여 재해를 당함

03 작업자가 교량하부에서 작업 중에 추락하는 동영상을 보여주고 있다. 작업자는 안전모만 착용한 상태이며 작업발판이 불안정하다. 추락재해 원인 3가지를 쓰시오.

해답 1. 작업(통로)발판 미고정으로 작업발판이 불안정
2. 안전대 부착설비 미설치 및 안전대 미착용
3. 추락방지용 추락방호망 미설치

04 작업자가 맨홀 내부에서 작업하는 동영상이다. 이러한 밀폐공간에서 작업 중 착용하여야 할 보호구를 쓰시오.

해답 공기호흡기, 송기마스크

05 영상 속 기계의 (1) 방호장치 및 (2) 안전검사 주기를 쓰시오.

[동영상 설명]
천장크레인이 철판을 트럭 위로 이동을 시키고 있다. 이때 천장크레인은 고리가 아닌 철판집게(하카)가 철판을 'ㄷ'자로 물고있는 방식이다. 트럭 위에 한 작업자가 이동해온 철판을 내리려는 찰나에 철판이 낙하하여 작업자가 깔리게 된다.

해답 (1) 방호장치 : 훅해지장치(권과방지장치, 과부하방지장치, 비상정지장치 및 제동장치)
(2) 안전검사 주기 : 2년(최초 설치시 3년, 그 이후 매 2년마다)

06 동영상은 건물을 해체하는 작업을 보여주고 있다. 이러한 해체작업 시 작업계획서에 포함되어야 할 사항 4가지를 쓰시오.

해답 1. 해체의 방법 및 해체순서 도면
2. 가설설비, 방호설비, 환기설비 및 살수·방화설비 등의 방법
3. 사업장 내 연락방법
4. 해체물의 처분계획
5. 해체작업용 기계·기구 등의 작업계획서
6. 해체작업용 화약류 등의 사용계획서

07 화면에 사용하는 기계의 (1) 방호장치와 (2) 설치각도를 쓰시오.

[동영상 설명]
작업자가 보호구(장갑)를 착용하지 않은 상태에서 휴대용 연삭기 작업을 하고 있다. 작업자는 부품을 고정시키지 않고 작업하다 손으로 지지하여 연삭작업을 하고 있다.

해답 (1) 방호장치 : 덮개
(2) 설치각도 : 180도 이내

08 작업자가 석면작업장에서 석면을 옮겨 담고 바닥에 떨어진 석면을 빗자루로 쓸어 담고 있는 동영상이다. 석면 작업 시 걸릴 수 있는 직업병 3가지를 쓰시오.

해답 | 1. 폐암, 2. 석면폐증, 3. 악성중피종

09 작업자가 책상에 앉아 컴퓨터를 하고 있다. 작업자는 의자에 거의 누워있고 컴퓨터의 위치 등이 적당해 보이지 않는다. VDT 작업 시 올바른 작업 자세를 3가지 쓰시오.

해답 | 1. 영상표시단말기 취급 근로자의 시선은 화면상단과 눈높이가 일치할 정도로 하고 작업 화면상의 시야범위는 수평선상으로부터 10~15° 밑에 오도록 하며 화면과 근로자의 눈과의 거리(시거리 : Eye - screen Distance)는 적어도 40cm 이상이 확보될 수 있도록 할 것
2. 위팔(Upper Arm)은 자연스럽게 늘어뜨려, 작업자의 어깨가 들리지 않아야 하며, 팔꿈치의 내각은 90° 이상이 되어야 하고, 아래팔(Forearm)은 손등과 수평을 유지하여 키보드를 조작하도록 할 것
3. 연속적인 자료의 입력작업 시에는 서류받침대(Document Holder)를 사용하도록 하고, 서류받침대는 높이ㆍ거리ㆍ각도 등을 조절하여 화면과 동일한 높이 및 거리에 두어 작업하도록 할 것
4. 의자에 앉을 때는 의자 깊숙이 앉아 의자등받이에 작업자의 등이 충분히 지지되도록 할 것
5. 영상표시단말기 취급근로자의 발바닥 전면이 바닥면에 닿는 자세를 기본으로 하되, 그러하지 못할 때에는 발 받침대(Foot Rest)를 조건에 맞는 높이와 각도로 설치할 것
6. 무릎의 내각(Knee Angle)은 90° 전후가 되도록 하되, 의자의 앉는 면의 앞부분과 영상표시단말기 취급근로자의 종아리 사이에는 손가락을 밀어 넣을 정도의 틈새가 있도록 하여 종아리와 대퇴부에 무리한 압력이 가해지지 않도록 할 것
7. 키보드를 조작하여 자료를 입력할 때 양 손목을 바깥으로 꺾은 자세가 오래 지속되지 않도록 주의할 것

산업안전기사(10월 C형)

01 박공지붕에서 작업을 하던 중 작업자가 추락하는 동영상이다. 작업자는 보호구를 착용하지 않았다. 이때, 재해발생 (1) 위험요인과 (2) 안전대책을 각각 2개씩 쓰시오.

해답 | (1) 위험요인
1. 경사지붕 단부에 추락방지용 안전난간 미설치
2. 안전대 부착설비 미설치 및 작업자 안전대 미착용
3. 추락방지용 추락방호망 미설치

(2) 안전대책
1. 경사지붕 단부에 추락방지용 안전난간 설치
2. 안전대 부착설비 설치 후 작업자 안전대 착용한 상태로 작업
3. 경사지붕 단부에 추락방지용 추락방호망 설치

02 'C' 표시가 되어있는 방독마스크를 보여주고 있다. 이때 (1) 마스크의 종류, (2) 정화통의 주성분을 쓰시오.

해답 | (1) 마스크 종류 : 유기화합물용 방독마스크
(2) 정화통 주성분 : 활성탄

03 작업자가 엘리베이터 개구부에서 작업을 하고 있다. 작업자는 안전대 부착설비 및 안전대를 착용하고 있지 않으며 작업발판이 불안정하게 고정되어 있다. 이때 재해발생 위험요인 3가지 쓰시오.

해답 | 1. 작업발판이 고정되지 않아 발판 탈락 및 추락위험
2. 안전대 부착설비 미설치 및 작업자 안전대 미착용으로 추락위험
3. 엘리베이터 피트 내부에 추락방호망을 설치하지 않아 추락위험

04 작업자는 컨베이어가 작동하는 상태에서 컨베이어벨트 끝부분에 발을 딛고 올라서서 불안정한 자세로 형광등을 교체하다 추락하는 동영상이다. 작업자의 불안전한 행동 2가지를 쓰시오.

해답 | 1. 작동하는 컨베이어에 올라 작업하는 자세가 불안정하여 추락할 위험이 있다.
2. 안전모등 보호구를 착용하지 않아 위험하다.

05 지게차를 사용하기 전 운전자가 유압장치, 조정장치, 경보등 등을 점검하고 있는 동영상이다. 지게차 사용 시작 전 점검사항을 쓰시오.

해답 | 1. 제동장치 및 조정장치 기능의 이상 유무
2. 하역장치 및 유압장치 기능의 이상 유무
3. 바퀴의 이상 유무
4. 전조등, 후미등, 방향지시기 및 경보장치 기능의 이상 유무

06 연삭기 작업(브레이크 라이닝)을 하던 작업자가 면장갑을 낀 상태로 작업을 하던 중 손이 말려 들어가는 장면을 보여주고 있다. 동영상을 바탕으로 안전대책을 쓰시오.

해답 1. 작업 시 면장갑을 착용하고 있어서 손이 끼일 염려가 있으므로 손에 밀착이 잘되는 가죽 장갑 등과 같이 손이 말려 들어갈 위험이 없는 장갑을 사용하도록 하여야 한다.
2. 비상장지장치, 덮개 등 방호장치를 설치하여야 한다.

07 지하 하수처리장의 슬러지 작업 중 작업자가 쓰러져 의식을 잃고 쓰러지는 동영상이다. 이러한 밀폐공간에서 작업 시 착용해야 하는 보호구 2가지를 쓰시오.

해답 1. 공기호흡기, 2. 송기마스크

08 사출성형기 작업 중 문제가 생겨 작업자가 점검중 전기에 감전되는 동영상이다. 이와 같은 재해의 예방 대책 3가지를 쓰시오.

해답 1. 작업자가 사출성형기의 내부 금형 사이에 출입할 때에는 사출성형기의 전원을 차단한 후 출입할 것
2. 작업 시 절연용보호구를 착용할 것
3. 이물질의 제거는 전용공구를 사용할 것
4. 사출성형기 충전부 방호조치(덮개)를 실시할 것

09 작업자가 보호구를 착용하지 않은 상태에서 페인트 작업을 하고 있다. 이와 같은 작업 시 착용하는 보호구에 사용할 수 있는 흡수제의 종류 3가지를 쓰시오.

해답 1. 활성탄, 2. 소다라임, 3. 호프카라이트

2012년 작업형 기출문제

산업안전기사(5월 A형)

01 동영상은 작업자가 회전물에 샌드페이퍼를 감고 손으로 지지하여 작업을 하다 손이 회전부에 말려 들어가는 장면을 보여주고 있다. 선반작업의 (1) 위험점과 그 (2) 정의를 쓰시오.

해답 (1) 위험점 : 회전말림점(Trapping Point)
(2) 회전말림점의 정의 : 회전하는 물체의 길이, 굵기, 속도 등이 불규칙한 부위와 돌기 회전부위에 장갑 및 작업복 등이 말려드는 위험점 형성

02 동영상은 지게차로 운반작업을 하고 있다. 지게차의 각각 안정도를 쓰시오.

(1) 하역작업 시 전후 안정도
(2) 주행시 전후 안정도
(3) 하역작업 시 좌우 안정도
(4) 지게차가 5[km]의 속도로 주행 시 좌우 안정도

해답 (1) 4%
(2) 18%
(3) 6%
(4) (15+1.1V)%=15+1.1×5=20.5%

03 동영상은 작업자가 안전대를 착용하고 전주에 올라가 볼트로 된 작업발판을 딛고 변압기 볼트를 조이는 작업을 하던 중 작업자가 추락하는 장면을 보여주고 있다. 이때 위험요인 2가지를 쓰시오.

해답 1. 작업자가 안전대를 걸지(체결하지) 않아 추락할 위험
2. 작업자가 딛고 있는 작업발판(볼트)이 불안전하여 추락할 위험

04 동영상은 단무지가 있고 무릎정도 물이 차있는 상태에서 펌프를 작동과 동시에 감전당하는 장면을 보여주고 있다. 이처럼 습윤안 장소에서의 작업 시 재해방지대책 3가지를 쓰시오.

해답 1. 사용 전 수중 펌프와 전선 등의 절연상태 점검(절연저항 측정 등)
2. 감전방지용 누전차단기 설치
3. 수중 모터 외함 접지상태 확인

05 크레인으로 중량물을 인양하는 작업을 보여주고 있다. 이러한 크레인 인양작업 시 위험요인 2가지를 쓰시오.

해답 1. 유도로프를 사용하지 않아 화물의 흔들림으로 인한 화물의 낙하 위험
2. 무전기를 사용하여 신호하거나 일정한 신호방법을 미리 정하지 않아 화물의 낙하 또는 근로자와 충돌 위험

06 작업자가 실험실 안에 들어가기 전 신발에 물을 묻히는 장면을 보여주고 있다. (1) 신발에 물을 묻히는 이유와 이때의 (2) 소화방법을 쓰시오.

해답 (1) 신발에 물을 묻히는 이유 : 대부분의 물체는 습도가 증가하면 전기저항치가 저하하고 이에 따라 대전성이 저하하므로, 작업자가 신발에 물을 묻히게 되면 도전성이 증가(전기저항치 감소)하고 이에 따라 인체의 대전성이 저하되므로 정전기 착화성 방전에 의한 화재폭발을 방지할 수 있음
(2) 화재시 소화방법 : 다량 주수에 의한 냉각소화(폭발성 물질은 분해에 의하여 산소가 공급되기 때문에 연소가 격렬하며 그 자체의 분해도 격렬하다. 소화법으로는 물을 다량 사용해서 냉각하여 분해온도 이하로 낮추고 가연물의 연소도 억제해서 폭발을 방지하는 것이다. 소화제로는 질식소화는 효과가 없고, 물을 다량으로 사용하는 것이 최선이다.)

07 브레이크 라이닝 세척작업을 보여주고 있다. 이러한 라이닝 세척작업 중 착용하여야 하는 보호구의 종류 3가지를 쓰시오.

해답) 1. 방독마스크, 2. 화학물질용 보호복, 3. 화학물질용 보호장갑, 4. 화학물질용 보호장화

08 동영상으로 항타기·항발기 작업장면을 보여주고 있다. 이러한 항타기·항발기 조립작업 시 점검하여야 할 사항 4가지를 쓰시오.

해답) 1. 본체 연결부의 풀림 또는 손상의 유무
2. 권상용 와이어로프·드럼 및 도르래의 부착상태의 이상 유무
3. 권상장치의 브레이크 및 쐐기장치 기능의 이상 유무
4. 권상기의 설치상태의 이상 유무
5. 리더(leader)의 버팀 방법 및 고정상태의 이상 유무
6. 본체·부속장치 및 부속품의 강도가 적합한지 여부
7. 본체·부속장치 및 부속품에 심한 손상·마모·변형 또는 부식이 있는지 여부

09 방독마스크의 안전인증사항 외에 추가로 표시해야 할 사항 4가지를 쓰시오.

해답) 1. 파과곡선도, 2. 사용시간 기록카드, 3. 정화통의 외부측면의 표시색, 4. 사용상의 주의사항

산업안전기사(5월 B형)

01 안전대의 사진을 보여주고 있다. 화면에서 보여주고 있는 안전대의 명칭(①)과 각 부분(②, ③)의 명칭을 쓰시오.

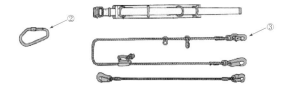

해답) ① 죔줄, ② 카라비너, ③ 훅

02 동영상은 전주작업을 하고 있는 작업자를 보여주고 있다. 이러한 전주작업 시 작업자가 착용하여야 할 보호장구의 명칭을 쓰시오.

해답) U자 걸이용 안전대

03 다음의 빈칸을 채우시오.

> (1) 화면에서 보여주는 항타기 권상장치의 드럼축과 권상장치로부터 첫 번째 도르래의 축과의 거리를 권상장치의 드럼폭의 (①) 이상으로 해야 한다.
> (2) 도르래는 권상장치 드럼의 (②)을 지나야 하며 축과 (③) 상에 있어야 한다.

해답) ① 15배, ② 중심, ③ 수직면

04 동영상은 MCCB 패널 차단기의 전원을 투입하여 발생한 재해사례이다. 동종재해방지대책 3가지를 서술하시오.

해답) 1. 전로의 개로개폐기에 시건장치 및 통전금지 표지판 부착
2. 작업 전 신호체계 확립 및 작업지휘자에 의한 작업지휘
3. 차단기에 회로구분 표찰 부착에 의한 오조작 방지 등

05 화면의 영상을 참고하여 관련 (1) 문제점과 (2) 대책 2가지를 쓰시오.

> [동영상 설명]
> 장갑을 착용한 작업자가 가동 중인 롤러기의 스위치를 끄고 정지시킨 후 내부 수리를 한다. 수리 완료 후 롤러기를 다시 가동시키고 장갑을 착용한 손으로 이물질을 제거하다 롤러에 손이 말려 들어간다.

해답) (1) 문제점
1. 롤러기와 같은 회전체에 장갑을 착용하여 손이 다칠 우려가 있다.
2. 이물질을 제거할 때 손으로 제거하여 손이 다칠 우려가 있다.
(2) 대책
1. 롤러기와 같은 회전체에 장갑을 착용하지 않는다.
2. 이물질을 제거할 때 손보다는 수공구를 사용하여 제거한다.

06 화면의 영상을 참고하여 관련 (1) 재해요인과 (2) 재해발생 시 조치사항을 쓰시오.

> [동영상 설명]
> 경사용 컨베이어가 작동 중이고, 컨베이어 아래쪽에서 작업자 2명이 컨베이어에 포대를 올리고 있다. 이때 컨베이어에 포대를 삐뚤게 놓아 올라가고 있는데 위쪽에서 작업하고 있는 작업자의 발에 부딪혀 오른쪽으로 쓰러진다. 작업자의 팔이 기계 하단으로 들어가 아파하는데 아래쪽 작업자가 와서 안아준다.

해답 (1) 재해요인 : 안전장치(덮개 또는 울)가 설치되지 않았고, 작업자가 위험구역 내 위치 해 있어 재해의 위험이 있다.
(2) 재해발생 시 조치사항 : 컨베이어 기계 정지(비상정지장치 작동)

07 어둡고 밀폐된 LPG저장소에서 작업자가 전등의 전원을 투입하는 순간 "펑"하고 폭발사고가 발생하는 장면이다. 위 동영상에서 가스누설감지경보기를 설치할 때 적절한 (1) 설치위치와 (2) 경보설정값을 쓰시오.

해답 (1) 설치위치 : 바닥에 인접한 낮은 곳에 설치한다.(LPG는 공기보다 무거우므로 가라앉음)
(2) 경보설정값 : 폭발하한계(LEL) 25% 이하

08 동영상에서 작업자의 추락원인 2가지를 쓰시오.

> [동영상 설명]
> 아파트 건설공사 현장 3층 창틀에서 작업하던 작업자가 작업발판이 없어 창틀의 옆쪽을 밟았다가 미끄러져 떨어진다.

해답 1. 안전대 부착설비 미설치
2. 안전대 미착용
3. 추락방호망 미설치
4. 안전난간 미설치
5. 작업발판 미설치

09 밀폐공간을 퍼지하고 있다. 퍼지작업의 종류 4가지를 쓰시오.

해답 1. 진공퍼지, 2. 압력퍼지, 3. 스위프 퍼지, 4. 사이펀 퍼지

01 다음과 같은 마스크의 (1) 명칭, (2) 등급 3종류, (3) 산소농도를 쓰시오.

해답 (1) 명칭 : 방진마스크
(2) 등급 종류 : 특급, 1급, 2급
(3) 산소농도 : 18%

02 동영상은 박공지붕 설치작업을 하던 중 물체가 낙하하여 하부에 있던 근로자가 맞는 재해를 보여주고 있다. 이때 위험요인을 3가지 쓰시오.

해답 1. 경사지붕 하부에 낙하물방지망 미설치
2. 박공지붕 과적 및 체결상태 미확인
3. 근로자가 낙하위험 장소에서 휴식
4. 낙하위험구간에 출입통제 미실시

03 화면은 활선작업에 대한 동영상이다. 활선 작업 시 내재되어 있는 핵심 위험요인을 쓰시오.

해답 1. 근접활선(절연용 방호구 미설치)에 대한 감전 위험
2. 절연용 보호구 착용상태 불량에 따른 감전 위험
3. 활선작업거리 미준수에 따른 감전 위험
4. 작업장소의 관계근로자 외의 자의 출입에 따른 감전 위험

04 김치공장 슬라이스 작업하는 장면이다. 작업을 하던 중 기계가 작동하지 않자 작업자가 슬라이스 기계를 점검하다 재해를 당했다. 슬라이스 기계에 필요한 방호장치는 무엇인가?

해답 인터록(연동장치)

05 동영상에서 작업자는 크랭크 프레스로 철판을 뚫는 작업을 하고 있다. 동영상에서의 위험요인을 쓰시오.

해답 1. 프레스 방호장치가 설치되어 있지 않아서 재해의 위험이 있다.
2. 기계 점검시 전원을 차단하지 않아서 재해의 위험이 있다.
3. 이물질 제거 시 수공구를 사용하지 않고, 손으로 작업해 재해의 위험이 있다.
4. 프레스 페달에 U자형 커버가 설치되어 있지 않아서 재해의 위험이 있다.

06 다음은 30kW 고압선 인근에서 작업을 하는 동영상이다. 이 경우 사업주가 해야 할 조치사항을 4가지 쓰시오.

해답 1. 작업 착수 전 당해 전선로를 이설할 것
2. 감전의 위험을 방지하기 위한 울타리을 설치할 것
3. 당해 충전전로에 절연용 방호구를 설치할 것
4. 위의 1~3항에 해당하는 조치를 하는 것이 현저히 곤란할 경우에는 감시인을 두고 작업을 감시하도록 할 것

07 동영상은 크롬 도금작업을 하고 있는 작업자를 보여주고 있다. 크롬 작업 시 주의해야 할 사항을 쓰시오.

해답 1. 국소배기장치를 설치하고, 작업 중 정상가동 여부를 수시로 확인
2. 젖은 손으로 팬던트 스위치 등 전기기구 조작 금지
3. 도금작업장 바닥은 불 침투성 재료를 사용하고, 작업 시 유출된 도금액은 물로 세척
4. 인화성 물질이 존재하는 경우 점화원에 의해 화재가 발생할 수 있으므로 작업 중 점화원 제거

08 동영상은 석면작업을 하고 있는 장면을 보여주고 있다. 작업자는 일반 마스크를 하고 있다. 위 동영상에서 근로자에게 미치는 (1) 위험요인 및 (2) 발생할 수 있는 건강장해의 종류를 쓰시오.

해답 (1) 위험요인 : 작업자가 석면을 여과할 수 있는 방진마스크를 착용하지 않을 경우 석면분진이 체내로 흡입될 수 있다.
(2) 질병 : 1. 악성중피종, 2. 석면폐, 3. 폐암

09 물체 인양 중 물체가 떨어져 작업자가 맞는 재해가 발생하였다. 이때 (1) 재해의 형태와 (2) 정의를 쓰시오.

해답 (1) 발생형태 : 낙하 · 비래
(2) 정의 : 물체가 위에서 떨어지거나, 다른 곳으로부터 날아와 작업자가 맞음으로써 발생하는 재해

산업안전기사(7월 A형)

01 화면에서 변압기를 유기화합물에 담가서 절연처리하는 작업을 보여주고 있다. 이러한 유기화합물 취급작업 시 다음의 신체 부위에 착용하여야 하는 보호구를 쓰시오.

(1) 손	(2) 눈

해답 (1) 손 : 유기화합물용 안전장갑
(2) 눈 : 보안경

02 화면에서 건설현장에 사용되고 있는 건설용 리프트를 보여주고 있다. 이러한 리프트를 사용하여 작업할 때 작업시작 전 점검사항 2가지를 쓰시오.

해답 1. 방호장치, 브레이크 및 클러치의 기능
2. 와이어로프가 통하고 있는 곳의 상태

03 화면에서 보여주고 있는 (1) 보호장구의 명칭과 (2) 일반구조조건 2가지를 쓰시오.

해답 (1) 명칭 : 안전블록
　　(2) 구조
　　　　1. 안전블록을 부착하여 사용하는 안전대는 신체 지지의 방법으로
　　　　　 안전그네만을 사용하여야 한다.
　　　　2. 안전블록은 정격 사용 길이가 명시되어야 한다.
　　　　3. 안전블록의 줄은 로프, 웨빙, 와이어로프이어야 하며, 와이어로
　　　　　 프인 경우 최소 공칭지름이 4mm 이상이어야 한다.

04 화면의 영상을 참고하여 피트에서 작업을 할 때 지켜야 할 작업안전수칙 3가지를 쓰시오.

[동영상 설명]
작업자가 피트의 뚜껑을 한쪽으로 열어놓고 불안정한 나무 발판 위에 발을 올려놓은 상태에서 왼손으로 뚜껑을 잡고 오른손으로 손전등을 안쪽으로 비추면서 내부를 점검하는 중이다. 이때 갑자기 중심을 잃고 미끄러지게 된다.

해답 1. 열어놓은 피트 뚜껑을 다른 작업자가 잡아 주도록 한다.
　　 2. 피트에 안전난간 · 울 등을 설치한다.
　　 3. 통행인이 피트에 빠지지 않도록 출입금지 표지를 한다.
　　 4. 안전대 부착설비를 설치하고 안전대 착용 후 작업을 실시한다.

05 타워크레인을 이용하여 강관비계를 운반하던 중 강관비계가 낙하하여 재해가 발생하는 사례를 보여주고 있다. 이때, 재해발생 원인 중 타워크레인 운전과 관련한 안전작업방법 미준수 사항을 3가지 쓰시오.

해답 1. 신호수를 배치하지 아니하여 관계 근로자 외 출입을 금지하지 않았다.
　　 2. 무전기 등을 사용하여 신호하거나 일정한 신호방법을 미리 정하지
　　　 않았다.
　　 3. 유도로프를 사용하여 강관비계의 흔들림을 방지하지 않았다.
　　 4. 화물(강관비계)을 작업자 위로 통과시키면 안 된다.

06 동영상은 작업자가 드릴작업 중 동시에 칩을 입으로 불어서 제거하고, 손으로 제거하려다가 드릴에 손을 다치는 사고 장면을 보여주고 있다. 동영상에 나타나는 위험요인 2가지를 쓰시오.

해답 1. 칩을 입으로 불어 제거하다가 칩이 눈에 들어갈 위험이 있다.
　　 2. 브러시를 사용하지 않고 손으로 칩을 제거하다가 손을 다칠 위험이
　　　 있다.

07 작업자가 전주에 올라가다 표지판에 부딪혀 추락하는 재해가 발생하였다. 재해발생원인 2가지를 쓰시오.

해답 1. 안전대 부착설비 미설치(수직구명줄 미설치)
　　 2. 안전대 미착용(추락방지대 미착용)

08 화면은 작업자가 밀폐공간에서 작업하는 상황을 보여주는데, 외부의 작업자가 환기장치 콘센트에 걸려 환기장치가 꺼져서 내부밀폐작업자가 쓰러지는 동영상이다. 이 작업의 핵심 위험요인 3가지를 쓰시오.

해답 1. 밀폐공간에서의 산소결핍 위험이 있다.
　　 2. 유독성 가스가 있는 경우 작업자가 질식, 중독의 위험이 있다.
　　 3. 가연성 가스, 증기 또는 가연성 분진이 존재하는 경우 점화원에 의한
　　　 폭발위험이 있다.

09 습윤한 장소에서 사용되는 이동전선에 대한 사용 전 점검사항을 3가지를 쓰시오.

해답 1. 접속부위의 절연상태 점검 : 전선을 서로 접속하는 때에는 당해 전
　　　 선의 절연성능 이상으로 절연될 수 있는 것으로 충분히 피복하거나
　　　 적합한 접속기구를 사용
　　 2. 전선 피복의 손상 유무 점검 : 물 등의 전도성이 높은 액체가 있는
　　　 습윤한 장소에서 근로자가 작업 또는 통행 등으로 인하여 접촉할 우
　　　 려가 있는 이동전선 및 이에 부속하는 접속기구는 당해 전도성이 높
　　　 은 액체에 대하여 충분한 절연효과가 있는 것을 사용
　　 3. 전선의 절연저항 측정
　　 4. 감전방지용 누전차단기 설치

01 다음 동영상은 브레이크 패드를 제조하는 중 석면을 사용하는 장면이다. 안전작업을 위해 취하여야 할 작업방법을 쓰시오. (단, 근로자는 석면의 위험성을 인지하고 있다.)

[동영상 설명]

작업장에 석면이 날리고 있으며 한 작업자는 포대에 담긴 석면을 플라스틱 용기를 사용하여 배합기에 넣고, 아래 있는 작업자는 철로 된 용기에 주변 바닥으로 흩어진 석면을 빗자루로 쓸어 담고 있다. 주변에는 국소배기장치가 없고, 작업자는 일반 작업복, 일반장갑, 일반마스크를 착용하고 있다.

해답 1. 석면취급작업 시 담배를 피우거나 음식물을 먹지 않도록 하고, 그 내용을 보기 쉬운 장소에 게시한다.
2. 석면취급작업에 따른 분진청소 시 빗자루 등으로 쓸어담지 말고 진공청소기나 습식상태에서 청소한다.
3. 석면취급작업 시 분진흡입 방지를 위하여 방진마스크 등 보호구를 착용하거나 근로자의 안전을 위하여 push-pull 또는 국소배기장치를 설치한 후 작업한다.

02 누전차단기 설치 장소를 쓰시오.

해답 **누전차단기 적용범위(안전보건규칙 제304조)**
1. 대지전압이 150볼트를 초과하는 이동형 또는 휴대형 전기기계 · 기구
2. 물 등 도전성이 높은 액체가 있는 습윤 장소에서 사용하는 저압용 전기기계 · 기구
3. 철판 · 철골 위 등 도전성이 높은 장소에서 사용하는 이동형 또는 휴대형 전기기계 · 기구
4. 임시배선의 전로가 설치되는 장소에서 사용하는 이동형 또는 휴대형 전기기계 · 기구

03 황산으로 유리용기를 세척하는 중 발생할 수 있는 (1) 재해형태와 (2) 정의를 각각 쓰시오.

해답 (1) 재해형태 : 화학물질에 의한 화상
(2) 정의 : 부식성을 가지는 황산이 피부에 접촉하여 발생하는 재해

04 화면은 금형제조를 위하여 방전가공기를 사용하던 중에 발생한 재해사례이다. 이 화면 속에서 발견되는 재해발생원인을 2가지 쓰시오.

[동영상 설명]

금형을 제작하는 과정에서 작업자는 계속 천을 이용하여 맨손으로 이물질을 직접 제거하고 있다. 금형의 한쪽에서는 연기가 조금씩 나는 과정에 작업자가 금형을 만지다 감전되었다.

해답 1. 청소하기 전에 전원을 차단하지 않고 작업을 실시하였다.
2. 작업자는 절연장갑 등의 절연용 보호구를 착용하지 않았다.

05 다음은 브레이크 라이닝 연마작업 도중 일어난 사고를 나타낸 것이다. 사고의 위험요인 2가지를 쓰시오.

해답 1. 회전기계에 손이 말려 들어갈 위험이 있는 장갑을 착용해서는 안된다.
2. 비상정지장치, 덮개 등에 방호장치 미설치
3. 이물질이 눈에 튀어 들어와서 눈을 다칠 위험이 있으므로 보안경 착용

06 띠톱으로 강재를 절단하는 작업 중 발생한 사고이다. 이 사고의 위험요소 2가지를 쓰시오.

[동영상 설명]

강재를 절단하는 도중에 보안경 없이 작업장면을 고개 숙여 들여다보고 있었고, 절단 후 작업대에서 강재를 꺼내려다 끼고 있던 일반 면장갑 손등부분이 띠톱날에 걸렸다. 이때 띠톱은 작동하지 않았다.

해답 1. 회전기계에 손이 말려 들어갈 위험이 있는 장갑을 착용해서는 안된다.
2. 톱날 부위에 보호장치(덮개 또는 울)가 설치되어 있지 않다.
3. 강재를 빼낼 때 전원을 차단하지 않았고 동작스위치의 잠금장치를 하지 않아 실수로 띠톱이 작동되어 다칠 위험이 있다.

07 가죽제 안전화의 뒷굽 높이를 제외한 몸통 높이(h)에 따른 3가지 구분을 쓰시오.

해답 1. 단화 : 113mm 미만, 2. 중장화 : 113mm 이상, 3. 장화 : 178mm 이상

08 아파트 창틀에서 작업 중 추락하는 재해사례를 보여주고 있다. 이러한 추락사고의 원인 3가지를 간략히 쓰시오.

해답 1. 안전난간 미설치, 2. 안전대 미착용, 3. 추락방호망 미설치

09 화면의 영상을 참고하여 중량물 인양작업 시 준수하여야 할 안전수칙 2가지를 쓰시오.

[동영상 설명]
승강기 개구부에서 A, B 두 명의 작업자가 작업하던 중 A는 위에서 안전난간에 밧줄을 걸쳐 화물을 끌어 올리고 B는 이를 밑에서 올려주는데 바로 이때 인양하던 물건이 떨어져 밑에 있던 B가 다치는 사고가 발생한다.

해답 1. 중량물 인양작업 시 로프가 통과하는 도르래 등의 기구를 사용하고, 로프의 끝부분을 지지할 수 있는 기둥에 묶어둔다.
2. 중량물 낙하위험을 방지하기 위하여 낙하물방지망을 설치한다.
3. 중량물이 낙하하여 재해가 발생할 수 있는 낙하위험구역 내에는 관계 작업자 이외의 자는 출입을 금지 시킨다.

산업안전기사(7월 C형)

01 정화통 색이 녹색인 방독마스크를 보여주고 있다. 이때, 다음 각 물음에 답을 쓰시오. (단, 정화통의 표기는 무시한다.)

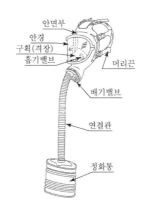

(1) 방독마스크의 종류를 쓰시오.
(2) 방독마스크의 형식을 쓰시오.
(3) 방독마스크의 시험가스의 종류를 쓰시오.

해답 (1) 암모니아용 방독마스크
(2) 격리식 전면형
(3) 암모니아

02 이동식 크레인을 사용하여 작업을 하는 때 작업시작 전 점검사항을 2가지 쓰시오. (단, 경보장치는 제외한다.)

해답 1. 브레이크 · 클러치 및 조정장치의 기능
2. 와이어로프가 통하고 있는 곳 및 작업장소의 지반상태

03 화면상에서 보여주고 있는 해체작업 중 해체계획에 포함되어야 할 항목 4가지를 쓰시오.

해답 1. 해체의 방법 및 해체순서 도면
2. 가설설비, 방호설비, 환기설비 및 살수 · 방화설비 등의 방법
3. 사업장 내 연락방법
4. 해체물의 처분계획
5. 해체작업용 기계 · 기구 등의 작업계획서
6. 해체작업용 화약류 등의 사용계획서
7. 기타 안전 · 보건에 관련된 사항도 포함되어야 한다.

04 롤러기에서 발생할 수 있는 (1) 위험점의 명칭과 (2) 위험점의 발생 조건을 간단히 쓰시오.

해답 (1) 위험점 : 물림점
(2) 발생조건 : 회전체가 서로 반대방향으로 맞물려 회전되어야 한다.

부록

05 화면은 회전하는 벨트(풀리)작업 중 발생한 재해사례를 나타내고 있다. 화면에서와 같이 안전준수 사항을 지키지 않고 작업할 때 일어날 수 있는 재해요인을 쓰시오.

[동영상 설명]
동력기가 돌아가는데 작업자가 공구를 주고받으면서 작업하다 손이 말려 들어갔다.

해답 1. 기계의 전원을 차단하지 않고 점검하여 사고의 위험이 있다.
2. 작업에 집중하지 않아 실수로 작업복과 손이 말려 들어간다.
3. 손을 기계 위에 올려놓고 작업을 하고 있어 손이 미끄러져 회전물에 말려 들어간다.
4. 회전체 부분에 방호장치가 없어서 작업자가 다친다.

06 화면의 영상을 참고하여 재해 발생원인 3가지를 쓰시오.

[동영상 설명]
A 작업자가 변압기의 2차 전압을 측정하기 위해 유리창 너머의 B 작업자에게 신호를 주고 전원을 켠 후 다시 차단하라는 신호를 보내고 기기를 만지다가 감전사고가 발생한다.

해답 1. 개인보호구(절연장갑 등) 미착용
2. 신호전달체계 불량
3. 작업자 안전수칙 미준수(활선 및 정전상태 미확인 후 작업)

07 화면은 콘크리트 전주 세우기 작업 도중에 발생한 사례이다. 동영상에서와 같은 동종재해를 예방하기 위한 대책 중 관리적 대책 3가지를 쓰시오.

[동영상 설명]
항타기 · 항발기 장비로 땅을 파고 전주를 묻는 장면으로 항타기에 고정된 전주가 조금 불안전한 듯 싶더니 조금씩 돌아가서 항타기로 전주를 조금 움직이는 순간 인접 활선 전로에 접촉되어서 스파크가 일어난다.

해답 1. (이격거리 확보) 차량 등을 충전부로부터 300[cm] 이상 이격시키되, 대지전압이 50[kV]를 넘는 경우에는 10[kV]가 증가할 때마다 이격거리를 10[cm]씩 증가시킨다.
2. (절연용 방호구 설치) 절연용 방호구 등을 설치한 경우에는 이격거리를 절연용 방호구 앞면까지로 할 수 있다.

3. (울타리 설치 또는 감시인 배치) 울타리를 설치하거나 감시인 배치 등의 조치를 하여야 한다.
4. (접지점 관리 철저) 접지된 차량 등이 충전전로와 접촉할 우려가 있는 경우에는 근로자가 접지점에 접촉되지 않도록 조치하여야 한다.

08 화면은 자동차부품을 도금 후 세척하는 과정을 보여주고 있다. 이 영상을 참고하여 위험예지훈련을 하고자 한다. 연관된 행동목표 두 가지를 쓰시오.

[동영상 설명]
고무장갑, 고무장화를 착용하고 담배를 피우면서 도금작업을 마친 자동차부품을 세척한다.

해답 1. 작업 중 흡연을 하지 말자.
2. 세척작업 시 고무제 안전화를 착용하자.

09 화면은 밀폐된 공간에서의 작업을 보여주고 있다. 밀폐공간 작업 시 안전작업수칙 3가지를 쓰시오.

해답 1. 산소 및 유해가스 농도 측정 후 작업을 시작한다.
2. 산소농도가 18% 미만일 때는 환기를 시키고, 작업 중에도 계속 환기를 한다.
3. 가능한 급배기를 동시에 실시하고, 환기를 실시할 수 없거나 산소결핍장소에서 작업할 때에는 공기공급식 호흡용 보호구를 착용한다.

산업안전기사(10월 A형)

01 화면의 영상을 참고하여 이때 재해발생 원인 중 직접원인에 해당되는 것 2가지를 쓰시오.

[동영상 설명]
항타기 · 항발기가 작업 중인 화면을 보여주고 있다. 이때, 항타기 · 항발기의 인근에 고압전선로가 있고 항타기 · 항발기가 돌아가는 순간 인접 충전전로에 접촉이 되면서 스파크가 발생하였다.

해답 1. 충전전로에 대한 접근 한계거리 미준수
2. 인접 충전전로에 절연용 방호구 미설치

02 방독마스크를 보여주고 있다. 이때, 다음 각 물음에 답을 쓰시오. (단, 정화통의 표기는 무시한다.)

(1) 방독마스크의 명칭을 쓰시오.
(2) 정화통의 주요성분을 쓰시오.
(3) 방독마스크의 시험가스 종류를 쓰시오.

> 해답 (1) 명칭 : 할로겐용 방독마스크
> (2) 주요성분 : 활성탄
> (3) 시험가스 종류 : 염소

03 동영상에서와 같이 차량계 하역운반기계 등의 수리 또는 부속장치의 장착 및 해체작업을 하는 때에 작업지휘자가 준수하여야 할 사항을 3가지 쓰시오.

[동영상 설명]
작업자가 운전석에서 내려 덤프트럭 적재함을 올리고 실린더 유압장치 밸브를 수리하던 중 적재함 사이에 끼었다.

> 해답 1. 안전지지대 또는 안전블록 등의 사용상황 등을 점검할 것
> 2. 작업순서를 결정하고 작업을 지휘할 것
> 3. 작업계획서를 작성할 것
> 4. 원동기를 정지시키고 브레이크를 확실히 거는 등 갑작스러운 주행을 방지하기 위한 조치를 할 것

04 선반의 주축에 가공물(롤러)을 체결한 후 사포 연마작업 중 왼팔이 회전부에 말려 들어 가서 재해가 발생하였다. 화면에서와 같이 안전준수사항을 지키지 않고 작업할 때 일어날 수 있는 재해요인을 쓰시오.

> 해답 1. 회전물에 샌드페이퍼를 감아 손으로 지지하고 있기 때문에 작업복과 손이 감겨 들어간다.
> 2. 작업에 집중하지 못하여(곁눈질) 실수로 작업복과 손이 말려 들어간다.
> 3. 손을 기계 위에 올려놓고 작업을 하고 있어 손이 미끄러져 회전물에 말려 들어간다.

05 화면에는 지게차에 주유를 하는 동안에 운전자가 시동을 건 채 내려 다른 작업자와 흡연을 하며 이야기를 나누고 있다. 위험요소를 2가지 이상 쓰시오.

> 해답 1. 지게차 운전자가 주유 중 담배를 피우고 있어 화재발생 위험이 있다.
> 2. 주유 중인 지게차에 시동이 걸려 있어 임의동작 또는 오동작으로 인한 사고발생 위험이 있다.
> 3. 주유원이 작업 중 잡담을 하고 있어 정량 이상을 주유하여 바닥에 유류가 흘러넘쳐 그로 인한 화재발생 위험이 있다.

06 화면은 작업자가 전동 권선기에 동선을 감는 작업 중 기계가 정지하여 점검하던 중 발생한 재해사례이다. (1) 재해유형 및 (2) 발생원인 2가지를 기술하시오.

> 해답 (1) 재해형태 : 감전
> (2) 재해발생원인 : 정전작업 미실시, 절연보호구(절연장갑) 미착용 등

07 화면은 선박 밸러스트 탱크 내부의 슬러지를 제거하는 작업 도중에 작업자가 가스질식으로 의식을 잃는 것을 보여주고 있다. 이러한 사고에 대비하여 필요한 피난용구 3가지를 쓰시오.

> 해답 1. 호흡용보호구(송기마스크, 공기호흡기), 2. 구명로프, 3. 사다리, 4. 안전대

08 화면은 탁상공구 연삭기로 봉강 연마작업 중 발생한 사고사례이다. 기인물은 무엇이며, 봉강 연마작업 시 파편이나 칩의 비래에 의한 위험에 대비하기 위해 설치해야 하는 장치명을 쓰시오.

> 해답 1. 기인물 : 탁상공구 연삭기
> 2. 장치명 : 칩 비산방지 투명판

09 건물 해체작업 시 위험부분에 작업자가 머무르는 것은 특히 위험하다. 따라서 해체장비 주위 몇 m 이내 접근하는 것을 금지하여야 하는가?

해답 4m

산업안전기사(10월 B형)

01 동영상은 스팀배관의 보수를 위해 누출부위를 점검하던 중에 발생한 재해이다. 동영상에서와 같은 재해를 산업재해 기록, 분류에 관한 기준에 따라 분류할 때 해당되는 재해 발생형태를 쓰시오.

해답 이상온도 노출 · 접촉
※ "이상온도 노출 · 접촉"은 고 · 저온 환경 또는 물체에 노출 · 접촉된 경우를 말한다.

02 화면은 버스 정비작업 중 재해가 발생한 사례이다. 미준수 사항 3가지를 쓰시오.

[동영상 설명]
시내버스를 정비하기 위하여 차량용 리프트로 차량을 들어 올린 상태에서 한 작업자가 버스 밑에 들어가 샤프트(shaft) 계통을 점검하고 있다. 그런데 다른 한 사람이 주변 상황을 전혀 살피지 않고 버스에 올라 엔진을 시동하였다. 그 순간 밑에 있던 작업자의 팔이 버스의 회전하는 샤프트에 말려 들어가 사고를 일으킨다. 이때 작업장 주변에는 아무런 작업 감시자가 없다.

해답 1. 정비작업 중임을 나타내는 표지판을 설치하지 않았다.
2. 작업과정을 지휘할 작업자를 배치하지 않았다.
3. 기동(시동)장치에 잠금장치를 하지 않았다.
4. 작업 시 운전금지를 위하여 열쇠를 별도로 관리하지 않았다.

---

03 화면은 작업자가 수중펌프 접속부위에 감전되어 발생한 재해사례이다. 작업자가 감전사고를 당한 원인을 인체의 피부저항과 관련하여 설명하시오.

[동영상 설명]
단무지가 있고 무릎 정도 물이 차 있는 상태에서 펌프 작동과 동시에 감전되었다.

해답 인체가 수중에 있으므로 인체 피부저항이 1/25로 감소(저하)되어 쉽게 감전되었다.
1. 감전피해의 위험도에 가장 큰 영향을 미치는 통전전류의 크기는 인체의 전기저항 즉, 임피던스의 값에 의해 결정(반비례)되며 인체의 임피던스는 내부저항과 피부저항으로 구성
2. 내부저항은 교류, 직류에 따라 거의 일정(통전시간이 길어지면 인체의 온도상승에 의해 저항치 감소)하지만 피부저항은 물에 젖어 있을 경우 1/25로 저항이 감소하므로 그만큼 통전전류가 커져 전격의 위험이 높아진다.

04 쌍줄비계 위 작업발판 설치 시 준수사항을 3가지 쓰시오. (단, 발판의 폭과 틈의 간격은 제외한다.)

해답 1. 발판재료는 작업 시의 하중을 견딜 수 있도록 견고한 것으로 할 것
2. 추락의 위험성이 있는 장소에는 안전난간을 설치할 것
3. 작업발판의 지지물은 하중에 의하여 파괴될 우려가 없는 것을 사용할 것
4. 작업발판재료는 뒤집히거나 떨어지지 않도록 둘 이상의 지지물에 연결하거나 고정시킬 것
5. 작업발판을 작업에 따라 이동시킬 때에는 위험 방지에 필요한 조치를 할 것

05 크랭크 프레스기에 금형을 설치 시 안전상 점검사항 4가지를 쓰시오.

해답 1. 다이홀더와 펀치의 직각도, 생크홀과 펀치의 직각도
2. 펀치와 다이의 평행도
3. 펀치와 볼스터면의 평행도
4. 다이와 볼스터의 평행도

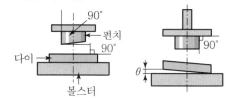

06 화면에서와 같이 크롬도금작업장에서 장기간 근무할 경우 크롬화합물이 작업자의 체내에 유입될 수 있는 경로를 쓰시오.

해답 호흡기, 소화기, 피부점막

07 방독마스크를 보여주고 있다. 다음 각 물음에 답을 쓰시오. (단, 정화통의 표기는 무시한다.)

(1) 방독마스크의 명칭을 쓰시오.
(2) 방독마스크의 정화통 흡수제 1가지를 쓰시오.
(3) 방독마스크가 직결식 전면형일 경우 누설률은 몇 %인가?

해답 (1) 명칭 : 암모니아용 방독마스크
(2) 정화통 흡수제 : 큐프라마이트
(3) 누설률 : 0.05% 이하

08 화면(전주 동영상) 전기형강작업 중 위험요인 3가지를 쓰시오.

[동영상 설명]
작업자 2명이 전주 위에서 작업을 하고 있다. 작업자 1명은 변압기 위에 올라가서 볼트를 풀면서 흡연을 하며 작업하고 있다. 전주의 발판용 볼트에 C.O.S(Cut Out Switch)가 임시로 걸쳐있다. 그리고 다른 작업자 근처에서는 이동식 크레인에 작업대를 매달고 또 다른 작업을 하고 있다.

해답 1. 안전수칙 미준수(작업자세 및 상태불량 등) : 작업자 흡연 등
2. 감전 위험
3. 추락 위험 : 작업발판 불안
4. 낙하·비래 위험 : COS 고정상태 불량

09 화면은 콘크리트 전주 세우기 작업 도중에 발생한 사례이다. 동영상에서와 같은 동종재해를 예방하기 위한 대책 중 관리적 대책 2가지를 쓰시오.

[동영상 설명]
작업자가 항타기·항발기 장비로 땅을 파고 전주를 묻는 장면있다. 항타기에 고정된 전주가 조금 불안전한 듯싶더니 조금씩 돌아가고 항타기로 전주를 조금 움직이는 순간 인접 활선 전로에 접촉되어서 스파크가 일어난다.

해답 1. (이격거리 확보) 차량 등을 충전부로부터 300[cm] 이상 이격시키되, 대지전압이 50[kV]를 넘는 경우에는 10[kV]가 증가할 때마다 이격거리를 10[cm]씩 증가시킨다.
2. (절연용 방호구 설치) 절연용 방호구 등을 설치한 경우에는 이격거리를 절연용 방호구 앞면까지로 할 수 있다.
3. (울타리 설치 또는 감시인 배치) 울타리를 설치하거나 감시인 배치 등의 조치를 하여야 한다.
4. (접지점 관리 철저) 접지된 차량 등이 충전전로와 접촉할 우려가 있는 경우에는 근로자가 접지점에 접촉되지 않도록 조치하여야 한다.

01 화면에서 보여주고 있는 방진마스크에서 빈칸의 등급별 포집효율을 쓰시오.

형태 및 등급		염화나트륨(NaCl) 및 파라핀 오일(Paraffin oil) 시험(%)
분리식	특급	(①)
	1급	(②)
	2급	(③)

형태 및 등급		염화나트륨(NaCl) 및 파라핀 오일(Paraffin oil) 시험(%)
분리식	특 급	① 99.95% 이상
	1 급	② 94.0% 이상
	2 급	③ 80.0% 이상

02 화면은 섬유기계의 운전 중 발생한 재해사례이다. 이 영상에서 사용한 기계작업 시 핵심위험요인 2가지를 쓰시오.

[동영상 설명]

섬유공장에서 실을 감는 기계가 돌아가고 있고 작업자가 그 밑에서 일을 하고 있는데 갑자기 실이 끊어지며 기계가 멈춘다. 이때 작업자가 회전하는 대형 회전체의 문을 열고 허리까지 집어넣고 안을 들여다보며 점검할 때 갑자기 기계가 돌아가며 작업자의 몸이 회전체에 끼이게 된다.

해답
1. 기계의 전원을 차단하지 않고(기계를 정지시키지 않고) 점검을 하여 말려 들어갈 수 있다.
2. 회전기계의 문을 열면 기계의 작동을 멈추게 하는 연동장치가 설치되어 있지 않다.
3. 장갑을 착용하고 있어 롤러에 끼일 염려가 있다.

03 동영상은 이동식 크레인으로 전주를 옮기다가 작업자가 전주에 맞는 장면을 보여주고 있다. 동영상을 참고하여 다음에 해당하는 답을 쓰시오.

(1) 재해발생형태   (2) 가해물
(3) 안전모의 종류

해답
(1) 재해발생형태 : 비래
(2) 가해물 : 전주
(3) 안전모의 종류 : AE, ABE

04 터널 굴착공사 시 다이너마이트를 설치하고 있다. 이러한 터널 등의 건설작업에서 낙반 등에 의하여 근로자에게 위험이 미칠 우려가 있을 때 위험을 방지하기 위하여 필요한 조치사항 2가지를 쓰시오.

해답
1. 터널 지보공 및 록볼트의 설치
2. 부석의 제거

05 동영상에 나타난 것처럼 지게차에 적재된 화물이 현저하게 시계를 방해할 경우 운전자의 조치를 3가지 쓰시오.

해답
1. 유도자를 배치하여 지게차를 유도하고 후진으로 서행한다.
2. 하차하여 주변의 위험을 확인한다.
3. 주변작업자에게 지게차의 이동상태를 알리는 경적, 경광등을 사용한다.

06 화면은 교류아크용접작업 중 재해가 발생한 사례이다. 이 작업 시 눈과 감전재해의 위험으로부터 작업자를 보호하기 위해 착용해야 할 보호구 명칭 2가지를 쓰시오.

[동영상 설명]

작업자가 교류아크용접을 한다. 용접을 한 번 하고서 슬러지를 털어낸 뒤 육안으로 확인한 후 다시 한번 용접을 위해 아크불꽃을 내는 순간 감전되어 쓰러진다. 작업자는 일반 캡모자와 목장갑 착용했다.

해답
1. 용접용 보안면, 2. 절연장갑

07 작업자가 강재파이프에 래커 스프레이로 페인트 작업을 할 때 방독마스크 흡수제의 종류를 3가지만 쓰시오.

해답
1. 활성탄, 2. 소다라임 3. 호프카라이트

08 신호수의 신호에 의해 이동식 크레인을 이용하여 철제 배관을 운반하던 중 철제 배관이 철골에 부딪혀 떨어지며 재해가 발생하였다. 이때, 재해발생 원인 중 이동식 크레인 운전과 관련한 재해예방대책 3가지를 쓰시오.

해답
1. 유도로프를 이용하여 배관의 흔들림을 방지한다.
2. 무전기 등을 사용하여 신호하거나 일정한 신호방법을 미리 정하여 둔다.
3. 슬링와이어로프의 체결상태를 확인한다.

09 화면은 밀폐공간작업 중 환기(퍼지) 장면을 보여주고 있다. 작업공간에 다음과 같은 가스가 존재할 경우 각각 환기 (퍼지) 목적을 쓰시오.

> (1) 가연성 가스 및 지연성 가스의 경우
> (2) 독성가스의 경우
> (3) 불활성 가스의 경우

해답 (1) 가연성 가스 및 지연성 가스의 경우 : 화재폭발사고 방지 및 산소결 핍에 의한 질식사고 방지
　　(2) 독성가스의 경우 : 중독사고 방지
　　(3) 불활성 가스의 경우 : 산소결핍에 의한 질식사고 방지

2013년 작업형 기출문제

산업안전기사(4월 A형)

01 화면의 영상을 참고하여 활선작업 시 내재되어 있는 핵심 위험요인 3가지를 쓰시오.

> [동영상 설명]
> 작업자 2명이 전주에서 활선작업을 하고 있다. 작업자 1명은 밑에서 절연방호구를 올리고 다른 작업자 1명은 크레인 위에서 물건을 받아 활선에 절연방호구 설치작업을 하다 감전사고가 발생하였다.

해답 1. 근접활선(절연용 방호구 미설치)에 대한 감전 위험
2. 절연용 보호구 착용상태 불량에 따른 감전 위험
3. 활선작업거리 미준수에 따른 감전 위험
4. 작업장소에 관계근로자 이외의 자의 출입에 따른 감전 위험
5. 신호체계 불량에 따른 감전 위험

02 화면은 30kV 전압이 흐르는 고압선 아래에서 이동식 크레인으로 작업하다 붐대가 전선에 닿아 감전되는 재해가 발생한 사례이다. 크레인을 이용하여 고압선 주변에서 작업할 경우 안전대책 3가지를 쓰시오.

해답 1. (이격거리 확보) 차량 등을 충전부로부터 300[cm] 이상 이격시키되, 대지전압이 50[kV]를 넘는 경우에는 10[kV]가 증가할 때마다 이격거리 를 10[cm]씩 증가시킨다.
2. (절연용 방호구 설치) 절연용 방호구 등을 설치한 경우에는 이격거리를 절연용 방호구 앞면까지로 할 수 있다.
3. (울타리 설치 또는 감시인 배치) 울타리를 설치하거나 감시인 배치 등의 조치를 하여야 한다.
4. (접지점 관리 철저) 접지된 차량 등이 충전전로와 접촉할 우려가 있는 경우에는 근로자가 접지점에 접촉되지 않도록 조치하여야 한다.

03 화면상에서의 (1) 작업자 측면에서의 문제점 (2) 재해 발생시 조치사항을 각각 쓰시오.

> [동영상 설명]
> 경사진(30° 정도) 컨베이어 기계가 작동하고, 작업자는 작동 중인 컨베이어 위에 1명과 아래쪽 작업장 바닥에 1명이 있으며, 기계 오른쪽에 있는 포대를 컨베이어 벨트 위로 올리는 작업을 하고 있다. 작업장 우측에 포대가 많이 쌓여 있고, 작업자 한 명은 경사진 컨베이어 위에 회전하는 벨트 양끝 부분 철로 된 모서리에 양발을 벌리고 서 있다. 밑에 있는 작업자가 포대를 일정하지 않게(각기 방향이 다르게) 컨베이어에 올리던 중 컨베이어 위에 양발을 벌리고 있는 작업자 발에 포대 끝 부분이 부딪혀 무게 중심을 잃고 기계 오른쪽으로 쓰러진 후 팔이 기계 하단으로 들어가면서 고통스러워하자 아래쪽 작업자가 와서 안아준다.

해답 (1) 작업자 측면에서의 문제점
1. 작업자가 양발을 컨베이어 양끝에 지지하여 불안전한 자세로 작업을 하고 있다.
2. 시멘트 포대가 작업자의 발을 치고 있어서 넘어져 상해를 당할 수 있다.
(2) 조치사항 : 기계(컨베이어) 정지(비상정지장치 작동)

04 전기드릴을 이용해 구멍을 넓히는 작업 중 자재가 팅겨져 나온다. 작업자는 안전모와 보안경 미착용 상태이고, 방호장치도 설치되지 않은 상태에서 맨손으로 작업을 하고 있다. 위험요인을 3가지 쓰시오.

해답 1. 작은 물건은 바이스나 클램프를 사용하여 작업하여야 하나, 직접 손으로 지지하고 있어 위험
2. 안전모 미착용, 보안경 미착용, 안전덮개 미설치로 위험
3. 판에 큰 구멍을 뚫고자 할 때에는 먼저 작은 드릴로 뚫은 후에 큰 드릴로 뚫어야 하나 그렇지 않아 위험

05 쌍줄비계의 작업발판에서 작업을 하고 있는 장면을 보여주고 있다. 이때 (1) 작업발판의 폭은 몇 cm 이상 (2) 발판 틈새는 몇 cm 이하가 적절한지 각각 쓰시오.

해답 (1) 작업발판 폭 : 40cm 이상
(2) 발판틈새 : 3cm 이하

06 동영상은 이동식 크레인을 이용하여 배관을 위로 올리는 작업으로 신호수의 수신호와 유도로프 없이 작업을 하는 장면을 보여주고 있다. 이때, 화물의 낙하 · 비래 위험을 방지하기 위한 사전점검 또는 조치사항 3가지를 쓰시오.

해답 1. 작업 반경 내 관계근로자 이외의 자는 출입을 금지시킨다.
2. 와이어로프의 체결상태를 점검한다.
3. 훅의 해지장치 및 안전상태를 점검한다.
4. 유도로프를 사용하여 화물의 흔들림을 방지한다.

07 화면은 실험실에서 황산을 비커에 따르고 있고, 작업자는 맨손으로 작업을 수행하고 있다. 인체로 흡수되는 경로를 2가지 쓰시오.

해답 1. 피부 및 점막 접촉에 의한 피부로의 흡수
2. 흡입을 통한 호흡기로의 흡수
3. 구강을 통한 소화기로의 흡수

08 보호구를 착용하지 않은 작업자가 변압기 작업을 하고 있다. 변압기의 양쪽에 나와 있는 선을 양손으로 들고 유기화합물통에 넣었다 빼서 앞쪽 선반에 올리는데, 이때 작업자의 (1) 눈, (2) 손, (3) 신체에 필요한 유기화합물의 보호구를 쓰시오.

해답 (1) 눈 : 보안경
(2) 손 : 고무제 안전장갑
(3) 신체 : 화학물질용 보호복

09 화면에서 보여주고 있는 안전대의 (1) 명칭, (2) 정의, (3) 일반구조 조건 2가지를 쓰시오.

해답 (1) 명칭 : 안전블록
(2) 정의 : 안전그네와 연결하여 추락 발생시 추락을 억제할 수 있는 자동잠김장치가 갖추어져 있고 죔줄이 자동적으로 수축되는 장치
(3) 일반구조 조건
1. 신체지지의 방법으로 안전그네만을 사용할 것
2. 안전블록은 정격 사용 길이가 명시될 것
3. 안전블록의 줄은 합성섬유로프, 웨빙(webbing), 와이어로프이어야 하며, 와이어로프인 경우 최소지름이 4mm 이상일 것

산업안전기사(4월 B형)

01 항타기 · 항발기가 작업 중이며 인근에 고압 가공전선이 있다. 이와 같이 고압전선로 인근에서 항타기 · 항발기 작업 시 안전작업수칙을 3가지 쓰시오.

해답 1. (이격거리 확보) 차량 등을 충전부로부터 300[cm] 이상 이격시키되, 대지전압이 50[kV]를 넘는 경우에는 10[kV]가 증가할 때마다 이격거리를 10[cm]씩 증가시킨다.
2. (절연용 방호구 설치) 절연용 방호구 등을 설치한 경우에는 이격거리를 절연용 방호구 앞면까지로 할 수 있다.
3. (울타리 설치 또는 감시인 배치) 울타리를 설치하거나 감시인 배치 등의 조치를 하여야 한다.
4. (접지점 관리 철저) 접지된 차량 등이 충전전로와 접촉할 우려가 있는 경우에는 근로자가 접지점에 접촉되지 않도록 조치하여야 한다.

02 화면은 작업자가 전동 권선기에 동선을 감는 작업 중 기계가 멈춰 점검하던 중 발생한 재해사례이다. 해당 (1) 재해유형과 (2) 원인 1가지를 쓰시오.

해답 (1) 재해유형 : 감전
　(2) 재해원인 : 정전작업 미실시에 의한 감전, 개인보호구(감전방지용 보호구 등)를 착용하지 않고 작업을 실시하여 재해를 당함

03 정화통 색이 녹색인 방독마스크를 보여주고 있다. 다음 각 물음에 답을 쓰시오. (단, 정화통의 문자 표기는 무시한다.)

(1) 방독마스크의 종류는 무엇인가?
(2) 방독마스크의 정화통 흡수제 1가지를 쓰시오.
(3) 시험가스 농도가 0.5%, 농도가 25ppm(±20%)이었을 때 파과시간을 쓰시오.

해답 (1) 종류 : 암모니아용 방독마스크
　(2) 흡수제 : 큐프라마이트
　(3) 파과시간 : 40분

04 화면은 작업자가 유기화합물용 방독마스크를 착용하고 스프레이건으로 쇠파이프 여러 개를 눕혀놓고 페인트칠을 하는 작업을 보여주고 있다. 방독마스크의 정화통에 사용되는 흡수제 3가지를 쓰시오.

해답 1. 활성탄, 2. 소다라임, 3. 호프카라이트

05 화면은 작업자가 사출성형기에 낀 이물질을 당기다 감전으로 뒤로 넘어져 발생하는 재해사례이다. 사출성형기 이물질 제거시 주의사항 3가지를 쓰시오.

해답 1. 작업자가 사출성형기의 내부 금형 사이에 출입할 때에는 사출성형기의 전원을 차단한 후 출입할 것
　2. 작업 시 절연용 보호구를 착용할 것
　3. 이물질의 제거에는 전용공구를 사용할 것

06 박공지붕작업 시 박공지붕이 밑으로 떨어지면서 휴식을 취하고 있던 작업자가 맞는 재해가 발생하였다. 이런 사고를 방지하기 위한 대책 3가지를 쓰시오.

해답 1. 경사지붕 하부에 낙하물방지망 설치
　2. 박공지붕 과적 금지 및 체결상태 확인
　3. 근로자가 낙하위험 장소에서 휴식하지 않도록 조치
　4. 낙하위험구간에 출입통제 조치

07 화면의 영상을 참고하여 관련 환경에 장기간 폭로 시 (1) 위험요인과 (2) 발생할 수 있는 질병의 종류를 쓰시오.

[동영상 설명]
화면은 브레이크 라이닝을 작업하는 화면으로 작업자가 마스크를 착용하고 있으나 석면분진폭로 위험성에 노출되어 있어 작업자에게 직업성 질환으로 이환될 우려가 있다.

해답 (1) 위험요인 : 작업자가 방진마스크를 착용하지 않을 경우 석면분진이 체내로 흡입될 수 있다.
　(2) 질병 : 1. 악성중피종, 2. 석면폐, 3. 폐암

08 화면은 인쇄 윤전기를 청소하는 중에 발생한 재해사례이다. 동영상을 참고하여 롤러기의 청소 시 안전작업수칙을 3가지만 쓰시오.

[동영상 설명]
작업자가 인쇄용 윤전기의 전원을 끄지 않고 빙글빙글 서로 맞물려서 돌아가는 롤러를 걸레로 닦고 있다. 체중을 실어서 힘 있게 닦고, 위험하게 맞물리는 지점까지 걸레를 집어넣는 순간 작업자의 손이 롤러기 사이에 끼어 사고를 당하자 전원을 차단하고 손을 빼냈다.

해답 1. 청소 또는 보수작업 시는 전원을 차단하고 작업한다.
　2. 롤러 청소시 청소전용 기구를 이용하여 청소한다.
　3. 롤러기의 말려 들어가는 쪽에서 작업하지 말고, 반대쪽(풀려져 나오는 방향)에서 청소작업을 한다.

09 화면은 어두운 장소에서의 컨베이어 점검 시 사고가 발생하는 상황을 보여주고 있다. 작업 시작 전 조치사항을 쓰시오.

[동영상 설명]
작업자가 어두운 장소에서 플래시를 들고 컨베이어 벨트를 점검하다가 부주의하여 한눈을 판 사이 손이 컨베이어의 롤러기 사이에 끼어 말려 들어갔다.

해답 1. 전원을 차단하고 통전금지표지판 및 잠금장치를 설치한다.
2. 조명을 밝게 한다.

산업안전기사(4월 C형)

01 화면은 김치제조 공장에서 슬라이스 작업 중 작동이 멈춰 기계를 점검하고 있는 도중에 재해가 발생한 상황을 보여주고 있다. 슬라이스 기계에서 무채를 썰어내는 부분에서 형성되는 (1) 위험점과 (2) 정의를 쓰시오.

해답 (1) 위험점 : 절단점
(2) 정의 : 회전하는 운동부 자체의 위험이나 운동하는 기계부분 자체의 위험에서 초래되는 위험점이다.

02 화면은 브레이크 라이닝 작업으로 작업자가 마스크를 착용하고 있으나 석면분진폭로 위험성에 노출되어 있어 직업성 질환으로 이환될 우려가 있다. 장기간 폭로 시 위험요인과 발생할 수 있는 질병의 종류를 쓰시오.

해답 (1) 위험요인 : 작업자가 방진마스크를 착용하지 않을 경우 석면분진이 체내로 흡입될 수 있다.
(2) 질병 : 1. 악성중피종, 2. 석면폐, 3. 폐암

03 화면은 지하에 설치된 폐수처리조에서 슬러지 처리작업 중 발생한 사례이다. 위와 같은 장소에 작업자가 들어갈 때 필요한 호흡용 보호구의 종류 2가지를 쓰시오.

해답 1. 송기마스크, 2. 공기호흡기

04 화면은 작업자가 컨베이어가 작동하는 상태에서 컨베이어 벨트 끝부분에 발을 짚고 올라서서 불안정한 자세로 형광등을 교체하다 추락하는 재해사례를 보여주고 있다. 영상 속 작업자의 불완전한 행동 2가지를 쓰시오.

해답 1. 작동하는 컨베이어에 올라가 작업하는 것은 자세가 불안정하여 추락위험이 있다.
2. 안전모 등 보호구 미착용

05 화면은 터널 내 발파작업을 보여주는데, 작업자가 길고 얇은 철물을 이용하여 막장면의 구멍 안으로 밀어 넣고 있다. 이때 작업자의 위험한 행동을 1가지 쓰시오.

해답 강봉(철근)을 장전구로 사용함으로써 화약류를 장전 시 마찰 · 충격 · 정전기 등에 의한 폭발이 발생할 위험이 있다.

06 화면과 같은 재해 발생의 원인 3가지를 쓰시오.

[동영상 설명]
A 작업자가 변압기의 2차 전압을 측정하기 위해 유리창 너머의 B 작업자에게 전원을 투입하라는 신호를 보낸다. 측정 완료 후 다시 차단하라고 신호를 보내고 측정기기를 철거하다 감전사고가 발생되었다.(작업자는 맨손, 슬리퍼 착용)

해답 1. 개인보호구(절연장갑 등) 미착용
2. 신호전달체계 불량
3. 작업자 안전수칙 미준수(활선 및 정전상태 미확인 후 작업)

07 컨베이어 작업시작 전 점검사항 3가지를 쓰시오.

[동영상 설명]
작업자가 정지된 컨베이어를 점검하고 있다. 작업자가 점검 중일 때 다른 작업자가 전원 스위치 쪽으로 서서히 다가오더니 전원버튼을 누른다. 순간 점검 중이던 작업자의 손이 벨트에 끼이는 사고가 발생한다.

해답 1. 원동기 및 풀리 기능의 이상 유무
2. 이탈 등의 방지장치 기능의 이상 유무
3. 비상정지장치 기능의 이상 유무
4. 원동기 · 회전축 · 기어 및 풀리 등의 덮개 또는 울 등의 이상 유무

08 방열복의 내열원단 시험성능기준 항목 3가지를 쓰시오.

해답 1. 난연성, 2. 절연저항, 3. 인장강도, 4. 내열성, 5. 내한성

09 화면은 작업자가 엘리베이터 피트 내부의 나무로 엉성하게 만든 작업발판 위에서 폼타이 핀을 망치로 제거하는 작업 도중 개구부로 떨어지는 장면을 보여주고 있다. 이때 재해발생의 위험요인 3가지를 쓰시오.

해답 1. 피트 내부에 추락방호망 미설치
2. 작업발판 미고정
3. 안전대 부착설비 미설치 및 안전대 미착용
4. 개구부(피트) 단부에 안전난간 미설치

산업안전기사(7월 A형)

01 회전하는 브레이크 라이닝 작업 중 장갑을 끼고 있는 손이 말려 들어갔다. 대책 2가지를 쓰시오.

해답 1. 회전기계에 손이 말려 들어갈 위험이 있는 장갑을 착용하지 않는다.
2. 비상정지장치, 덮개 등의 방호장치를 설치한다.
3. 이물질이 눈에 튀어 눈을 다칠 위험이 있으므로 보안경을 착용한다.

02 화면은 지게차로 운반작업을 하는 것을 보여준다. 다음 각각에 해당하는 지게차의 안정도를 쓰시오.

(1) 하역작업 시 전후 안정도(5톤 미만)
(2) 하역작업 시 좌우 안정도
(3) 주행시 전후 안정도

해답 (1) 4%, (2) 6%, (3) 18%

03 화면은 공장지붕의 철골상에서 패널 설치작업 중 작업자가 실족하여 떨어지는 재해사례를 보여주고 있다. 영상 속 (1) 위험요인 및 (2) 안전대책을 2가지씩 쓰시오.

해답 (1) 위험요인
1. 안전대 부착설비 미설치 및 안전대 미착용
2. 추락방호망 미설치
3. 작업발판 미설치
(2) 안전대책
1. 안전대 부착설비에 안전대 걸고 작업
2. 작업장 하부에 추락방호망 설치 철저
3. 미끄럼 방지용 안전발판 설치

04 다음은 항타기 또는 항발기의 사용 시 준수사항이다. 빈칸을 채우시오.

(1) 화면에서 보여주고 있는 항타기 권상장치의 드럼축과 권상장치로부터 첫 번째 도르래의 축과의 거리를 권상장치의 드럼폭의 (①)배 이상으로 해야 한다.
(2) 도르래는 권상장치의 드럼의 (②)을 지나야 하며 축과 (③)상에 있어야 한다.

해답 ① 15, ② 중심, ③ 수직면

05 화면은 작업자가 변압기 볼트를 조이는 장면이다. 사고요인 2가지를 쓰시오.

[동영상 설명]
작업자가 안전대를 착용하고 전주에 올라서서 작업발판(볼트)을 딛고 변압기 볼트를 조이는 중 추락하였다.

해답 1. 불안전한 작업자세(작업자가 발판용 볼트를 딛고 있음)
2. 안전대 미고정

06 화면(전주 동영상)은 전기형강작업 중이다. 정전작업 후 조치사항 3가지를 쓰시오.

[동영상 설명]
작업자 2명이 전주 위에서 작업을 하고 있다. 작업자 1명은 변압기 위에 올라가서 볼트를 풀면서 흡연을 하며 작업하고 있다. 전주의 발판용 볼트에 C.O.S(Cut Out Switch)가 임시로 걸쳐있음이 보인다. 그리고 다른 작업자 근처에서는 이동식 크레인에 작업대를 매달고 또 다른 작업을 하고 있다.

[해답] 1. 작업기구, 단락 접지기구 등을 제거하고 전기기기 등이 안전하게 통전될 수 있는지를 확인할 것
2. 모든 작업자가 작업이 완료된 전기기기 등에서 떨어져 있는지를 확인할 것
3. 잠금장치와 꼬리표는 설치한 근로자가 직접 철거할 것
4. 모든 이상 유무를 확인한 후 전기기기 등의 전원을 투입할 것

07 화면과 연관된 특수 화학설비 내부의 이상상태를 조기에 파악하기 위하여 설치해야 할 장치 3가지를 쓰시오.

[해답] 1. 온도계, 2. 유량계, 3. 압력계, 4. 자동경보장치

08 화면은 도금작업장에서 작업자가 착용하고 있는 보안경, 안전장갑, 고무제 안전화를 보여주고 있다. 이때 고무제 안전화의 사용장소에 따른 구분 4가지를 쓰시오.

[해답] 1. 일반작업장
2. 탄화수소류의 윤활유 등을 취급하는 작업장
3. 무기산을 취급하는 작업장
4. 알칼리를 취급하는 작업장
5. 무기산 및 알칼리를 취급하는 작업장

09 화면은 배관 용접작업에 관한 내용이다. 배관플랜지 용접작업 중 위험요인 2가지를 쓰시오.

[해답] 1. 고열 및 불티에 의한 화재 및 폭발의 위험
2. 충전부 접촉에 의한 감전의 위험
3. 용접 흄, 유해가스, 유해광선, 소음, 고열에 의한 건강장해
4. 용접작업에 의한 화상

산업안전기사(7월 B형)

01 동영상에서 작업자의 추락원인 2가지를 쓰시오.

[동영상 설명]
아파트 건설공사 현장 3층 창틀에서 작업하던 작업자가 작업발판이 없어 창틀의 옆쪽을 밟았다가 미끄러져 떨어진다.

[해답] 1. 안전대 부착설비 미설치
2. 안전대 미착용
3. 추락방호망 미설치
4. 안전난간 미설치
5. 작업발판 미설치

02 화면은 MCCB 패널 차단기의 전원을 투입하여 발생한 재해사례이다. 동종재해 방지대책 3가지를 서술하시오.

[동영상 설명]
작업자가 MCCB 패널의 문을 열고 스피커를 통해 나오는 지시사항을 정확히 듣지 못한 상태에서 차단기 2개를 쳐다보며 어느 것을 투입할까 생각하다가 그 중 하나를 투입하였는데 잘못 투입하여 위험상황이 발생했는지 당황하는 표정을 짓고 있다.

[해답] 1. 전로의 개로개폐기에 시건장치 및 통전금지 표지판 부착
2. 작업 전 신호체계 확립 및 작업지휘자에 의한 작업지휘
3. 차단기에 회로구분 표찰 부착에 의한 오조작 방지 등

03 화면은 크롬도금작업을 보여준다. 동영상에서와 같이 유도금작업 시 유해물질에 대한 안전수칙을 4가지 쓰시오.

[해답] 1. 유해물질에 대한 유해성 사전조사
2. 유해물질 발생원의 봉쇄
3. 작업공정 은폐, 작업장의 격리
4. 유해물의 위치 및 작업공정 변경
5. 전체환기 또는 국소배기
6. 점화원의 제거
7. 환경의 정돈과 청소

04 화면에서와 같이 NATM 터널 굴착공사 중 안전성 및 시공의 적합성을 확인하기 위하여 이용하는 계측방법의 종류를 3가지 쓰시오.

1. 내공변위 측정   2. 천단침하 측정
3. 지표면침하 측정   4. 지중변위 측정
5. Rock Bolt 축력 측정   6. 숏크리트 응력 측정

05 화면은 2만 볼트가 인가된 누전시험기로 앞의 작업자가 시험하다 미처 뒤에 있던 다른 작업자를 발견하지 못하여 발생한 재해사례이다. 이 작업 시의 (1) 재해형태와 (2) 가해물을 각각 파악해 쓰시오.

[동영상 설명]
승강기 MCCB 패널 뒤쪽에서 작업자 1명이 열심히 보수작업을 하고 있다. 패널 앞쪽에서 다른 작업자 또한 작업을 하고 있다. 작업자가 절연저항을 측정하는 메거장비를 들고 한 선은 패널 접지에 꽂은 후 장비의 스위치를 ON 시키고 배선용 차단기에 나머지 한 선을 여기저기 대보고 있는데 갑자기 뒤쪽 작업자가 패널작업 중 쓰러졌는지 놀라서 일어난다.

(1) 재해형태 : 감전
(2) 가해물 : 전류(또는 전기)

06 화면은 인쇄 윤전기를 청소하는 중에 발생한 재해사례이다. 동영상을 참고하여 롤러기의 청소 시 핵심위험 요인 2가지만 쓰시오.

[동영상 설명]
작업자가 인쇄용 윤전기의 전원을 끄지 않고 빙글빙글 서로 맞물려서 돌아가는 롤러를 걸레로 닦고 있다. 체중을 실어서 힘 있게 닦고, 위험하게 맞물리는 지점까지 걸레를 집어넣고 닦는 순간 작업자의 손이 롤러기 사이에 끼어 사고를 당하자 전원을 차단하고 손을 빼냈다.

1. 전원을 차단하여 롤러기를 정지시키지 않은 상태에서 청소를 하고 있어 롤러에 말려 들어간다.
2. 방호장치가 없어 회전하는 롤러에 걸레의 윗부분이 넣어져서 손이 말려 들어간다.

3. 회전 중인 롤러에 물려 들어가는 쪽을 직접 손으로 눌러서 닦고 있어 걸레와 함께 손이 물려 들어가게 된다.
4. 체중을 걸쳐 닦고 있어서 말려 들어가게 된다.

07 방독마스크(회색, 기호 A)의 한 종류를 화면에서 보여주고 있다. 이때 다음 각 물음에 대한 답을 쓰시오. (단, 정화통의 문자 표기는 무시한다.)

(1) 방독마스크의 종류
(2) 방독마스크의 주요성분
(3) 방독마스크의 시험가스 종류

(1) 종류 : 할로겐용 방독마스크
(2) 주요성분 : 소다라임(Soda lime), 활성탄
(3) 시험가스 : 염소

08 화면은 프레스기로 철판에 구멍을 뚫는 작업을 하고 있다. 동영상에서 사용하고 있는 프레스에는 급정지 기구가 설치되지 않았다. 이 프레스에 설치하여 사용할 수 있는 유효한 방호장치를 2가지 쓰시오.

1. 게이트가드식, 2. 수인식, 3. 손쳐내기식, 4. 양수기동식

09 화면은 폭발성 화학물질 취급 중 작업자의 부주의로 발생한 사고 사례이다. 동영상에서와 같이 폭발성 물질 저장소에 들어가는 (1) 작업자가 신발에 물을 묻히는 이유를 무엇인지 설명하고, (2) 화재 시 적합한 소화방법을 쓰시오.

(1) 신발에 물을 묻히는 이유 : 대부분의 물체는 습도가 증가하면 전기저항치가 저하하고 이에 따라 대전성이 저하하므로, 작업자가 신발에 물을 묻히게 되면 도전성이 증가(전기저항치 감소)하고 이에 따라 인체의 대전성이 저하되므로 정전기 착화성 방전에 의한 화재폭발을 방지할 수 있다.
(2) 화재시 소화방법 : 다량 주수에 의한 냉각소화(폭발성 물질은 분해에 의하여 산소가 공급되기 때문에 연소가 격렬하며 그 자체의 분해도 격렬하다. 소화법으로는 물을 다량 사용해서 냉각하여 분해온도 이하로 낮추고 가연물의 연소도 억제해서 폭발을 방지하는 것이다. 소화제로는 질식소화는 효과가 없고, 물을 다량으로 사용하는 것이 최선이다.)

01 화면은 밀폐공간에서 작업자가 이동 중 국소배기장치 전원을 발로 차서 용접하는 작업자가 질식하는 동영상이다. 밀폐공간 작업 시 안전관리자의 직무 3가지를 쓰시오.

[해답] 1. 산소가 결핍된 공기나 유해가스에 노출되지 아니하도록 작업 시작 전에 작업방법을 결정하고 이에 따라 당해 근로자의 작업을 지휘하는 일
2. 작업을 행하는 장소의 공기가 적정한지 여부를 작업시작 전에 확인하는 일
3. 측정장비 · 환기장치 또는 송기마스크, 공기마스크 등을 작업시작 전에 점검하는 일
4. 근로자에게 송기마스크, 공기마스크 등의 착용을 지도하고 착용상황을 점검하는 일

02 화면은 밀폐공간에서 의식불명의 피해자가 발생하는 상황을 보여주고 있다. 밀폐공간에서 질식된 작업자를 구조할 때 구조자가 착용해야 할 보호구를 1가지 쓰시오.

[해답] 송기마스크, 공기마스크

03 화면상에서 같이 마그네틱 크레인(Magnetic Crane)으로 물건을 옮기다 발생한 재해위험요인을 3가지 쓰시오.

[동영상 설명]
마그네틱 크레인(천정크레인, 호이스트)으로 물건을 옮기는 동영상으로 마그네틱을 금형 위에 올리고 손잡이를 작동시켜 이동하는데 작업자(안전모 미착용, 목장갑 착용, 신발 안보임)가 오른손으로 금형을 잡고, 왼손으로 상하좌우 조정장치(전기배선 외관에 피복이 벗겨져 있음)를 누르면서 이동하다가 갑자기 쓰러지면서 오른손이 마그네틱 ON/OFF 봉을 건드려 금형이 발등으로 떨어져 협착사고가 발생하였다. 이때 크레인은 훅 해지장치가 없고, 훅에 샤클이 3개 연속으로 걸려 있으며 마지막 훅에도 훅 해지장치는 없다.

[해답] 1. 마그네틱 크레인에 훅 해지장치가 없고, 작동스위치의 전선이 벗겨져 있는 상태라서 재해위험이 있다.
2. 보조(유도)로프를 사용하지 않아 재해위험이 있다.
3. 신호수를 배치하지 않았고 조종수가 위험구역에 접근해 있어 재해위험이 있다.
4. 작업자가 안전모를 착용하지 않았다.

04 화면은 크레인으로 자재를 인양하는 도중에 발생한 재해사례이다. 배관 인양 작업 중 위험요소 2가지를 쓰시오.

[동영상 설명]
크고 두꺼운 배관을 끈같이 생긴 와이어로프로 안전하지 못하게 한 번만 빙 둘러서 인양하는 영상이다. 그 와중에 끈을 한번 보여주는데 끈의 일부분이 손상되어 옆 부분이 조금 찢겨 있다. 그리고 위로 끌어올리다가 무슨 이유 때문인지 배관이 다시 작업자들 머리 부근까지 내려온다. 밑에는 2명의 작업자가 배관을 손으로 지지하는데 배관이 순간 흔들리면서 날아와 작업자 1명을 쳐버렸다.

[해답] 1. 와이어로프의 안전상태가 불안정하여 위험하다.
2. 작업 반경 내 관계근로자 이외의 외부 작업자가 출입하여 위험하다.

05 납품시간이 촉박한 지게차 운전자가 급히 물건을 적재(화물을 높게 적재하여 시계 불충분)하여 운반도중 통로의 작업자와 충돌하는 장면이다. 재해발생원인 2가지를 쓰시오.

[해답] 1. 물건의 적재불량으로 인해 운전자의 시계가 불충분하여 지게차에 의해 다른 작업자가 다쳤다.
2. 작업자가 지게차의 운행경로상에 나와서 작업하고 있어 다쳤다.

06 화면은 승강기 컨트롤 패널을 맨손으로 점검(전압측정) 중 발생한 재해사례이다. 감전 방지대책 3가지를 서술하시오.

[동영상 설명]
MCCB패널 점검 중으로 개폐기에는 통전 중이라는 표지가 붙어 있고 작업자(면장갑 착용)가 개폐기 문을 열어 전원을 차단하고 문을 닫은 후 다른 곳 패널에서 작업하려다 쓰러진다.

[해답] 1. 전로의 개로개폐기에 시건장치 및 통전금지 표지판 부착
2. 작업 전 신호체계 확립 및 작업지휘자에 의한 작업지휘
3. 차단기에 회로구분 표찰 부착에 의한 오조작 방지 등

07 화면은 도로상 가설전선 점검작업 중 발생한 재해사례이다. (1) 재해형태와 (2) 정의를 쓰시오.

> [동영상 설명]
> 일반 차량도로 공사에서 붉은 도로 구획 전면 점검 중 전선과 전선을 연결한 부분(절연테이프로 Taping 처리됨)을 작업자가 만지다 감전사고가 일어난다. 이때 작업자는 맨손이었으며, 안전화는 착용한 상태, 또한 전원을 인가한 상태였다.

해답 (1) 재해형태 : 감전
(2) 감전(感電, Electric Shock)의 정의 : 인체의 일부 또는 전체에 전류가 흐르는 현상을 말하며 이에 의해 인체가 받게 되는 충격을 전격(電擊, Electric Shock)이라고 한다.

08 화면은 작업자가 박공지붕 작업 시 휴식을 취하던 중 휴식 중인 작업자를 향해 적치되어 있던 자재가 굴러와 작업자가 맞으면서 추락하는 재해사례를 보여주고 있다. 이때 위험요인 3가지를 쓰시오.

해답 1. 근로자가 위험한 장소에서 휴식을 취하고 있다.
2. 추락방호망이 설치되지 않았다.
3. 자재를 한 곳에 과적하여 적치하였다.
4. 안전대 부착설비가 없고, 안전대를 착용하지 않았다.

09 동영상에서 안전모를 보여주고 있다. 이때 다음 각 물음에 대한 답을 쓰시오.

> ① 안전모의 모체, 착장체 및 충격흡수재를 포함한 질량은 (   )을 초과하지 않을 것
> ② 물체의 낙하 또는 비래에 의한 위험을 방지 또는 경감하고, 머리부위 감전에 의한 위험을 방지하기 위한 안전모의 기호를 쓰시오.
> ③ 내전압성이란 (   )V 이하의 전압에 견디는 것을 말한다.

해답 ① 440g, ② AE, ③ 7,000

---

01 화면은 무채를 썰어내는 기계(슬라이스 기계)작업 중 기계가 갑자기 멈추자 작업자가 이를 점검하는 장면이다. 관련 방호장치를 쓰시오.

해답 인터록(연동장치)

02 자동차 브레이크라이닝을 세척 중이다. 착용해야 할 보호구 3가지를 쓰시오.

> [동영상 설명]
> 화학약품을 사용하여 자동차부품(브레이크 라이닝)을 세척하는 작업과정(세정제가 바닥에 흩어져 있으며, 고무장화 등을 착용하지 않고 작업을 하고 있음)을 보여주고 있다.

해답 1. 보안경, 2. 방독마스크, 3. 화학물질용 보호복

03 정화통이 녹색인 방독마스크를 보여주고 있다. 이때 다음 각 물음에 대한 답을 쓰시오. (단, 정화통의 문자 표기는 무시한다.)

> (1) 방독마스크의 종류
> (2) 방독마스크의 형식
> (3) 방독마스크의 시험가스 종류

해답 (1) 방독마스크 종류 : 암모니아용 방독마스크
(2) 방독마스크 형식 : 격리식 전면형
(3) 시험가스 종류 : 암모니아 가스

04 화면은 작업자가 수중펌프 접속부위에 감전되어 발생한 재해사례이다. 습윤한 장소에서 사용되는 이동전선에 대한 사용 전 점검사항 3가지를 쓰시오.

해답 1. 사용 전 수중 펌프와 전선 등의 절연상태 점검(절연저항 측정 등)
2. 감전방지용 누전차단기 설치
3. 수중 모터 외함 접지상태 확인

05 타워크레인을 이용하여 강관비계를 운반 도중 작업자(신호수)가 있는 곳에서 다소 흔들리며 내리다 작업자와 부딪히는 재해사례를 화면으로 보여주고 있다. 이때 타워크레인 작업 시 재해 발생원인 3가지를 쓰시오.

해답 1. 보조(유도)로프를 사용하지 않아 흔들림을 방지하지 못했다.
2. 화물을 작업자 위로 통과시켰다.
3. 슬링와이어로프의 체결상태를 확인하지 않았다.
4. 작업반경 내 출입금지조치를 하지 않았다.

06 화면은 띠톱으로 강재를 절단하는 작업 중 발생한 재해사례를 보여주고 있다. 이 사고의 위험요소 3가지를 쓰시오.

[동영상 설명]
보안경을 착용하지 않고 강재가 절단되는 것을 작업자가 고개를 숙여 들여다보고 있고, 절단 후 작업대에서 강재를 꺼내려다 착용하고 있던 일반 면장갑 손등부분이 띠톱 날에 걸렸다. 이때 띠톱은 작동하지 않았다.

해답 1. 장갑을 착용하고 있어 손이 톱날에 끼일 위험이 있다.
2. 보안경 미착용으로 강재의 비산물에 눈을 다칠 위험이 있다.
3. 강재를 빼낼 때 전원을 차단하지 않았고 동작스위치의 잠금장치를 하지 않아 실수로 띠톱이 작동되어 다칠 위험이 있다.

07 화면은 물체를 인양하던 중에 위쪽 작업자가 물체를 밑으로 떨어뜨려 아래 작업자가 맞는 재해를 보여주고 있다. 이때 (1) 재해발생형태와 (2) 정의를 간략히 쓰시오.

해답 (1) 재해발생형태 : 낙하
(2) 정의 : 물체가 위에서 떨어지거나, 다른 곳으로부터 날아와 작업자가 맞음으로써 발생하는 재해(물체가 주체가 되어 사람이 맞는 경우)

08 화면은 브레이크 라이닝 작업을 하는 장면이다. 작업자가 마스크를 착용하고 있으나 석면분진폭로 위험성에 노출되어 있어 직업성 질환으로 이환될 우려가 있다. 장기간 폭로 시 (1) 위험요인과 (2) 발생할 수 있는 질병의 종류를 쓰시오.

해답 (1) 위험요인 : 작업자가 방진마스크를 착용하지 않을 경우 석면분진이 체내로 흡입될 수 있다.
(2) 질병 : 1. 악성중피종, 2. 석면폐, 3. 폐암

09 화면과 같은 재해의 발생원인 2가지를 쓰시오.

[동영상 설명]
A작업자가 변압기의 2차 전압을 측정하기 위해 유리창 너머의 B작업자에게 전원을 투입하라는 신호를 보낸다. 측정 완료 후 다시 차단하라고 신호를 보내고 측정기기를 철거하다 감전사고가 발생한다. 작업자는 맨손에 슬리퍼를 착용 중이다.

해답 1. 개인보호구(절연장갑 등) 미착용
2. 신호전달체계 불량
3. 작업자 안전수칙 미준수(활선 및 정전상태 미확인 후 작업)

산업안전기사(10월 B형)

01 화면은 건설현장에서 사용하는 건설용 리프트를 보여주고 있다. 건설용 리프트를 사용하여 작업을 할 때 작업 시작 전 점검사항 2가지를 쓰시오.

해답 1. 방호장치 · 브레이크 및 클러치의 기능
2. 와이어로프가 통하고 있는 곳의 상태

02 작동 중인 양수기를 수리하며 잡담을 하고, 수공구를 던져주다 손이 벨트에 물리는 장면이다. 이와 같은 점검작업 시 위험요인 3가지를 쓰시오.

해답 1. 작업에 집중하지 않고 있어, 실수로 작업복이 기계에 말려 들어간다.
2. 기계에 손을 올려놓고 오른쪽 작업자가 작업하고 있어, 손이나 작업복이 말려 들어갈 우려가 있다.
3. 회전하는 벨트에 왼쪽 작업자의 팔꿈치 쪽이 걸려, 접선물림점에 작업복이 말려 들어갈 수 있다.
4. 운전 중 점검작업을 하고 있어 위험하다.
5. 회전기계에서 장갑을 착용하고 있어 접선물림점에 손이 다칠 수 있다.
6. 회전체 부분에 방호장치가 없어서 작업자가 다친다.

03 화면은 자동차부품을 도금 후 세척하는 과정을 보여주고 있다. 근로자들은 고무장갑, 고무장화를 착용한 상태에서 담배를 피우며 작업을 하고 있다. 이 영상을 참고하여 위험예지훈련을 하고자 한다. 연관된 행동목표 2가지를 쓰시오.

해답 1. 작업 중 흡연을 하지 말자.
2. 세척작업 시 고무제 안전화를 착용하자.

04 화면은 교량하부 점검 중 추락재해가 발생하는 장면을 보여주고 있다. 화면을 참고하여 사고 원인 3가지를 쓰시오.

해답 1. 안전대 부착 설비 및 안전대를 착용하지 않았다.
2. 작업발판 단부의 안전난간 설치가 불량하다.
3. 추락방호망이 미설치되어 있다.
4. 작업자 주변 정리정돈 상태가 불량하다.
5. 작업발판이 고정되어 있지 않았다.

05 작업자가 전주에 올라가다 표지판에 부딪혀 추락하는 재해가 발생하였다. 재해발생원인 2가지를 쓰시오.

해답 1. 안전대 부착설비 미설치(수직구명줄 미설치)
2. 안전대 미착용(추락방지대 미착용)

06 화면은 밀폐된 공간에서의 작업을 보여주고 있다. 밀폐공간 작업 시 안전작업수칙 3가지를 쓰시오.

해답 1. 산소 및 유해가스 농도 측정 후 작업을 시작한다.
2. 산소농도가 18% 미만일 때는 환기를 시키고, 작업 중에도 계속 환기한다.
3. 가능한 급배기를 동시에 실시하고, 환기를 실시할 수 없거나 산소결핍장소에서 작업할 때에는 호흡용 보호구를 착용한다.

07 화면은 콘크리트 전주 세우기 작업 도중에 발생한 사례이다. 동영상에서와 같은 동종재해를 예방하기 위한 대책 중 관리적 대책사항 3가지를 쓰시오.

해답 1. (이격거리 확보) 차량 등을 충전부로부터 300[cm] 이상 이격시키되, 대지전압이 50[kV]를 넘는 경우에는 10[kV]가 증가할 때마다 이격거리를 10[cm]씩 증가시킨다.
2. (절연용 방호구 설치) 절연용 방호구 등을 설치한 경우에는 이격거리를 절연용 방호구 앞면까지로 할 수 있다.

3. (울타리 설치 또는 감시인 배치) 울타리를 설치하거나 감시인 배치 등의 조치를 하여야 한다.
4. (접지점 관리 철저) 접지된 차량 등이 충전전로와 접촉할 우려가 있는 경우에는 근로자가 접지점에 접촉되지 않도록 조치하여야 한다.

08 보호구 의무안전인증 상의 방진마스크 일반 구조조건 3가지를 쓰시오.

해답 1. 착용 시 이상한 압박감이나 고통을 주지 않을 것
2. 전면형은 호흡 시에 투시부가 흐려지지 않을 것
3. 분리식 마스크에 있어서는 여과재, 흡기밸브, 배기밸브 및 머리끈을 쉽게 교환할 수 있고 착용자 자신이 안면과 분리식 마스크의 안면부와의 밀착성 여부를 수시로 확인할 수 있어야 할 것
4. 안면부여과식 마스크는 여과재로 된 안면부가 사용기간 중 심하게 변형되지 않을 것
5. 안면부여과식 마스크는 여과재를 안면에 밀착시킬 수 있어야 할 것

09 화면은 롤러기가 돌아가는 것을 보여 준다. 작업자의 손이 물려 들어가는 부분에서 형성되는 (1) 위험점의 명칭과 (2) 정의를 쓰시오.

해답 (1) 위험점 : 물림점
(2) 정의 : 회전하는 두 개의 회전체에 물려 들어가는 위험점

산업안전기사(10월 C형)

01 화면은 인화성 물질의 취급 및 저장소를 보여주고 있다. 이 동영상을 참고하여 폭발을 일으킨 (1) 가연물질과 (2) 점화원을 쓰시오.

[동영상 설명]
인화성 물질 저장창고에 인화성 물질을 저장한 드럼(200L용)이 여러 개 있고 한 작업자가 인화성 물질이 든 운반용 캔(약 40L)을 몇 개 운반하다가 잠시 쉬려고 인화성 물질을 저장한 드럼 옆에서 웃옷을 벗는 순간 "퍽"하고 폭발사고가 발생하였다.

해답 (1) 가연물질 : 인화성 물질의 증기
(2) 점화원 : 정전기

02 누전차단기를 접속(설치)하여야 할 장소를 쓰시오.

해답 1. 대지전압이 150볼트를 초과하는 이동형 또는 휴대형 전기기계 · 기구
2. 물 등 도전성이 높은 액체가 있는 습윤 장소에서 사용하는 저압용 전기기계 · 기구
3. 철판 · 철골 위 등 도전성이 높은 장소에서 사용하는 이동형 또는 휴대형 전기기계 · 기구
4. 임시배선의 전로가 설치되는 장소에서 사용하는 이동형 또는 휴대형 전기기계 · 기구

03 황산으로 유리용기를 세척하는 중 발생할 수 있는 (1) 재해형태와 (2) 정의를 각각 쓰시오.

해답 (1) 재해형태 : 화학물질에 의한 화상
(2) 정의 : 화재 또는 고온물 접촉으로 인한 상해

04 화면은 건물해체공사 장면을 보여주고 있다. 건물해체공사 시 작업계획서 포함할 내용을 4가지를 쓰시오.

해답 1. 해체의 방법 및 해체순서 도면
2. 가설설비, 방호설비, 환기설비 및 살수 · 방화설비 등의 방법
3. 사업장 내 연락방법
4. 해체물의 처분계획
5. 해체작업용 기계 · 기구 등의 작업계획서
6. 해체작업용 화약류 등의 사용계획서

05 화면은 장갑을 착용한 작업자가 드릴작업을 하면서 이물질을 입으로 불어 제거하고, 동시에 손으로 제거하려다가 드릴에 손을 다치는 사고 사례 장면을 보여주고 있다. 동영상에 나타나는 위험요인 2가지를 쓰시오.

해답 1. 칩을 입으로 불어 제거하다가 칩이 눈에 들어갈 위험이 있다.
2. 브러시를 사용하지 않고 손으로 칩을 제거하다가 손을 다칠 위험이 있다.

06 화면은 작업자가 몸을 기울인 채 손으로 이물질을 제거하는 작업을 하다가 실수로 페달을 밟아 손이 다치는 재해가 발생한 사례이다. 이러한 사고의 예방을 위한 조치사항 2가지를 쓰시오.

해답 1. 이물질을 제거할 때는 손으로 제거하는 것보다는 플라이어 등의 수공구를 이용한다.
2. 프레스를 일시 정지할 때에는 페달에 U자형 덮개를 씌운다.

07 화면에서 보여주고 있는 보호구의 안전인증 표시 외 추가 표시사항 4가지를 쓰시오.

해답 1. 파과곡선도
2. 사용시간 기록카드
3. 정화통의 외부 측면의 표시색
4. 사용상의 주의사항

08 화면은 금형 제조를 위하여 방전가공기를 사용하던 중에 발생한 재해사례다. 이 화면 속에서 발견되는 재해발생원인을 2가지만 쓰시오.

[동영상 설명]
금형을 제작하는 과정에서 작업자는 계속 천을 이용하여 맨손으로 이물질을 직접 제거(청소작업)하고 있으며, 금형의 한쪽에서는 연기가 조금씩 나는 과정에서 작업자가 금형을 만지다 감전되었다.

해답

간접접촉(누전)에 의한 감전인 경우	충전부 직접접촉에 의한 감전인 경우
① 전기기계 · 기구 접지 미실시	① 정전작업 미실시(작업 전 전원 차단 미실시)
② 누전차단기 미설치	② 노출 충전부 방호조치 미실시
③ 주기적인 절연저항 측정관리 미실시	③ 절연 보호구 미착용

▶ 여러 경우가 출제될 수 있으므로 화면을 보고 두 가지 중 한 가지를 쓰면 된다.

09 화면의 영상 속 재해발생 원인 중 이동식크레인 운전자가 준수해야 할 사항 3가지를 쓰시오.

[동영상 설명]
이동식 크레인을 이용하여 철제 배관을 운반 도중 신호수 간에 신호방법이 맞지 않아 물체가 흔들리며 철골에 부딪혀 작업자 위로 철제 배관이 낙하한다.

해답 1. 일정한 신호방법을 정하고 신호수의 신호에 따라 작업한다.
2. 화물을 크레인에 매단 채 운전석을 이탈하지 않는다.
3. 작업이 끝나면 동력을 차단시키고 정지조치를 확실히 시행한다.

2014년 작업형 기출문제

01 화면의 영상을 참고하여 활선작업 시 내재되어 있는 핵심 위험요인 2가지를 쓰시오.

> [동영상 설명]
> 작업자 2명이 전주에서 활선작업을 하고 있다. 작업자 1명은 밑에서 절연방호구를 올리고 다른 작업자 1명은 크레인 위에서 물건을 받아 활선에 절연방호구 설치작업을 하다 감전사고가 발생한다.

해답 1. 근접활선(절연용 방호구 미설치)에 대한 감전 위험
　　 2. 절연용 보호구 착용상태 불량에 따른 감전 위험
　　 3. 활선작업거리 미준수에 따른 감전 위험
　　 4. 작업장소의 관계근로자 외의 자의 출입에 따른 감전 위험

02 화면은 선반작업 중 발생한 재해사례를 나타내고 있다. 화면에서와 같이 안전준수사항을 지키지 않고 작업할 때 일어날 수 있는 재해요인을 2가지 쓰시오.

해답 1. 회전물에 샌드페이퍼를 감아 손으로 지지하고 있기 때문에 작업복과 손이 감겨 들어간다.
　　 2. 작업에 집중하지 못하여(곁눈질) 실수로 작업복과 손이 말려 들어간다.
　　 3. 손을 기계 위에 올려놓고 작업을 하고 있어 손이 미끄러져 회전물에 말려 들어간다.

03 화면은 터널공사 중 다이너마이트를 설치하고 있다. 화면에서 터널 등의 건설작업에 있어서 낙반 등에 의하여 근로자에게 위험을 미칠 우려가 있을 때 위험을 방지하기 위하여 필요한 조치를 2가지 쓰시오.

해답 1. 터널 지보공 및 록볼트의 설치
　　 2. 부석의 제거

04 화면은 방음보호구(귀마개)를 보여준다. 해당 보호구의 기호 및 성능을 쓰시오.

해답

등급	기호	성능
1종	EP-1	저음부터 고음까지 차음하는 것
2종	EP-2	주로 고음을 차음하고 저음(회화음영역)은 차음하지 않는 것

05 화면은 작업자가 전주에서 형강 작업을 하고 있는 중이다. 이때, 작업자가 착용하고 있는 안전대의 종류를 쓰시오.

해답 U자 걸이용 안전대

06 화면은 스팀배관의 보수를 위해 누출부위를 점검하던 중에 발생한 재해사례이다. 동영상에서와 같은 재해를 산업재해 기록, 분류에 관한 기준에 따라 분류할 때 해당되는 재해발생형태를 쓰시오.

해답 이상온도 노출 · 접촉
　　 ※ "이상온도 노출 · 접촉"은 고 · 저온 환경 또는 물체에 노출 · 접촉된 경우를 말한다.

07 화면은 조립식 비계발판을 설치하던 중 발생한 재해사례를 보여주고 있다. 동영상에서와 같이 높이가 2m 이상인 작업장소에 적합한 작업발판의 설치기준 3가지를 쓰시오. (단, 작업발판의 폭과 틈의 기준은 제외한다.)

해답 1. 발판재료는 작업 시의 하중을 견딜 수 있도록 견고한 것으로 할 것
2. 추락의 위험성이 있는 장소에는 안전난간을 설치할 것
3. 작업발판의 지지물은 하중에 의하여 파괴될 우려가 없는 것을 사용할 것
4. 작업발판재료는 뒤집히거나 떨어지지 않도록 둘 이상의 지지물에 연결하거나 고정시킬 것
5. 작업발판을 작업에 따라 이동시킬 때에는 위험방지에 필요한 조치를 할 것

08 화면은 선박 밸러스트 탱크 내부의 슬러지를 제거하는 작업 도중에 작업자가 가스질식으로 의식을 잃었음을 보여주고 있다. 이러한 사고에 대비하여 필요한 비상시 피난용구 3가지를 쓰시오.

해답 1. 호흡용 보호구(송기마스크, 공기호흡기), 2. 구명로프, 3. 사다리, 4. 안전대

09 회전하는 브레이크 라이닝 작업 중 장갑 끼고 있는 손이 말려 들어갔다. 재해원인 2가지를 쓰시오.

해답 1. 작업 시 장갑을 착용하고 있다.(손이 끼일 염려가 있다.)
2. 비상정지장치, 덮개 등의 방호장치 미설치하였다.
3. 이물질이 눈에 튀어 들어와서 눈을 다칠 위험이 있다.(보안경을 착용한다.)

01 화면은 변압기를 유기화합물에 담가서 절연처리와 건조작업을 하고 있음을 보여주고 있다. 이 작업 시 착용할 보호구를 다음에 제시한 대로 쓰시오.

[동영상 설명]
소형변압기(일명 Down TR, 크기는 가로×세로 15cm 정도로 작은 변압기)의 양쪽에 나와있는 선을 일반 작업복만 입은 작업자(안전모 미착용, 보안경 미착용, 맨손, 신발 안 보임)가 양손으로 들고 유기화합물통(사각 스텐통)에 넣었다 빼서 앞쪽 선반에 올리는 작업을 한다(유기화합물을 손으로 작업). 선반 위 소형변압기를 건조시키기 위해 냉장고처럼 생긴 곳에 넣고 문을 닫는다.
(1) 손   (2) 눈

해답 (1) 손 : 유기화합물용 안전장갑 (2) 눈 : 보안경

02 다음 각 물음에 답을 쓰시오. (단, 정화통의 문자 표기는 무시한다.)

(1) 방독마스크의 종류를 쓰시오.
(2) 방독마스크가 직결식 전면형일 경우 누설률은 몇 %인가?
(3) 방독마스크의 정화통 흡수제 1가지를 쓰시오.

해답 (1) 종류 : 암모니아용 방독마스크
(2) 누설률 : 0.05% 이하
(3) 정화통 흡수제 : 큐프라마이트

03 화면은 영상표시단말기(VDT) 작업 상황을 설명하고 있다. 이 작업상 개선사항을 찾아 쓰시오.

> [동영상 설명]
>
> 작업자가 사무실에서 의자에 앉아 컴퓨터 조작 중이다. 작업자가 의자 높이가 맞지 않아 다리를 구부리고 앉아 있는 모습, 모니터 놓여 있는 모습, 키보드를 손으로 조작하는 모습을 보여주고 있다.

해답
1. 앉은 자세가 의자 앞쪽으로 기울어져 있어 요통을 유발할 위험이 있으므로 허리를 등받이 깊숙이 지지하여 앉는다.
2. 키보드가 너무 높은 곳에 있어 손목통증의 위험이 있으므로 키보드를 조작하기 편한 위치에 놓는다.
3. 모니터가 작업자와 너무 근접하여 시력 저하의 우려가 있으므로 모니터를 보기 편한 위치에 놓는다.
4. 영상표시단말기 취급 근로자의 시선은 화면 상단과 눈높이가 일치할 정도로 하고 작업 화면상의 시야범위는 수평선상으로부터 10~15° 밑에 오도록 하며 화면과 근로자의 눈과의 거리(시거리 : Eye-screen Distance)는 적어도 40cm 이상이 확보될 수 있도록 할 것
5. 위팔(Upper Arm)은 자연스럽게 늘어뜨려, 작업자의 어깨가 들리지 않아야 하며, 팔꿈치의 내각은 90° 이상이 되어야 하고, 아래팔(Forearm)은 손등과 수평을 유지하여 키보드를 조작하도록 할 것
6. 연속적인 자료의 입력작업 시에는 서류받침대(Document Holder)를 사용하도록 하고, 서류받침대는 높이·거리·각도 등을 조절하여 화면과 동일한 높이 및 거리에 두어 작업하도록 할 것
7. 의자에 앉을 때는 의자 깊숙이 앉아 의자등받이에 작업자의 등이 충분히 지지되도록 할 것
8. 영상표시단말기 취급근로자의 발바닥 전면이 바닥면에 닿는 자세를 기본으로 하되, 그러지 못할 때에는 발 받침대(Foot Rest)를 조건에 맞는 높이와 각도로 설치할 것
9. 무릎의 내각(Knee Angle)은 90° 전후가 되도록 하되, 의자의 앉는 면의 앞부분과 영상표시단말기 취급근로자의 종아리 사이에는 손가락을 밀어 넣을 정도의 틈새가 있도록 하여 종아리와 대퇴부에 무리한 압력이 가해지지 않도록 할 것
10. 키보드를 조작하여 자료를 입력할 때 양 손목을 바깥으로 꺾은 자세가 오래 지속되지 않도록 주의할 것

04 화면은 건축물을 해체하는 장면을 보여주고 있다. 이러한 건물 해체작업을 할 때 작업자는 해체장비로부터 최소 몇 m 이상 떨어져야 하는지 쓰시오.

해답 4m

05 화면은 LPG 저장소에 가스누설감지경보기의 미설치로 인해 재해가 발생한 사례이다. 누설 감지경보기의 적절한 (1) 설치위치, (2) 경보설정값이 몇 %가 적당한지 쓰시오.

해답
(1) 설치위치 : 바닥에 인접한 낮은 곳에 설치한다.(LPG는 공기보다 무거우므로 가라앉음)
(2) 경보설정값 : 폭발하한계(LEL) 25% 이하

06 휴대용 연삭기의 (1) 방호장치와 (2) 노출각도는?

해답
(1) 방호장치 : 덮개
(2) 노출각도 : 180도 이내

07 동영상에서 작업자의 추락원인 2가지를 쓰시오.

> [동영상 설명]
>
> 아파트 건설공사 현장 3층 창틀에서 작업하던 작업자가 작업발판이 없어 창틀의 옆쪽을 밟았다가 미끄러져 떨어진다.

해답
1. 안전대 부착설비 미설치
2. 안전대 미착용
3. 추락방호망 미설치
4. 안전난간 미설치
5. 작업발판 미설치

08 피트에서 작업을 할 때 지켜야 할 작업수칙 3가지를 쓰시오.

> [동영상 설명]
>
> 작업자가 피트 뚜껑을 한쪽으로 열어 놓고 불안정한 나무 발판 위에 발을 올려놓은 상태에서 왼손으로 뚜껑을 잡고 오른손으로 플래시를 안쪽으로 비춘다. 이때 내부를 점검하는 중 발이 미끄러지는 장면을 보여주고 있다.

해답
1. 열어놓은 피트 뚜껑을 다른 작업자가 잡아 주도록 한다.
2. 피트에 안전난간·울 등을 설치한다.
3. 통행인이 피트에 빠지지 않도록 출입금지 표지를 한다.
4. 안전대 부착설비를 설치하고 안전대 착용 후 작업을 실시한다.

09 화면은 교류아크용접 작업 중 재해가 발생한 사례이다. 이 작업 시 눈과 감전재해 위험으로부터 작업자를 보호하기 위해 착용해야 할 보호구 명칭 2가지를 쓰시오.

[동영상 설명]
작업자가 교류아크용접을 한다. 용접을 한 번 하고서 슬러지를 털어낸 뒤 육안으로 확인한 후 다시 한번 용접을 위해 아크불꽃을 내는 순간 감전되어 쓰러진다. 이때 작업자는 일반 캡 모자와 목장갑 착용하였다.

해답 1. 용접용 보안면, 2. 절연장갑

산업안전기사(4월 C형)

01 화면은 브레이크 패드를 제조하는 중 석면을 사용하는 장면이다. 이 작업의 안전작업수칙에 대하여 3가지를 쓰시오. (단, 근로자는 석면의 위험성을 인지하고 있다.)

해답 1. 석면취급작업 시 담배를 피우거나 음식물을 먹지 않도록 하고, 그 내용을 보기 쉬운 장소에 게시한다.
2. 석면취급작업에 따른 분진청소 시 빗자루 등으로 쓸어담지 말고 진공청소기나 습식상태에서 청소한다.
3. 석면취급작업 시 분진흡입 방지를 위하여 방진마스크 등 보호구를 착용하거나 근로자의 안전을 위하여 Push-pull 또는 국소배기장치를 설치한 후 작업한다.

02 화면은 차량계건설기계의 한 종류인 항타기·항발기 작업을 보여주고 있다. 이러한 항타기·항발기 조립 시 작업 전 점검사항 3가지를 쓰시오.

해답 1. 본체 연결부의 풀림 또는 손상의 유무
2. 권상용 와이어로프·드럼 및 도르래의 부착상태의 이상 유무
3. 권상장치의 브레이크 및 쐐기장치 기능의 이상 유무
4. 권상기의 설치상태의 이상 유무
5. 리더(leader)의 버팀 방법 및 고정상태의 이상 유무
6. 본체·부속장치 및 부속품의 강도가 적합한지 여부
7. 본체·부속장치 및 부속품에 심한 손상·마모·변형 또는 부식이 있는지 여부

03 화면은 전주를 옮기다 작업자가 전주에 맞아 재해가 발생하는 장면을 보여주고 있다. 다음 물음에 답하시오.

(1) 재해발생형태   (2) 가해물
(3) 전기용 안전모의 종류

해답 (1) 재해발생형태 : 비래
(2) 가해물 : 전주
(3) 안전모 : AE, ABE

04 화면은 섬유기계의 운전 중 발생한 재해사례이다. 동영상에서 사용한 기계 작업 시 핵심위험요인 2가지를 쓰시오.

[동영상 설명]
섬유공장에서 실을 감는 기계가 돌아가고 있고 작업자가 그 밑에서 일을 하고 있다. 갑자기 실이 끊어지며 기계가 멈춘다. 이때 작업자가 회전하는 대형 회전체의 문을 열고 허리까지 안으로 집어넣고 안을 들여다보며 점검할 때 갑자기 기계가 돌아가며 작업자의 몸이 회전체에 끼이게 된다.

해답 1. 기계의 전원을 차단하지 않고(기계를 정지시키지 않고) 점검을 하여 말려 들어갈 수 있다.
2. 회전기계의 문을 열면 기계가 작동하지 않도록 하는 연동장치가 설치되어 있지 않다.

05 화면에 나타난 것처럼 지게차에 적재된 화물이 현저하게 시계를 방해할 경우 운전자의 조치를 3가지 쓰시오.

해답 1. 유도자를 배치하여 지게차를 유도하고 후진으로 서행한다.
2. 하차하여 주변의 위험을 확인한다.
3. 주변작업자에게 지게차의 이동 상태를 알리는 경적, 경광등을 사용한다.

06 화면은 30kV 전압이 흐르는 고압선 아래에서 작업 중 발생한 재해사례이다. 크레인을 이용하여 고압선 주변에서 작업할 경우 사업주의 조치사항 2가지를 쓰시오.

[동영상 설명]
이동식 크레인으로 작업하다 붐대가 전선에 닿아 감전된다.

해답 1. (이격거리 확보) 차량 등을 충전부로부터 300[cm] 이상 이격시키되, 대지전압이 50[kV]를 넘는 경우에는 10[kV]가 증가할 때마다 이격거리를 10[cm]씩 증가시킨다.
2. (절연용 방호구 설치) 절연용 방호구 등을 설치한 경우에는 이격거리를 절연용 방호구 앞면까지로 할 수 있다.
3. (울타리 설치 또는 감시인 배치) 울타리를 설치하거나 감시인 배치 등의 조치를 하여야 한다.
4. (접지점 관리 철저) 접지된 차량 등이 충전전로와 접촉할 우려가 있는 경우에는 근로자가 접지점에 접촉되지 않도록 조치하여야 한다.

07 작업 중 작업자가 감전재해를 당하였다. 이를 인체저항에 비교하여 감전요인을 설명하시오.

해답 1. 감전피해의 위험도에 가장 큰 영향을 미치는 통전전류의 크기는 인체의 전기저항, 즉 임피던스의 값에 의해 결정(반비례)되며 인체의 임피던스는 내부저항과 피부저항으로 구성된다.
2. 내부저항은 교류, 직류에 따라 거의 일정(통전시간이 길어지면 인체의 온도상승에 의해 저항치 감소) 피부저항은 물에 젖어 있을 경우 1/25로 저항이 감소하므로 그만큼 통전전류가 커져 전격의 위험이 높아진다.

08 승강기 개구부에서 동영상처럼 하중물 인양 시 준수사항을 2가지 쓰시오.

[동영상 설명]
승강기 개구부에서 A, B 2명의 작업자가 위치하여 있는 가운데 A는 위에서 안전난간에 밧줄을 걸쳐 하중물(물건)을 끌어올리고 B는 이를 밑에서 올려주고 있다. 바로 이때 인양하던 물건이 떨어져 밑에 있던 B가 다치게 된다.

해답 1. 작업지휘자의 지시에 따라 하중물 인양작업을 하도록 한다.
2. 하중물 낙하위험을 방지하기 위하여 낙하물방지망을 설치한다.

09 다음 각 물음에 답을 쓰시오. (단, 정화통의 문자 표기는 무시한다.)

(1) 방독마스크의 종류를 쓰시오.
(2) 방독마스크의 주요성분을 1가지 쓰시오.
(3) 방독마스크의 시험가스 종류를 쓰시오.

해답 (1) 종류 : 할로겐용 방독마스크
(2) 주요성분 : 소다라임(Soda Lime), 활성탄
(3) 시험가스 : 염소

산업안전기사(7월 A형)

01 전동톱을 작동하기 전에 작업발판용 나무토막을 가져다 놓고 한발로 나무를 고정한 상태에서 톱질하던 중 작업발판의 흔들림으로 인해 작업자가 넘어졌다. 다음 물음에 답하시오.

(1) 재해형태   (2) 가해물

해답 (1) 재해형태 : 전도, (2) 가해물 : 바닥

02 고압전선로 인근에서 항타기 · 항발기 작업 중 실수로 전로를 건드렸다. 이러한 항타기 · 항발기 작업 시 준수하여야 할 안전수칙 2가지를 쓰시오.

해답 1. (이격거리 확보) 차량 등을 충전부로부터 300[cm] 이상 이격시키되, 대지전압이 50[kV]를 넘는 경우에는 10[kV]가 증가할 때마다 이격거리를 10[cm]씩 증가시킨다.
2. (절연용 방호구 설치) 절연용 방호구 등을 설치한 경우에는 이격거리를 절연용 방호구 앞면까지로 할 수 있다.
3. (울타리 설치 또는 감시인 배치) 울타리를 설치하거나 감시인 배치 등의 조치를 하여야 한다.
4. (접지점 관리 철저) 접지된 차량 등이 충전전로와 접촉할 우려가 있는 경우에는 근로자가 접지점에 접촉되지 않도록 조치하여야 한다.

03 화면에서 보여준 사항 중 작업자가 마스크를 착용하고 있으나 석면분진폭로 위험성에 노출되어 있어 직업성 질병으로 이환될 우려가 있다. 장기간 폭로 시 어떤 종류의 직업병이 발생할 위험이 있는지 3가지 쓰시오.

해답 1. 폐암, 2. 석면폐증, 3. 악성중피종

04 화면은 작업자가 엘리베이터 피트 내부의 나무로 엉성하게 만든 작업발판 위에서 폼타이 핀을 망치로 제거하는 작업 중 피트 내부로 떨어지는 장면을 보여주고 있다. 이러한 재해발생의 위험요인 3가지를 쓰시오.

[해답] 1. 피트 내부에 추락방호망 미설치
2. 작업발판 미고정
3. 안전대 부착설비 미설치 및 안전대 미착용
4. 개구부(피트) 단부에 안전난간 미설치

05 화면은 버스정비작업 중 재해가 발생한 사례이다. 대책 3가지를 쓰시오.

[동영상 설명]
시내버스를 정비하기 위하여 차량용 리프트로 차량을 들어 올린 상태에서 한 작업자가 버스 밑에 들어가 샤프트 계통을 점검하고 있다. 그런데 다른 한 사람이 주변 상황을 전혀 살피지 않고 버스에 올라 엔진을 시동하였다. 그 순간 밑에 있던 작업자의 팔이 버스의 회전하는 샤프트에 말려 들어가 협착사고를 일으킨다. 이때 주변에는 작업감시자가 없다.

[해답] 1. 정비작업 중임을 나타내는 표지판을 설치할 것
2. 작업과정을 지휘할 작업자를 배치할 것
3. 기동(시동)장치에 잠금장치를 할 것
4. 작업 시 운전금지를 위하여 열쇠를 별도 관리할 것

06 이동식 크레인의 작업시작 전 점검사항 2가지를 쓰시오. (단 경보장치의 기능은 제외한다.)

[해답] 1. 브레이크 · 클러치 및 조정장치의 기능
2. 와이어로프가 통하고 있는 곳 및 작업장소의 지반상태

07 작업 중 작업자가 감전재해를 당하였다. 이를 인체저항에 비교하여 감전요인 설명하시오.

[해답] 1. 감전피해의 위험도에 가장 큰 영향을 미치는 통전전류의 크기는 인체의 전기저항 즉, 임피던스의 값에 의해 결정(반비례)되며 인체의 임피던스는 내부저항과 피부저항으로 구성
2. 내부저항은 교류, 직류에 따라 거의 일정(통전시간이 길어지면 인체의 온도상승에 의해 저항치 감소) 피부저항은 물에 젖어 있을 경우 1/25로 감소하므로 그만큼 통전전류가 커져 전격의 위험이 높아진다.

08 화면은 작업자가 쇠파이프를 여러 개 눕혀 놓고 스프레이건으로 페인트칠을 하는 작업을 보여주고 있다. 동영상에서 사용되는 (1) 마스크의 종류와 (2) 흡수제 3가지를 쓰시오.

[해답] (1) 마스크 종류 : 방독마스크
(2) 흡수제 : 1. 활성탄, 2. 큐프라마이트, 3. 소다라임

09 화면에서 보여주는 방열복의 내열원단 시험성능 기준 항목 3가지를 쓰시오.

[해답] 1. 난연성, 2. 절연저항, 3. 인장강도, 4. 내열성, 5. 내한성

01 밀폐공간을 퍼지하고 있다. 퍼지작업의 종류 4가지를 쓰시오.

[해답] 1. 진공퍼지, 2. 압력퍼지, 3. 스위프 퍼지, 4. 사이펀 퍼지

02 화면은 탁상공구 연삭기로 봉강 연마작업 중 발생한 사고사례이다. 기인물은 무엇이며, 봉강 연마작업 시 파편이나 칩의 비래에 의한 위험에 대비하기 위해 설치해야 하는 장치명을 쓰시오.

[해답] (1) 기인물 : 탁상공구 연삭기
(2) 장치명 : 칩 비산방지 투명판

03 화면은 인쇄 윤전기를 청소하는 중에 발생한 재해사례이다. 동영상을 참고하여 롤러기의 청소 시 안전작업수칙을 3가지만 쓰시오.

[동영상 설명]
작업자가 인쇄용 윤전기의 전원을 끄지 않고 빙글빙글 서로 맞물려서 돌아가는 롤러를 걸레로 닦고 있다. 체중을 실어서 힘 있게 닦고, 위험하게 맞물리는 지점까지 걸레를 집어넣는 순간 작업자의 손이 롤러기 사이에 끼어 사고를 당하자 전원을 차단하고 손을 빼냈다.

부록

1. 전원을 차단하여 롤러기를 정지시키지 않은 상태에서 청소를 하고 있어 롤러에 말려 들어간다.
2. 방호장치가 없어 회전하는 롤러에 걸레의 윗부분이 넣어져서 손이 말려 들어간다.
3. 회전 중인 롤러에 물려 들어가는 쪽을 직접 손으로 눌러서 닦고 있어 걸레와 함께 손이 물려 들어가게 된다.
4. 체중을 걸쳐 닦고 있어서 말려 들어가게 된다.

04 화면에서 보여주고 있는 안전시설의 (1) 명칭 및 (2) 기구가 갖추어야하는 구조 2가지를 쓰시오.

(1) 명칭 : 안전블록
(2) 구조조건
    1. 신체지지의 방법으로 안전그네만을 사용할 것
    2. 안전블록은 정격 사용 길이가 명시될 것
    3. 안전블록의 줄은 합성섬유로프, 웨빙(Webbing), 와이어로프이어야 하며, 와이어로프인 경우 최소지름이 4mm 이상일 것

05 덤프트럭의 유압실린더 작동 후 적재함이 상승한 후 그 사이에 들어가 점검하는 도중 적재함이 내려와서 재해가 발생하는 장면을 보여주고 있다. 이러한 차량용 운반하역기계 작업 시 위험방지조치 3가지를 쓰시오.

1. 안전지지대 또는 안전블록 등의 사용상황 등을 점검할 것
2. 작업순서를 결정하고 작업을 지휘할 것
3. 작업계획서를 작성할 것
4. 원동기를 정지시키고 브레이크를 확실히 거는 등 갑작스러운 주행을 방지하기 위한 조치를 할 것

06 화면의 영상 속 재해 발생원인 3가지를 쓰시오.

[동영상 설명]
A 작업자가 변압기의 2차 전압을 측정하기 위해 유리창 너머의 B 작업자에게 신호를 주고 전원을 켠 후 다시 차단하라는 신호를 보내고 기기를 만지다가 감전사고가 발생되는 장면을 보여주고 있다.

1. 개인보호구(절연장갑 등) 미착용
2. 신호전달체계 불량
3 작업자 안전수칙 미준수(활선 및 정전상태 미확인 후 작업)

07 화면은 콘크리트 전주 세우기 작업 도중에 발생한 사례이다. 동영상에서와 같은 동종재해를 예방하기 위한 대책 중 관리적 대책 3가지를 쓰시오.

1. (이격거리 확보) 차량 등을 충전부로부터 300[cm] 이상 이격시키되, 대지전압이 50[kV]를 넘는 경우에는 10[kV]가 증가할 때마다 이격거리를 10[cm]씩 증가시킨다.
2. (절연용 방호구 설치) 절연용 방호구 등을 설치한 경우에는 이격거리를 절연용 방호구 앞면까지로 할 수 있다.
3. (울타리 설치 또는 감시인 배치) 울타리를 설치하거나 감시인 배치 등의 조치를 하여야 한다.
4. (접지점 관리 철저) 접지된 차량 등이 충전전로와 접촉할 우려가 있는 경우에는 근로자가 접지점에 접촉되지 않도록 조치하여야 한다.

08 화면의 영상 속 재해 발생원인 중 직접원인에 해당되는 것 2가지를 쓰시오.

[동영상 설명]
항타기 · 항발기가 작업 중인 화면을 보여주고 있다. 이때, 항타기 · 항발기의 인근에 고압전선로가 있고 항타기 · 항발기가 돌아가는 순간 인접 충전전로에 접촉이 되면서 스파크가 발생하였다.

1. 충전전로에 대한 접근 한계거리 미준수
2. 인접 충전전로에 절연용 방호구 미설치

09 화면은 변압기를 유기화합물에 담가 절연처리와 건조작업을 하고 있음을 보여주고 있다. 이 작업 시 (1) 손, (2) 눈, (3) 몸에 착용해야 할 보호구를 쓰시오.

[동영상 설명]
소형변압기(일명 Down TR, 크기는 가로, 세로 15cm 정도로 작은 변압기임)의 양쪽에 나와 있는 선을 일반 작업복만 입은 작업자(안전모 등 개인보호구 미착용)가 양손으로 들고 유기화합물통에 넣었다 빼며 앞쪽 선반에 올리는 작업(유기화합물을 손으로 작업을 한다. 작업자가 선반 위 소형 변압기를 건조시키기 위해 업소용 냉장고처럼 생긴 곳에 통을 넣고 문을 닫는다.

해답 (1) 손 : 유기화합물용 안전장갑
(2) 눈 : 보안경
(3) 몸 : 유기화합물용 보호복

산업안전기사(7월 C형)

01 화면은 작업자가 박공지붕작업 시 휴식을 취하던 중 다른 휴식 중인 작업자를 향해 적치되어 있던 자재가 낙하하여 작업자가 맞으면서 추락하는 재해사례를 보여주고 있다. 이때 위험요인 3가지를 쓰시오.

해답 1. 근로자가 위험한 장소에서 휴식을 취하고 있다.
2. 추락방호망이 설치되지 않았다.
3. 자재를 한 곳에 과적하여 적치하였다.
4. 안전대 부착설비가 없고, 안전대를 착용하지 않았다.

02 작업자가 무색의 암모니아 냄새가 나는 수용성 액체인 유해물질 DMF(디메틸포름아미드) 취급 작업을 하고 있다. 이와 같이 유해물질인 DMF를 취급할 때 착용해야 하는 보호구의 종류를 3가지 쓰시오.

해답 1. 방독마스크, 2. 화학물질용 보호복, 3. 안전장갑(화학물질용)

03 화면은 실험실에서 황산을 비커에 따르고 있고, 작업자는 맨손, 마스크를 미착용하고 있다. 인체로 흡수되는 경로를 2가지 쓰시오.

해답 1. 피부(점막), 2. 호흡기, 3. 소화기

04 컨베이어 작업 시작 전 점검사항 3가지를 쓰시오.

[동영상 설명]
작업자가 정지된 컨베이어를 점검하고 있다. 작업자가 점검 중일 때 다른 작업자가 전원 스위치 쪽으로 서서히 다가오더니 전원버튼을 누른다. 순간 점검 중이던 작업자의 손이 벨트에 끼이는 사고가 발생한다.

해답 1. 원동기 및 풀리 기능의 이상 유무
2. 이탈 등의 방지장치 기능의 이상 유무
3. 비상정지장치 기능의 이상 유무
4. 원동기 · 회전축 · 기어 및 풀리 등의 덮개 또는 울 등의 이상 유무

05 가죽제 안전화를 보여주고 있다. 가죽제 안전화의 성능시험 3가지를 쓰시오.

해답 1. 내압박성 시험, 2. 내충격성 시험, 3. 박리저항 시험, 4. 내답발성 시험

06 작업자는 컨베이어가 작동하는 상태에서 컨베이어벨트 끝부분에 발을 딛고 올라서서 불안정한 자세로 형광등을 교체하다 추락하는 동영상이다. 작업자의 불안전한 행동 2가지를 쓰시오.

해답 1. 작동하는 컨베이어에 올라 작업하는 자세가 불안정하여 추락할 위험이 있다.
2. 안전모등 보호구를 착용하지 않아 위험하다.

07 화면은 전기형강작업 중이다. 정전 위험요인을 3가지 쓰시오.

해답 1. 정전작업 미실시(작업 전 전원 차단 미실시)
2. 노출 충전부 방호조치 미실시
3. 절연보호구 미착용

08 터널 굴착 중 화약 장전할 때의 위험요인 1가지를 쓰시오.

해답 화약을 장전할 때 화약이 충격이나 마찰, 정전기로 인하여 폭발할 위험이 있다.

09 동영상은 작업자가 회전물에 샌드페이퍼를 감고 손으로 지지하여 작업을 하다 손이 회전부에 말려 들어가는 장면을 보여주고 있다. 선반작업의 (1) 위험점과 (2) 그 정의를 쓰시오.

해답 (1) 위험점 : 회전말림점(Trapping Point)
(2) 회전말림점의 정의 : 회전하는 물체의 길이, 굵기, 속도 등이 불규칙한 부위와 돌기 회전부위에 장갑 및 작업복 등이 말려드는 위험점 형성

산업안전기사(10월 A형)

01 화면은 어두운 장소에서의 컨베이어 점검 시 사고가 발생하는 상황을 보여주고 있다. 작업 시작 전 조치사항을 쓰시오.

[동영상 설명]
작업자가 어두운 장소에서 플래시를 들고 컨베이어 벨트를 점검하다가 부주의하여 한눈을 판 사이 손이 컨베이어의 롤러기 사이에 끼어 말려 들어갔다.

해답 1. 전원을 차단하고 통전금지표지판 및 잠금장치를 설치한다.
2. 조명을 밝게 한다.

02 승강기 와이어로프에 끼인 기름 및 먼지 제거 작업 중(이물질이 발생하여 손으로 이물질을 제거) (1) 위험점, (2) 재해발생형태, (3) 그 정의를 쓰시오.

해답 (1) 위험점 : 접선물림점
(2) 재해발생형태 : 협착

(3) 협착의 정의 : 두 물체 사이의 움직임에 의하여 일어난 것으로 직선운동하는 물체 사이의 협착, 회전부와 고정체 사이의 끼임, 롤러 등 회전체 사이에 물리거나 또는 회전체 · 돌기부 등에 감긴 경우

03 다음과 같은 마스크의 (1) 명칭, (2) 등급 3종류, (3) 산소농도를 쓰시오.

해답 (1) 명칭 : 방진마스크
(2) 등급 종류 : 특급, 1급, 2급
(3) 산소농도 : 18%

04 사출성형기 노즐부 잔류물 제거를 하다가 재해가 발생하였다. 작업을 보고(전원을 차단하지 않음, 보호구 미착용, 전용공구 미사용) 사고방지대책을 쓰시오.

해답 1. 사출성형기의 내부 금형 사이를 출입할 때에는 먼저 사출성형기의 전원을 차단할 것
2. 작업 시 절연용 보호구를 착용할 것
3. 이물질의 제거는 전용공구를 사용할 것
4. 사출성형기 충전부 방호조치(덮개)를 실시할 것

05 활선작업 시 내재되어 있는 핵심 위험요인 2가지를 쓰시오.

[동영상 설명]
작업자 2명이 전주에서 활선작업을 하고 있다. 작업자 1명은 밑에서 절연방호구를 올리고 다른 작업자 1명은 크레인 위에서 물건을 받아 활선에 절연방호구 설치작업을 하다 감전사고가 발생한다.

해답 1. 근접활선(절연용 방호구 미설치)에 대한 감전 위험
2. 절연용 보호구 착용상태 불량에 따른 감전 위험
3. 활선작업거리 미준수에 따른 감전 위험
4. 작업장소의 관계근로자 외의 자의 출입에 따른 감전 위험

06 아파트 창틀에서 작업 중 추락하는 재해사례를 보여주고 있다. 이러한 추락사고의 원인 3가지를 간략히 쓰시오.

[해답] 1. 안전난간 미설치
2. 안전대 미착용
3 추락방호망 미설치

07 동영상의 위험요인을 작업자 측면, 작업현장 측면으로 나누어 쓰시오.

[동영상 설명]
교류아크용접 작업장에서 작업자가 혼자 작업을 하고 있다. 대형 관의 플랜지 아래 부위를 아크용접하는 상황이며, 작업자가 자신의 왼손으로는 플랜지 회전 스위치를 조작해 가며 오른손으로 용접작업을 하고 있다. 작업장 주위에는 인화성 물질로 보이는 깡통 등이 용접작업 주변에 쌓여 있는 불안전한 상태이다.

[해답] 1. 단독작업으로 양손을 사용해서 작업하므로 위험을 내포하고 있고, 작업장의 상황 파악이 어렵다.
2. 용접 작업장 주위에 인화성 물질이 많이 있으므로 화재의 위험이 있다.

08 특수화학설비 내부의 이상상태를 조기에 파악하기 위하여 설치해야 할 장치를 4가지 쓰시오.

[해답] 1. 온도계, 2. 유량계, 3. 압력계, 4. 자동경보장치

09 박공지붕 작업 시 박공지붕이 미끄러지면서 밑으로 떨어져 휴식을 취하고 있던 작업자에게 맞는 재해가 발생하였다. 이를 방지하기 위한 조치를 3가지 쓰시오.

[해답] 1. 경사지붕 하부에 낙하물방지망 설치
2. 박공지붕 과적 금지 및 체결상태 확인
3. 근로자가 낙하위험장소에서 휴식하지 않도록 조치
4. 낙하위험구간에 출입통제 조치

01 화면은 작업자가 수중펌프 접속부위에 감전되어 발생한 재해사례이다. 습윤한 장소에서 사용되는 이동전선에 대한 사용 전 점검사항 3가지를 쓰시오.

[해답] 1. 사용 전 수중 펌프와 전선 등의 절연상태 점검(절연저항 측정 등)
2. 감전방지용 누전차단기 설치
3. 수중 모터 외함 접지상태 확인

02 화면은 밀폐된 공간에서의 작업을 보여주고 있다. 밀폐공간작업 시 안전작업수칙 3가지를 쓰시오.

[동영상 설명]
탱크 내부에 밀폐된 공간에서 작업자가 그라인더 작업을 하고 있고, 다른 작업자가 외부에 설치된 국소배기장치를 발로 차 전원공급이 차단되어 내부 작업자가 의식을 잃고 쓰러진다.

[해답] 1. 산소 및 유해가스 농도 측정 후 작업을 시작한다.
2. 산소농도가 18% 미만일 때는 환기를 시키고, 작업 중에도 계속 환기한다.
3. 가능한 급배기를 동시에 실시하고, 환기를 실시할 수 없거나 산소결핍장소에서 작업할 때에는 호흡용 보호구를 착용한다.

03 고압전선로 인근에서 항타기·항발기 작업 시 안전작업수칙 3가지를 쓰시오.

[해답] 1. (이격거리 확보) 차량 등을 충전부로부터 300[cm] 이상 이격시키되, 대지전압이 50[kV]를 넘는 경우에는 10[kV]가 증가할 때마다 이격거리를 10[cm]씩 증가시킨다.
2. (절연용 방호구 설치) 절연용 방호구 등을 설치한 경우에는 이격거리를 절연용 방호구 앞면까지로 할 수 있다.
3. (울타리 설치 또는 감시인 배치) 울타리를 설치하거나 감시인 배치 등의 조치를 하여야 한다.
4. (접지점 관리 철저) 접지된 차량 등이 충전전로와 접촉할 우려가 있는 경우에는 근로자가 접지점에 접촉되지 않도록 조치하여야 한다.

04 화면은 이동식 크레인을 이용하여 배관을 위로 올리는 작업으로서 신호수가 배치되지 않았고 보조로프 없이 작업하고 있다. 화물의 낙하·비래 위험을 방지하기 위한 사전 점검 또는 조치사항을 3가지 쓰시오.

> 해답) 1. 보조(유도)로프를 이용해서 흔들림을 방지한다.
> 2. 무전기 등을 사용하여 신호하거나, 작업 전 일정한 신호방법을 약속으로 정한다.
> 3. 슬링와이어로프의 체결상태를 확인한다.
> 4. 화물을 작업자 위로 통과시키지 않도록 한다.

05 화면은 인쇄 윤전기를 청소하는 중에 발생한 재해사례이다. 동영상을 참고하여 롤러기의 청소 시 안전작업수칙을 3가지만 쓰시오.

> [동영상 설명]
> 작업자가 인쇄용 윤전기의 전원을 끄지 않고 서로 맞물려서 돌아가는 롤러를 걸레로 닦고 있다. 체중을 실어서 힘 있게 닦고, 위험하게 맞물리는 지점까지 걸레를 집어넣는 순간 작업자의 손이 롤러기 사이에 끼어 사고를 당하자 전원을 차단하고 손을 빼냈다.

> 해답) 1. 전원을 차단하여 롤러기를 정지시키지 않은 상태에서 청소를 하고 있어 롤러에 말려 들어간다.
> 2. 방호장치가 없어 회전하는 롤러에 걸레의 윗부분이 넣어져서 손이 말려 들어간다.
> 3. 회전 중인 롤러에 물려 들어가는 쪽을 직접 손으로 눌러서 닦고 있어 걸레와 함께 손이 물려 들어가게 된다.
> 4. 체중을 걸쳐 닦고 있어서 말려 들어가게 된다.

06 분리식 방진마스크를 보여주고 있다. 이와 같은 보호구의 각 등급별 포집효율을 쓰시오.

형태 및 등급		염화나트륨(NaCl) 및 파라핀 오일(Paraffin oil) 시험(%)
분리식	특급	99.95 이상
	1급	94.0 이상
	2급	80.0 이상

07 화면은 지하에 설치된 폐수처리조에서 슬러지 처리 작업 중 발생한 사례이다. 동영상과 같은 장소에 근로자가 들어갈 때 필요한 호흡용 보호구의 종류를 2가지 쓰시오.

> 해답) 1. 송기마스크, 2. 공기호흡기

08 화면상에서 작업자 측면의 문제점을 2가지 쓰시오.

> [동영상 설명]
> 경사용 컨베이어가 작동 중이고, 컨베이어 아래에서 작업자 2명이 컨베이어에 포대를 올리고 있다. 컨베이어에 포대가 삐뚤게 놓여 올라가고 있는데 위쪽에서 작업하고 있는 작업자의 발에 부딪혀 오른쪽으로 쓰러지면서 팔이 기계 하단으로 들어가게 된다. 작업자가 고통스러워하자 아래쪽 작업자가 와서 안아주는 장면이다.

> 해답) 1. 작동하는 컨베이어에 올라가면 작업하는 자세가 불안정하여 추락할 위험이 있다.
> 2. 안전모 등 보호구를 착용하지 않아 위험하다.

09 화면은 작업자가 전동 권선기에 동선을 감는 작업 중 기계가 정지하여 점검하던 중 발생한 재해사례이다. (1) 재해유형 및 (2) 원인을 1가지씩 쓰시오.

> 해답) (1) 재해유형 : 감전
> (2) 재해발생원인 : 정전작업 미실시, 절연보호구(절연장갑) 미착용 등

01 방독마스크를 보여주고 있다. 다음 각 물음에 답을 쓰시오. (단, 정화통의 표기는 무시한다.)

(1) 방독마스크의 종류를 쓰시오.
(2) 방독마스크의 정화통 흡수제 1가지를 쓰시오.
(3) 방독마스크가 직결식 전면형일 경우 누설률은 몇 %인가?

해답 (1) 명칭 : 암모니아용 방독마스크
(2) 정화통 흡수제 : 큐프라마이트
(3) 누설률 : 0.05% 이하

02 화면은 폭발성 화학물질 취급 중 작업자의 부주의로 발생한 사고 사례이다. 동영상에서와 같이 폭발성 물질 저장소에 들어가는 작업자가 (1) 신발에 물을 묻히는 이유를 무엇인지 설명하고, (2) 화재 시 적합한 소화방법을 쓰시오.

해답 (1) 신발에 물을 묻히는 이유 : 대부분의 물체는 습도가 증가하면 전기저항치가 저하하고 이에 따라 대전성이 저하하므로, 작업자가 신발에 물을 묻히게 되면 도전성이 증가(전기저항치 감소)하고 이에 따라 인체의 대전성이 저하되므로 정전기 착화성 방전에 의한 화재폭발을 방지할 수 있다.
(2) 화재 시 소화방법 : 다량 주수에 의한 냉각소화(폭발성 물질은 분해에 의하여 산소가 공급되기 때문에 연소가 격렬하며 그 자체의 분해도 격렬하다. 소화법으로는 물을 다량 사용해서 냉각하여 분해온도 이하로 낮추고 가연물의 연소도 억제해서 폭발을 방지하는 것이다. 소화제로는 질식소화는 효과가 없고, 물을 다량으로 사용하는 것이 최선이다.)

03 화면에서와 같이 마그네틱 크레인(Magnetic Crane)으로 물건을 옮기다 발생한 재해위험요인을 3가지 쓰시오.

[동영상 설명]
마그네틱 크레인(천정크레인, 호이스트)으로 물건을 옮기는 작업을 진행 중이다. 마그네틱을 금형 위에 올리고 손잡이를 작동시켜 이동하는데 작업자(안전모 미착용, 목장갑 착용, 신발 안 보임)가 오른손으로 금형을 잡고, 왼손으로 상하좌우 조정장치(전기배선 외관에 피복이 벗겨져 있음)를 누르면서 이동하다가 갑자기 쓰러지면서 오른손이 마그네틱 ON/OFF 봉을 건드려 금형이 발등으로 떨어져 협착사고가 발생하였다. 이때 크레인에는 훅 해지장치가 없고, 훅에 샤클이 3개 연속으로 걸려 있으며 마지막 훅에도 훅 해지장치는 없다.

해답 1. 마그네틱 크레인에 훅 해지장치가 없고, 작동스위치의 전선이 벗겨져 있는 상태라서 재해위험이 있다.
2. 보조(유도)로프를 사용하지 않아 재해위험이 있다.
3. 신호수를 배치하지 않았고 조종수가 위험구역에 접근해 있어 재해위험이 있다.
4. 작업자가 안전모를 착용하지 않았다.

04 화면은 승강기 컨트롤 패널을 맨손으로 점검(전압측정)하던 중 발생한 재해사례이다. 감전방지대책 3가지를 서술하시오.

[동영상 설명]
MCCB 패널 점검 중으로 개폐기에는 통전 중이라는 표지가 붙어 있고 작업자(면장갑 착용)가 개폐기 문을 열어 전원을 차단하고 문을 닫은 후 다른 곳 패널에서 작업하려다 쓰러진다.

해답 1. 전로의 개로개폐기에 시건장치 및 통전금지 표지판 부착
2. 작업 전 신호체계 확립 및 작업지휘자에 의한 작업지휘
3. 차단기에 회로구분 표찰 부착에 의한 오조작 방지 등

부록

05 화면은 크롬도금작업을 보여준다. 동영상에서와 같이 도금작업 시 유해물질에 대한 안전수칙을 4가지 쓰시오.

해답 1. 유해물질에 대한 유해성 사전조사
2. 유해물질 발생원의 봉쇄
3. 작업공정 은폐, 작업장의 격리
4. 유해물의 위치 및 작업공정 변경
5. 전체환기 또는 국소배기
6. 점화원의 제거
7. 환경의 정돈과 청소

06 화면은 작업자가 안전대를 착용하고 전주에 올라서서 작업발판(볼트)을 딛고 변압기 볼트를 조이는 중 추락하는 동영상이다. 이러한 작업 중 위험요인 2가지를 쓰시오.

해답 1. 불안전한 작업자세(작업자가 발판용 볼트를 딛고 있음)
2. 안전대 미고정(미부착)

07 화면에서 보여주고 있는 터널굴착공사 중 사용되는 계측의 종류 3가지를 쓰시오.

해답 1. 내공변위 측정
2. 천단침하 측정
3. 지표면침하 측정
4. 지중변위 측정
5. Rock Bolt 축력 측정
6. 숏크리트 응력 측정

08 회전하는 브레이크 라이닝 작업 중 장갑을 끼고 있는 손이 말려 들어갔다. 대책 2가지를 쓰시오.

해답 1. 회전기계에 손이 말려 들어갈 위험이 있는 장갑을 착용하지 않는다.
2. 비상정지장치, 덮개 등의 방호장치를 설치한다.
3. 이물질이 눈에 튀어 눈을 다칠 위험이 있으므로 보안경을 착용한다.

09 화면은 크레인으로 자재를 인양하는 도중에 발생한 재해사례이다. 배관 인양작업 중 위험요소 2가지를 쓰시오.

[동영상 설명]
크고 두꺼운 배관을 끈같이 생긴 와이어로프로 안전하지 못하게 한 번만 빙 둘러서 인양작업을 하고 있다. 끈의 일부분이 손상되어 옆 부분이 조금 찢겨 있다. 배관을 위로 끌어올리다가 다시 작업자들 머리 부근까지 내려온다. 밑에는 2명의 작업자가 배관을 손으로 지지하는데 배관이 순간 흔들리면서 날아와 작업자 1명을 쳐버렸다.

해답 1. 와이어로프의 안전상태가 불안정하여 위험하다.
2. 작업반경 내 관계근로자 이외의 외부 작업자가 출입하여 위험하다.

2015년 작업형 기출문제

산업안전기사(4월 A형)

01 산업안전보건법령상 건물 해체작업의 해체계획서 작성 시 포함사항 4가지를 쓰시오.

해답 1. 해체의 방법 및 해체순서 도면
2. 가설설비, 방호설비, 환기설비 및 살수 · 방화설비 등의 방법
3. 사업장 내 연락방법
4. 해체물의 처분계획
5. 해체작업용 기계 · 기구 등의 작업계획서
6. 해체작업용 화약류 등의 사용계획서
7. 기타 안전 · 보건에 관련된 사항

02 화면은 선반작업 중 발생한 재해사례를 나타내고 있다. 화면에서와 같이 안전준수사항을 지키지 않고 작업할 때 일어날 수 있는 재해요인을 2가지 쓰시오.

해답 1. 회전물에 샌드페이퍼를 감아 손으로 지지하고 있기 때문에 작업복과 손이 감겨 들어간다.
2. 작업에 집중하지 못하여(곁눈질) 실수로 작업복과 손이 말려 들어간다.
3. 손을 기계 위에 올려놓고 작업을 하고 있어 손이 미끄러져 회전물에 말려 들어간다.

03 화면은 30kV 전압이 흐르는 고압선 아래에서 작업 중 발생한 재해사례이다. 크레인을 이용하여 고압선 주변에서 작업할 경우 사업주의 감전 조치사항 2가지를 쓰시오.

[동영상 설명]
이동식크레인으로 작업하다 붐대가 전선에 닿아 감전되는 상황이다.

해답 1. 해당 충전전로를 이설할 것
2. 감전의 위험을 방지하기 위한 울타리을 설치할 것

3. 해당 충전 전로에 절연용 방호구를 설치할 것
4. 감시인을 두고 작업을 감시하도록 할 것

04 화면은 작업자가 전동 권선기에 동선을 감는 작업 중 기계가 정지하여 점검 중 발생한 재해사례이다. (1) 재해형태 및 (2) 재해발생 원인을 1가지 서술하시오.

해답 (1) 재해형태 : 감전
(2) 재해발생 원인 : 정전작업 미실시, 절연보호구(절연장갑) 미착용 등

05 화면은 도금작업에 사용하는 보호구 사진 A, B, C 3가지를 보여준 후, C 보호구에 노란색 동그라미가 표시되면서 정지된다. 동영상에서 C 보호구의 사용 장소에 따른 종류 3가지를 쓰시오.

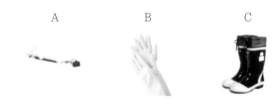

A   B   C

해답 1. 일반용, 2. 내유용, 3. 내산용, 4. 내알칼리용, 5. 내산, 알칼리 겸용

06 화면의 영상 속 (1) 위험요인을 상세히 설명하고, (2) 장기간 폭로 시 어떤 종류의 직업병이 발생할 위험이 있는지 3가지를 쓰시오.

[동영상 설명]
작업장은 석면이 날리고 있어 석면분진폭로 위험성에 노출되어 있다. 작업자가 마스크를 착용하고 있으나 직업성 질환으로 이환될 위험성에 노출되어 있다.

해답 (1) 위험요인 : 작업자가 석면을 여과할 수 있는 방진마스크를 착용하지 않을 경우 석면분진이 체내로 흡입될 수 있다.
(2) 질병 : 1. 악성중피종, 2. 석면폐, 3. 폐암

07 화면은 무채를 썰어내는 기계(슬라이스 기계) 작업 중 기계가 갑자기 멈추자 작업자가 이를 점검하는 장면이다. 방호장치를 쓰시오.

해답 인터록(연동장치)

08 화면은 이동식 크레인을 이용하여 철제 배관을 인양하는 작업으로 신호수의 신호에 따라 철제 배관을 인양 중 H빔에 부딪치면서 흔들리는 동영상이다. 배관 인양 작업 시 안전대책 3가지를 쓰시오.

해답 1. 보조(유도)로프를 이용해서 흔들림을 방지한다.
2. 무전기 등을 사용하여 신호하거나, 작업 전 일정한 신호방법을 약속으로 정한다.
3. 슬링와이어로프의 체결상태를 확인한다.
4. 화물을 작업자 위로 통과시키지 않도록 한다.
5. 보호구(안전모)를 착용한다.

09 화면에서 변압기를 유기화합물에 담가서 절연처리하는 작업을 보여주고 있다. 이러한 유기화합물 취급작업 시 다음의 신체 부위에 착용하여야 하는 보호구를 쓰시오.

(1) 손	(2) 눈

해답 (1) 손 : 유기화합물용 안전장갑
(2) 눈 : 보안경

산업안전기사(4월 B형)

01 화면은 스팀배관의 보수를 위해 누출부위를 점검하던 중에 발생한 재해사례이다. 동영상에서와 같은 재해를 산업재해 기록, 분류에 관한 기준에 따라 분류할 때 해당되는 재해발생형태를 쓰시오.

해답 이상온도 노출·접촉
※ "이상온도 노출·접촉"은 고·저온 환경 또는 물체에 노출·접촉된 경우를 말한다.

02 작업자는 컨베이어가 작동하는 상태에서 컨베이어벨트 끝부분에 발을 딛고 올라서서 불안정한 자세로 형광등을 교체하다 추락하는 동영상이다. 작업자의 불안전한 행동 2가지를 쓰시오.

해답 1. 작동하는 컨베이어에 올라 작업하는 자세가 불안정하여 추락할 위험이 있다.
2. 안전모 등 보호구를 착용하지 않아 위험하다.

03 화면은 버스 정비작업 중 재해가 발생한 사례이다. 기계설비의 (1) 위험점, (2) 불안전한 요인 2가지를 쓰시오.

[동영상 설명]
시내버스를 정비하기 위하여 차량용 리프트로 차량을 들어 올린 상태에서 한 작업자가 버스 밑에 들어가 샤프트 계통을 점검하고 있다. 그런데 다른 한 사람이 주변 상황을 전혀 살피지 않고 버스에 올라 엔진을 시동하였다. 그 순간 밑에 있던 작업자의 팔이 버스의 회전하는 샤프트에 말려 들어 협착사고를 일으킨다.

해답 (1) 위험점 : 회전말림점
(2) 불안전한 요인
1. 정비작업 중임을 나타내는 표지판을 설치하지 않았다.
2. 작업과정을 지휘할 작업자를 배치하지 않았다.
3. 기동(시동)장치에 잠금장치를 하지 않았다.
4. 작업 시 운전금지를 위하여 열쇠를 별도로 관리하지 않았다.

04 화면에서 보여주고 있는 안전대의 (1) 명칭, (2) 정의, (3) 일반구조 조건 2가지를 쓰시오.

해답 (1) 명칭 : 안전블록
(2) 정의 : 안전그네와 연결하여 추락 발생 시 추락을 억제할 수 있는 자동잠김장치가 갖추어져 있고 죔줄이 자동적으로 수축되는 장치
(3) 일반구조 조건
1. 신체지지의 방법으로 안전그네만을 사용할 것
2. 안전블록은 정격 사용 길이가 명시될 것
3. 안전블록의 줄은 합성섬유로프, 웨빙(webbing), 와이어로프이어야 하며, 와이어로프인 경우 최소지름이 4mm 이상일 것

05 화면은 크레인으로 자재를 인양하는 도중에 발생한 재해사례이다. 배관 인양 작업 중 위험요소 2가지를 쓰시오.

[동영상 설명]
크고 두꺼운 배관을 끈같이 생긴 와이어로프로 안전하지 못하게 한 번만 빙 둘러서 인양하고 있다. 끈의 일부분이 손상되어 있으며, 위로 인양 중인 배관이 작업자들 머리 부근까지 내려오며 밑에는 2명의 작업자가 배관을 손으로 지지하는데 배관이 순간 흔들리면서 날아와 작업자 1명과 충돌한다.

해답 1. 와이어로프의 안전상태가 불안정하여 위험하다.
2. 작업 반경 내 관계근로자 이외의 외부 작업자가 출입하여 위험하다.

06 화면은 조립식 비계발판을 설치하던 중 발생한 재해사례이다. 동영상에서와 같이 높이가 2m 이상인 작업 장소에 적합한 작업발판의 설치기준을 3가지만 쓰시오. (단, 작업발판의 폭과 틈의 기준은 제외한다.)

해답 1. 발판재료는 작업 시의 하중을 견딜 수 있도록 견고한 것으로 할 것
2. 작업발판의 폭은 40cm 이상으로 하고, 발판재료 간의 틈은 3cm 이하로 할 것
3. 추락의 위험성이 있는 장소에는 안전난간을 설치할 것
4. 작업발판의 지지물은 하중에 의하여 파괴될 우려가 없는 것을 사용할 것
5. 작업발판재료는 뒤집히거나 떨어지지 않도록 둘 이상의 지지물에 연결하거나 고정시킬 것
6. 작업발판을 작업에 따라 이동시킬 때에는 위험 방지에 필요한 조치를 할 것

07 화면은 선박 밸러스트 탱크 내부의 슬러지를 제거하는 작업 도중에 작업자가 가스질식으로 의식을 잃었음을 보여주고 있다. 이러한 사고에 대비하여 필요한 비상시 피난용구 3가지를 쓰시오.

해답 1. 호흡용보호구(송기마스크, 공기호흡기), 2. 구명로프, 3. 사다리, 4. 안전대

08 화면은 작업자가 사출성형기에 끼인 이물질을 당기다 감전으로 뒤로 넘어져 발생하는 재해사례이다. 사출성형기 잔류물 제거 시 안전대책 3가지를 쓰시오.

해답 1. 작업자가 사출성형기의 내부 금형 사이에 출입할 때에는 사출성형기의 전원을 차단한 후 출입할 것
2. 작업 시 절연용보호구를 착용할 것
3. 이물질의 제거는 전용공구를 사용할 것
4. 사출성형기 충전부 방호조치(덮개) 실시

09 동영상은 작업자가 드릴작업 중 동시에 칩을 입으로 불어서 제거하거나, 손으로 제거하려다가 드릴에 손을 다치는 장면을 보여주고 있다. 동영상에 나타나는 위험요인 2가지를 쓰시오.

해답 1. 칩을 입으로 불어 제거하려다가 칩이 눈에 들어갈 위험이 있다.
2. 브러시를 사용하지 않고 손으로 칩을 제거하다가 손을 다칠 위험이 있다.

01 방독마스크를 보여주고 있다. 다음 각 물음에 답을 쓰시오. (단, 정화통의 표기는 무시한다.)

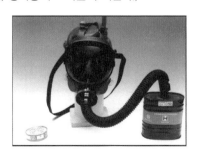

(1) 방독마스크의 종류를 쓰시오.

(2) 방독마스크의 정화통 흡수제 1가지를 쓰시오.

(3) 방독마스크가 직결식 전면형일 경우 누설률은 몇 %인가?

해답 (1) 명칭 : 암모니아용 방독마스크
(2) 정화통 흡수제 : 큐프라마이트
(3) 누설률 : 0.05% 이하

02 화면의 동영상을 보고 이 기계의 산업안전보건법상 작업 시작 전 점검사항을 3가지 쓰시오.

[동영상 설명]

정지된 컨베이어를 작업자가 점검하고 있다. 작업자가 점검 중일 때 다른 작업자가 전원 스위치의 전원버튼을 눌러 점검 중이던 작업자가 벨트에 손이 끼이는 재해를 당한다.

해답 1. 원동기 및 풀리 기능의 이상 유무
2. 이탈 등의 방지장치 기능의 이상 유무
3. 비상정지장치 기능의 이상 유무
4. 원동기 · 회전축 · 기어 및 풀리 등의 덮개 또는 울 등의 이상 유무

03 화면과 같은 재해의 발생원인 2가지를 쓰시오.

[동영상 설명]

A작업자가 변압기의 2차 전압을 측정하기 위해 유리창 너머의 B작업자에게 전원을 투입하라는 신호를 보낸다. 측정 완료 후 다시 차단하라고 신호를 보내고 측정기기를 철거하다 감전사고가 발생하였다. 이때 작업자는 맨손이고 슬리퍼 착용하였다.

해답 1. 개인보호구(절연장갑 등) 미착용
2. 신호전달체계 불량
3. 작업자 안전수칙 미준수(활선 및 정전상태 미확인 후 작업)

04 화면은 교량하부 점검 중 추락재해가 발생하는 장면을 보여주고 있다. 화면을 참고하여 사고 원인 3가지를 쓰시오.

해답 1. 안전대 부착 설비 및 안전대를 착용하지 않았다.
2. 작업발판 단부의 안전난간 설치가 불량하다.
3. 추락방호망이 미설치되어 있다.

4. 작업자 주변 정리정돈 상태가 불량하나.
5. 작업발판이 고정되어 있지 않았다.

05 화면은 어두운 장소에서의 컨베이어 점검 시 사고가 발생하는 상황이다. 작업시작 전 조치사항을 2가지 쓰시오.

[동영상 설명]

작업자가 어두운 장소에서 플래시를 들고 컨베이어 벨트를 점검하다 부주의하여 한 눈을 판 사이 손이 컨베이어 롤러에 말려 들어갔다.

해답 1. 작업 시작 전 전원을 차단한다.
2. 장갑을 끼고 있어 손이 말려 들어가기 때문에 장갑을 벗는다.
3. 야간에 점검을 하지 않는다.
4. 비상정지장치 기능을 설치한다.
5. 원동기 회전축 기어 및 풀리 등의 덮개 또는 울을 설치한다.

06 화면은 공장 지붕 철골 상에 패널 설치 중 작업자가 실족하여 사망한 재해사례이다. 동영상의 내용을 참고하여 (1) 위험요인과 (2) 안전대책을 2가지 쓰시오.

해답 (1) 위험요인
1. 안전대 부착설비 미설치 및 안전대 미착용
2. 추락방호망 미설치
3. 작업발판 미설치
(2) 안전대책
1. 안전대 부착설비에 안전대 걸고 작업
2. 작업장 하부에 추락방호망 설치 철저
3. 미끄럼 방지용 안전발판 설치

07 화면은 실험실에서 H_2SO_4(황산)을 비커에 따르고 있고, 작업자는 맨손, 마스크를 미착용하고 있다. 인체로 흡수되는 경로를 2가지 쓰시오.

해답 1. 피부 및 점막 접촉에 의한 피부로의 흡수
2. 흡입을 통한 호흡기로의 흡수
3. 구강을 통한 소화기로의 흡수

08 화면은 작업자가 수중펌프 접속부위에 감전되어 발생한 재해사례이다. 작업자가 감전사고를 당한 원인을 인체의 피부저항과 관련하여 설명하시오.

해답 1. 감전피해의 위험도에 가장 큰 영향을 미치는 통전전류의 크기는 인체의 전기저항 즉, 임피던스의 값에 의해 결정(반비례)되며 인체의 임피던스는 내부저항과 피부저항으로 구성
2. 내부저항은 교류, 직류에 따라 거의 일정통전시간이 길어지면 인체의 온도상승에 의해 저항치 감소) 피부저항은 물에 젖어 있을 경우 1/25로 감소하므로 그만큼 통전전류가 커져 전격의 위험이 높아진다.

09 화면에서 그라인더 작업 시 위험요인 2가지를 쓰시오.

[동영상 설명]
탱크 내부 밀폐된 공간에서 작업자가 그라인더 작업을 하고 있고, 다른 작업자가 외부에 설치된 국소배기장치를 발로 차서 전원 공급이 차단되어 작업자가 의식을 잃고 쓰러진다.

해답 1. 작업시작 전 산소농도 및 유해가스 농도 등 미측정과 작업 중에서 계속 환기를 시키지 않아 위험
2. 환기를 실시할 수 없거나 산소결핍 위험장소에 들어갈 때 호흡용 보호구를 착용하지 않아 위험
3. 국소배기장치의 전원부에 잠금장치가 없고, 감시인을 배치하지 않아 위험

산업안전기사(7월 A형)

01 자동차 브레이크 라이닝을 세척 중이다. 착용해야 할 보호구 3가지를 쓰시오.

[동영상 설명]
작업자가 화학약품을 사용하여 자동차 부품(브레이크 라이닝)을 세척하고 있다. 이때 세정제가 작업장 바닥에 흩어져 있으며, 작업자는 고무장화 등을 착용하지 않고 작업을 하고 있다.

해답 1. 보안경, 2. 방독마스크, 3. 화학물질용 보호복

02 화면의 보호구 중 가죽제 안전화 성능기준 항목 4가지를 쓰시오.

해답 1. 내압박성 시험, 2. 내충격성 시험, 3. 박리저항 시험, 4. 내답발성 시험

03 화면은 항타기·항발기 작업하는 주위에서 2~3명의 작업자가 안전모를 착용하고 작업하는 중 근처 전선에서 스파크가 발생한 사례이다. 고압선 주위에서 항타기·항발기 작업 시 안전작업수칙 2가지를 쓰시오.

해답 1. 작업반경 내 작업자의 출입을 금지한다.
2. 작업구간 내 가설울타리를 설치한다.

04 화면은 퍼지작업상황을 연출하고 있다. 퍼지작업의 종류 4가지를 쓰시오.

해답 1. 진공퍼지, 2. 압력퍼지, 3. 스위프 퍼지, 4. 사이펀 퍼지

05 납품시간이 촉박한 지게차 운전자가 급히 물건을 적재(화물을 높게 적재하여 시계 불충분)하여 운반도중 통로의 작업자와 충돌하는 장면이다. 영상의 재해발생원인 2가지를 쓰시오.

해답 1. 물건의 적재불량으로 인한 운전자의 시계 불충분으로 지게차에 의해 다른 작업자가 다친다.
2. 작업자가 지게차의 운행경로상에 나와서 작업하고 있어 다친다.

06 작업자가 방전가공기 청소작업을 하던 중 재해를 당하였다. 재해발생원인 2가지를 쓰시오.

해답 1. 정전작업 미실시
2. 절연 보호구 미착용

07 화면은 크랭크 프레스로 철판에 구멍을 뚫는 작업을 하고 있다. 위험요소 3가지를 쓰시오.

해답
1. 프레스 방호장치가 설치되어 있지 않아서 재해의 위험이 있다.
2. 기계 점검 시 전원을 차단하지 않아서 재해의 위험이 있다.
3. 이물질 제거 시 수공구를 사용하지 않고, 손으로 작업해 재해의 위험이 있다.
4. 프레스 페달에 U자형 커버가 설치되어 있지 않아서 재해의 위험이 있다.

08 화면은 이동식 크레인을 이용하여 철제 배관을 인양하는 작업으로 신호수의 신호에 따라 철제 배관을 인양 중 H빔에 부딪치면서 흔들리는 동영상이다. 배관 인양 작업 시 위험요인 3가지를 쓰시오.

해답
1. 유도로프를 사용하지 않았다.
2. 신호수가 낙하위험구간에서 신호를 실시하였다.
3. 작업 전 신호방법 및 신호계획을 수립하지 않았다.
4. 자재를 작업자 위로 운반하였다.

09 화면은 콘크리트 전주 세우기 작업 도중에 발생한 사례이다. 동영상에서와 같은 동종재해를 예방하기 위한 대책 중 관리적 대책사항을 3가지 쓰시오.

해답
1. (이격거리 확보) 차량 등을 충전부로부터 300[cm] 이상 이격시키되, 대지전압이 50[kV]를 넘는 경우에는 10[kV]가 증가할 때마다 이격거리를 10[cm]씩 증가시킨다.
2. (절연용 방호구 설치) 절연용 방호구 등을 설치한 경우에는 이격거리를 절연용 방호구 앞면까지로 할 수 있다.
3. (울타리 설치 또는 감시인 배치) 울타리를 설치하거나 감시인 배치 등의 조치를 하여야 한다.
4. (접지점 관리 철저) 접지된 차량 등이 충전전로와 접촉할 우려가 있는 경우에는 근로자가 접지점에 접촉되지 않도록 조치하여야 한다.

01 화면상에서의 (1) 재해요인 1가지와 (2) 재해발생 시 조치사항을 각각 쓰시오.

[동영상 설명]
경사진 컨베이어가 작동하고, 작업자는 작동 중인 컨베이어 위에 1명과 아래쪽 작업장 바닥에 1명이 있다. 기계 오른쪽에 있는 포대를 컨베이어 벨트 위로 올리는 작업을 진행 중이다. 컨베이어 위 작업자는 벨트 양 끝부분 철로 된 모서리에 양발을 벌리고 서 있으며, 컨베이어 위의 포대가 작업자와 부딪히며 쓰러진다.

해답
(1) 재해요인 : 안전장치(덮개 또는 울)가 설치되지 않았고, 작업자가 위험구역 내 위치해 있어 재해의 위험이 있다.
(2) 재해발생 시 조치사항 : 컨베이어 기계 정지(비상정지장치 작동)

02 산업안전보건법령상 건물 해체작업의 해체계획서 작성 시 포함사항을 4가지 쓰시오.

해답
1. 해체의 방법 및 해체순서 도면
2. 가설설비, 방호설비, 환기설비 및 살수 · 방화설비 등의 방법
3. 사업장 내 연락방법
4. 해체물의 처분계획
5. 해체작업용 기계 · 기구 등의 작업계획서
6. 해체작업용 화약류 등의 사용계획서

03 화면에서 보여주는 보호구에 안전인증 표시와 추가표시사항 4가지를 쓰시오.

해답
1. 파과곡선도, 2. 사용시간 기록카드, 3. 정화통의 외부 측면의 표시색, 4. 사용상의 주의사항

04 화면은 아파트 창틀에서 작업 중 발생한 재해사례를 나타내고 있다. 해당 동영상에서 작업자의 추락사고 원인 3가지를 쓰시오.

> [동영상 설명]
>
> 작업자 A, B가 작업을 하고 있으며, A는 아파트 창틀에서 B는 옆 처마 위에서 작업하고 있다. 창틀에서 작업 중인 A가 작업발판을 처마 위에 B에게 건네 준 후 B가 있는 옆 처마 위로 이동하다 발을 헛디뎌 바닥으로 추락한다.

해답 1. 안전대 부착설비 미설치
2. 안전대 미착용
3. 추락방지용 추락방호망 미설치

05 화면상에서와 같이 마그네틱 크레인으로 물건을 옮기다 발생한 재해에 있어서 그 위험요인을 3가지 쓰시오.

> [동영상 설명]
>
> 마그네틱 크레인으로 물건을 옮기는 작업을 하고 있다. 마그네틱을 금형 위에 올리고 손잡이를 작동시켜 이동하는데 작업자가 오른손으로 금형을 잡고, 왼손으로 상하좌우 조정장치를 누르며 이동하다 갑자기 쓰러지면서 오른손이 마그네틱 on/off봉을 건드려 금형이 발등으로 떨어져 협착사고가 발생한다.

해답 1. 마그네틱 크레인에 훅 해지장치가 없고, 작동스위치의 전선이 벗겨져 있는 상태라서 재해의 위험이 있다.
2. 보조(유도)로프를 사용하지 않아 재해위험이 있다.
3. 신호수를 배치하지 않았고 조종수가 위험구역에 접근해 있어 재해위험이 있다.
4. 작업자가 안전모를 착용하지 않았다.

06 화면은 전주를 옮기다 작업자가 전주에 맞은 재해를 보여주고 있다. 다음의 답을 쓰시오.

> (1) 재해요인   (2) 가해물
> (3) 전기용 안전모의 종류

해답 (1) 재해발생형태 : 비래
(2) 가해물 : 전주
(3) 안전모 : AE, ABE

07 화면은 LPG저장소에 가스누설감지경보기의 미설치로 인해 재해가 발생한 사례이다. 누설 감지경보기의 적절한 (1) 설치위치, (2) 경보설정값은 몇 %가 적당한지 쓰시오.

해답 (1) 설치위치 : 바닥에 인접한 낮은 곳에 설치한다.(LPG는 공기보다 무거우므로 가라앉음)
(2) 경보설정값 : 폭발하한계(LEL) 25% 이하

08 화면의 영상 속 (1) 위험요인을 상세히 설명하고, (2) 장기간 폭로 시 어떤 종류의 직업병이 발생할 위험이 있는지 3가지를 쓰시오.

> [동영상 설명]
>
> 작업장은 석면이 날리고 있어 석면분진폭로 위험성에 노출되어 있어 있다. 작업자가 마스크를 착용하고 있으나 직업성 질환으로 이환될 위험성에 노출되어 있다.

해답 (1) 위험요인 : 작업자가 방진마스크를 착용하지 않을 경우 석면분진이 체내로 흡입될 수 있다.
(2) 질병 : 1. 악성중피종, 2. 석면폐, 3. 폐암

09 화면의 영상을 참고하여 활선작업 시 내재되어 있는 핵심위험요인 3가지를 쓰시오.

> [동영상 설명]
>
> 작업자 2명이 전주에서 활선작업을 하고 있다. 작업자 1명은 밑에서 절연방호구를 올리고 다른 작업자 1명은 크레인 위에서 물건을 받아 활선에 절연방호구 설치작업을 하다 감전사고가 발생한다.

해답 1. 근접활선(절연용 방호구 미설치)에 대한 감전 위험
2. 절연용 보호구 착용상태 불량에 따른 감전 위험
3. 활선작업거리 미준수에 따른 감전 위험
4. 작업장소의 관계근로자 외의 자의 출입에 따른 감전 위험

01 다음 각 물음에 답을 쓰시오. (단, 정화통의 문자 표기는 무시한다.)

(1) 방독마스크의 종류를 쓰시오.
(2) 방독마스크의 형식을 쓰시오.
(3) 방독마스크의 시험가스 종류를 쓰시오.

해답 (1) 마스크종류 : 암모니아용 방독마스크
(2) 형식 : 격리식 전면형
(3) 시험가스 : 암모니아

02 화면은 김치제조 공장에서 슬라이스 작업 중 작동이 멈춰 기계를 점검하고 있는 도중에 재해가 발생한 상황을 보여주고 있다. 슬라이스 기계 중 무채를 썰어내는 부분에서 형성되는 (1) 위험점과 (2) 정의를 쓰시오.

해답 (1) 위험점 : 절단점
(2) 정의 : 회전하는 운동부 자체의 위험이나 운동하는 기계부분 자체의 위험에서 초래되는 위험점이다.

03 저장탱크 내부에서 슬러지 청소장면을 보여준다. 작업자가 탱크 내부에서 30분 이상 작업할 경우 착용해야 할 보호구를 2가지 쓰시오.

해답 1. 송기마스크 2. 공기호흡기

04 작업자가 전주에 올라가다 표지판에 부딪혀 추락하는 재해가 발생하였다. 재해발생 원인 2가지를 쓰시오.

해답 1. 안전대 부착설비 미설치(수직구명줄 미설치)
2. 안전대 미착용(추락방지대 미착용)

05 화면은 영상표시단말기(VDT) 작업상황을 설명하고 있다. 이 작업으로 올 수 있는 장해를 위험요인 포함해서 3가지를 쓰시오.

해답 1. 장시간 불편한 자세에 의한 요통장애
2. 반복작업에 의한 어깨 및 손목 통증
3. 장시간 화면 보기에 의한 시력 저하 및 장애

06 영상과 같이 피트에서 작업할 때 지켜야 할 안전작업수칙 3가지를 쓰시오.

[동영상 설명]
화면은 작업자가 피트 뚜껑을 한쪽으로 열어 놓고 불안정한 나무 발판 위에 발을 올려 놓은 상태에서 왼손으로 뚜껑을 잡고 오른손으로 플래시를 안쪽으로 비추면서 내부를 점검하는 중에 발이 미끄러지는 장면을 보여주고 있다.

해답 1. 피트 내부에 추락방호망 미설치
2. 개구부(피트) 단부 안전난간 미설치
3. 안전대 부착설비 미설치 및 안전대 미착용

07 화면 속 영상에서는 타워크레인을 이용하여 철제 비계를 운반도중 작업자가 있는 곳에서 다소 흔들리며 내리다 작업자와 부딪히고 있다. 동영상에서와 같이 타워크레인 작업 시 재해발생 원인 3가지를 쓰시오.

해답 1. 보조로프를 설치하지 않았다.
2. 로프상태가 불량하다.
3. 위험반경 내에서 크레인 신호작업을 해야 한다.

08 승강기 개구부에서 동영상처럼 하중물 인양 시 준수사항을 2가지 쓰시오.

> **[동영상 설명]**
> 승강기 개구부에서 A, B 2명의 작업자가 위치하여 있다. 작업자 A는 위에서 안전난간에 밧줄을 걸쳐 하중물을 끌어올리고 작업자 B는 이를 밑에서 올려주는데 바로 이때 인양하던 물건이 떨어져 밑에 있던 작업자 B가 다치는 사고가 발생한다.

> **해답** 1. 인양하물의 무게를 어림잡을 때에는 가볍게 들어 개인의 인양능력에 충분한가의 여부를 판단하여 인양하여야 한다.
> 2. 하중물 낙하 위험을 방지하기 위하여 낙하물방지망을 설치한다.

09 화면은 폭발성 화학물질 취급 중 작업자의 부주의로 발생한 사고 사례이다. 동영상에서와 같이 폭발성 물질 저장소에 들어가는 작업자가 (1) 신발에 물을 묻히는 이유와 (2) 화재 시 적합한 소화방법은 무엇인지 쓰시오.

> **해답** (1) 신발에 물을 묻히는 이유 : 인체에 대전된 정전기는 점화원으로 작용할 수 있으므로, 대전된 정전기를 땅으로 흘려보내기 위해서 신발과 바닥면 사이의 저항을 최소화하기 위함
> (2) 소화방법 : 다량 주수에 의한 냉각소화

산업안전기사(10월 A형)

01 화면은 작업자가 수중펌프 접속부위에 감전되어 발생한 재해사례이다. 재해예방 방안을 3가지 쓰시오.

> **[동영상 설명]**
> 단무지가 있고 무릎 정도 물이 차 있는 상태에서 펌프 작동과 동시에 감전

> **해답** 1. 사용 전 수중 펌프와 전선 등의 절연상태 점검(절연저항 측정 등)
> 2. 감전방지용 누전차단기 설치
> 3. 수중 모터 외함 접지상태 확인

02 가죽제 안전화의 뒷굽 높이를 제외한 몸통높이를 쓰시오.

> **해답** 1. 단화 : 113mm 미만, 2. 중단화 : 113mm 이상, 3. 장화 : 178mm 이상

03 화면은 30kV 전압이 흐르는 고압선 아래에서 작업 중 발생한 재해사례이다. 크레인을 이용하여 고압선 주변에서 작업할 경우 사업주의 감전 조치사항 3가지를 쓰시오.

> **[동영상 설명]**
> 이동식 크레인으로 작업하다 붐대가 전선에 닿아 감전사고가 발생한다.

> **해답** 1. 해당 충전전로를 이설할 것
> 2. 감전의 위험을 방지하기 위한 울타리를 설치할 것
> 3. 해당 충전전로에 절연용 방호구를 설치할 것
> 4. 감시인을 두고 작업을 감시하도록 할 것

04 화면은 인쇄 윤전기를 청소하는 중에 발생한 재해사례이다. 동영상을 참고하여 위험요인을 3가지만 쓰시오.

> **[동영상 설명]**
> 작업자가 인쇄용 윤전기의 전원을 끄지 않고 빙글빙글 서로 맞물려서 돌아가는 롤러를 걸레로 닦고 있다. 체중을 실어서 힘 있게 닦고, 위험하게 맞물리는 지점까지 걸레를 집어넣는 순간 작업자의 손이 롤러기 사이에 끼어 사고를 당하자 전원을 차단하고 손을 빼냈다.

> **해답** 1. 전원을 차단하여 롤러기를 정지시키지 않은 상태에서 청소를 하고 있어 롤러에 말려 들어간다.
> 2. 방호장치가 없어 회전하는 롤러에 걸레의 윗부분이 끼여 손이 말려 들어간다.
> 3. 회전 중인 롤러에 물려 들어가는 쪽을 직접 손으로 눌러서 닦고 있어 걸레와 함께 손이 물려 들어가게 된다.
> 4. 체중을 걸쳐 닦고 있어서 말려 들어가게 된다.

05 화면은 박공지붕 설치작업 중 발생한 재해사례이다. 해당 화면은 박공지붕의 비래에 의해 재해가 발생하였음을 나타내고 있다. 위험요인 3가지를 쓰시오.

[동영상 설명]
박공지붕 위쪽과 바닥을 보여주면서 오른쪽에 안전난간, 추락방호망이 미설치된 화면과 지붕 위쪽 중간에서 커피를 마시며 휴식을 취하는 작업자(안전모, 안전화 착용)들과 작업자 왼쪽과 뒤편에 적재물이 적치되어 있고 휴식 중인 작업자를 향해 뒤에 있는 삼각형 적재물이 굴러와 작업자 등에 충돌하여 작업자가 앞으로 쓰러지는 동영상

해답 1. 근로자가 위험한 장소에서 휴식을 취하고 있다.
2. 추락방호망이 설치되지 않았다.
3. 자재를 한 곳에 과적하여 적치하였다.
4. 안전대 부착설비가 없고, 안전대를 착용하지 않았다.

06 화면은 작업발판용 목재토막을 가공대 위에 올려놓고 한 발로 목재를 고정하고 톱질을 하다 작업발판이 흔들리며 작업자가 균형을 잃고 넘어지는 영상이다. (1) 재해형태, (2) 기인물을 쓰시오.

해답 (1) 재해형태 : 전도
(2) 기인물 : 작업발판

07 화면은 DMF 작업장에서 한 작업자가 방독마스크, 안전장갑, 보호복 등을 착용하지 않은 채 유해물질 DMF작업을 하고 있다. 피부자극성 및 부식성 관리대상 유해물질 취급 시 비치하여야 할 보호장구 3가지를 쓰시오.

해답 1. 방독마스크, 2. 화학물질용 보호복, 3. 안전장갑(화학물질용)

08 화면은 자동차부품을 도금 후 세척하는 과정을 보여주고 있다. 이 영상을 참고하여 위험예지훈련을 하고자 한다. 연관된 행동목표 2가지를 쓰시오.

해답 1. 작업 중 흡연을 하지 말자.
2. 세척작업 시 고무제 안전화를 착용하자.

09 쌍줄비계의 작업발판에서 작업을 하고 있는 장면을 보여주고 있다. 이때 (1) 작업발판의 폭은 몇 cm 이상, (2) 발판 틈새는 몇 cm 이하가 적절한지 각각 쓰시오.

해답 (1) 작업발판의 폭 : 40cm 이상
(2) 발판틈새 : 3cm 이하

산업안전기사(10월 B형)

01 화면은 퍼지작업 상황을 연출하고 있다. 퍼지작업의 종류 4가지를 쓰시오.

해답 1. 진공퍼지, 2. 압력퍼지, 3. 스위프 퍼지, 4. 사이펀 퍼지

02 다음과 같은 마스크의 (1) 명칭, (2) 등급 종류 3가지, (3) 산소농도를 쓰시오.

해답 (1) 명칭 : 방진마스크
(2) 등급 종류 : 특급, 1급, 2급
(3) 산소농도 : 18%

03 다음 빈칸을 채우시오.

(1) 화면에 나타난 항타기 권상장치의 드럼축과 권상장치로부터 첫 번째 도르래의 축과의 거리를 권상장치의 드럼 폭의 (①)배 이상으로 해야 한다.
(2) 도르래는 권상장치의 드럼의 (②)을 지나야 하며 축과 (③)상에 있어야 한다.

해답 ① 15배, ② 중심, ③ 수직면

04 화면과 연관된 특수 화학설비 내부의 이상상태를 조기에 파악하기 위하여 설치해야 할 장치 3가지를 쓰시오.

해답) 1. 온도계, 2. 유량계, 3. 압력계, 4. 자동경보장치

05 이동식 크레인을 사용하여 작업을 하는 때 작업시작 전 점검사항을 2가지 쓰시오. (단, 경보장치는 제외한다.)

해답) 1. 방호장치, 브레이크 및 클러치의 기능
2. 와이어로프가 통하고 있는 곳의 상태

06 화면은 롤러기 또는 인쇄 윤전기 점검을 보여주고 있다. 재해예방방법을 3가지 쓰시오.

[동영상 설명]
작업자가 가동 중인 롤러기의 전원 차단 스위치를 꺼 정지시킨 후 내부수리를 하고 있고, 수리완료 후 롤러기를 가동시켜 내부의 이물질을 장갑을 착용한 손으로 제거하다 롤러기에 말려 들어간다.

해답) 1. 회전기계에 손이 말려 들어갈 위험이 있으므로 장갑을 착용하지 않는다.
2. 비상정지장치, 덮개 등의 방호장치를 설치한다.
3. 이물질이 눈에 튀어 다칠 위험이 있으므로 보안경을 착용한다.

07 화면은 승강기 컨트롤 패널을 맨손으로 점검 중 발생한 재해이다. 감전 방지대책을 3가지 쓰시오.

해답) 1. 전로의 개로개폐기에 시건장치 및 통전금지 표지판 부착
2. 작업 전 신호체계 확립 및 작업지휘자에 의한 작업지휘
3. 차단기에 회로구분 표찰 부착에 의한 오조작 방지 등

08 화면과 같이 재해발생원인을 3가지 쓰시오.

[동영상 설명]
A작업자가 변압기의 2차 전압을 측정하기 위해 유리창 너머의 B작업자에게 전원을 투입하라는 신호를 보낸다. 측정 완료 후 다시 차단하라고 신호를 보내고 측정기기를 철거하다 감전사고가 발생한다.

해답) 1. 개인보호구(절연장갑 등) 미착용
2. 신호전달체계 불량
3. 작업자 안전수칙 미준수(활선 및 정전상태 미확인 후 작업)

09 화면의 작업상황에서와 같이 작업자의 손이 말려 들어가는 부분에서 형성되는 (1) 위험점, (2) 정의를 쓰시오.

[동영상 설명]
작업자가 회전물에 샌드페이퍼를 감아 손으로 지지하고 작업하고 있으며, 작업복과 손이 감겨 들어간다.

해답) (1) 위험점 : 회전말림점(Trapping Point)
(2) 회전말림점의 정의 : 회전하는 물체의 길이, 굵기, 속도 등이 불규칙한 부위와 돌기 회전부위에 장갑 및 작업복 등이 말려드는 위험점 형성

산업안전기사(10월 C형)

01 화면의 영상과 같이 차량계 하역운반기계 등의 수리 또는 부속장치의 장착 및 해체작업을 하는 때에 작업 시작 전 조치사항을 3가지 쓰시오.

[동영상 설명]
덤프트럭의 전재함을 올리고 실린더 유압장치밸브를 수리하던 중에 재해가 발생한다.

해답) 1. 안전지지대 또는 안전블록 등의 사용상황 등을 점검할 것
2. 작업순서를 결정하고 작업을 지휘할 것
3. 작업계획서를 작성할 것
4. 원동기를 정지시키고 브레이크를 확실히 거는 등 갑작스러운 주행을 방지하기 위한 조치를 할 것

02 다음 각 물음에 대한 답을 쓰시오. (단, 정화통의 문자 표기는 무시한다.)

> (1) 방독마스크의 종류를 쓰시오.
> (2) 방독마스크의 주요성분을 쓰시오.
> (3) 방독마스크의 시험가스 종류를 쓰시오.

해답 (1) 종류 : 할로겐용 방독마스크
　　 (2) 주요성분 : 소다라임(Soda lime), 활성탄
　　 (3) 시험가스 : 염소

03 화면은 승강기 모터 벨트 부분에 묻은 기름과 먼지를 걸레로 청소 중 모터 상부 고정부분에 손이 끼이는 재해 사례를 나타내고 있다. 동영상을 보고 (1) 위험점, (2) 재해형태, (3) 재해형태의 정의를 쓰시오.

해답 (1) 위험점 : 접선물림점
　　 (2) 재해발생형태 : 협착
　　 (3) 협착의 정의 : 두 물체 사이의 움직임에 의하여 일어난 것으로 직선운동하는 물체 사이의 협착, 회전부와 고정체 사이의 끼임, 롤러 등 회전체 사이에 물리거나 또는 회전체·돌기부 등에 감긴 경우

04 화면은 MCCB 패널 차단기의 전원을 투입하여 발생한 재해사례이다. 동종재해방지대책 3가지를 쓰시오.

> [동영상 설명]
> 작업자가 MCCB 패널의 문을 열고 스피커를 통해 나오는 지시사항을 정확히 듣지 못한 상태에서 차단기 2개를 쳐다 보며 어느 것을 투입할까 고민하다 그 중 하나를 투입하였는데 잘못 투입하여 위험상황이 발생한다.

해답 1. 전로의 개로개폐기에 시건장치 및 통전금지 표지판 부착
　　 2. 작업 전 신호체계 확립 및 작업지휘자에 의한 작업지휘
　　 3. 차단기에 회로구분 표찰 부착에 의한 오조작 방지 등

05 화면은 섬유기계의 운전 중 발생한 재해사례이다. 동영상에서 사용한 기계작업 시 핵심 위험요인을 2가지 쓰시오.

> [동영상 설명]
> 섬유공장에서 실을 감는 기계가 돌아가고 있고 작업자가 그 밑에서 일을 하고 있는데 갑자기 실이 끊어지며 기계가 멈춘다. 이때 작업자가 회전하는 대형 회전체의 문을 열고 허리까지 안으로 집어넣고 안을 들여다보며 점검할 때 갑자기 기계가 작동하며 작업자의 몸이 회전체에 끼이는 상황이다.

해답 1. 기계의 전원을 차단하지 않고(기계를 정지시키지 않고) 점검을 하여 말려 들어갈 수 있다.
　　 2. 회전기계의 문을 열면 기계의 작동을 멈추게 하는 연동장치가 설치되어 있지 않다.
　　 3. 장갑을 착용하고 있어 롤러에 끼일 염려가 있다.

06 화면은 건물해체에 관한 장면으로 작업자가 위험부분에 머무는 것이 사고요인으로 판단되는바 동종사고 예방차원에서 작업자는 해체장비로부터 최소 몇 m 이상 떨어져야 적절한지 쓰시오.

해답 4m

07 화면은 인화성 물질의 취급 및 저장소이다. 이 동영상을 참고하여 (1) 가스폭발의 종류(재해형태), (2) 가스폭발의 종류(재해원인)에 설명을 쓰시오.

해답 (1) 폭발의 종류 : 증기운 폭발(UVCE)
　　 (2) 정의 : 가압상태의 저장용기 내부의 가연성 액체가 대기 중에 유출되어 순간적으로 기화가 일어나 점화원에 의해 일어나는 폭발

08 화면은 전주에서 형강작업을 하고 있다. 작업자가 착용하고 있는 안전대의 종류를 쓰시오.

해답 벨트식 안전대

09 화면은 크롬도금작업을 보여준다. 동영상에서와 같이 유해물질 취급 시 일반적인 주의사항을 4가지 쓰시오.

해답 1. 유해물질에 대한 유해성 사전조사
2. 유해물질 발생원의 봉쇄
3. 작업공정 은폐, 작업장의 격리
4. 유해물의 위치 및 작업공정 변경
5. 전체환기 또는 국소배기
6. 점화원의 제거
7. 환경의 정돈과 청소

산업안전기사(4월 A형)

01 누전차단기 설치 장소 3곳을 쓰시오.

> 해답 **누전차단기 적용범위(안전보건규칙 제304조)**
> 1. 대지전압이 150볼트를 초과하는 이동형 또는 휴대형 전기기계·기구
> 2. 물 등 도전성이 높은 액체가 있는 습윤 장소에서 사용하는 저압용 전기기계·기구
> 3. 철판·철골 위 등 도전성이 높은 장소에서 사용하는 이동형 또는 휴대형 전기기계·기구
> 4. 임시배선의 전로가 설치되는 장소에서 사용하는 이동형 또는 휴대형 전기기계·기구

02 화면은 작업발판에서 작업을 하고 있다. (1) 비계발판의 폭은 몇 cm 이상 (2) 발판틈새는 몇 cm 이하가 적절한지 각각 쓰시오.

> 해답 (1) 비계발판의 폭 : 40cm 이상
> (2) 발판틈새 : 3cm 이하

03 화면에서 보여준 사항 중 작업자가 마스크를 착용하고 있으나 석면분진폭로 위험성에 노출되어 있어 작업자에게 직업성 질환으로 이환될 우려가 있다. 장기간 폭로 시 어떤 종류의 직업병이 발생할 위험이 있는지 3가지 쓰시오.

> 해답 1. 폐암, 2. 석면폐증, 3. 악성중피종

04 전기드릴을 이용해 구멍을 넓히는 작업에서 작업자는 안전모와 보안경을 미착용하고, 방호장치도 설치되지 않은 상태에서 맨손으로 작업을 하고 있다. 위험방지방안을 2가지 쓰시오.

> 해답 1. 작은 물건은 바이스나 클램프를 사용하여 고정시키고 직접 손으로 지지하는 것을 피한다.
> 2. 보안경을 착용하였거나, 안전덮개를 설치한다.
> 3. 판에 큰 구멍을 뚫고자 할 때에는 먼저 작은 드릴로 뚫은 후에 큰 드릴로 뚫도록 한다.
> 4. 안전모를 착용하고, 장갑은 착용하지 않는다.

05 화면은 작업자가 변압기볼트를 조이는 장면이다. 이때 위험요인 2가지를 쓰시오.

> 해답 1. 작업자가 안전대를 전주에 걸지 않고 작업하여 위험하다.
> 2. 작업자가 딛고 선 발판이 불안하다.

06 안전모 각부에 알맞은 명칭을 쓰시오.

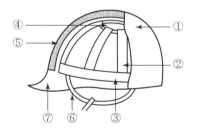

> 해답 ① 모체   ②, ③, ④ 착장체
> ⑤ 충격흡수재   ⑥ 턱끈
> ⑦ 챙(차양)

07 화면은 건설현장에서 사용하는 리프트를 보여주고 있다. 이 리프트를 사용하여 작업할 때의 작업 시작 전 점검사항 2가지를 쓰시오.

해답 1. 방호장치 · 브레이크 및 클러치의 기능
2. 와이어로프가 통하고 있는 곳의 상태

08 화면은 작업자가 몸을 기울인 채 손으로 이물질을 제거하는 작업을 하다가 실수로 페달을 밟아 손이 다치는 재해를 보여주고 있다. 이러한 사고의 예방을 위해 조치하여야 할 사항 2가지를 쓰시오.

해답 1. 안전장치가 설치되어 있지 않으므로 게이트가드식 등의 안전장치를 설치하여 사고를 예방한다.
2. 프레스를 일시정지할 때에는 페달에 U자형 덮개를 씌운다.

09 화면은 밀폐공간에 쓰러져 있는 의식불명의 피해자 모습을 보여주고 있다. 밀폐공간에서 구조자가 착용해야 할 보호구를 쓰시오.

해답 송기마스크, 공기마스크

산업안전기사(4월 B형)

01 화면은 작업자가 스프레이건으로 쇠파이프를 여러 개 눕혀놓고 페인트칠을 하는 작업을 보여주고 있다. 동영상에서 사용하는 흡수제를 2가지 쓰시오.

해답 1. 활성탄, 2. 큐프라마이트, 3. 소다라임

02 화면은 터널공사 중 다이너마이트를 설치하고 있다. 화면에서 터널 등의 건설작업에 있어서 낙반 등에 의하여 근로자에게 위험을 미칠 우려가 있을 때 위험을 방지하기 위하여 필요한 조치를 쓰시오.

해답 1. 터널지보공 및 록볼트의 설치
2. 부석의 제거

03 방열복, 방열두건, 방열장갑 등 내열원단의 성능시험 항목을 3가지 쓰시오.

해답 1. 난연성 시험, 2. 내열성 시험, 3. 내한성 시험, 4. 인장강도시험,
5. 절연저항시험

04 영상을 참고하여 활선작업 시 내재되어 있는 핵심 위험요인을 3가지 쓰시오.

[동영상 설명]
작업자 2명이 전주에서 활선작업을 하고 있다. 작업자 1명은 밑에서 절연방호구를 올리고 다른 작업자 1명은 크레인 위에서 물건을 받아 활선에 절연방호구 설치 작업을 하다 감전사고가 발생한다.

해답 1. 크레인 붐대가 활선에 접촉되어 감전 위험
2. 신호전달이 잘 이루어지지 않아 위험
3. 작업자의 복장이 갖춰져 있지 않아 위험

05 화면은 아파트 창틀에서 작업 중 발생한 재해사례를 나타내고 있다. 해당 동영상에서 작업자의 추락사고 원인 3가지를 쓰시오.

해답 1. 안전난간 미설치
2. 안전대 미착용
3. 추락방호망 미설치

06 지게차의 안정도를 쓰시오.

(1) 하역작업 시의 전후 안정도(5톤 미만)
(2) 하역작업 시의 좌우 안정도
(3) 주행 시의 전후 안정도

해답 (1) 4%
(2) 6%
(3) 18%

부록

07 작동 중인 양수기를 수리할 시에 잡담을 하고, 수공구를 던져주고 하다 손이 벨트에 물리는 동영상에서 점검작업 시 위험요인 3가지를 쓰시오.

해답 1. 운전 중 점검작업을 하고 있어 사고위험이 있다.
2. 회전기계에 장갑을 착용하고 있어 접선물림점에 손이 다칠 수 있다.
3. 작업자가 작업에 집중하지 못하고 있어 사고위험이 있다.

08 화면은 지게차에 경유를 주입하는 동안에 운전자가 시동을 건 채 내려 다른 작업자와 흡연을 하여 이야기를 나누고 있음을 나타내고 있다. 위험요인을 장문으로 원인과 결과를 서술하시오.

해답 인화성 물질이 있는 곳에서 흡연을 하고 있어 나화로 인한 화재 폭발 위험이 있다.

09 화면은 도로상 가설전선 점검작업 중 발생한 재해사례이다. (1) 재해형태와 (2) 정의를 쓰시오.

해답 (1) 재해형태 : 감전
(2) 정의 : 전기접촉이나 방전에 의하여 사람이 전기충격을 받은 경우

산업안전기사(4월 C형)

01 화면은 산소결핍작업을 나타내고 있다. 동영상에서의 장면 중 퍼지(환기)하는 상황이 있는데, 아래 내용과 연관하여 퍼지의 목적을 쓰시오.

(1) 가연성 가스 및 지연성 가스의 경우
(2) 독성가스의 경우
(3) 불활성 가스의 경우

해답 (1) 화재폭발사고 방지 및 산소결핍에 의한 질식사고 방지
(2) 중독사고 방지
(3) 산소결핍에 의한 질식사고 방지

02 휴대용 연삭기의 (1) 방호장치와 (2) 설치각도는?

해답 (1) 방호장치 : 덮개
(2) 설치각도 : 180° 이내

03 화면은 인쇄 윤전기를 청소하는 중에 발생한 재해사례이다. 이 동영상을 보고 작업 시 발생한 위험점과 정의를 쓰시오.

해답 1. 위험점 : 물림점
2. 정의 : 회전하는 두 개의 회전체에 물려 들어가는 위험점

04 화면의 보호장구에 여과재분진 등 포집효율을 쓰시오.

형태 및 등급		염화나트륨(NaCl) 및 파라핀 오일(Paraffin Oil) 시험(%)
분리식	특급	(①)
	1급	(②)
	2급	(③)

해답 ① 99.95% 이상, ② 94.0% 이상, ③ 80.0% 이상

05 화면에서와 같이 터널 굴착공사 중에 사용되는 계측방법의 종류 3가지를 쓰시오.

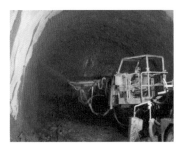

해답 1. 내공 변위 측정, 2. 전단 침하 측정, 3. 지중 변위 측정, 4. 록볼트 측정

06 화면(전주 동영상)은 전기형강작업 중이다. 정전작업 후 조치사항을 3가지 쓰시오.

해답 1. 작업기구, 단락 접지기구 등을 제거하고 전기기기 등이 안전하게 통전될 수 있는지 확인할 것
2. 모든 작업자가 작업이 완료된 전기기기 등에서 떨어져 있는지 확인할 것
3. 잠금장치와 꼬리표는 설치한 근로자가 직접 철거할 것
4. 모든 이상 유무를 확인한 후 전기기기 등의 전원을 투입할 것

07 화면은 선박 밸러스트 탱크 내부의 슬러지를 제거하는 작업 도중에 작업자가 가스질식으로 의식을 잃었음을 보여 주고 있다. 이러한 사고에 대비하여 필요한 비상시 피난용구 3가지를 쓰시오.

해답 1. 섬유로프, 2. 송기마스크, 공기마스크, 3. 안전대, 4. 구명밧줄, 도르래

08 유리병을 H₂SO₄(황산)에 세척 시 발생하는 (1) 재해형태와 (2) 정의를 각각 쓰시오.

해답 (1) 재해형태 : 유해 · 위험물질 노출 · 접촉
(2) 정의 : 유해 · 위험물질에 노출 · 접촉 또는 흡입하였거나 독성동물에 쏘이거나 물린 경우

09 화면은 물체를 인양하던 중에 윗 작업자가 물체를 밑으로 떨어뜨려 아래 작업자에게 재해가 발생하였다. (1) 재해 발생형태와 (2) 정의를 쓰시오.

해답 (1) 재해발생형태 : 낙하
(2) 정의 : 물건이 주체가 되어 사람이 맞은 경우

산업안전기사(6월 A형)

01 화면은 작업자가 전동 권선기에 동선을 감는 작업 중 기계가 정지하여 점검 중 발생한 재해사례이다. 원인을 2가지 쓰시오.

해답 1. 작업자가 절연용 보호구 미착용
2. 내전압용 절연장갑을 착용하지 않고, 맨손으로 작업을 실시함

02 지게차가 5km의 속도로 주행 시 좌우 안정도를 쓰시오.

해답 $(15 + 1.1 \times 5) = 20.5$

03 다음 빈칸 안에 알맞은 말을 쓰시오.

> 적정공기란 산소농도의 범위가 (①)% 이상 (②)% 미만, 이산화탄소의 농도가 (③)% 미만, 황화수소의 농도가 (④) ppm 미만인 수준의 공기를 말한다.

해답 ① 18, ② 23.5, ③ 1.5, ④ 10

04 화면은 조립식 비계발판을 설치하던 중 발생한 재해사례이다. 동영상에서와 같이 높이가 2m 이상인 작업장소에 적합한 작업발판의 설치기준을 3가지만 쓰시오. (단, 작업발판의 폭과 틈의 기준은 제외한다.)

해답 1. 발판재료는 작업 시 하중을 견딜 수 있도록 견고한 것으로 한다.
2. 작업발판의 지지물은 하중에 의하여 파괴될 우려가 없는 것을 사용한다.
3. 작업발판재료는 뒤집히거나 떨어지지 아니하도록 둘 이상의 지지물에 연결하거나 고정시킨다.
4. 작업발판을 작업에 따라 이동시킬 때에는 위험방지에 필요한 조치를 취한다.

05 안전장치가 없는 둥근톱 기계에 고정식 접촉예방장치를 설치하고자 한다. 이때 (1) 하단과 가공재 사이의 간격 (2) 하단과 테이블 사이의 높이는 각각 얼마로 조정하는지 쓰시오.

해답 (1) 간격 : 8mm 이내   (2) 높이 : 25mm 이하

06 화면(전주 동영상)은 전기형강작업 중 모습을 보여주고 있다. 정전 위험요인과 정전작업 중 조치사항을 3가지 쓰시오.

해답 1. 작업 중 흡연
2. 작업자가 딛고 선 발판이 불안
3. COS를 발판용 볼트에 임시로 걸쳐 놓았다.

07 화면은 배관 용접작업에 관한 내용이다. 동영상의 내용 중 위험요인이 내재되어 있다. (1) 작업자 측면, (2) 작업현장의 위험요인은 무엇인지 쓰시오.

해답 (1) 단독작업으로 양손을 사용해서 작업하므로 위험을 내포하고 있고, 작업장의 상황 파악이 어렵다.
(2) 용접 작업장 주위에 인화성 물질이 많이 있으므로 화재의 위험이 있다.

08 화면은 공장 지붕 철골 상에 패널 설치 중 작업자가 실족하여 사망한 재해사례이다. 동영상 내용을 참고하여 대책을 2가지 쓰시오.

해답 1. 안전대 부착설비 설치 및 안전대 착용을 철저히 한다.
2. 추락방호망을 설치한다.

09 화면의 안전블록이 갖추어야 하는 구조를 2가지 쓰시오.

해답 1. 추락 발생 시 추락을 억제할 수 있는 자동잠김장치를 갖추어야 한다.
2. 죔줄이 자동적으로 수축하는 금속장치를 갖추어야 한다.

산업안전기사(6월 B형)

01 화면은 작업자가 작동 중인 컨베이어 벨트 끝부분에 발을 짚고 올라서서 불안정한 자세로 형광등을 교체하다 추락하는 재해사례를 보여주고 있다. 작업자의 불완전한 행동 2가지를 쓰시오.

해답 1. 작동하는 컨베이어에 올라가 작업하는 자세가 불안정하여 추락할 위험이 있다.
2. 컨베이어 전원을 차단하지 않고 작업을 하고 있어 위험이 있다.

02 화면은 방음보호구(귀마개)를 보여준다. 종류, 기호, 적요를 쓰시오.

해답
형식	종류	기호	적요
귀마개	1종	EP-1	저음부터 고음까지를 차음하는 것
	2종	EP-2	고음만을 차음하는 것

03 화면에 나타난 것처럼 지게차에 적재된 화물이 현저하게 시계를 방해할 경우 운전자의 조치를 3가지 쓰시오.

해답 1. 하차하여 주변의 안전을 확인한다.
2. 유도자를 지정하여 지게차를 유도 또는 후진으로 서행한다.
3. 경적과 경광등을 사용한다.

04 산업안전보건법령상 건물 해체작업의 해체계획서 작성 시 포함사항 4가지를 쓰시오.

해답 1. 해체의 방법 및 해체순서 도면
2. 가설설비, 방호설비, 환기설비 및 살수·방화설비 등의 방법
3. 사업장 내 연락방법
4. 해체물의 처분계획
5. 해체작업용 기계·기구 등의 작업계획서
6. 해체작업용 화약류 등의 사용계획서

05 화면은 작업자가 사출성형기에 낀 이물질을 당기다 감전으로 뒤로 넘어져 발생하는 재해사례이다. 사출성형기 잔류물 제거 시 재해 발생 방지대책 3가지를 쓰시오.

해답 1. 작업 시작 전 전원을 차단한다.
2. 작업 시 절연용 보호구를 착용한다.
3. 금형 이물질 제거 작업 시 전용공구를 사용한다.

06 화면은 터널 내 발파작업에 관한 사항이다. 동영상 내용 중 화약장전 시 위험요인을 적으시오.

해답 철근으로 화약류를 장전 시 충격, 정전기, 마찰 등에 의해 폭발의 위험이 있으므로 규정된 장전봉으로 장전을 실시한다.

07 화면은 작업자가 유해한 화학물질을 아무런 보호구 없이 맨손으로 취급하는 장면을 보여주고 있다. 유해물질이 흡수되는 경로를 쓰시오.

해답 호흡기, 소화기, 피부점막

08 화면은 봉강 연마 작업 중 발생한 사고사례이다. 기인물은 무엇이며, 봉강 연마작업 시 파편이나 칩의 비래에 의한 위험에 대비하기 위해 설치해야 하는 장치명을 쓰시오.

해답 1. 기인물 : 탁상공구 연삭기
2. 장치명 : 칩비산방지투명판

09 화면은 브레이크 패드를 제조하는 중 석면을 사용하는 장면이다. 이 작업의 안전작업수칙에 대하여 3가지를 쓰시오. (단, 근로자는 석면의 위험성을 인지하고 있다.)

해답 1. 석면이 작업자 호흡기로 침투되는 걸 방지하기 위해 작업자에게 호흡용 보호구를 착용시킨다.
2. 석면작업장에는 석면이 날리지 않도록 국소배기장치를 설치하여 작업 중에 항상 가동하도록 한다.
3. 석면을 사용하거나 석면이 붙어 있는 물질을 이용하는 작업을 하는 때에는 석면이 흩날리지 아니하도록 습기를 유지해야 한다.

산업안전기사(6월 C형)

01 화면은 변압기를 유기화합물에 담가 절연처리와 건조작업을 하고 있음을 보여주고 있다. 이 작업 시 착용해야 할 보호구를 다음에 제시한 대로 쓰시오.

(1) 손	(2) 눈

해답 (1) 손 : 화학물질용 안전장갑
(2) 눈 : 보안경

02 화면은 인화성 물질의 취급 및 저장소의 화재영상이다. 이 동영상을 참고하여 (1) 점화원의 형태와 (2) 종류를 쓰시오.

해답 (1) 점화원의 형태 : 작업복에 의한 정전기
(2) 점화원의 종류 : 정전기, 전기스파크

03 화면은 작업자가 승강기 설치 전 피트 내에서 작업 중에 승강기 개구부로 추락, 사망사고를 당한 장면을 나타내고 있다. 이때 위험요인 3가지를 쓰시오.

해답 1. 작업발판 미고정
2. 안전난간 미설치
3. 추락방호망 미설치 및 안전대 미착용

04 화면은 이동식 크레인을 이용하여 철제 배관을 인양하는 작업으로 신호수의 신호에 따라 철제 배관을 인양 중 H빔에 부딪치면서 흔들리는 동영상이다. 배관 인양작업 시 안전대책 3가지를 쓰시오.

해답 1. 작업순서를 결정하고 작업지휘자를 배치
2. 와이어로프의 안전상태를 점검
3. 훅의 해지장치 및 안전상태 점검

05 화면은 콘크리트 전주 세우기 작업 도중에 발생한 사례이다. 동영상에서와 같이 발생한 재해발생 원인 중 직접원인에 해당되는 것은 무엇인지 쓰시오.

해답 1. 충전전로에 대한 접근 한계거리 미준수
2. 인접 충전전로에 절연용 방호구 미설치

06 보호구 의무안전인증상의 방진마스크 일반구조의 각 세목에 명시된 일반적인 구조 조건 3가지를 쓰시오.

해답 1. 착용 시 이상한 압박감이나 고통을 주지 않아야 한다.
2. 전면형은 호흡 시에 투시부가 흐려지지 않아야 한다.
3. 안면부여과식 마스크에 있어서는 여과재로 된 안면부가 사용기간 중 심하게 변형되지 않아야 한다.

07 화면은 김치제조 공장에서 슬라이스 작업 중 작동이 멈춰 기계를 점검하고 있는 도중에 재해가 발생한 상황을 보여주고 있다. 슬라이스 기계 중 무채를 썰어내는 부분의 (1) 기인물과 (2) 가해물을 쓰시오.

해답 (1) 기인물 : 슬라이스 기계
(2) 가해물 : 슬라이스 기계 칼날

08 화면은 작업자가 수중펌프 접속부위에 감전되어 발생한 재해사례이다. 작업자가 감전 사고를 당한 원인을 인체의 피부저항과 관련하여 설명하시오.

해답 인체가 수중에 있으면 인체 피부저항이 1/25로 감소되어 쉽게 감전된다.

09 화면은 롤러기 또는 인쇄윤전기 점검 모습을 보여주고 있다. (1) 위험요인과 (2) 대책을 2가지씩 쓰시오.

해답 (1) 위험요인
1. 회전체 점검 시 장갑을 착용하여 손이 다칠 우려가 있다.
2. 작업자가 전원을 차단하지 않고 작업을 하였다.
3. 안전장치 없이 작업을 하여 다칠 우려가 있다.
(2) 대책
1. 회전체에는 장갑을 착용하지 않는다.
2. 이물질 제거 시 롤러기의 전원을 차단하여 기계 작동을 방지한다.
3. 안전장치가 없어서 롤러가 멈추지 않아 손이 물려 들어가므로 안전장치를 설치한다.

산업안전기사(10월 A형)

01 화면은 작업자가 전동 권선기에 동선을 감는 작업 중 기계가 정지하여 점검 중 발생한 재해사례이다. 재해원인을 2가지 쓰시오.

해답 1. 작업자가 절연용 보호구 미착용
2. 내전압용 절연장갑을 착용하지 않고, 맨손으로 작업을 실시함

02 화면에서와 같이 안전관리자의 직무 3가지를 쓰시오.

해답 1. 작업 시작 전에 작업자에게 밀폐공간 작업에 대한 위험요인과 이에 대한 대응방법에 대하여 교육을 한다.
2. 국소배기장치의 정전 등에 의한 환기 중단 시에는 즉시 외부로 대피시키고, 의식불명의 작업자가 발생할 경우 구출하기 위한 안전대, 구명밧줄 등의 구명 용구가 작업현장에 비치되었는지 확인한다.
3. 작업 중 밀폐공간 내 공기상태가 적정한지 여부를 수시로 측정 및 확인하고 산소농도가 18% 미만인 경우 호흡보호구를 착용시킨다.

03 다음 각 물음에 답하시오. (단, 정화통의 문자 표기는 무시한다.)

(1) 방독마스크의 종류를 쓰시오.
(2) 방독마스크의 형식을 쓰시오.
(3) 방독마스크의 시험가스 종류를 쓰시오.

해답 (1) 종류 : 암모니아용 방독마스크
(2) 형식 : 격리식 전면형
(3) 시험종류 : 암모니아

04 화면은 지하에 설치된 폐수처리조에서 슬러지 처리 작업 중 발생한 재해사례이다. 동영상과 같은 장소에 작업자가 들어갈 때 필요한 호흡용 보호구의 종류 2가지를 쓰시오.

해답 1. 송기마스크, 2. 공기호흡기, 3. 산소호흡기

05 화면의 영상을 참고하여 피트에서 작업을 할 때 지켜야 할 안전 작업수칙 3가지를 쓰시오.

[동영상 설명]
작업자가 피트 뚜껑을 한쪽으로 열어놓고 불안정한 나무 발판 위에 발을 올려놓은 상태에서 왼손으로 뚜껑을 잡고 오른손으로 플래시를 안쪽으로 비추면서 내부를 점검하는 중에 발이 미끄러지는 장면을 보여주고 있다.

해답 1. 안전대 부착설비 설치 및 안전대 착용
2. 추락방호망 설치
3. 작업 중임을 알리는 안내표지판 설치

06 화면은 교류아크용접 작업 중 재해가 발생한 사례이다. (1) 기인물은 무엇이며, 이 작업 시 눈과 감전재해 위험으로부터 작업자를 보호하기 위해 착용해야 할 (2) 보호구의 명칭 2가지를 쓰시오.

해답 (1) 기인물 : 교류아크용접기
(2) 보호구 : 용접용 보안면, 용접용 장갑

07 화면은 작업자가 컨베이어가 작동하는 상태에서 컨베이어 벨트 끝부분에 발을 짚고 올라서서 불안정한 자세로 형광등을 교체하다 추락하는 재해사례를 보여주고 있다. 작업자의 불완전한 행동 2가지를 쓰시오.

해답 1. 작동하는 컨베이어에 올라가 작업하는 자세가 불안정하여 추락할 위험이 있다.
2. 컨베이어 전원을 차단하지 않고 작업을 하고 있어 위험이 있다.

08 화면은 박공지붕 설치 작업 중 발생한 재해사례이다. 해당 화면은 박공지붕의 비래에 의해 재해가 발생하였음을 나타내고 있다. 그 위험요인을 3가지 쓰시오.

해답 1. 근로자가 위험한 장소에서 휴식을 취하고 있다.
2. 추락방호망이 설치되지 않았다.
3. 한곳에 과적하여 적치하였다.
4. 안전대 부착설비가 없고, 안전대를 착용하지 않았다.

09 화면은 타워크레인을 이용하여 철제 비계를 운반도중 작업자가 있는 곳에서 다소 흔들리며 내리다 작업자와 부딪히는 장면을 나타내고 있다. 동영상에서와 같이 타워크레인 작업 시 재해발생 원인 3가지를 쓰시오.

해답 1. 보조로프를 설치하지 않아 흔들림을 방지하지 못했다.
2. 작업반경 내에 출입금지조치를 하지 않았다.
3. 슬링 와이어의 체결상태를 확인하지 않았다.

01 작업자가 전주에 올라가다 표지판에 부딪혀 추락하는 재해가 발생하였다. 재해발생 원인 2가지를 쓰시오.

해답 1. 전주에 올라갈 때 방해를 주는 표지판을 이설하지 않아 재해 발생
2. 전주에 올라갈 때 머리 위의 시야 확보를 소홀히 하여 재해 발생

02 화면 속 기구의 정의 및 기구가 갖추어야 할 구조를 2가지 쓰시오.

해답 (1) 안전블록의 정의 : 안전그네와 연결하여 추락 발생 시 추락을 억제할 수 있는 자동잠김장치가 갖추어져 있고 죔줄이 자동적으로 수축되는 금속장치
(2) 구조
1. 추락 발생 시 추락을 억제할 수 있는 자동잠김장치를 갖추어야 한다.
2. 죔줄이 자동적으로 수축하는 금속장치를 갖추어야 한다.

03 화면은 조립식 비계발판을 설치하던 중 발생한 재해사례이다. 동영상에서와 같이 높이가 2m 이상인 작업장소에 적합한 작업발판의 설치기준을 3가지만 쓰시오. (단, 작업발판의 폭과 틈의 기준은 제외한다.)

해답 1. 발판재료는 작업 시 하중을 견딜 수 있도록 견고한 것으로 해야 한다.
2. 작업발판의 지지물은 하중에 의하여 파괴될 우려가 없는 것을 사용해야 한다.
3. 작업발판의 재료는 뒤집히거나 떨어지지 아니하도록 둘 이상의 지지물에 연결하거나 고정시켜야 한다.

04 화면의 영상을 참고하여 다음 물음에 답하시오.

> [동영상 설명]
> 천정크레인이 철판을 트럭 위로 이동시키고 있다. 이때 천정 크레인은 고리가 아닌 철판집게로 철판을 'ㄷ'자로 물고 가는 방식이다. 트럭 위에서 작업자가 이동해온 철판을 내리려는 찰나에 철판이 낙하하여 작업자가 깔리게 된다.

> (1) 영상 속 기계의 방호장치를 쓰시오.
> (2) 화면을 참고하여 다음 괄호 안에 적절한 수치를 적으시오.
>   안전검사의 주기는 사업장에 설치가 끝난 날부터 (①)년 이내에 최초 안전검사를 실시하되, 그 이후부터 (②)년마다 실시한다.

해답 (1) 방호장치 : 권과방지장치, 과부하방지장치, 제동장치, 비상정지장치
     (2) ① 3, ② 2

05 화면은 콘크리트 전주 세우기 작업 도중에 발생한 사례이다. 항타기 · 항발기 조립 시 사용 전 점검사항 3가지를 쓰시오.

해답 1. 본체 연결부의 풀림 또는 손상 유무
     2. 권상용 와이어로프 · 드럼 및 도르래의 부착상태의 이상 유무
     3. 권상장치의 브레이크 및 쐐기장치 기능의 이상 유무
     4. 권상기 설치상태의 이상 유무
     5. 리더(leader)의 버팀 방법 및 고정상태의 이상 유무
     6. 본체 · 부속장치 및 부속품의 강도가 적합한지 여부
     7. 본체 · 부속장치 및 부속품에 심한 손상 · 마모 · 변형 또는 부식이 있는지 여부

06 화면은 전주를 옮기다 작업자가 전주에 맞아 사고를 당하였음을 보여주고 있다. 다음에 답을 쓰시오.

> (1) 재해요인
> (2) 가해물
> (3) 전기용 안전모의 종류

해답 (1) 재해요인 : 비래
     (2) 가해물 : 전주
     (3) 종류 : AE, ABE

07 화면은 작업자가 스프레이건으로 쇠파이프 여러 개를 눕혀 놓고 페인트칠하는 작업을 보여주고 있다. 동영상에서 사용되는 (1) 마스크의 종류 및 (2) 흡수제 3가지를 쓰시오.

해답 (1) 마스크 : 방독마스크
     (2) 흡수제 : 활성탄, 큐프라마이트, 소다라임

08 화면은 스팀배관의 보수를 위해 누출부위를 점검하던 중에 발생한 재해사례이다. 동영상에서와 같은 재해를 산업재해 기록, 분류에 관한 기준에 따라 나눌 때 해당되는 재해발생 형태를 쓰시오.

해답 스팀누출에 의한 이상온도 노출 · 접촉에 의한 화상

09 화면은 프레스기로 철판에 구멍을 뚫는 작업을 보여주고 있다. 동영상에 나타난 프레스에는 급정지 기구가 부착되어 있지 않다. 이 프레스에 설치하여 사용할 수 있는 유효한 방호장치를 4가지 쓰시오.

해답 1. 게이트가드식, 2. 수인식, 3. 손쳐내기식, 4. 양수기동식

산업안전기사(10월 C형)

01 보호장구 사진을 참고하여 방열복의 종류에 따른 질량을 쓰시오.

> (1) 방열상의   (2) 방열하의
> (3) 방열일체복   (4) 방열장갑
> (5) 방열두건

해답 (1) 3.0kg   (2) 2.0kg
(3) 4.3kg   (4) 0.5kg
(5) 2.0kg

02 안전장치가 없는 둥근톱 기계에 고정식 접촉예방장치를 설치하고자 한다. 이때 (1) 하단과 가공재 사이의 간격, (2) 하단과 테이블 사이의 높이는 얼마로 조정하는지 쓰시오.

해답 (1) 간격 : 8mm 이내
(2) 높이 : 25mm 이하

03 자동차 브레이크 라이닝을 세척 중이다. 착용해야 할 보호구 3가지를 쓰시오.

해답 1. 보안경, 2. 방독마스크, 3. 화학물질용 보호복

04 화면은 버스정비작업 중 재해가 발생한 사례이다. 기계설비의 위험점, 미준수 사항 3가지를 쓰시오.

해답 1. 정비작업 중임을 나타내는 표지판을 설치하지 않았다.
2. 작업과정을 지휘할 작업자를 배치하지 않았다.
3. 기동장치에 잠금장치를 설치하지 않았다.
4. 작업 시 운전금지를 위하여 열쇠를 별도 관리하지 않았다.

05 화면은 이동식 크레인을 이용하여 철제 배관을 인양하는 작업으로 신호수의 신호에 따라 철제 배관을 인양 중 H빔에 부딪치면서 흔들리는 동영상이다. 배관 인양작업 시 위험요인 3가지를 쓰시오.

해답 1. 작업 반경 내 관계근로자 이외의 외부 작업자가 출입하여 위험하다.
2. 와이어로프의 안전상태가 불안정하여 위험하다.
3. 훅의 해지장치 및 안전상태가 불안정하여 위험하다.

06 화면은 작업자가 수중펌프 접속부위에 감전되어 발생한 재해사례이다. 습윤한 장소에서 사용되는 이동전선에 대한 사용 전 점검사항을 3가지 쓰시오.

해답 1. 전선의 피복 또는 외장의 손상 유무 점검
2. 접속부위의 절연 상태 점검
3. 절연저항 측정 실시

07 화면은 30kV 전압이 흐르는 고압선 아래에서 작업 중 발생한 재해사례이다. 크레인을 이용하여 고압선 주변에서 작업할 경우 사업주의 감전 조치사항 3가지를 쓰시오.

해답 1. 해당 충전전로를 이설할 것
2. 감전의 위험을 방지하기 위한 울타리을 설치할 것
3. 해당 충전전로에 절연용 방호구를 설치할 것

08 화면은 폭발성 화학물질 취급 중 작업자의 부주의로 발생한 사고이다. 동영상에서와 같이 폭발성 물질 저장소에 들어가는 작업자가 신발에 물을 묻히는 이유를 설명하고, 화재에 적합한 소화방법은 무엇인지 쓰시오.

해답 1. 신발에 물을 묻히는 이유 : 폭발성이 높은 화학약품을 취급할 때 정전기에 의한 폭발위험성이 있으므로 작업화와 바닥면의 접촉으로 인한 정전기 발생을 줄이기 위해서이다.
2. 소화방법 : 다량수주에 의한 냉각소화

09 승강기 개구부에서 동영상처럼 하중물 인양 시 준수사항을 2가지 쓰시오.

해답 1. 인양하물의 무게를 어림잡을 때에는 가볍게 들어 개인의 인양능력에 충분한가의 여부를 판단하여 인양하여야 한다.
2. 하중물 낙하 위험을 방지하기 위하여 낙하물방지망을 설치한다.

2017년 작업형 기출문제

산업안전기사(4월 A형)

01 화면의 영상을 참고하여 활선작업 시 내재되어 있는 핵심 위험요인 3가지를 쓰시오.

> **[동영상 설명]**
> 작업자 2명이 전주에서 활선작업을 하고 있다. 작업자 1명은 밑에서 절연방호구를 올리고 다른 작업자 1명은 크레인 위에서 물건을 받아 활선에 절연방호구 설치작업을 하다 감전사고가 발생한다.

해답 1. 크레인 붐대가 활선에 접촉되어 감전 위험
  2. 신호전달이 잘 이루어지지 않아 위험
  3. 작업자의 복장이 갖춰져 있지 않아 위험

02 화면은 아파트 창틀에서 작업 중 발생한 재해사례를 나타내고 있다. 해당 동영상에서 작업자의 추락사고 (1) 원인 3가지와 (2) 기인물, (3) 가해물을 쓰시오.

> **[동영상 설명]**
> 작업자 A, B가 작업을 하고 있다. A는 아파트 창틀에서 B는 옆 처마 위에서 작업을 하고 있다. 창틀에서 작업 중인 A가 작업발판을 처마 위에 있는 B에게 건네준 후 B가 있는 옆 처마로 이동하다 발을 헛디뎌 바닥으로 추락했다.

해답 (1) 원인 : 1. 안전난간 미설치, 2. 안전대 미착용, 3. 추락방호망 미설치
  (2) 기인물 : 작업발판
  (3) 가해물 : 바닥

03 화면은 지게차에 경유를 주입하는 동안에 운전자가 시동을 끄지 않은 상태로 다른 작업자와 흡연하며 이야기를 나누고 있다. 이 화면에서 지게차 운전자의 흡연에 해당하는 발화원의 형태를 무엇이라 하는지 쓰시오.

해답 나화

04 화면은 이동식 크레인을 이용하여 배관을 위로 올리는 작업으로, 신호수의 수신호와 보조로프 없이 작업을 하는 동영상이다. 화물의 낙하 · 비래 위험을 방지하기 위한 사전 점검 또는 조치사항 3가지를 쓰시오.

해답 1. 작업반경 내 관계근로자 이외의 자는 출입을 금지시킨다.
  2. 와이어로프의 안전상태를 점검한다.
  3. 훅의 해지장치 및 안전상태를 점검한다.
  4. 인양 도중에 화물이 빠질 우려가 있는지 확인한다.

05 화면은 30kV 전압이 흐르는 고압선 아래에서 작업 중 발생한 재해사례이다. 크레인을 이용하여 고압선 주변에서 작업할 경우 사업주의 감전 조치사항 3가지를 쓰시오.

> **[동영상 설명]**
> 작업자가 이동식 크레인 작업 중 붐대가 전선에 닿아 감전된다.

해답 1. 해당 충전전로를 이설할 것
  2. 감전의 위험을 방지하기 위한 울타리를 설치할 것
  3. 해당 충전전로에 절연용 보호구를 설치할 것
  4. 감시인을 두고 작업을 감시하도록 할 것
  5. 크레인에 대해서 접지공사를 할 것

06 화면에 나타난 것처럼 지게차에 적재된 화물이 현저하게 시계를 방해할 경우 운전자의 조치사항 3가지를 쓰시오.

해답 1. 하차하여 주변의 안전을 확인한다.
2. 유도자를 지정하여 지게차를 유도 또는 후진으로 서행한다.
3. 경적과 경광등을 사용한다.

07 화면은 인화성 물질의 취급 및 저장소이다. 이 동영상을 참고하여 재해형태 및 재해원인에 대한 설명을 쓰시오.

해답 (1) 재해형태 : 증기운 폭발
(2) 재해원인 : 액체상태로 저장되어 있던 인화성 물질이 인화성 가스로 공기 중에 누출되어 있다가 정전기와 같은 점화원에 접촉하여 폭발하는 현상

08 화면은 콘크리트 전주 세우기 작업 중에 발생한 사례이다. 이와 같은 동종재해를 예방하기 위한 대책 중 작업 지휘자가 취해야 할 사항을 쓰시오.

해답 1. 해당 충전전로를 이설할 것
2. 감전의 위험을 방지하기 위한 울타리를 설치할 것
3. 해당 충전전로에 절연용 방호구를 설치할 것
4. 감시인을 두고 작업을 감시하도록 할 것

09 화면은 크랭크 프레스로 철판에 구멍을 뚫는 작업을 하고 있다. 위험요소 3가지를 쓰시오.

해답 1. 프레스 페달을 발로 밟아 프레스의 슬라이드가 작동해 손을 다친다.
2. 금형에 붙어 있는 이물질을 제거하려다 손을 다친다.
3. 금형에 붙어 있는 이물질을 제거하려다 눈에 이물질이 들어가 눈을 다친다.

10 화면은 도금작업에 사용하는 보호구 사진이다. C 보호구를 사용장소에 따라 분류하시오.

A   B   C

해답 내유용, 일반용, 내산용, 내알칼리용, 내산/내알칼리 겸용

01 화면은 프레스기에 금형 교체작업을 하고 있다. 작업 중 안전상 점검사항 4가지를 쓰시오.

해답 1. 펀치와 다이의 평행도
2. 펀치와 볼스터면의 평행도
3. 다이와 볼스터의 평행도
4. 다이홀더와 펀치의 직각도, 생크홀과 펀치의 직각도

02 화면은 교량하부 점검 중 발생한 재해사례이다. 화면을 참고하여 사고 원인 2가지를 쓰시오.

해답 1. 안전대 부착 설비 및 안전대 착용을 하지 않았다.
2. 안전난간 설치가 불량하다.
3. 추락방호망이 미설치되어 있다.
4. 작업자 주변 정리정돈 상태가 불량하다.
5. 작업 전 작업발판 등 부속설비 점검 미비 상태이다.

03 화면은 인쇄 윤전기를 청소하는 중에 발생한 재해사례이다. 동영상을 참고하여 롤러기의 청소 시 핵심 위험요인 2가지만 쓰시오.

[동영상 설명]
작업자가 인쇄용 윤전기의 전원을 끄지 않고 서로 맞물려서 돌아가는 롤러를 걸레로 닦고 있다. 닦을 때 체중을 실어서 힘 있게 닦고, 위험하게 맞물리는 지점까지 걸레를 집어넣고 닦는다. 그 순간 작업자의 손이 롤러기 사이에 끼어서 사고를 당하고 사고 발생 후 전원을 차단하고 손을 빼내는 화면을 보여준다.

해답 1. 회전 중 롤러의 죄어 들어가는 쪽에서 직접 손으로 눌러 닦고 있어서 손이 물려 들어가게 된다.
2. 체중을 걸쳐 닦고 있어서 물려 들어가게 된다.
3. 안전장치가 없어서 걸레를 위로 넣었을 때 롤러가 멈추지 않아 손이 물려 들어간다.

부록

04 화면은 2만 볼트가 인가된 배전반에 절연내력시험기 앞의 작업자가 시험하다 미처 뒤에 있던 다른 작업자를 발견하지 못한 관계로 발생한 재해사고 사례이다. 이 작업 시의 (1) 재해유형, (2) 가해물을 각각 파악해 쓰시오.

해답 (1) 재해유형 : 감전
(2) 가해물 : 전류 또는 전기

05 화면과 같은 재해 발생원인 3가지를 쓰시오.

[동영상 설명]
A작업자가 변압기의 2차 전압을 측정하기 위해 유리창 너머의 B작업자에게 전원을 투입 하라는 신호를 보낸다. 측정 완료 후 다시 차단하라고 신호를 보내고 측정기기를 철거하다 감전사고가 발생한다. 이때 작업자는 맨손이고 슬리퍼 착용하였다.

해답 1. 작업자가 절연용 보호구를 착용하지 않고 있다.
2. 작업자 간 신호전달이 잘 이루어지지 않았다.
3. 작업자가 안전확인을 소홀히 했다.

06 화면은 녹색 정화통에 중간 연두색 띠가 있는 방독마스크를 보여주고 있다. 다음 각 물음에 답을 쓰시오. (단, 정화통의 문자 표기는 무시한다.)

(1) 방독마스크 종류를 쓰시오.
(2) 방독마스크의 형식을 쓰시오.
(3) 방독마스크의 시험가스 종류를 쓰시오.

해답 (1) 종류 : 암모니아용 방독마스크
(2) 형식 : 격리식 전면형
(3) 시험가스 : 암모니아 가스

07 화면은 항타기 · 항발기 작업하는 주위에서 2~3명의 작업자가 안전모를 착용하고 작업 하는 중, 순간 근처 전선에서 스파크가 발생한 사례이다. 고압선 주위에서 항타기 · 항발기 작업 시 안전 작업수칙 2가지를 쓰시오.

[동영상 설명]
작업자가 항타기 · 항발기 장비로 땅을 파고 전주를 묻고 있다. 항타기에 고정된 전주가 조금 불안정한 듯 싶더니 조금씩 돌아가서 항타기로 전주를 조금 움직이는 순간 인접 활선 전로에 접촉되어서 스파크가 일어났다.

해답 1. 작업반경 내 작업자의 출입을 금지한다.
2. 작업구간 내 가설울타리를 설치한다.

08 화면은 변압기를 유기화합물에 담가서 절연처리와 건조작업을 하고 있음을 보여주고 있다. 이 작업 시 착용할 보호구를 다음에 제시한 대로 쓰시오.

[동영상 설명]
소형변압기(일명 Down TR, 크기는 가로×세로 15cm 정도로 작은 변압기)의 양쪽에 나와있는 선을 일반 작업복만 입은 작업자(안전모 미착용, 보안경 미착용, 맨손, 신발 안 보임)가 양손으로 들고 유기화합물통(사각 스텐통)에 넣었다 빼서 앞쪽 선반에 올리는 작업을 한다(유기화합물을 손으로 작업). 선반 위 소형변압기를 건조시키기 위해 냉장고처럼 생긴 곳에 넣고 문을 닫는다.

(1) 손
(2) 눈
(3) 피부(몸)

해답 (1) 손 : 화학물질용 안전장갑
(2) 눈 : 보안경
(3) 피부(몸) : 화학물질용 보호복

09 화면은 크롬도금작업을 보여준다. 동영상에서와 같이 유해물질(화학물질) 취급 시 일반적인 주의사항을 4가지 쓰시오.

해답 1. 유해물질에 대한 사전 조사
2. 유해물 발생원인의 봉쇄
3. 작업공정의 은폐, 작업장의 격리
4. 유해물의 위치, 작업공정의 변경
5. 실내 환기와 점화원의 제거
6. 환경의 정돈과 청소

01 화면은 퍼지작업 상황을 연출하고 있다. 이 퍼지작업의 종류 4가지를 쓰시오.

해답) 1. 사이펀 퍼지, 2. 스위프 퍼지, 3. 진공퍼지, 4. 압력퍼지

02 화면의 영상 속 (1) 위험요인을 상세히 설명하고, (2) 장기간 폭로 시 어떤 종류의 직업병이 발생할 위험이 있는지 3가지를 쓰시오.

[동영상 설명]
작업장은 석면이 날리고 있어 석면분진폭로 위험성에 노출되어 있어 있다. 작업자가 마스크를 착용하고 있으나 직업성 질환으로 이환될 위험성에 노출되어 있다.

해답) (1) 위험요인 : 해당 작업자가 착용한 마스크는 방진전용마스크가 아니기 때문에 석면분진이 마스크를 통해 흡입 될 수 있다.
(2) 발생 직업병 명칭 : 1. 폐암, 2. 석면폐증, 3. 악성 중피종

03 안전모 각부의 명칭을 쓰시오.

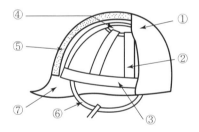

해답) ① 모체, ② 머리받침끈, ③ 머리고정대, ④ 머리받침고리, ⑤ 충격흡수재, ⑥ 턱끈, ⑦ 모자챙(차양)

04 롤러기의 방호장치별 설치 위치를 쓰시오.

해답) 1. 손조작식 : 밑면으로부터 1.8m 이내
2. 복부조작식 : 밑면으로부터 0.8~1.1m 이내
3. 무릎조작식 : 밑면으로부터 0.4~0.6m 이내

05 화면의 영상을 참고하여 화물의 낙화·비래 위험을 방지하기 위한 사전 점검 또는 조치사항 3가지를 쓰시오.

[동영상 설명]
작업자가 이동식 크레인을 이용하여 배관을 위로 올리는 작업을 하고 있다. 신호수의 수신호와 보조로프 없이 작업을 진행한다.

해답) 1. 크레인 붐대가 활선에 접촉되어 감전 위험
2. 신호전달이 잘 이루어지지 않아 위험
3. 작업자의 복장이 갖춰져 있지 않아 위험

06 화면은 작업자가 수중펌프 접속 부위에 감전되어 발생한 재해사례이다. 어떻게 하면 재해를 예방할 수 있는지 방안 3가지를 쓰시오.

[동영상 설명]
단무지가 있고 무릎 정도 물이 차 있는 상태에서 펌프 작동과 동시에 감전사고가 발생한다.

해답) 1. 모터와 전선의 이음새 부분을 작업 시작 전 확인 또는 작업 시작 전 펌프의 작동 여부를 확인한다.
2. 수중 및 습윤한 장소에서 사용하는 전선은 수분의 침투가 불가능한 것을 사용한다.
3. 감전 방지용 누전차단기를 설치한다.

07 화면은 작업발판에서 작업을 하고 있다. (1) 비계발판의 폭은 몇 cm, (2) 발판의 틈새는 몇 cm 이하가 적절한지 쓰시오.

해답) (1) 비계발판 폭 : 40cm 이상
(2) 발판의 틈새 : 3cm 이하

08 화면은 이동식 크레인을 이용하여 철제 배관을 인양하는 작업으로 신호수의 신호에 따라 철제 배관을 인양하던 중 H빔에 부딪치면서 흔들리는 동영상이다. 배관 인양작업 시 위험요인 3가지를 쓰시오.

해답) 1. 작업 반경 내 관계근로자 이외의 외부 작업자가 출입하여 위험하다.
2. 와이어로프의 안전상태가 불안정하여 위험하다.
3. 훅의 해지장치 및 안전상태가 불안정하여 위험하다.

09 화면의 영상을 참고하여 (1) 재해요인과 (2) 조치사항을 쓰시오.

> [동영상 설명]
> 화면은 경사진(30도 정도) 컨베이어 기계가 작동하고, 작업자는 작동중인 컨베이어 위에 1명과 아래쪽 작업장 바닥에 1명이 있으며, 기계 오른쪽에 있는 포대를 컨베이어 벨트 위로 올리는 작업을 한다. 화면 오른쪽에 포대가 많이 쌓여 있고, 작업자 한 명은 경사진 컨베이어 위에 회전하는 벨트 양 끝부분 철로된 모서리에 양발을 벌리고 서 있으며, 밑에 작업자가 포대를 일정한 방향이 아닌 삐뚤게(각기 다르게) 포대를 컨베이어에 올리는 중 컨베이어 위에 양발을 벌리고 있는 작업자 발에 포대 끝부분이 부딪혀 무게 중심을 잃고 기계 오른쪽으로 쓰러진 후 팔이 기계 하단으로 들어가면서 아파하는데 아래쪽 작업자가 와서 안아준다.

해답 (1) 재해요인
    1. 안전장치(울타리, 덮개)가 미설치되어 있어 위험하다.
    2. 작업자가 위험구역 내에 위치하여 있어 위험하다.
  (2) 조치사항 : 기계 정지
    ※ 작업자 측면에서의 문제점(＝불안전한 작업방법＝잘못된 작업방법)으로 문제가 나올시 답
     • 작업자가 양발을 컨베이어 양끝에 지지하여 불안전한 자세로 작업을 하고 있다.
     • 시멘트 포대가 작업자의 발을 치고 있어서 넘어져 상해를 당할 수 있다.

산업안전기사(6월 A형)

01 이동식 크레인을 사용하여 작업을 하는 때 작업시작 전 점검사항을 2가지 쓰시오.

해답 1. 브레이크, 클러치 및 조정장치의 기능
    2. 와이어로프가 통하고 있는 곳 및 작업장소의 지반 상태

02 화면은 LPG저장소에 가스누설감지경보기의 미설치로 인해 재해가 발생한 사례이다. 누설 감지경보기의 적절한 (1) 설치위치, (2) 경보설정값을 쓰시오.

해답 (1) 설치위치 : LPG는 공기보다 무거우므로 바닥에 인접한 낮은 곳에 설치한다.
  (2) 경보설정값 : 폭발하한계(LEL) 25% 이하

03 화면은 어두운 장소에서 컨베이어 점검 시 사고가 발생하는 상황을 동영상으로 보여주고 있다. 작업 시작 전 조치사항을 2가지 쓰시오.

해답 1. 전원을 차단하고 통전금지표지판 및 잠금장치를 설치한다.
    2. 조명을 밝게 한다.

04 화면의 보호장구에 여과재분진 등 포집효율을 쓰시오.

형태 및 등급		염화나트륨(NaCl) 및 파라핀 오일(Paraffin Oil) 시험(%)
분리식	특급	(①)
	1급	(②)
	2급	(③)

해답 ① 99.95% 이상, ② 94.0% 이상, ③ 80.0% 이상

05 화면은 영상표시단말기(VDT) 작업 상황을 설명하고 있다. 이 작업상 개선사항을 찾아 3가지를 쓰시오.

➡해답 1. 앉은 자세가 의자 앞쪽으로 기울어져 있어 요통의 위험이 있으므로 허리를 등받이 깊숙이 지지하여 앉는다.
    2. 키보드가 너무 높은 곳에 있어 손목통증의 위험이 있으므로 키보드를 조작하기 편한 위치에 놓는다.
    3. 모니터가 작업자와 너무 근접하여 시력 저하의 우려가 있으므로 모니터를 보기 편한 위치에 놓는다.

06 화면은 작업자가 스프레이 건으로 쇠파이프를 여러 개 눕혀놓고 페인트칠을 하는 작업을 보여주고 있다. 동영상에서 사용되는 (1) 마스크의 종류와 (2) 흡수제 3가지를 쓰시오.

해답 (1) 마스크 : 방독마스크
　　 (2) 흡수제 : 활성탄, 큐프라마이트, 소다라임

07 화면은 선반작업 중 발생한 재해를 보여주고 있다. 화면에서와 같이 안전준수사항을 지키지 않고 작업할 때 일어날 수 있는 재해요인을 2가지 쓰시오.

해답 1. 회전물에 샌드페이퍼를 감아 손으로 지지하고 있기 때문에 작업복과 손이 말려 들어간다.
　　 2. 작업에 집중하지 못하여 실수로 작업복과 손이 말려 들어간다.
　　 3. 손을 기계 위에 올려놓고 작업하여 손이 미끄러져 회전물에 말려 들어간다.

08 산업안전보건법령상 건물 해체작업의 해체계획서 작성 시 포함사항을 4가지 쓰시오.

해답 1. 해체의 방법 및 해체순서 도면
　　 2. 가설설비, 방호설비, 환기설비 및 살수 · 방화설비 등의 방법
　　 3. 사업장 내 연락방법
　　 4. 해체물의 처분계획
　　 5. 해체작업용 기계 · 기구 등의 작업계획서
　　 6. 해체작업용 화약류 등의 사용계획서

09 동영상은 도로상 가설전선 점검작업 중 발생한 재해사례이다. (1) 재해형태와 (2) 정의를 쓰시오.

해답 (1) 재해형태 : 감전
　　 (2) 정의 : 전기접촉이나 방전에 의하여 사람이 전기충격을 받은 경우

01 다음 각 물음에 대한 답을 쓰시오. (단, 정화통의 문자 표기는 무시한다.)

(1) 방독마스크의 종류를 쓰시오.
(2) 방독마스크의 형식을 쓰시오.
(3) 방독마스크의 시험가스 종류를 쓰시오.
(4) 방독마스크의 정화통 흡수제 1가지를 쓰시오.
(5) 방독마스크가 직결식 전면형일 경우 누설율은 몇 %인지 쓰시오.
(6) 방독마스크의 시험가스 농도가 0.5%일 때 파과시간을 쓰시오.
(7) 시험가스 농도가 0.5%, 농도가 25ppm(±20%)이었을 때 파과시간을 쓰시오.

해답 (1) 암모니아용 방독마스크　　(2) 격리식 전면형
　　 (3) 암모니아 가스　　　　　　(4) 큐프라마이트
　　 (5) 0.05% 이하　　　　　　　(6) 40분 이상
　　 (7) 40분 이상

02 화면은 작업자가 변압기볼트를 조이는 장면이다. 위험요인(＝발생원인) 2가지를 쓰시오.

[동영상 설명]
작업자가 안전대를 착용하고 전주에 올라서서 작업발판(볼트)을 딛고 변압기 볼트를 조이는 중 추락한다.

해답 1. 작업자가 안전대를 전주에 걸지 않고 작업하여 위험하다.
　　 2. 작업자가 딛고 선 발판이 불안하다.

03 컨베이너 작업 시작 전 점검사항 3가지를 쓰시오.

> [동영상 설명]
> 정지된 컨베이어를 작업자가 점검하고 있다. 컨베이어는 작은 공장에서 볼 수 있는 작업용 컨베이어 정도이다. 작업자가 점검 중일 때 다른 작업자가 전원 스위치 쪽으로 서서히 다가오더니 전원버튼을 누른다. 그 순간 점검 중이던 작업자가 벨트에 손이 끼이는 사고를 한다.

해답 1. 원동기 및 풀리 기능의 이상 유무
　　 2. 이탈 등의 방지장치 기능의 이상 유무
　　 3. 비상정지장치 기능의 이상 유무
　　 4. 원동기 · 회전축 · 기어 및 풀리 등의 덮개 또는 울 등의 이상 유무

04 화면은 DMF작업장에서 한 작업자가 방독마스크, 안전장갑, 보호복 등을 착용하지 않은 채 유해물질 DMF작업을 하고 있다. 피부자극성 및 부식성 관리대상 유해물질 취급 시 비치하여야 할 보호장구 3가지를 쓰시오.

해답 1. 화학물질용 보호장갑, 2. 화학물질용 보호복, 3. 화학물질용 보호장화

05 화면의 작업자가 몸을 기울인 채 손으로 이물질을 제거하는 작업을 하다가 실수로 페달을 밟아 손이 다치는 재해가 발생하는 사례이다. 이러한 사고의 예방을 위해 조치하여야 할 사항 2가지를 쓰시오.

해답 1. 안전장치가 설치되어 있지 않으므로 게이트가드식 등의 안전장치를 설치하여 사고를 예방한다.
　　 2. 프레스를 일시 정지할 때에는 페달에 U자형 덮개를 씌운다.

06 화면은 실험실에서 H_2SO_4(황산)을 비커에 따르고 있고, 작업자는 맨손, 마스크를 미착용하고 있다. 인체로 흡수되는 경로를 2가지 쓰시오.

해답 1. 호흡기, 2. 소화기, 3. 피부점막

07 화면에서와 같이 터널 굴착공사 중에 사용되는 계측방법의 종류를 3가지를 쓰시오.

해답 1. 내공 변위 측정, 2. 침단 침하 측정, 3. 지중 변위 측정, 4. 록볼트 측정

08 화면은 콘크리트 전주 세우기 작업 도중에 발생한 사례이다. 항타기 · 항발기 조립 시 사용전 점검사항 3가지를 쓰시오.

해답 1. 본체의 연결부의 풀림 또는 손상의 유무
　　 2. 권상용 와이어로프 · 드럼 및 도르래의 부착상태의 이상 유무
　　 3. 권상장치의 브레이크 및 쐐기장치 기능의 이상 유무
　　 4. 권상기의 설치상태의 이상 유무
　　 5. 리더(leader)의 버팀 방법 및 고정상태의 이상 유무
　　 6. 본체 · 부속장치 및 부속품의 강도가 적합한지 여부
　　 7. 본체 · 부속장치 및 부속품에 심한 손상 · 마모 · 변형 또는 부식이 있는지 여부

09 화면은 승강기 컨트롤 패널을 맨손으로 점검(전압측정) 중 발생한 재해사례이다. 감전 방지대책 3가지를 서술하시오.

> [동영상 설명]
> MCCB 패널 점검 중으로 개폐기에는 통전중이라는 표지가 붙어 있고 작업자(면장갑 착용)가 개폐기가 문을 열어 전원을 차단하고 문을 닫은 후 다른 곳 패널에서 작업하려다 쓰러진 상황이다.

해답 1. 해당 잔류전하를 완전히 제거시키고, 작업 시작 전 내전압용 절연장갑 등 절연용 보호구를 착용한다.

2. 잠금장치 및 표찰을 부착하여 해당 작업자 이외의 자에 의한 오작동을 막는다.
3. 개폐기 문에 통전금지 표지판을 설치하고, 감시인을 배치한 후 작업을 한다.
4. 작업자들에게 해당 작업 시의 전기위험에 대한 안전교육을 실시한다.

산업안전기사(10월 A형)

01 봉강 연마 작업중 (1) 기인물 · 가해물 및 (2) 방호장치명, (3) 숫돌과 가공면과의 각도를 쓰시오.

해답 (1) 기인물 : 탁상공구연삭기
(2) 방호장치명 : 투명한 비산 방지판
(3) 각도 : 15~30도

02 다음 (　) 안에 알맞은 말을 쓰시오.

적정공기란 산소농도의 범위가 (①)% 이상 (②)% 미만, 이산화탄소의 농도가 (③)% 미만, 황화수소의 농도가 (④)ppm 미만인 수준의 공기를 말한다.

해답 ① 18, ② 23.5, ③ 1.5, ④ 10

03 화면에서 보여준 사항 중 작업자가 마스크를 착용하고 있으나 석면분진폭로 위험성에 노출되어 있어 작업자에게 직업성 질환으로 이환될 우려가 있다. 그 이유를 상세히 설명하시오.

해답 작업자가 착용한 마스크는 방진전용마스크가 아니기 때문에 석면분진이 마스크를 통해 흡입될 수 있다.

04 누전차단기 설치 장소 3곳을 쓰시오.

해답 1. 물 등 도전성이 높은 액체가 있는 습윤장소
2. 철판, 철골 위 등 도전성이 높은 장소
3. 임시배선의 전로가 설치되는 장소

05 공장 지붕 철골상에 패널 설치 시 (1) 위험요인 및 (2) 조치사항(안전대책)을 2가지 쓰시오.

해답 (1) 위험요인
1. 안전대 부착설비 미설치
2. 안전대 미착용
3. 추락방호망 미설치
(2) 안전대책
1. 안전대 부착설비 설치
2. 안전대 착용
3. 추락방호망 설치

06 화면에 나오는 안전화의 뒷굽 높이를 제외한 몸통 높이를 쓰시오.

해답 1. 단화 : 113mm 미만
2. 중단화 : 113mm 이상
3. 장화 : 178mm 이상

07 비계발판 설치 중 재해가 발생한 장면이다. 2m 이상 높이의 장소에 발판 설치기준 3가지를 쓰시오.

해답 1. 하중을 견딜 수 있는 견고한 것
2. 하중에 의하여 파괴될 우려가 없는 것
3. 작업에 따라 이동 시 위험방지조치 할 것

08 안전장치가 없는 둥근톱 기계에 고정식 접촉예방장치를 설치하고자 한다. 이때 (1) 하단과 가공재 사이의 간격 (2) 하단과 테이블 사이의 높이는 각각 얼마로 조정하는지 쓰시오.

해답 (1) 간격 : 8mm 이내
(2) 높이 : 25mm 이하

09 화면(전주 동영상)은 전기형강작업 중이다. 정전 위험요인 3가지를 쓰시오.

해답 1. 작업 중 흡연
2. 작업자가 딛고 선 발판이 불안
3. C.O.S(Cut Out Switch)를 발판용 볼트에 임시로 걸쳐 놓았다

01 화면은 맨홀서 전화선 작업 중 의식불명의 피해자가 발생하였다. 구조자가 착용해야 보호구를 쓰시오.

해답 송기마스크, 공기마스크

02 화면은 인화성 물질의 취급 및 저장소에 발생한 화재이다. 이 동영상을 참고하여 점화원의 (1) 유형과 (2) 종류를 쓰시오.

해답 (1) 점화원의 유형 : 작업복에 의한 정전기
(2) 점화원의 종류 : 정전기, 전기스파크

03 화면은 섬유기계의 운전 중 발생한 재해사례이다. 동영상에서 사용한 기계 작업 시 핵심 위험요인 2가지를 쓰시오.

[동영상 설명]
섬유공장에서 실을 감는 기계가 돌아가고 있고 작업자가 그 밑에서 일을 하던 중 갑자기 실이 끊어지며 기계가 멈춘다. 이때 작업자가 회전하는 대형 회전체의 문을 열고 허리까지 안으로 집어넣고 안을 들여다보며 점검할 때 갑자기 기계가 돌아가며 작업자의 몸이 회전체에 끼이게 된다.

해답 1. 기계의 전원을 차단하여 정지시키지 않고 점검을 해서 사고의 위험이 있다.
2. 장갑을 착용하고 있어 롤러기에 끼일 염려가 있다.

04 콘크리트 파일 권상용 항타기의 다음 빈칸을 채우시오.

(1) 화면에 나타난 항타기 권상장치의 드럼축과 권상장치로부터 첫 번째 도르래의 축과의 거리를 권상장치의 드럼폭의 (①)배 이상으로 해야 한다.
(2) 도르래는 권상장치의 드럼의 (②)을 지나야 하며 축과 (③) 상에 있어야 한다.

해답 ① 15, ② 중심, ③ 수직면

05 화면은 작업자가 수중펌프 접속부위에 감전되어 발생한 재해사례이다. 작업자가 감전 사고를 당한 원인을 인체의 피부저항과 관련하여 설명하시오.

해답 인체가 수중에 있으므로 인체 피부저항이 1/25로 감소되어 쉽게 감전되었다.

06 화면은 박공지붕 설치작업 중 박공지붕의 비래에 의해 재해가 발생한 사례이다. 영상을 참고하여 그 발생원인 3가지를 쓰시오.

[동영상 설명]
박공지붕 위쪽과 바닥을 보여주면서 오른쪽에 안전난간, 추락방호망이 미설치된 화면과 지붕 위쪽 중간에서 커피를 마시면서 앉아 휴식을 취하는 작업자(안전모, 안전화 착용함)들과 작업자 왼쪽과 뒤편에 적재물이 적치 되어있고 휴식 중인 작업자를 향해 뒤에 있는 삼각형 적재물이 굴러와 작업자 충돌하여 작업자가 앞으로 쓰러진다.

해답 1. 근로자가 위험한 장소에서 휴식을 취하고 있다.
2. 추락방호망이 설치되지 않았다.
3. 한 곳에 과적하여 적치하였다.
4. 안전대 부착설비가 없고, 안전대를 착용하지 않았다.

07 화면은 전주에서 형강 작업을 하고 있다. 작업자가 착용하고 있는 안전대의 (1) 종류 및 (2) 용도를 쓰시오.

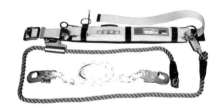

해답 (1) 종류 : 벨트식
(2) 용도 : U자 걸이 전용

08 화면은 인쇄 윤전기를 청소하는 중에 발생한 재해사례이다. 동영상을 참고하여 롤러기의 청소 시 안전 작업수칙을 3가지 쓰시오.

> 해답 1. 회전 중 롤러의 죄어 들어가는 쪽에서 직접 손으로 눌러 닦고 있어서 손이 물려 들어가게되므로 기계를 정지시킨다.
> 2. 체중을 걸쳐 닦고 있어서 물려 들어가게 되므로 바로 서서 청소한다.
> 3. 안전장치가 없어서 걸레를 위로 넣었을 때 롤러가 멈추지 않아 손이 물려 들어가므로 안전장치를 설치한다.

09 화면의 보호구 중 가죽제 안전화 성능기준 항목 3가지를 쓰시오.

> 해답 1. 내답발성. 2. 내부식성. 3. 내유성. 4. 내압박성. 5. 내충격성. 6. 박리저항

산업안전기사(10월 C형)

01 화면은 변압기를 유기화합물에 담가서 절연처리와 건조작업을 하고 있음을 보여주고 있다. 이 작업 시 착용할 보호구를 다음에 제시한 대로 쓰시오.

> [동영상 설명]
> 소형변압기(일명 Down TR, 크기는 가로×세로 15cm 정도로 작은 변압기)의 양쪽에 나와있는 선을 일반 작업복만 입은 작업자(안전모 미착용, 보안경 미착용, 맨손, 신발 안 보임)가 양손으로 들고 유기화합물통(사각 스텐통)에 넣었다 빼서 앞쪽 선반에 올리는 작업을 한다(유기화합물을 손으로 작업). 선반 위 소형변압기를 건조시키기 위해 냉장고처럼 생긴 곳에 넣고 문을 닫는다.
> (1) 손   (2) 눈

> 해답 (1) 손 : 화학물질용 안전장갑
> (2) 눈 : 보안경

02 화면은 선박 탱크 내부의 슬러지처리 작업을 보여준다. 작업 도중 한 작업자가 의식을 잃고 쓰러진다. 이러한 사고에 대비하여 필요한 비상시 피난용구 3가지를 적으시오.

> 해답 1. 송기마스크, 공기마스크, 2. 섬유로프, 3. 안전대

03 화면의 재해사례(롤러기작업)에서 나타나는 위험점을 기계의 운동형태에 따라 분류하고자 할 때, (1) 위험점의 명칭과 (2) 정의를 쓰시오.

> 해답 (1) 위험점의 명칭 : 물림점
> (2) 정의 : 회전하는 두 개의 회전체 사이에 물려 들어가는 위험점

04 화면의 방호장치(안전블록) 명칭과 갖추어야 하는 구조를 쓰시오.

> 해답 (1) 명칭 : 안전블록
> (2) 갖추어야 하는 구조
> 1. 신체지지의 방법으로 안전그네만을 사용할 것
> 2. 안전블록은 정격 사용 길이가 명시될 것
> 3. 안전블록의 줄은 합성섬유로프, 웨빙(webbing), 와이어로프이어야 하며, 와이어로프인 경우 최소지름이 4mm 이상일 것

05 화면의 영상과 같이 차량계 하역운반기계 등의 수리 또는 부속장치의 장착 및 해체작업을 하는 때에 작업 시작 전 조치사항을 3가지 쓰시오.

> [동영상 설명]
> 덤프트럭의 전재함을 올리고 실린더 유압장치밸브를 수리하던 중에 재해가 발생한다.

> 해답 1. 작업방법을 결정하고 지휘하는 작업지휘자를 배치한다.
> 2. 하역 및 유압장치를 안전지지대 및 안전블럭 등에 걸쳐 놓는다.
> 3. 작업 시작 전에 하역장치 및 유압장치 기능의 이상 유무를 확인한다.

06 화면의 영상에 나타나는 문제점 2가지를 쓰시오.

> [동영상 설명]
> 작업자가 장갑을 착용한 상태로 드릴작업을 하고 있다. 이물질을 입으로 불어 제거하고, 동시에 손으로 제거하려다 드릴에 손을 다치는 사고가 발생한다.

해답 1. 입으로 불어 이물질을 제거하고 있어 이물질이 눈에 들어가 눈을 다칠 위험이 있다.
2. 브러쉬 등 전용공구를 사용하지 않고 손으로 직접 이물질을 제거하고 있어 손을 다칠 위험이 있다.

07 화면은 작업자가 사출성형기에 끼인 이물질을 당기다 감전으로 뒤로 넘어져 발생한 재해사례이다. 사출성형기 잔류물 제거 시 예방대책(＝재해발생 방지대책) 3가지를 쓰시오.

해답 1. 작업을 시작하기 전에 기계의 전원을 차단하여 정지시킨 후 잔류물을 제거한다.
2. 내전압용 절연장갑 등 절연용 보호구를 착용하고 잔류물을 제거한다.
3. 전용공구 등을 이용하여 잔류물을 제거한다.

08 화면은 콘크리트 전주 세우기 작업 도중에 발생한 사례이다. 동영상에서와 같이 발생한 재해발생 원인 중 직접원인에 해당되는 것은 무엇인지 쓰시오.

해답 1. 충전전로에 대한 접근한계거리 미준수
2. 인접 충전전로에 절연용 방호구 미설치

09 타워크레인을 이용하여 철제파이프를 옮기는 중 신호수 머리 위로 지나가며 방향 전환 시 철제파이프가 부딪히며 재해가 발생한 사례를 나타내고 있다. 타워크레인 작업 전 준수사항 및 안전작업방법을 3가지를 쓰시오.

해답 1. 작업 반경 내 관계근로자 이외의 자의 출입을 금지한다.
2. 훅의 해지장치 및 안전상태를 점검한다.
3. 와이어로프의 안전상태를 점검한다.

2018년 작업형 기출문제

산업안전기사(1회 A형)

01 자동차 정비를 위해 작업자 A가 자동차 밑에 들어가 샤프트 계통을 정비하던 중 작업자 B가 자동차에 올라가 엔진 시동을 걸어 작업자 A의 팔이 샤프트에 말려드는 사고 상황에 대한 사고방지대책 3가지를 쓰시오.

해답 1. 작업 지휘자 배치
2. '정비중' 표지판 설치
3. 차량 시동키를 뽑아서 별도로 관리

02 화면은 활선작업에 대한 동영상이다. 활선작업 시 내재되어 있는 핵심 위험요인을 3가지만 쓰시오.

해답 1. 근접활선(절연용 방호구 미설치)에 대한 감전 위험
2. 절연용 보호구 착용상태 불량에 따른 감전 위험
3. 활선작업거리 미준수에 따른 감전 위험
4. 작업장소의 관계 근로자 외의 자의 출입에 따른 감전 위험

03 화면에서 그라인더 작업 시 위험요인 2가지를 쓰시오.

[동영상 설명]
탱크 내부 밀폐된 공간에서 작업자가 그라인더 작업을 하고 있다. 다른 작업자가 외부에 설치된 국소배기장치를 발로 차서 전원공급이 차단되어 작업자가 의식을 잃고 쓰러진다.

해답 1. 작업시작 전 산소농도 및 유해가스농도 등의 미측정과 작업 중 지속적인 환기를 하지 않음
2. 환기를 실시할 수 없거나 산소결핍 위험장소에 들어갈 때 호흡용 보호구를 착용하지 않음
3. 국소배기장치의 전원부에 잠금장치가 없고, 감시인을 배치하지 않음

04 작업자가 개구부에서 자재 인양작업을 하고 있다. 이와 같은 작업진행 시 안전수칙 2가지를 쓰시오.

해답 1. 물건이 낙하하여 재해가 발생할 수 있으므로 낙하위험구역 내에는 근로자의 출입을 금지한다.
2. 물건 인양 시 적당한 기계, 기구를 이용한다.
3. 개구부에는 안전난간을 설치하여 근로자의 추락을 방지한다.
4. 난간을 설치하기 곤란한 경우에는 안전대를 착용한다.

05 드릴작업 시 위험요인 3가지를 쓰시오.

해답 1. 일감은 견고하게 고정시켜야 하며 손으로 잡고 구멍을 뚫는 것은 위험하다.
2. 드릴을 끼운 후에 척 렌치(Chuck Wrench)를 반드시 뺀다.
3. 손이 말려 들어갈 수 있으므로 장갑은 끼고 작업하지 말 것
4. 구멍을 뚫을 때 관통된 것을 확인하기 위하여 손을 집어넣지 말 것
5. 드릴작업에서 칩의 제거방법은 회전을 중지시킨 후 솔로 제거하여야 한다.

06 화면은 30kV 전압이 흐르는 고압선 아래에서 이동식 크레인으로 작업 중 발생한 재해사례이다. 크레인을 이용하여 고압선 주변에서 작업할 경우 사업주의 감전조치사항 3가지를 쓰시오.

해답 1. 해당 충전전로를 이설할 것
2. 감전의 위험을 방지하기 위한 울타리을 설치할 것
3. 해당 충전전로에 절연용 방호구를 설치할 것
4. 감시인을 두고 작업을 감시하도록 할 것

07 작업자가 맨홀 내부에서 작업하는 동영상이다. 이러한 밀폐공간에서 작업 중 착용하여야 할 보호구를 쓰시오.

해답 송기마스크, 공기마스크, 안전모, 안전화

08 박공지붕작업 시 박공지붕이 밑으로 떨어지면서 휴식을 취하고 있던 작업자가 맞는 재해가 발생하였다. 이런 사고를 방지하기 위한 대책 3가지를 쓰시오.

해답 1. 경사지붕 하부에 낙하물방지망 설치
2. 박공지붕 과적 금지 및 체결상태 확인
3. 근로자가 낙하위험 장소에서 휴식하지 않도록 조치
4. 낙하위험구간에 출입통제 조치

09 가죽제 안전화를 보여주고 있다. 가죽제 안전화의 성능시험 3가지를 쓰시오.

해답 1. 내압박성 시험, 2. 내충격성 시험, 3. 박리저항 시험, 4. 내답발성 시험

산업안전기사(1회 B형)

01 화면은 교류아크용접작업 중 재해가 발생한 사례이다. 이 작업 시 눈과 감전재해의 위험으로부터 작업자를 보호하기 위해 착용해야 할 보호구를 2가지 쓰시오.

[동영상 설명]
작업자가 교류아크용접을 한다. 용접을 한 번 하고서 슬러지를 털어낸 뒤 육안으로 확인한 후 다시 한 번 용접을 위해 아크불꽃을 내는 순간 감전되어 쓰러졌다. 이때 작업자는 일반 캡 모자와 목장갑 착용하고 있다.

해답 1. 용접용 보안면, 2. 절연장갑

02 화면은 폭발성 화학물질 취급 중 작업자의 부주의로 발생한 사고 사례이다. 동영상에서와 같이 폭발성물질 저장소에 들어가는 작업자가 (1) 신발에 물을 묻히는 이유는 무엇인지 설명하고, (2) 화재 시 적합한 소화방법을 쓰시오.

해답 (1) 신발에 물을 묻히는 이유 : 대부분의 물체는 습도가 증가하면 전기저항치가 저하되고 이에 따라 대전성이 저하하므로, 작업자가 신발에 물을 묻히게 되면 도전성이 증가(전기저항치 감소)하고 이에 따

라 인체의 대전성이 저하되므로 정전기 착화성 방전에 의한 화재 폭발을 방지할 수 있다.
(2) 화재 시 소화방법 : 다량 주수에 의한 냉각소화(폭발성 물질은 분해에 의하여 산소가 공급되기 때문에 연소가 격렬하며 그 자체의 분해도 격렬하다. 소화법으로는 물을 다량 사용해서 냉각하여 분해온도 이하로 낮추고 가연물의 연소도 억제해서 폭발을 방지하는 것이다. 소화제로는 질식소화는 효과가 없고, 물을 다량으로 사용하는 것이 최선이다.)

03 동영상에서 작업자의 추락원인 2가지를 쓰시오.

[동영상 설명]
아파트 건설공사 현장 3층 창틀에서 작업하던 작업자가 작업발판이 없어 창틀의 옆쪽을 밟았다가 미끄러져 떨어진다.

해답 1. 안전대 부착설비 미설치
2. 안전대 미착용
3. 추락방호망 미설치
4. 안전난간 미설치
5. 작업발판 미설치

04 차량계 하역운반기계 등의 수리 또는 부속장치의 장착 및 해체작업을 하는 때, 작업 전 조치해야 할 사항 3가지를 쓰시오.

해답 1. 작업의 지휘자를 지정할 것
2. 작업순서를 결정하고 작업을 지휘할 것
3. 안전지지대 또는 안전블록 등의 사용상황 등을 점검할 것

05 다음 각 물음에 답을 쓰시오. (단, 정화통의 문자 표기는 무시한다.)

(1) 방독마스크의 종류를 쓰시오.
(2) 방독마스크의 형식을 쓰시오.
(3) 방독마스크의 시험가스 종류를 쓰시오.

해답 (1) 종류 : 암모니아용 방독마스크
(2) 형식 : 격리식 전면형
(3) 시험가스 : 암모니아 가스

06 특수 화학설비 내부의 이상상태를 조기에 파악하기 위하여 설치해야 할 장치 3가지를 쓰시오.

해답 1. 온도계 · 유량계 · 압력계 등의 계측장치, 2. 자동경보장치, 3. 긴급차단장치, 4. 예비동력원

07 화면은 이동식 크레인을 이용하여 철제 배관을 인양하는 작업으로 신호수의 신호에 따라 철제 배관을 인양 중 H빔에 부딪히면서 흔들리는 동영상이다. 배관 인양작업 시 안전대책 3가지를 쓰시오.

해답 1. 작업순서를 결정하고 작업지휘자 배치
2. 와이어로프의 안전상태 점검
3. 훅의 해지장치 및 안전상태 점검

08 경사용 컨베이어 벨트에서 하역작업 중 위험을(동영상은 컨베이어 위에 올라가 있는 작업자의 발을 보여주며 아슬아슬한 모습을 잡아줌) 방지하기 위한 방호장치 3가지를 쓰시오.

해답 1. 비상정지장치 설치
2. 덮개 또는 울 설치
3. 건널다리 설치
4. 역전방지장치 설치

09 화면은 밀폐된 공간에서의 작업을 보여주고 있다. 밀폐공간작업 시 안전작업수칙 3가지를 쓰시오.

[동영상 설명]
탱크 내부에 밀폐된 공간에서 작업자가 그라인더 작업을 하고 있고, 다른 작업자가 외부에 설치된 국소배기장치를 발로 차 전원공급이 차단되어 내부 작업자가 의식을 잃고 쓰러진다.

해답 1. 산소 및 유해가스 농도 측정 후 작업을 시작한다.
2. 산소농도가 18% 미만일 때는 환기를 시키고, 작업 중에도 계속 환기한다.

3. 가능한 급배기를 동시에 실시하고, 환기를 실시할 수 없거나 산소결핍장소에서 작업할 때에는 호흡용 보호구를 착용한다.

산업안전기사(1회 C형)

01 동영상은 중량물을 취급하던 중 발생한 사고이다. 작업계획서에 제출할 내용을 3가지 쓰시오.

해답 1. 중량물 무게, 2. 중량물 운반 경로 및 작업계획, 3. 사업장 내 연락방법

02 건물 외벽에 쌍줄비계를 설치하고 비계 위에 작업발판을 설치하고 있다. (1) 작업발판의 폭과, (2) 발판재료 간의 틈은 얼마인가?

해답 (1) 작업발판의 폭 : 40cm 이상 (2) 틈 : 3cm 이하

03 화면의 영상에 나타나는 재해발생원인 중 직접원인에 해당되는 것 2가지를 쓰시오.

[동영상 설명]
항타기 · 항발기가 작업 중인 화면을 보여주고 있다. 이때, 항타기 · 항발기의 인근에 고압전선로가 있고 항타기 · 항발기가 돌아가는 순간 인접 충전전로에 접촉이 되면서 스파크가 발생하였다.

해답 1. 작업 장소 주변에 인접한 충전전로에 절연용 방호구 미설치
2. 충전전로 인근 작업 시 접근한계거리 미준수

04 동영상은 이동식 크레인으로 전주의 상단부를 묶어 전주 세우기 작업 중 인접 활선에 전주가 접촉되어 크레인으로 전기가 통하는 장면을 보여주고 있다. 동영상에서의 안전작업 방법 3가지를 쓰시오.

해답 1. 크레인 접지공사 실시한다.
2. 해당 충전전로에 절연용 방호구 설치한다.
3. 해당 충전전로에 접근이 되지 않도록 울타리을 설치한다.

05 화면에서 보여주고 있는 안전대의 (1) 명칭, (2) 정의, (3) 갖추어야 하는 구조 조건 2가지를 쓰시오.

해답 (1) 명칭 : 안전블록
(2) 정의 : 안전그네와 연결하여 추락 발생 시 추락을 억제할 수 있는 자동잠김장치가 갖추어져 있고 죔줄이 자동적으로 수축되는 장치
(3) 갖추어야 하는 구조
　　1. 신체지지의 방법으로 안전그네만을 사용할 것
　　2. 안전블록은 정격 사용 길이가 명시될 것
　　3. 안전블록의 줄은 합성섬유로프, 웨빙(webbing), 와이어로프이어야 하며, 와이어로프인 경우 최소지름이 4mm 이상일 것

06 다음 빈칸을 채우시오.

> 적정 공기란 산소농도의 범위가 (①)% 이상 (②)% 미만, 이산화탄소의 농도가 (③)% 미만, 황화수소의 농도가 (④) ppm 미만인 수준의 공기를 말한다.

해답 ① 18, ② 23.5, ③ 1.5, ④ 10

07 이 화면에서 특수화학설비 내부의 이상상태를 조기에 파악하기 위하여 설치해야 할 장치를 4가지 쓰시오.

해답 1. 온도계, 2. 유량계, 3. 압력계, 4. 자동경보장치

08 화면을 참고하여 타워크레인 작업 시 재해발생 원인 3가지를 쓰시오.

> [동영상 설명]
> 타워크레인을 이용하여 강관비계를 운반하는 도중 작업자(신호수)가 있는 곳에서 다소 흔들리며 내리다 작업자와 부딪힌다.

해답 1. 보조(유도)로프를 사용하지 않아 흔들림을 방지하지 못했다.
2. 화물을 작업자 위로 통과시켰다.
3. 슬링와이어로프의 체결상태를 확인하지 않았다.
4. 작업반경 내 출입금지조치를 하지 않았다.

09 화면은 밀폐된 공간에서의 작업을 보여주고 있다. 밀폐공간 작업 시 안전작업수칙 3가지를 쓰시오.

해답 1. 산소 및 유해가스 농도 측정 후 작업을 시작한다.
2. 산소농도가 18% 미만일 때는 환기를 시키고, 작업 중에도 계속 환기한다.
3. 가능한 급배기를 동시에 실시하고, 환기를 실시할 수 없거나 산소결핍장소에서 작업할 때에는 호흡용 보호구를 착용한다.

산업안전기사(2회 A형)

01 화면의 영상을 참고하여 유해물질을 취급하는 바닥이 갖추어야 할 조건 2가지를 적으시오.

> [동영상 설명]
> 실험실에서 황산을 비커에 따르고, 약품을 넣고 섞는 작업을 하고 있다. 작업자는 맨손이다. 황산용기를 바닥에 두고 있었는데 누군가 불러서 발걸음을 옮기던 중 바닥의 황산용기를 건드려 황산이 유출되었다.

해답 1. 누출 시 유해물질이 확산되지 않도록 높이 15cm 이상의 턱을 설치한다.
2. 바닥은 불침투성 재료를 사용한다.

02 화면의 영상에 나타나는 위험요인 2가지를 적으시오.

> [동영상 설명]
> 작업자가 배전반에서 맨손으로 드라이버를 이용해 나사를 조이는 모습이다. 한 손은 배전반 커버를 잡고 있다. 잠시 후 동료작업자가 옆에 있는 배전반의 전원을 투입하는 순간 작업자가 손을 움켜잡고 고통스러워한다.

해답 1. 작업자가 절연장갑을 착용하지 않았다.
2. 개폐기함에 잠금장치 및 통전금지 표찰을 설치하지 않았다.

03 다음 각 물음에 답을 쓰시오.

[동영상 설명]

작업자는 반코팅 장갑을 착용하고 정지된 롤러기의 내부를 살펴보며 이물질을 제거하고 있다. 전원을 작동하고 롤러기가 돌아간다. 계속해서 반코팅 장갑을 낀 상태에서 롤러의 표면을 닦는 등의 이물질 제거행동을 하다가 손이 빨려 들어간다.

(1) 기계의 운동형태에 따른 분류를 하고자 할 때 위험점의 명칭은?
(2) 위험점의 정의는?

해답 (1) 위험점 : 물림점
(2) 물림점 : (반대방향으로) 회전하는 두 개의 회전체에 물려 들어가는 위험점

04 화면에서와 같은 작업 시 작업을 중지해야 하는 경우 3가지를 적으시오.

[동영상 설명]

교각 위에서 철근작업을 하고 있다. 작업자가 발이 미끄러지며 아래로 추락하려 한다.

해답 1. 풍속이 초속 10m 이상
2. 강우량이 시간당 1mm 이상
3. 강설량이 시간당 1cm 이상

05 다음 각 물음에 답을 쓰시오.

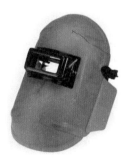

(1) 용접용 보안면의 등급을 나누는 기준은?
(2) 용접용 보안면의 투과율 종류는?

해답 (1) 등급 기준 : 차광도 번호
(2) 투과율 종류 : 자외선 최대 분광투과율, 적외선 투과율, 시감 투과율

06 화면에서 핵심 위험요인 3가지를 적으시오.

[동영상 설명]

아파트 건설현장에서 승강기 개구부에 나무판자 여러 개를 이어붙인 작업발판 위에서 못을 제거하는 작업을 하고 있다. 작업자가 끝부분으로 이동하다가 콘크리트 조각들이 개구부 아래로 떨어지는 장면을 보여준다. 안전모를 착용하고 있고, 작업발판 바닥은 지저분하다.

해답 1. 작업발판 불량, 2. 안전대 미착용, 3. 추락방호망 미설치, 4. 안전난간 미설치, 5. 작업장 주변정리 미흡

07 작업시작 전 미실시한 항목을 3가지 적으시오.

[동영상 설명]

작업자가 버스를 유압장치로 올린 후 버스 아래에 들어가서 작업하고 있다. 보호구는 착용하지 않은 상태이다. 잠시 후 다른 작업자가 버스에 올라타서 버스의 시동을 걸고 버스 아래의 작업자를 보여준다.

해답 1. 정비작업 중임을 나타내는 표지판을 설치하지 않았다.
2. 작업과정을 지휘할 작업자를 배치하지 않았다.
3. 기동장치에 잠금장치를 설치하지 않았다.
4. 작업 시 운전금지를 위하여 열쇠를 별도 관리하지 않았다.

08 유해물질 취급장소에서 게시하여야 하는 내용을 3가지 적으시오.

[동영상 설명]

작업자가 DMF를 배합기에 넣는 작업을 하고 있다. 보호구를 착용하지 않은 상태이며, 면장갑을 착용하고 있다.

1. 대상 화학물질의 명칭, 구성성분의 명칭 및 함유량
2. 안전보건상의 취급 시 주의사항
3. 건강 유해성 및 물리적 위험성

09 해당 작업 시작 전 점검사항 2가지를 적으시오.

[동영상 설명]
작업자가 절연장갑을 착용하고 용접기 접지를 물리고 용접봉을 용접봉 홀더에 끼운 후 용접을 하고 있다. 작업자는 보안면을 착용한 상태이다.

해답 1. 용접기 외함 접지상태, 2. 용접봉 홀더의 절연상태, 3. 전선의 피복 손상상태

산업안전기사(2회 B형)

01 화면은 교량하부 점검 중 추락재해가 발생하는 장면을 보여주고 있다. 화면을 참고하여 사고 원인 3가지를 쓰시오.

해답 1. 안전대 부착 설비 및 안전대를 착용하지 않았다.
2. 작업발판 단부의 안전난간 설치가 불량하다.
3. 추락방호망이 미설치되어 있다.
4. 작업자 주변 정리정돈 상태가 불량하다.
5. 작업발판이 고정되어 있지 않았다.

02 활선작업 시 내재되어 있는 핵심 위험요인을 3가지 쓰시오.

[동영상 설명]
작업자 2명이 전주에서 활선작업을 하고 있다. 작업자 1명은 밑에서 절연방호구를 올리고 다른 1명은 크레인 위에서 물건을 받아 활선에 절연방호구 설치작업을 하다 감전사고가 발생한다.

해답 1. 크레인 붐대가 활선에 접촉되어 감전 위험
2. 신호전달이 잘 이루어지지 않아 위험
3. 작업자의 복장이 갖춰져 있지 않아 위험

03 건물해체공사 장면을 보여주고 있다. 건물해체공사 시 작업계획서 포함내용을 3가지 쓰시오.

해답 1. 해체의 방법 및 해체순서 도면
2. 가설설비, 방호설비, 환기설비 및 살수 · 방화설비 등의 방법
3. 사업장 내 연락방법
4. 해체물의 처분계획
5. 해체작업용 기계 · 기구 등의 작업계획서
6. 해체작업용 화약류 등의 사용계획서

04 밀폐공간을 퍼지하고 있다. 퍼지작업의 종류 4가지를 쓰시오.

해답 1. 진공퍼지, 2. 압력퍼지, 3. 스위프 퍼지, 4. 사이펀 퍼지

05 화면에 나타난 보호장구(보안면)의 채색 투시부의 차광도를 구분하여 그 투과율[%]을 쓰시오.

밝음	(①)
중간 밝기	(②)
어두움	(③)

해답 ① 50%, ② 23%, ③ 14%

06 화면은 인화성 물질의 취급 및 저장소이다. 이 동영상을 참고하여 (1) 가스폭발의 종류(재해형태), (2) 가스폭발의 종류(재해원인)에 대해 쓰시오.

해답 (1) 폭발의 종류 : 증기운 폭발(UVCE)
(2) 발생원인 : 가압상태의 저장용기 내부의 가연성 액체가 대기 중에 유출되어 순간적으로 기화가 일어나 점화원에 의해 일어나는 폭발

07 화면은 조립식 비계발판을 설치하던 중 발생한 재해사례이다. 동영상에서와 같이 높이가 2m 이상인 작업장소에 적합한 작업발판의 설치기준을 3가지만 쓰시오. (단, 작업발판의 폭과 틈의 기준은 제외한다.)

해답 1. 발판재료는 작업 시 하중을 견딜 수 있도록 견고한 것으로 해야 한다.
2. 작업발판의 지지물은 하중에 의하여 파괴될 우려가 없는 것을 사용해야 한다.
3. 작업발판의 재료는 뒤집히거나 떨어지지 아니하도록 둘 이상의 지지물에 연결하거나 고정시켜야 한다.

08 화면은 작업자가 전동 권선기에 동선을 감는 작업을 하다가 기계가 정지하여 점검하던 중에 발생한 재해사례이다. 원인을 2가지 쓰시오.

> [해답] 1. 작업자가 절연용 보호구 미착용
> 2. 내전압용 절연장갑을 착용하지 않고, 맨손으로 작업을 실시함

09 화면의 동영상을 보면 작업자가 몸을 기울인 채 손으로 이물질을 제거하는 작업을 하다가 실수로 페달을 밟아 손이 다치는 재해가 발생한 사례이다. 이러한 사고의 예방을 위해 조치하여야 할 사항을 2가지만 쓰시오.

> [해답] 1. 이물질을 제거할 때에는 손으로 제거하는 것보다는 플라이어 등의 수공구를 이용한다.
> 2. 프레스를 일시정지할 때에는 페달에 U자형 덮개를 씌운다.
> 3. 이물질 제거 시 프레스 전원을 차단하고 작업한다.

산업안전기사(2회 C형)

01 화면은 교량공사 중 작업자가 추락하는 영상이다. 다음 질문에 답하시오.

> (1) 추락방지를 위해 추락의 위험이 있는 장소에 설치하는 방망을 쓰시오.
> (2) 작업면으로부터 망의 설치지점까지의 최대 수직거리를 쓰시오.

> [해답] (1) 방망 종류 : 추락방호망
> (2) 최대 수직거리 : 10m

02 거푸집 동바리 붕괴사고 예방을 위해 거푸집 동바리 조립 시 준수해야 하는 사항을 3가지 쓰시오.

> [해답] 1. 받침목이나 깔판의 사용, 콘크리트 타설, 말뚝박기 등 동바리의 침하를 방지하기 위한 조치를 할 것
> 2. 상부 · 하부의 동바리가 동일 수직선상에 위치하도록 하여 깔판 · 받침목에 고정시킬 것
> 3. 개구부 상부에 동바리를 설치하는 경우에는 상부하중을 견딜 수 있는 견고한 받침대를 설치할 것

4. U헤드 등의 단판이 없는 동바리의 상단에 멍에 등을 올릴 경우에는 해당 상단에 U헤드 등의 단판을 설치하고, 멍에 등이 전도되거나 이탈되지 않도록 고정시킬 것

03 동영상은 이동식 크레인을 이용하여 배관을 위로 올리는 작업으로 신호수의 수신호와 유도로프 없이 작업을 하는 장면을 보여주고 있다. 이때, 화물의 낙하 · 비래 위험을 방지하기 위한 사전 점검 또는 조치사항 3가지를 쓰시오.

> [해답] 1. 작업 반경 내 관계근로자 이외의 자는 출입을 금지시킨다.
> 2. 와이어로프의 체결상태를 점검한다.
> 3. 훅의 해지장치 및 안전상태를 점검한다.
> 4. 유도로프를 사용하여 화물의 흔들림을 방지한다.

04 화면은 작업자가 수중펌프 접속부위에 감전되어 발생한 재해사례이다. 습윤한 장소에서 사용되는 이동전선에 대한 사용 전 점검사항을 3가지 쓰시오.

> [해답] 1. 전선의 피복 또는 외장의 손상 유무 점검
> 2. 접속부위의 절연상태 점검
> 3. 절연저항 측정 실시

05 도금작업 시 유해물질에 대한 안전수칙을 4가지 쓰시오.

> [해답] 1. 유해물질에 대한 유해성 사전조사
> 2. 유해물질 발생원의 봉쇄
> 3. 작업공정 은폐, 작업장의 격리
> 4. 유해물의 위치 및 작업공정 변경
> 5. 전체환기 또는 국소배기
> 6. 점화원의 제거
> 7. 환경의 정돈과 청소

06 화면은 작업자가 전기패널 내부의 차단기 투입 과정 중 재해가 발생하는 모습을 보여주고 있다. 동종재해방지대책을 쓰시오.

> [해답] 1. 정전작업 실시
> 2. 개인보호구(감전방지용 보호구) 착용
> 3. 유자격자 이외는 전기기계 및 기구에 전기적인 접촉 금지
> 4. 관리감독자는 작업에 대한 안전교육 시행
> 5. 사고발생 시의 처리순서를 미리 작성하여 둘 것
> 6. 차단기별로 회로명을 표기하여 오동작 방지

07 유리병을 H_2SO_4(황산)에 세척 시 발생하는 (1) 재해형태와 (2) 정의를 각각 쓰시오.

해답 (1) 재해형태 : 유해 · 위험물질 노출 · 접촉
(2) 정의 : 유해 · 위험물질에 노출 · 접촉 또는 흡입하였거나 독성 동물에 쏘이거나 물린 경우

08 타워크레인을 이용하여 건설현장에서 중량물을 운반하는 작업을 할 때 낙하 또는 비래재해를 방지하기 위한 안전대책 3가지를 쓰시오.

해답 1. 신호수를 배치하여 중량물을 작업자 위로 통과시키지 않는다.
2. 중량물에 유도로프를 설치하여 흔들림을 방지한다.
3. 작업 전 운전자와 신호방법, 순서를 정하고 통신장비를 이용하여 신호한다.
4. 낙하위험구간에는 작업자를 출입시키지 않는다.
5. 인양 전 슬링 또는 와이어로프의 체결상태를 확인한다.

09 정화통에 안전인증사항 외에 표시해야 할 사항 4가지를 쓰시오.

해답 1. 파과곡선도, 2. 사용시간 기록카드, 3. 정화통의 외부 측면의 표시색, 4. 사용상의 주의사항

산업안전기사(3회 A형)

01 동영상에서의 재해발생 원인 중 직접원인에 해당되는 것을 2가지 쓰시오.

[동영상 설명]
동영상은 이동식 크레인으로 전주의 상단부를 묶어 전주 세우기 작업 중 인접 활선에 전주가 접촉되어 크레인으로 전기가 통하는 장면을 보여주고 있다.

해답 1. 작업 장소 주변에 인접한 충전전로에 절연용 방호구 미설치
2. 충전전로 인근 작업 시 접근한계거리 미준수

02 지게차를 사용하기 전 운전자가 유압장치, 조정장치, 경보등 등을 점검하고 있는 동영상이다. 지게차 사용 시작 전 점검사항을 쓰시오.

해답 1. 제동장치 및 조정장치 기능의 이상 유무
2. 하역장치 및 유압장치 기능의 이상 유무
3. 바퀴의 이상 유무
4. 전조등, 후미등, 방향지시기 및 경보장치 기능의 이상 유무

03 동영상에서 가스누설감지경보기를 설치할 때 적절한 (1) 설치위치와 (2) 경보설정값을 쓰시오.

[동영상 설명]
어둡고 밀폐된 LPG 저장소에서 작업자가 전등의 전원을 투입하는 순간 "펑"하고 폭발사고가 발생한다.

해답 (1) 설치위치 : 바닥에 인접한 낮은 곳에 설치한다.(LPG는 공기보다 무거우므로 가라앉음)
(2) 경보설정값 : 폭발하한계(LEL) 25% 이하

04 동영상에서 작업자의 추락원인 2가지를 쓰시오.

[동영상 설명]
아파트 건설공사 현장 3층 창틀에서 작업하던 작업자가 작업발판이 없어 창틀의 옆쪽을 밟았다가 미끄러져 떨어진다.

해답 1. 안전대 부착설비 미설치
2. 안전대 미착용
3. 추락방호망 미설치
4. 안전난간 미설치
5. 작업발판 미설치

05 컴프레서를 이용해 먼지를 청소하던 중 눈에 이물질이 들어가는 영상이다. 이때 작업자가 착용하여야 하는 보호구 2가지를 쓰시오.

해답 1. 보안경, 2. 방진마스크

06 승강기 설치 전 피트 내부 청소작업 중 추락하였다. 추락재해 발생원인 3가지를 쓰시오.

해답 1. 작업발판이 고정되어 있지 않았다.
　　　2. 작업자가 안전난간 및 안전대를 걸지 않고 작업하였다.
　　　3. 추락방호망을 설치하지 않았다.

07 동영상은 철제파이프를 로프에 느슨하게 묶고 비계 위에서 들어올리다 로프가 풀려 밑에 작업자가 재해를 입는 영상이다. 이때 작업자가 확보해야 하는 예방조치 3가지를 쓰시오.

해답 1. 작업발판을 견고하게 고정시킬 것
　　　2. 안전대를 고정시킬 것
　　　3. 물체가 떨어지지 않게 확실히 고정시킬 수 있을 것

08 가죽제 안전화의 뒷굽 높이를 제외한 몸통 높이를 쓰시오.

해답 1. 단화 : 113mm 미만
　　　2. 중단화 : 113mm 이상
　　　3. 장화 : 178mm 이상

09 다음 빈칸을 채우시오.

(1) 화면에 나타난 항타기 권상장치의 드럼축과 권상장치로부터 첫 번째 도르래의 축과의 거리를 권상장치의 드럼폭의 (①)배 이상으로 해야 한다.
(2) 도르래는 권상장치의 드럼의 (②)을 지나야 하며 축과 (③)상에 있어야 한다.

해답 ① 15, ② 중심, ③ 수직면

---

01 작업자가 교류아크 용접작업을 하고 있다. 아크용접작업 시 필요한 보호구의 종류 2가지를 쓰시오.

해답 1. 용접용 보안면, 2. 절연장갑

02 작업자가 실험실 안에 들어가기 전 신발에 물을 묻히는 장면을 보여주고 있다. (1) 신발에 물을 묻히는 이유와 이때의 (2) 소화방법을 쓰시오.

해답 (1) 신발에 물을 묻히는 이유 : 대부분의 물체는 습도가 증가하면 전기저항치가 저하하고 이에 따라 대전성이 저하하므로, 작업자가 신발에 물을 묻히게 되면 도전성이 증가(전기저항치 감소)하고 이에 따라 인체의 대전성이 저하되므로 정전기 착화성 방전에 의한 화재폭발을 방지할 수 있다.
　　　(2) 화재 시 소화방법 : 다량 주수에 의한 냉각소화(폭발성 물질은 분해에 의하여 산소가 공급되기 때문에 연소가 격렬하며 그 자체의 분해도 격렬하다. 소화법으로는 물을 다량 사용해서 냉각하여 분해온도 이하로 낮추고 가연물의 연소도 억제해서 폭발을 방지하는 것이다. 소화제로는 질식소화는 효과가 없고, 물을 다량으로 사용하는 것이 최선이다.)

03 차량계 하역장치의 수리나 조립, 해체를 할 때 안전조치사항을 3가지 쓰시오.

[동영상 설명]
트럭의 적재함을 내리다가 적재함이 갑자기 멈추어 섰다. 이때 작업자가 스패너 하나만 가지고 적재함 밑으로 내려가서 나사를 조이는 데 적재함이 내려와 작업자가 깔리게 된다.

해답 1. 안전지지대 또는 안전블록 등의 사용상황 등을 점검할 것
　　　2. 작업순서를 결정하고 작업을 지휘할 것
　　　3. 작업계획서를 작성할 것
　　　4. 원동기를 정지시키고 브레이크를 확실히 거는 등 갑작스러운 주행을 방지하기 위한 조치를 할 것

04 엘리베이터 피트 주변에서 작업 중 피트 단부로 추락하는 재해가 발생하였다. 이와 같은 추락재해의 발생원인을 3가지 쓰시오.

_{해답} 1. 피트 내부에 추락방호망 미설치
2. 개구부(피트) 단부 안전난간 미설치
3. 안전대 부착설비 미설치 및 안전대 미착용

05 봉강 연마작업 중 발생한 사고사례이다. 작업 시 숫돌과 가공면의 각도는 어느 범위가 적당한지 쓰시오.

_{해답} 15~30°

06 정화통 색이 녹색인 방독마스크를 보여주고 있다. 다음 각 물음에 답을 쓰시오. (단, 정화통의 표기는 무시한다.)

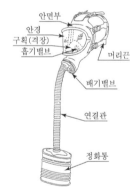

- 안면부
- 안경
- 구획(격장)
- 흡기밸브
- 머리끈
- 배기밸브
- 연결관
- 정화통

(1) 방독마스크의 종류를 쓰시오.
(2) 방독마스크의 형식을 쓰시오.
(3) 방독마스크의 시험가스의 종류를 쓰시오.

_{해답} (1) 종류 : 암모니아용 방독마스크
(2) 형식 : 격리식 전면형
(3) 시험가스 : 암모니아 가스

07 컨베이어 위에 올라 작업자가 형광등을 교체하다 추락(작업자세 불안정, 보호구 미착용)하는 동영상이다. 해당 작업의 위험요인 2가지를 쓰시오.

_{해답} 1. 작동하는 컨베이어에 올라 작업하여 자세가 불안정해 추락할 위험이 있다.
2. 안전모등 보호구를 착용하지 않아 위험하다.

08 동영상은 이동식 크레인을 이용하여 배관을 위로 올리는 작업으로 신호수의 수신호와 유도로프 없이 작업을 하는 장면을 보여주고 있다. 이때, 화물의 낙하·비래 위험을 방지하기 위한 사전점검 또는 조치사항 3가지를 쓰시오.

_{해답} 1. 작업 반경 내 관계 근로자 이외의 자는 출입을 금지시킨다.
2. 와이어로프의 체결상태를 점검한다.
3. 훅의 해지장치 및 안전상태를 점검한다.
4. 유도로프를 사용하여 화물의 흔들림을 방지한다.

09 화면과 연관된 특수 화학설비 내부의 이상상태를 조기에 파악하기 위하여 설치해야 할 장치 3가지를 쓰시오.

_{해답} 1. 온도계, 2. 유량계, 3. 압력계, 4. 자동경보장치

산업안전기사(3회 C형)

01 타워크레인 작업 시 작업중지 풍속을 쓰시오.

_{해답} 1. 순간풍속이 초당 10미터를 초과하는 경우 타워크레인의 설치·수리·점검 또는 해체 작업을 중지
2. 순간풍속이 초당 15미터를 초과하는 경우에는 타워크레인의 운전작업을 중지

02 위의 사진은 소음이 발생되는 사업장에서 근로자의 청력을 보호하기 위하여 사용하는 방음보호구이다. 방음보호구의 등급에 따른 기호와 각각의 성능을 쓰시오.

해답

등급	기호	성능
1종	EP-1	저음부터 고음까지 차음하는 것
2종	EP-2	주로 고음을 차음하고 저음(회화음영역)은 차음하지 않는 것

03 압쇄기를 이용한 건물 해체작업이 실시되고 있는 장면을 보여주고 있다. 동영상과 같은 건물 해체작업 시 해체작업계획에 포함되어야 하는 사항 3가지를 쓰시오.

해답 1. 해체의 방법 및 해체순서 도면
2. 가설설비, 방호설비, 환기설비 및 살수·방화설비 등의 방법
3. 사업장 내 연락방법
4. 해체물의 처분계획
5. 해체작업용 기계·기구 등의 작업계획서
6. 해체작업용 화약류 등의 사용계획서

04 지게차에 적재된 화물이 현저하게 시계를 방해할 경우 운전자의 조치를 3가지만 쓰시오.

해답 1. 하차하여 주변의 안전을 확인한다.
2. 유도자를 지정하여 지게차를 유도하든가 후진으로 서행한다.
3. 경적과 경광등을 사용한다.

05 다음 괄호 안에 방열복 제작 시 규정된 최대 질량을 쓰시오.

상의 (①)kg / 하의 (②)kg / 일체복 (③)kg / 장갑 (④)kg / 두건 (⑤)kg

해답 ① 3.0, ② 2.0, ③ 4.3, ④ 0.5, ⑤ 2.0

06 작업자가 장갑을 착용한 상태에서 인쇄 윤전기 작업을 하고 있다. 동영상에서 알 수 있는 (1) 위험점과 (2) 정의, (3) 형성 조건을 쓰시오.

해답 (1) 위험점 : 물림점
(2) 위험점의 정의 : 두 개의 회전체 사이에 신체가 물리는 위험점 형성
(3) 형성 조건 : 회전체가 서로 반대방향으로 맞물려 회전되어야 한다.

07 전주작업을 하던 작업자가 전주에 머리를 부딪치며 감전을 당하는 장면을 보여주고 있다. 이때, (1) 가해물과 (2) 착용하여야 할 안전모의 종류 2가지를 쓰시오.

해답 (1) 가해물 : 전주
(2) 안전모의 종류 : AE, ABE

08 화면의 영상 속 장소에 가스누설감지경보기를 설치할 때 적절한 (1) 설치위치와 (2) 경보설정값을 쓰시오.

[동영상 설명]
어둡고 밀폐된 LPG 저장소에 가스 누설감지 경보기가 미설치되어 있고, 작업자가 전등의 전원을 투입하는 순간 "펑"하고 폭발사고가 발생하는 장면이다.

해답 (1) 설치위치 : 바닥에 인접한 낮은 곳에 설치한다.(LPG는 공기보다 무거우므로 가라앉음)
(2) 경보설정값 : 폭발하한계(LEL) 25% 이하

09 작업자가 회전물을 샌드페이퍼로 청소하다가 회전물에 손이 말려 들어가는 영상이다. (1) 위험점과 (2) 정의를 쓰시오.

해답 (1) 위험점 : 회전말림점(Trapping Point)
(2) 정의 : 회전하는 물체의 길이, 굵기, 속도 등이 불규칙한 부위와 돌기 회전부위에 장갑 및 작업복 등이 말려드는 위험점 형성(돌기회전부)

2019년 작업형 기출문제

산업안전기사(1회 A형)

01 교류아크용접기 자동전격방지기 종류를 4가지 쓰시오.

해답 1. 외장형, 2. 내장형, 3. 저저항 시동형(L형), 4. 고저항 시동형(H형)

02 보호구와 관련 다음 괄호를 올바르게 채우시오.

> (1) AE, ABE 안전모 관통거리 : (①)mm 이하
> (2) AB 안전모 관통거리 : (②)mm 이하
> (3) 충격흡수성 : 최고전달충격력이 (③)N을 초과해서는 안 된다.

해답 ① 9.5, ② 11.1, ③ 4,450

03 안전블록이 갖추어야 하는 구조조건 2가지를 쓰시오.

해답 1. 추락 발생 시 추락을 억제할 수 있는 자동잠김장치를 갖출 것
2. 안전블록 부품은 부식방지처리를 할 것

04 화면의 영상을 참고하여 다음 물음에 답하시오.

> [동영상 설명]
> 임시배전반에서 일자 드라이버를 가지고 맨손으로 점검 중 옆 사람이 와서 문을 닫는다. 이 과정에서 손이 컨트롤 박스 문에 끼어 감전이 발생한다.

> (1) 발생한 재해의 형태를 쓰시오.
> (2) 동영상과 관련된 위험요인을 2가지 쓰시오.

해답 (1) 재해 형태 : 감전
(2) 위험요인
1. 맨손으로 작업
2. 절연용 보호구(내전압용 절연장갑 등) 미착용
3. 전기를 차단하지 않음
4. '점검중'이라는 안내 표지를 부착하지 않음

05 화면은 브레이크 패드를 제조하는 중 석면을 사용하는 장면이다. 이 작업의 안전작업수칙(=안전한 작업방법)에 대하여 3가지를 쓰시오. (단, 근로자는 석면의 위험성을 인지하고 있다.)

해답 1. 석면이 작업자 호흡기로 침투되는걸 방지하기 위해 작업자에게 호흡용 보호구를 착용
2. 석면작업장에는 석면이 날리지 않도록 국소배기장치를 설치하여 작업 중에 항상 가동
3. 석면을 사용하거나 석면이 붙어 있는 물질을 이용하는 작업을 하는 때에는 석면이 흩날리지 아니하도록 습기를 유지

06 건물해체 중 작업자가 위험 구역에 머무르는 것이 사고 요인으로 판단되는바 동종사고 예방차원에서 작업자는 해체장비로부터 최소 몇 m 이상 떨어져야 적절한지 쓰시오.

해답 4m

07 화면과 같은 작업을 할 때의 올바른 작업 자세를 3가지 쓰시오.

> [동영상 설명]
> 작업자가 사무실에서 의자에 앉아 컴퓨터 조작 중이다. 작업자가 의자 높이가 맞지 않아 다리를 구부리고 앉아 있으며, 모니터를 가까이에서 바라보고 있다. 또한, 키보드를 손으로 조작하는데 키보드가 너무 높은 곳에 위치하고 있다.

해답 1. 허리를 등받이 깊숙이 지지하여 앉는다.
2. 키보드를 조작하기 편한 위치에 놓는다.
3. 모니터를 보기 편한 위치에 놓는다.

08 퍼지의 필요성을 쓰시오.

해답 1. 가연성 및 지연성 가스에 의한 화재 및 폭발사고와 산소결핍사고
예방
2. 급성독성물질에 의한 중독사고 예방
3. 불활성가스에 의한 산소결핍 예방

09 화면과 같이 고압선 주위에서 항타기·항발기 작업 시 안전 작업수칙 2가지를 쓰시오.

[동영상 설명]

작업자가 사무실에서 의자에 앉아 컴퓨터 조작 중이다. 작업
자가 의자 높이가 맞지 않아 다리를 구부리고 앉아 있으며,
모니터를 가까이에서 바라보고 있다. 또한, 키보드를 손으
로 조작하는데 키보드가 너무 높은 곳에 위치하고 있다.

해답 1. (이격거리 확보) 차량등을 충전부로부터 300cm 이상 이격 유지시
키되, 대지전압이 50kV를 넘는 경우에는 10kV 증가할 때마다 이격
거리를 10cm 증가시킨다.
2. (절연용 방호구 설치) 절연용 방호구등을 설치한 경우에는 이격거리
를 절연용 방호구 앞면까지로 할 수 있다.
3. (울타리 설치 또는 감시인 배치) 울타리을 설치하거나 감시인 배치등
의 조치를 하여야 한다.
4. (접지점 관리 철저) 접지된 차량등이 충전전로와 접촉할 우려가 있을
경우에는 근로자가 접지점에 접촉되지 않도록 조치하여야 한다.

01 화면을 참고하여 고압선 주위에서 항타기·항발기 작업 시 안전 작업수칙 2가지를 쓰시오.

[동영상 설명]

항타기·항발기 장비로 땅파고 콘크리트 전주 세우기 작업
도중에 항타기에 고정된 전주가 조금 불안전한 듯 싶더니
조금씩 돌아가서 항타기로 전주를 조금 움직이는 순간 인접
활선 전로에 접촉되어서 스파크가 일어난다. 2~3명의 작업
자가 안전모는 착용하고 있다.

해답 1. (이격거리 확보) 차량등을 충전부로부터 300cm 이상 이격 유지시
키되, 대지전압이 50kV를 넘는 경우에는 10kV 증가할 때마다 이격
거리를 10cm 증가시킨다.
2. (절연용 방호구 설치) 절연용 방호구등을 설치한 경우에는 이격거리
를 절연용 방호구 앞면까지로 할 수 있다.
3. (울타리 설치 또는 감시인 배치) 울타리을 설치하거나 감시인 배치등
의 조치를 하여야 한다.
4. (접지점 관리 철저) 접지된 차량등이 충전전로와 접촉할 우려가 있을
경우에는 근로자가 접지점에 접촉되지 않도록 조치하여야 한다.

02 동영상을 참고하여 작업자가 (1) 직업성 질환으로 이환될 우려의 이유와 장기간 폭로 시 (2) 어떤 종류의 직업병이 발생할 위험이 있는지 2가지 쓰시오.

[동영상 설명]

작업장은 석면이 날리고 있으며 작업자는 석면을 포대에서
플라스틱 용기를 사용하여 배합기에 넣고 있다. 아래 작업자
는 철로 된 용기에 주변 바닥으로 흩어진 석면을 빗자루로
쓸어서 담고 있다. 주변에는 국소배기장치가 없고, 작업자
는 일반 작업복, 일반장갑, 일반마스크를 착용하고 있다. 브
레이크 라이닝을 작업하는 작업자가 마스크를 착용하고 있
으나 석면분진폭로 위험성에 노출되어 있다.

해답 (1) 우려의 이유 : 해당 작업자가 착용한 마스크는 방진전용마스크가
아니기 때문에, 석면분진이 마스크를 통해 흡입될 수 있다.
(2) 발생 가능한 직업병 명칭 : 1. 폐암, 2. 석면폐증, 3. 악성 중피종

03 동영상을 참고하여 관련 재해형태와 그 정의를 쓰시오.

[동영상 설명]
일반 차량도로 공사에서 붉은 도로 구획 전면 점검 중 전선과 전선을 연결한 부분(절연테이프로 Taping 처리됨)을 작업자가 만지다 감전 사고를 일으킨다. 이때 작업자는 맨손이었으며, 안전화는 착용한 상태, 또한 전원을 인가한 상태였다.

해답 (1) 재해형태 : 감전
(2) 정의 : 전기접촉이나 방전에 의하여 인체의 일부 또는 전체에 전류가 흐르는 현상을 말하며 이에 의해 인체가 받게 되는 충격

04 동영상을 참고하여 관련 재해에 대한 안전 대책 3가지를 쓰시오.

[동영상 설명]
(삼각형) 경사지붕 위쪽과 바닥을 보여주면서 오른쪽에 안전난간, 추락방지망이 미설치된 화면이 보인다. 지붕 위쪽 중간에서 커피를 마시면서 앉아 휴식을 취하는 작업자(안전모, 안전화 착용함)들과 작업자 왼쪽과 뒤편에 적재물이 적치되어 있고 휴식 중인 작업자를 향해 뒤에 있는 삼각형 적재물이 굴러와 작업자 등에 충돌하여 작업자가 앞으로 쓰러진다.

해답 1. 경사지붕 하부에 낙하물방지망 미설치
2. 박공지붕 적치상태불량 및 체결상태불량
3. 박공지붕의 과적치
4. 근로자가 낙하(비래)위험 장소에서 휴식
5. 낙하(비래)위험구간 출입통제 미실시

05 화면에는 지게차에 주유를 하는 동안에 운전자가 시동을 건 채 내려 다른 작업자와 흡연을 하며 이야기를 나누고 있다. 위험요소를 2가지 이상 쓰시오.

해답 1. 지게차 운전자가 주유 중 담배를 피우고 있어 화재발생 위험이 있다.
2. 주유 중인 지게차에 시동이 걸려 있어 임의동작 또는 오동작으로 인한 사고발생 위험이 있다.
3. 주유원이 작업 중 잡담을 하고 있어 정량 이상을 주유하여 바닥에 유류가 흘러넘쳐 그로 인한 화재발생 위험이 있다.

06 화면의 영상을 참고하여 다음 물음에 답하시오.

[동영상 설명]
임시배전반에서 일자 드라이버를 가지고 맨손으로 점검 중 옆 사람이 와서 문을 닫는다. 이 과정에서 손이 컨트롤 박스 문에 끼어 감전이 발생한다.

(1) 발생한 재해의 형태를 쓰시오.
(2) 동영상과 관련된 위험요인을 2가지 쓰시오.

해답 (1) 재해 형태 : 감전
(2) 위험요인
1. 맨손으로 작업
2. 절연용 보호구(내전압용 절연장갑 등) 미착용
3. 전기를 차단하지 않음
4. '점검중'이라는 안내 표지를 부착하지 않음

07 화면은 도금작업장에서 작업자가 착용하고 있는 보안경, 안전장갑, 고무제 안전화를 보여주고 있다. 이때 고무제 안전화의 사용장소에 따른 구분 4가지를 쓰시오.

해답 1. 일반작업장
2. 탄화수소류의 윤활유 등을 취급하는 작업장
3. 무기산을 취급하는 작업장
4. 알칼리를 취급하는 작업장
5. 무기산 및 알칼리를 취급하는 작업장

08 보호장구(보안면)의 (1) 등급을 나누는 기준과 (2) 투과율의 종류를 쓰시오.

해답 (1) 등급기준 : 차광도 번호
(2) 투과율의 종류 : 자외선 최대 분광 투과율, 시감 투과율(Luminous Transmittance), 적외선 투과율

09 화면의 영상 속 재해발생원인 3가지를 쓰시오.

[동영상 설명]
맨손에 슬리퍼를 착용한 A 작업자가 변압기의 2차 전압을 측정하기 위해 유리창 너머의 B 작업자에게 전원을 투입하라는 신호를 보낸다. 측정 완료 후 다시 차단하라고 신호를 보내고 측정기기를 철거하다 감전사고가 발생한다.

해답 1. 절연용 보호구(내전압용절연장갑 등)를 미착용했다.
2. 절연용 보호구(절연장화)를 미착용했다.
3. 신호전달이 잘 이루어지지 않았다.
4. 안전확인을 소홀히 했다.

산업안전기사(1회 C형)

01 화면의 영상을 참고하여 밀폐된 공간에서 안전관리자의 직무 3가지를 쓰시오.

> [동영상 설명]
> 탱크 내부 밀폐된 공간에서 작업자가 작업을 하고 있고, 다른 작업자가 외부에 설치된 국소배기장치를 발로 차서 전원공급이 차단되어 내부 작업자가 의식을 잃고 쓰러진다.

해답 1. 작업 시작 전에 작업자에게 작업에 대한 위험요인과 이에 대한 대응방법에 대하여 교육을 한다.
2. 작업 중 밀폐공간 내 공기상태가 적정한지 여부를 수시로 측정 및 확인하고 산소농도가 18% 미만인 경우 호흡보호구를 착용시킨다.
3. 국소배기장치의 정전 등에 의한 환기 중단 시에는 즉시 외부로 대피시키고, 의식불명의 작업자가 발생할 경우 구출하기 위해 사다리, 섬유로프 등의 구명 용구가 작업현장에 비치되었는지 확인한다.

02 동영상에서 철물을 핸드그라인더로 작업하고 있다. 그 주변에 물이 흥건하고 마지막에는 전선 같은 것이 보인다. 누전차단기를 설치해야 하는 대상 3가지를 쓰시오.

해답 1. 물 등 도전성이 높은 액체가 있는 습윤장소
2. 철판·철골 위 등 도전성이 높은 장소
3. 임시배선의 전로가 설치되는 장소

03 화면은 작업자가 수중펌프 접속부위에 감전되어 발생한 재해사례이다. 작업자가 감전사고를 당한 원인을 인체의 피부저항과 관련하여 설명하시오.

> [동영상 설명]
> 단무지 공장에서 무릎 정도 물이 차 있는 상태에서 수중펌프 작동과 동시에 작업자가 접속부위에 감전된다.

해답 인체가 수중에 있으므로 인체 피부저항이 1/25로 감소되어 쉽게 감전되었다.

04 안전장치가 없는 둥근톱 기계에 고정식 접촉예방장치를 설치하고자 한다. 이때 (1) 하단과 가공재 사이의 간격 (2) 하단과 테이블 사이의 높이는 각각 얼마로 조정하는지 쓰시오.

해답 (1) 간격 : 8mm 이내
(2) 높이 : 25mm 이하

05 EM(Ear Mask) 주파수에 의한 방음치수?

중심주파수(Hz)	차음치(dB)
1,000	(①)
2,000	(②)
4,000	(③)

해답 ① 25, ② 30, ③ 35

06 30kV 전압이 흐르는 고압선 아래에서 이동식크레인으로 작업하다 붐대가 전선에 닿아 감전된다. 크레인을 이용하여 고압선 주변에서 작업할 경우 사업주의 감전 조치사항 3가지를 쓰시오.

해답 1. (이격거리 확보) 차량등을 충전부로부터 300cm 이상 이격 유지시키되, 대지전압이 50kV를 넘는 경우에는 10kV 증가할 때마다 이격거리를 10cm 증가시킨다.
2. (절연용 방호구 설치) 절연용 방호구등을 설치한 경우에는 이격거리를 절연용 방호구 앞면까지로 할 수 있다.
3. (울타리 설치 또는 감시인 배치) 울타리을 설치하거나 감시인 배치등의 조치를 하여야 한다.
4. (접지점 관리 철저) 접지된 차량등이 충전전로와 접촉할 우려가 있을 경우에는 근로자가 접지점에 접촉되지 않도록 조치하여야 한다.

07 터널공사 중 다이너마이트를 설치하고 있다. 화면에서 터널 등의 건설작업에 있어서 낙반 등에 의하여 근로자에게 위험을 미칠 우려가 있을 때 위험을 방지하기 위하여 필요한 조치를 3가지 쓰시오.

해답 1. 터널지보공 설치, 2. 록(Rock)볼트 설치, 3. 부석 제거

08 화면은 실험실에서 황산을 비커에 따르고 있고, 작업자는 맨손, 마스크를 미착용하고 있다. 인체로 흡수되는 경로를 2가지 쓰시오.

[해답] 1. 피부(점막), 2. 호흡기, 3. 소화기

09 화면과 같은 (1) 안전대의 명칭과 ① 위쪽, ② 아래쪽의 구성품 명칭을 쓰시오.

[해답] (1) 안전대 명칭 : 죔줄
(2) 구성품 명칭 : ① 카라비나(carabiner), ② 훅(hook)

산업안전기사(2회 A형)

01 작업에 사용하는 안전대종류 2가지를 쓰시오.

[해답] 1. U자 걸이용 안전대 2. 벨트식 안전대

02 NATM 공법에 의한 터널시공 장면을 보여주고 있다. 이러한 터널 굴착작업 시 공사의 안전성 및 설계의 타당성 판단 등을 확인하기 위해 실시하는 계측의 종류를 3가지만 쓰시오.

[해답] 1. 내공변위 측정
2. 천단침하 측정
3. 지표면침하 측정

4. 지중변위 측정
5. Rock Bolt 축력 측정
6. 숏크리트 응력 측정

03 롤러기의 방호장치별 설치 위치를 쓰시오.

[해답] 1. 손조작식 : 밑면으로부터 1.8m 이내
2. 복부조작식 : 밑면으로부터 0.8~1.1m 이내
3. 무릎조작식 : 밑면으로부터 0.4~0.6m 이내

04 교량하부에서 점검작업을 위해 작업발판에서 이동하던 중 추락하는 재해가 발생하였다. 이렇게 작업발판을 설치할 때 (1) 작업발판의 폭 및 (2) 틈의 설치기준은 무엇인가?

[해답] (1) 작업발판의 폭 : 40cm 이상
(2) 틈 : 3cm 이하

05 화면은 콘크리트 전주 세우기 작업 도중에 발생한 사례이다. 항타기 · 항발기 조립 시 사용전 점검사항 3가지를 쓰시오.

[해답] 1. 본체의 연결부의 풀림 또는 손상의 유무
2. 권상용 와이어로프 · 드럼 및 도르래의 부착상태의 이상 유무
3. 권상장치의 브레이크 및 쐐기장치 기능의 이상 유무
4. 권상기의 설치상태의 이상 유무
5. 리더(leader)의 버팀 방법 및 고정상태의 이상 유무
6. 본체 · 부속장치 및 부속품의 강도가 적합한지 여부
7. 본체 · 부속장치 및 부속품에 심한 손상 · 마모 · 변형 또는 부식이 있는지 여부

06 산소결핍장소(밀폐공간작업 시)에 대한 (1) 안전수칙 및 착용해야 하는 (2) 보호장비를 쓰시오.

[해답] (1) 안전수칙
1. 근로자 입장 및 퇴장 시 인원점검
2. 감시인 지정 및 밀폐공간 외부 배치
3. 작업시작 전 및 작업 중 적정 공기상태가 유지되도록 환기 실시
4. 관계자가 아닌 사람의 출입 금지
5. 대피용 기구의 비치
6. 안전대 및 구명밧줄 지급 및 착용(추락위험 우려가 있는 경우)
(2) 산소결핍장소(밀폐공간 작업 시) 착용해야 하는 장비
1. 공기호흡기
2. 송기마스크

07 공기적정상태 유지를 위해 사용할 수 있는 방법 2가지를 쓰시오.

해답 1. 환기장치 설치, 2. 국소배기장치 설치

08 방열복 내열원단의 시험성능기준 항목 3가지를 쓰시오.

해답 1. 난연성, 2. 절연저항, 3. 인장강도, 4. 내열성, 5. 내한성

09 지게차를 사용하기 전 운전자가 유압장치, 조정장치, 경보등 등을 점검하고 있는 동영상이다. 지게차 사용 시작 전 점검사항을 쓰시오.

해답 1. 제동장치 및 조정장치 기능의 이상 유무
2. 하역장치 및 유압장치 기능의 이상 유무
3. 바퀴의 이상 유무
4. 전조등, 후미등, 방향지시기 및 경보장치 기능의 이상 유무

산업안전기사(2회 B형)

01 화면은 무채를 썰어내는 기계(슬라이스 기계)작업 중 위험요인 2가지를 쓰시오.

해답 1. 전원을 차단하지 않고 점검작업을 하여 손을 다칠 위험이 있다.
2. 이물질 제거시 적합한 수공구를 이용하지 않아 손을 다칠 위험이 있다.

02 변압기 활선작업 시 감전사고 예방을 위한 활선 유무 확인방법 3가지를 쓰시오.

해답 1. 검전기(활선접근경보기)로 확인
2. 테스터기 활용(지시치 확인)
3. 변압기 전로의 전원투입 개폐기 투입상태 확인

03 지하 하수처리장의 슬러지 작업 중 작업자가 쓰러져 의식을 잃고 쓰러지는 동영상이다. 이러한 밀폐공간에서 작업 시 착용해야 하는 보호구 2가지를 쓰시오.

해답 1. 공기호흡기, 2. 송기마스크

04 흙막이 지보공 작업 시 정기 점검사항을 4가지를 쓰시오.

해답 1. 부재의 손상 변형 변위 부식 및 탈락의 유무와 상태
2. 부재의 접속부 교차부 부착부의 상태
3. 버팀대의 긴압정도
4. 침하 정도

05 화면은 어두운 장소에서의 컨베이어 점검 시 사고가 발생하는 상황이다. 가해물 및 재해원인을 쓰시오.

[동영상 설명]
작업자가 어두운 장소에서 플래시를 들고 컨베이어 벨트를 점검하다 잠시 한 눈을 판 사이 손이 컨베이어 롤러에 말려 들어가는 사고가 발생한다.

해답 1. 가해물 : 컨베이어 벨트
2. 재해원인 : 전원을 차단하지 않고 점검 하였다.

06 화면은 도금작업에 사용하는 보호구 사진 A, B, C 3가지를 보여준 후, C 보호구에 노란색 동그라미가 표시되면서 정지된다. 동영상에서 C 보호구의 사용 장소에 따른 종류 3가지를 쓰시오.

A   B   C

해답 1. 일반용, 2. 내유용, 3. 내산용, 4. 내알칼리용, 5. 내산, 알칼리 겸용

07 산업안전보건법령상 건물 해체작업의 해체계획서 작성 시 포함사항을 4가지 쓰시오.

해답 1. 해체의 방법 및 해체순서 도면
2. 가설설비, 방호설비, 환기설비 및 살수 · 방화설비 등의 방법
3. 사업장 내 연락방법
4. 해체물의 처분계획
5. 해체작업용 기계 · 기구 등의 작업계획서
6. 해체작업용 화약류 등의 사용계획서

08 화면은 작업자가 사출성형기에 낀 이물질을 당기다 감전으로 뒤로 넘어져 발생하는 재해사례이다. 사출성형기 잔류물 제거 시 재해 발생 방지대책 3가지를 쓰시오.

해답 1. 작업 시작 전 전원을 차단한다.
2. 작업 시 절연용 보호구를 착용한다.
3. 금형 이물질 제거 작업 시 전용공구를 사용한다.

09 증기가 흐르는 고소 배관 점검을 위해 이동식 사다리에 올라가 작업 중 사다리의 흔들림에 의해 떨어져 바닥에 부딪히는 상황(보안경 미착용에 양손 모두 맨손으로 작업 중)이다. 위험요인 3가지 쓰시오.

해답 1. 방열복 및 방열장갑 등 보호구를 착용하지 않았다.
2. 이동식 사다리가 고정되어 있지 않다.
3. 보안경 미착용으로 고압증기에 의한 눈 손상의 위험이 있다.
4. 양손을 동시에 사용하고 있어 작업자세가 불안전하다.

산업안전기사(2회 C형)

01 교량하부에서 점검작업을 위해 작업발판에서 이동하던 중 추락하는 재해가 발생하였다. 이렇게 작업발판을 설치할 때 (1) 작업발판의 폭 및 (2) 틈의 설치기준은 무엇인가?

해답 (1) 작업발판의 폭 : 40cm 이상
(2) 틈 : 3cm 이하

02 특수화학설비 내부의 이상상태를 조기에 파악하기 위하여 설치해야 할 장치를 4가지 쓰시오.

➡해답 1. 온도계, 2. 유량계, 3. 압력계, 4. 자동경보장치

03 다음과 같은 마스크의 (1) 명칭, (2) 등급 종류 3가지, (3) 산소농도 몇 % 이상인 장소를 쓰시오.

해답 (1) 명칭 : 방진마스크
(2) 등급 종류 : 특급, 1급, 2급
(3) 산소농도 : 18%

04 화면은 선반작업 중 발생한 재해사례를 나타내고 있다. 선반작업 시 안전준수사항을 지키지 않고 작업할 때 일어날 수 있는 재해요인을 2가지 쓰시오.

해답 1. 회전물에 샌드페이퍼를 감아 손으로 지지하고 있기 때문에 작업복과 손이 감겨 들어간다.
2. 작업에 집중하지 못하여(곁눈질) 실수로 작업복과 손이 말려 들어간다.
3. 손을 기계 위에 올려놓고 작업을 하고 있어 손이 미끄러져 회전물에 말려 들어간다.

05 화면은 터널 내 발파작업에 관한 사항이다. 동영상 내용 중 화약장전 시 위험요인을 적으시오.

[동영상 설명]
장전구 안으로 화약을 집어넣는데 작업자가 길고 얇은 철물을 이용해서 화약을 장전구 안으로 밀어넣었다. 3~4개 정도 밀어 넣고, 접속한 전선을 꼬아서 주변 선에 올려놓았다.

해답 장전구는 마찰 · 충격 · 정전기 등에 의한 폭발이 발생할 위험이 없는 안전한 것을 사용하여야 한다.

06 화면은 자동차부품을 도금 후 세척하는 과정을 보여주고 있다. 이 영상을 참고하여 위험예지훈련을 하고자 한다. 연관된 행동목표 2가지를 쓰시오.

> [동영상 설명]
> 자동차부품을 도금한 뒤 세척하던 작업자가 고무장갑, 고무장화 착용하고 담배를 피우면서 작업한다.

해답 1. 작업 중 흡연을 하지 말자.
2. 세척 작업 시 화학물질용 보호장화(화학물질용 보호장갑)를 착용하자.

07 교류아크용접기 자동전격방지기 종류 4가지를 쓰시오.

해답 1. 외장형, 2. 내장형, 3. 저저항 시동형(L형), 4. 고저항 시동형(H형)

08 보호구와 관련 다음 괄호를 올바르게 채우시오.

> (1) AE, ABE 안전모 관통거리 : (①)mm 이하
> (2) AB 안전모 관통거리 : (②)mm 이하
> (3) 충격흡수성 : 최고전달충격력이 (③)N을 초과해서는 안 된다.

해답 ① 9.5, ② 11.1, ③ 4,450

09 화면과 같은 안전대의 명칭과 ① 위쪽, ② 아래쪽의 구성품 명칭을 쓰시오.

해답 (1) 안전대 명칭 : 죔줄
(2) 구성품 명칭 : ① 카라비나(carabiner), ② 훅(hook)

01 지게차 포크 위에 기다란 철봉 2개를 백레스트에 상차하여 지게차 폭보다 튀어나온 상태로 운행하여, 철봉으로 옆에서 다른 작업자를 친다. 이 작업의 작업계획서에 포함될 사항 2가지는?

해답 1. 해당 작업에 따른 추락ㆍ낙하ㆍ전도ㆍ협착 및 붕괴 등의 위험 예방 대책
2. 차량계 하역운반기계 등의 운행경로 및 작업방법

02 작업자 2명이 비계 최상단에서 기둥을 밟고 불안정하게 서서 발판을 주고 받다가 추락한다. 동영상에서와 같이 높이가 2m 이상인 작업장소에 적합한 작업발판의 설치기준을 3가지만 쓰시오. (단, 작업발판의 폭과 틈의 기준은 제외한다.)

해답 1. 작업발판재료는 작업 시의 하중을 견딜 수 있도록 견고한 것
2. 작업발판의 지지물은 하중에 의하여 파괴될 우려가 없는 것을 사용
3. 작업발판재료는 뒤집히거나 떨어지지 아니하도록 둘 이상의 지지물에 연결하거나 고정
4. 작업발판을 작업에 따라 이동시킬 때에는 위험방지에 필요한 조치

03 화면의 영상 속 재해형태와 정의를 쓰시오.

> [동영상 설명]
> 승강기 개구부에서 A, B 두 명의 작업자가 작업하던 중 A는 위에서 안전난간에 밧줄을 걸쳐 화물을 끌어 올리고 B는 이를 밑에서 올려주고 있다. 이때 인양하던 물건이 떨어져 밑에 있던 B가 다치는 사고가 발생한다.

해답 1. 재해형태 : 낙하
2. 정의 : 물체가 떨어짐

04 방독마스크(전면형 격리식 6가지색 정화통 색상 등 골고루 보여줌). 화면에서 보이는 것의 성능기준 3가지를 쓰시오.

해답 1. 안면부 흡기저항
2. 정화통의 제독능력
3. 안면부 배기저항
4. 안면부 누설율
5. 강도, 신장률 및 영구변형률

6. 정화통 질량(여과재가 있는 경우 포함)
7. 정화통 호흡저항
8. 안면부 내부의 이산화탄소 농도

05 탱크 내부 밀폐된 공간에서 작업자가 작업을 하고 있고, 다른 작업자가 외부에 설치된 국소배기장치를 발로 차서 전원공급이 차단되어 내부 작업자가 의식을 잃고 쓰러진다. 다음 (   ) 안에 알맞은 말을 쓰시오.

> 적정공기란 산소농도의 범위가 (①)% 이상 (②)% 미만, 이산화탄소의 농도가 (③)% 미만, 황화수소의 농도가 (④)ppm 미만인 수준의 공기를 말한다.

해답 ① 18, ② 23.5, ③ 1.5, ④ 10

06 마스크와 보안경을 쓴 작업자가 스프레이건으로 쇠파이프 여러 개를 눕혀놓고 아이보리색 페인트칠을 하고 있다. 동영상에서 사용되는 흡수제 2가지를 쓰시오.

해답 1. 활성탄, 2. 소다라임, 3. 호프카라이트

07 화면의 롤러기 점검작업 중 (1) 위험요인과 (2) 대책을 각각 2가지를 쓰시오.

> [동영상 설명]
> 롤러기에 작업자가 다가와서 먼저 작은 스패너로 볼트를 채운다. 그 다음 롤러기를 보고 면장갑 착용하고 입으로 이물질을 불어내고 롤러기 안에 이물질을 제거하다가 회전 중인 롤러기에 손이 말려 들어간다.

해답 (1) 위험요인
　　1. 면장갑을 착용하고 있다.
　　2. 전원을 차단하지 않았다.
　　3. 안전장치 없이 작업하였다.
　(2) 대책
　　1. 면장갑을 착용하지 않는다.
　　2. 전원을 차단하고 작업한다.
　　3. 안전장치를 설치한다.

08 동력식 수동대패기에 작업자가 목재를 밀어 넣는다. 노란색 덮개가 보이고, 기계 아래로 톱밥이 떨어진다. 마지막에는 공작물이 테이블만 보인다. (1) 방호장치 및 (2) 설치방법을 쓰시오.

해답 (1) 방호장치 : 날접촉예방장치
　(2) 설치방법
　　1. 대패날을 항상 덮을 수 있는 덮개를 설치하고 그 덮개는 가공재를 자유롭게 통과시킬 수 있어야 함
　　2. 대패기의 테이블 개구부는 가능한 작게 하고, 또한 테이블 개구단과 대패날 선단과의 빈틈은 3mm 이하로 해야 함
　　3. 수동대패기에서 테이블 하방에 노출된 날부분에도 방호 덮개를 설치하여야 함

09 작업자가 컨베이어가 작동하는 상태에서 컨베이어 벨트 끝부분에 발을 짚고 올라서서 불안정한 자세로 형광등을 교체하다 추락한다. 작업자의 안전하지 않은 행동 2가지를 쓰시오.

해답 1. 작동하는 컨베이어에 올라 작업하여 자세가 불안정해 추락할 위험이 있음
　2. 컨베이어 전원을 차단하지 않음

산업안전기사(3회 B형)

01 황산으로 유리용기를 세척하는 중 발생할 수 있는 (1) 재해형태와 (2) 정의를 각각 쓰시오.

해답 (1) 재해형태 : 화학물질에 의한 화상
　(2) 정의 : 부식성을 가지는 황산이 피부에 접촉하여 발생하는 재해

02 동영상의 내용 중 위험요인이 내재되어 있다. 위험요인 3가지를 쓰시오.

> [동영상 설명]
> 교류 아크 용접 작업장에서 작업자가 혼자 대형 관의 플랜지 아래 부위를 아크 용접하고 있다. 작업자는 가죽제 안전장갑을 착용하고 있다. 작업자가 자신의 왼손으로는 플랜지 회전 스위치를 조작해 가며 오른손으로 용접을 하고 있다. 용접장갑을 낀 왼손으로 용접봉을 잡기도 한다. 그리고 작업장 주위에는 인화성 물질로 보이는 깡통 등이 용접작업 주변에 쌓여 있고 케이블이 정리되지 않고 널브러져 있으며, 불똥이 날리고 있다.

해답 1. 양손을 사용해서 작업
　　2. 단독작업으로 감시인이 없어서 작업장의 상황 파악이 어려움
　　3. 용접 작업장 주위에 인화성 물질이 많이 있으므로 화재의 위험
　　4. 불막이판을 설치하지 않음

03 작업자가 전동 권선기에 동선을 감는 작업 중 기계가 정지하여 점검 중 발생한 재해사례이다. (1) 재해유형, (2) 재해발생 원인 1가지를 쓰시오.

해답 (1) 재해유형 : 감전
　　(2) 재해 발생원인 : 맨손, 절연용 보호구(내전압용, 절연장갑 등) 미착용

04 인화성 물질 저장창고에서 한 작업자가 운반용 용기를 몇 개 옮기고, 잠시 쉬려고 드럼통 옆에서 윗옷(니트)을 벗는 순간 "펑"하고 폭발사고가 발생하는 장면이다.

> (1) 핵심 위험요인은 무엇인지 쓰시오.
> (2) 폭발을 일으킨 가연물질과 점화원을 쓰시오.

해답 (1) 핵심 위험요인 : 인화성 물질에 발화원이 접촉할 경우 화재 또는 폭발 위험이 있다.
　　(2) 가연물질 : 인화성 물질의 증기, 점화원 : 정전기

05 작업자가 전주에 올라가다 표지판에 부딪혀 추락하는 재해가 발생하였다. 재해발생 원인 2가지를 쓰시오.

해답 1. 방해하는 표지판을 이설하지 않음
　　2. 머리 위의 시야 확보를 소홀히 함

06 화물의 낙하 비래 위험을 방지하기 위한 재해예방대책 3가지를 쓰시오.

> [동영상 설명]
> 크레인을 이용하여 철제비계을 운반 도중 와이어로프로 한번만 빙 둘러서 인양하고 있다. 보조로프는 없다. 신호수 간에 신호 방법이 맞지 않아 물체가 흔들리며 철골에 부딪힌다.

해답 1. 작업 반경 내 관계근로자 이외의 자는 출입을 금지
　　2. 와이어로프의 안전상태를 점검
　　3. 훅의 해지장치 및 안전상태를 점검
　　4. 화물이 빠지지 않도록 점검
　　5. 보조로프 설치
　　6. 신호방법을 정하고 신호수의 신호에 따라 작업

07 집게포크레인를 이용해서 건물을 해체하는 중, 해체물을 작업자에게 떨어뜨리는 재해가 발생한다. 산업안전보건법령상 건물 해체작업의 해체계획서 작성 시 포함사항을 3가지 쓰시오.

해답 1. 해체의 방법 및 해체순서 도면
　　2. 가설설비, 방호설비, 환기설비 및 살수 · 방화설비 등의 방법
　　3. 사업장 내 연락방법
　　4. 해체물의 처분계획
　　5. 해체작업용 기계 · 기구 등의 작업계획서
　　6. 해체작업용 화약류 등의 사용계획서

08 고소작업대에 올라 산소절단 작업 중이다. 소화기를 확대해서 보여준다. 고소작업대 안전 작업 준수사항 3가지를 쓰시오.

해답 1. 작업자가 안전모 안전대 등 보호구를 착용할 것
　　2. 관계자가 아닌 사람이 작업구역에 들어오는 것을 방지하기 위하여 필요한 조치를 할 것
　　3. 안전한 작업을 위하여 적정수준의 조도를 유지할 것
　　4. 전로에 근접하여 작업을 하는 경우에는 작업감시자를 배치하는 등 감전사고를 방지하기 위하여 필요한 조치를 할 것

5. 작업대를 정기적으로 점검하고 붐 작업대 등 각 부위의 이상 유무를 확인할 것
6. 작업대는 정격하중을 초과하여 물건을 싣거나 탑승하지 말 것
7. 작업대의 붐대를 상승시킨 상태에서 탑승자는 작업대를 벗어나지 말 것. 다만, 작업대에 안전대 부착설비를 설치하고 안전대를 연결하였을 때에는 그러지 아니하다.

09 고소작업대 이동 시 준수사항 2가지만 쓰시오.

해답 1. 작업대를 가장 낮게 내릴 것
2. 작업대를 올린 상태에서 작업자를 태우고 이동하지 말 것
3. 이동통로의 요철상태 또는 장애물의 유무 등을 확인할 것

산업안전기사(3회 C형)

01 화면을 참고하여 영상 속 작업의 (1) 재해유형 및 (2) 가해물을 각각 파악해 쓰시오.

[동영상 설명]

배전반 뒤쪽에서 작업자 1명이 보수작업을 하고 있다. 배전반 앞쪽에서는 다른 작업자 1명이 작업을 하고 있다. 절연내력시험기를 들고 한 선은 배전반 접지에 꽂은 후 장비의 스위치를 ON 시키고 배선용차단기에 나머지 한 선을 여기저기 대보고 있는데 뒤쪽 작업자가 배전반 작업 중 쓰러졌는지 놀라서 일어난다.

해답 (1) 재해유형 : 감전
(2) 가해물 : 전기

02 화면 속 동영상을 참고하여 관련 안전 대책을 쓰시오.

[동영상 설명]

철길에서 안전모를 쓰지 않은 작업자들이 서로 잡담을 하고 있다. 철길 가운데 기름통 등 작업 도구가 널브러져 있다. 이때 뒤에서 기차가 접근한다. 작업자들은 잡담하느라 기차가 들어오는 것을 알아차리지 못한다.

해답 1. 감시인 배치
2. 경보장치 설치

3. 사전 교육 실시
4. 정리 정돈
5. 작업 중 잡담금지
6. 철도 기관사에게 작업 사실 공지
7. 철도 운행 중지
8. 철도 운행 중지 시간에 작업
9. "작업중" 표지판을 설치

03 인화성 물질의 저장소에서 작업자가 옷을 벗는 도중 폭발이 일어났다. 동영상에서와 같은 (1) 가스폭발의 종류를 쓰고 (2) 그 정의를 설명하시오.

해답 (1) 폭발의 종류 : 증기운 폭발(UVCE)
(2) 정의 : 가압상태의 저장용기 내부의 가연성 액체가 대기 중에 유출되어 순간적으로 기화가 일어나 점화원에 의해 일어나는 폭발

04 화면의 롤러기 점검작업 중 (1) 위험요인과 (2) 대책을 각각 2가지를 쓰시오.

[동영상 설명]

롤러기에 작업자가 다가와서 먼저 작은 스패너로 볼트를 채운다. 그 다음 롤러기를 보고 면장갑 착용하고 입으로 이물질을 불어내고 롤러기 안에 이물질을 제거하다가 회전 중인 롤러기에 손이 말려 들어간다.

해답 (1) 위험요인
1. 면장갑을 착용하고 있다.
2. 전원을 차단하지 않았다.
3. 안전장치 없이 작업을 하였다.
(2) 대책
1. 면장갑을 착용하지 않는다.
2. 전원을 차단하고 작업한다.
3. 안전장치를 설치한다.

05 화면상에서 분전반 전면에 위치한 그라인더 기기를 활용한 작업에서 위험요인 2가지를 쓰시오.

[동영상 설명]

작업자 한명이 콘센트에 플러그를 꽂고 그라인더 작업 중이고, 다른 작업자가 다가와서 맨손으로 콘센트에 플러그를 꽂고 주변을 만지는 도중 감전된다.

해답 1. 맨손, 2. 절연용 보호구(내전압용 절연장갑 등) 미착용

06 마스크와 보안경을 쓴 작업자가 스프레이건으로 쇠파이프 여러 개를 눕혀놓고 아이보리색 페인트칠을 하고 있다. 동영상에서 사용되는 흡수제 3가지를 쓰시오.

해답] 1. 활성탄, 2. 소다라임, 3. 호프카라이트

07 교량하부에서 점검작업을 위해 작업발판에서 이동하던 중 추락하는 재해가 발생하였다. 이렇게 작업발판을 설치할 때 작업발판의 폭 및 틈의 설치기준은 무엇인가?

해답] 1. 작업발판의 폭 : 40cm 이상
　　　 2. 틈 : 3cm 이하

08 화면의 영상 속 재해발생원인 3가지를 쓰시오.

[동영상 설명]
작업자들이 교량하부 점검하고 있다. 작업장에는 안전대와 안전난간(로프로만 두줄 설치), 추락방호망이 없다. 작업장 주변은 엉망이며, 발판 역시 부실하다.

해답] 1. 작업(통로)발판 미설치
　　　 2. 안전대 부착설비 미설치 및 안전대 미착용
　　　 3. 추락방지용 추락방호망 미설치

09 해당 기기에 알맞는 일반적인 방호장치를 각 1개씩 쓰시오.

(1) 컨베이어　　　　　(2) 선반
(3) 휴대용 연삭기

해답] (1) 컨베이어 : 비상정지장치, 덮개 또는 울, 역주행을 방지하는 장치
　　　 (2) 선반 : 덮개 또는 울, 칩 비산 방지판 혹은 가드
　　　 (3) 휴대용 연삭기 : 덮개

2020년 작업형 기출문제

산업안전기사(1회 A형)

01 지게차를 사용하기 전 운전자가 유압장치, 조정장치, 경보등 등을 점검하고 있는 동영상이다. 지게차 사용 시작 전 점검사항을 쓰시오.

> 해답
> 1. 제동장치 및 조정장치 기능의 이상 유무
> 2. 하역장치 및 유압장치 기능의 이상 유무
> 3. 바퀴의 이상 유무
> 4. 전조등, 후미등, 방향지시기 및 경보장치 기능의 이상 유무

02 이동식 크레인을 사용하여 중량물을 양중하고 있다. 이러한 작업을 하는 때에 사업주로서 작업시작 전 점검해야 할 사항 3가지를 쓰시오.

> 해답
> 1. 권과방지장치 그 밖의 경보장치의 기능
> 2. 브레이크 · 클러치 및 조정장치의 기능
> 3. 와이어로프가 통하고 있는 곳 및 작업장소의 지반상태

03 이동식 비계를 설치하여 사용할 때 준수사항을 3가지 쓰시오.

> 해답
> 1. 이동식 비계의 바퀴에는 뜻밖의 갑작스러운 이동 또는 전도를 방지하기 위하여 브레이크 · 쐐기 등으로 바퀴를 고정시킨 다음 비계의 일부를 견고한 시설물에 고정하거나 아웃트리거(Outrigger)를 설치하는 등 필요한 조치를 할 것
> 2. 승강용 사다리는 견고하게 설치할 것
> 3. 비계의 최상부에서 작업을 할 경우에는 안전난간을 설치할 것
> 4. 작업발판은 항상 수평을 유지하고 작업발판 위에서 안전난간을 딛고 작업을 하거나 받침대 또는 사다리를 사용하여 작업하지 않도록 할 것
> 5. 작업발판의 최대 적재하중은 250kg을 초과하지 않도록 할 것

04 건물 외벽에 쌍줄비계를 설치하고 비계 위에 작업발판을 설치하고 있다. 위와 같이 비계 위 작업발판을 설치할 때 작업발판의 설치기준 3가지를 쓰시오.

> 해답
> 1. 발판재료는 작업할 때의 하중을 견딜 수 있도록 견고한 것으로 할 것
> 2. 추락의 위험성이 있는 장소에는 안전난간을 설치할 것
> 3. 작업발판의 지지물은 하중에 의하여 파괴될 우려가 없는 것을 사용할 것
> 4. 작업발판 재료는 뒤집히거나 떨어지지 않도록 둘 이상의 지지물에 연결하거나 고정시킬 것
> 5. 작업발판을 작업에 따라 이동시킬 경우에는 위험방지에 필요한 조치를 할 것

05 프레스 금형의 수리작업 중 슬라이드가 갑자기 작동한다. 프레스 금형 수리작업 중 근로자에게 발생할 위험을 방지하기 위한 안전장치의 이름을 쓰시오.

> 해답 안전블록

06 동영상에서 작업자가 철물을 핸드그라인더로 작업하고 있다. 주변에 물이 흥건하고 마지막에는 전선 같은 것이 보인다. 감전방지용 누전차단기를 설치해야 하는 대상 3가지를 쓰시오.

> 해답
> 1. 대지전압이 150볼트를 초과하는 이동형 또는 휴대형 전기기계 · 기구
> 2. 물 등 도전성이 높은 액체가 있는 습윤 장소에서 사용하는 저압용 전기기계 · 기구
> 3. 철판 · 철골 위 등 도전성이 높은 장소에서 사용하는 이동형 또는 휴대형 전기기계 · 기구
> 4. 임시배선의 전로가 설치되는 장소에서 사용하는 이동형 또는 휴대형 전기기계 · 기구

07 화면은 변압기에 설치된 플랫폼 너트조임 작업 중 재해가 발생한 동영상이다. 불안전한 상태 2가지를 쓰시오.

[동영상 설명]
안전대를 착용한 작업자가 전주에 올라가 작업 중 발판용 볼트를 딛고 있다가 미끄러진다.

해답 1. 불안전한 작업자세(작업자가 발판용 볼트를 딛고 있음)
2. 안전대 미고정

08 화면은 선박 밸러스트 탱크 내부의 슬러지를 제거하는 작업 도중에 작업자가 가스질식으로 의식을 잃는 것을 보여주고 있다. 이러한 사고에 대비하여 필요한 피난용구 3가지를 쓰시오.

해답 1. 호흡용보호구(송기마스크, 공기호흡기), 2. 구명로프, 3. 사다리, 4. 안전대

09 건설작업용 리프트 방호장치 이름을 6가지 쓰시오.

해답 1. 과부하방지장치, 2. 권과방지장치, 3. 낙하방지장치, 4. 출입문 연동장치, 5. 비상정지장치, 6. 충격완화장치

산업안전기사(1회 B형)

01 신호수의 신호에 의해 이동식 크레인을 이용하여 철제 배관을 운반하던 중 철제 배관이 철골에 부딪혀 떨어지며 재해가 발생하였다. 이때, 재해발생 원인 중 이동식 크레인 운전과 관련한 재해예방대책 3가지를 쓰시오.

해답 1. 유도로프를 이용하여 배관의 흔들림을 방지한다.
2. 무전기 등을 사용하여 신호하거나 일정한 신호방법을 미리 정하여 둔다.
3. 슬링와이어로프의 체결상태를 확인한다.

02 정전작업 후 조치사항 3가지를 쓰시오.

해답 1. 작업기구, 단락 접지기구 등을 제거하고 전기기기 등이 안전하게 통전될 수 있는지를 확인할 것
2. 모든 작업자가 작업이 완료된 전기기기 등에서 떨어져 있는지를 확인할 것
3. 잠금장치와 꼬리표는 설치한 근로자가 직접 철거할 것
4. 모든 이상 유무를 확인한 후 전기기기 등의 전원을 투입할 것

03 동영상에서 작업자의 추락원인 2가지를 쓰시오.

[동영상 설명]
아파트 건설공사 현장 3층 창틀에서 작업하던 작업자가 작업발판이 없어 창틀의 옆쪽을 밟았다가 미끄러져 떨어진다.

해답 1. 안전대 부착설비 미설치
2. 안전대 미착용
3. 추락방호망 미설치
4. 안전난간 미설치
5. 작업발판 미설치

04 전기드릴을 이용해 구멍을 넓히는 작업 중 자재가 튕겨져 나온다. 작업자는 안전모와 보안경 미착용 상태이고, 방호장치도 설치되지 않은 상태에서 맨손으로 작업을 하고 있다. 위험요인을 3가지 쓰시오.

해답 1. 작은 물건은 바이스나 클램프를 사용하여 작업하여야 하나, 직접 손으로 지지하고 있어 위험
2. 안전모 미착용, 보안경 미착용, 안전덮개 미설치로 위험
3. 판에 큰 구멍을 뚫고자 할 때에는 먼저 작은 드릴로 뚫은 후에 큰 드릴로 뚫어야 하나 그렇지 않아 위험

05 증기가 흐르는 고소 배관 점검을 위해 이동식 사다리에 올라가 작업 중 사다리의 흔들림에 의해 떨어져 바닥에 부딪히는 상황(보안경 미착용에 양손 모두 맨손으로 작업 중)이다. 위험요인을 3가지 쓰시오.

해답 1. 방열복 및 방열장갑 등 보호구를 착용하지 않았다.
2. 이동식 사다리가 고정되어 있지 않다.
3. 보안경 미착용으로 고압증기에 의한 눈 손상의 위험이 있다.
4. 양손을 동시에 사용하고 있어 작업자세가 불안전하다.

06 동영상과 같은 그라인더 작업 시 위험요인 2가지를 쓰시오.

> [동영상 설명]
> 탱크 내부 밀폐된 공간에서 한 작업자가 그라인더 작업을 하고 있다. 다른 작업자가 외부에 설치된 국소배기장치를 발로 차서 전원 공급이 차단되어 작업자가 의식을 잃고 쓰러진다.

해답 1. 작업시작 전 산소농도 및 유해가스농도 등 미측정과 작업 중 계속 환기를 시키지 않아 위험
2. 환기를 실시할 수 없거나 산소결핍 위험장소에 들어갈 때 호흡용 보호구를 착용하지 않아 위험
3. 국소배기장치의 전원부에 잠금장치가 없고, 감시인을 배치하지 않아 위험

07 철골상부에서 작업을 하다가 추락한다. 추락방지 대책을 2가지 쓰시오.

해답 1. 안전난간 설치
2. 안전대 착용
3. 추락방지용 추락방호망 설치

08 동영상에서의 위험요인을 3가지 쓰시오.

> [동영상 설명]
> 작업자(안전모 미착용)가 마그네틱 크레인(Magnetic Crane)을 사용(마그네트를 금형 위에 올리고 손잡이를 작동시켜 들어 올린 후 이동하는데, 작업자가 오른손으로 금형을 잡고 왼손으로 펜던트 스위치를 누르면서 이동하다가 갑자기 쓰러지면서 오른손이 마그네틱의 손잡이를 작동시켜 금형이 떨어짐)하다가 협착사고가 일어난다.

해답 1. 마그네틱 크레인에 훅해지장치가 없고, 작동스위치의 전선이 벗겨져 있는 상태라서 재해의 위험이 있다.
2. 보조(유도)로프를 사용하지 않아 재해 위험이 있다.
3. 신호수를 배치하지 않았고 조종수가 위험구역에 접근해 있어 재해 위험이 있다.
4. 작업자가 안전모를 착용하지 않았다.

09 화면(광전자식 안전장치)을 보고 (1) 명칭, (2) 기능을 쓰시오. (이 장치의 분류는 A−1이다.)

해답 (1) 명칭 : 광전자식 안전장치
(2) 기능 : 프레스 또는 전단기에서 일반적으로 많이 활용하고 있는 형태로서 투광부, 수광부, 컨트롤 부분으로 구성되어 신체의 일부가 광선을 차단하면 기계를 급정지시키는 방호장치

산업안전기사(1회 C형)

01 화면과 같이 금속제에 구멍을 넓히거나 뚫는 드릴작업을 할 때 착용하여야 할 보호구의 종류를 3가지 쓰시오.

> [동영상 설명]
> 작업자는 전기드릴을 이용하여 금속제의 구멍을 넓히는 작업을 하고 있다. 이때 작업자는 안전모, 보안경, 안전장갑 등을 착용하지 않은 상태이다.

해답 1. 보안경, 2. 안전모, 3. 안전장갑

02 화면의 영상을 참고하여 이 기계의 (1) 방호장치 및 (2) 안전검사주기를 쓰시오.

> [동영상 설명]
> 천장크레인이 철판을 트럭 위로 이동시키는 장면이다. 이때 천장크레인은 고리가 아닌 철판집게(하카)가 철판을 'ㄷ'자로 물고 있는 방식이다. 트럭 위에 한 작업자가 이동해 온 철판을 내리려는 찰나에 철판이 낙하하여 작업자가 깔리게 된다.

해답 (1) 방호장치 : 훅해지장치(권과방지장치, 과부하방지장치, 비상정지장치 및 제동장치)
(2) 안전검사 주기 : 2년(최초 설치 시 3년, 그 이후 매 2년마다)

03 화면은 변압기를 유기화학물에 담가 절연처리와 건조작업을 하고 있음을 보여주고 있다. 이 작업 시 착용할 보호구를 다음에 제시한 대로 쓰시오.

> [동영상 설명]
> 소형변압기(일명 Down TR, 크기는 가로×세로 15cm 정도로 작은 변압기)의 양쪽에 나와있는 선을 일반 작업복만 입은 작업자(안전모 미착용, 보안경 미착용, 맨손, 신발 안 보임)가 양손으로 들고 유기화합물통(사각 스텐통)에 넣었다 빼서 앞쪽 선반에 올리는 작업을 한다(유기화합물을 손으로 작업). 선반 위 소형변압기를 건조시키기 위해 냉장고처럼 생긴 곳에 넣고 문을 닫는다.
> (1) 손   (2) 눈   (3) 몸

해답 (1) 손 : 유기화합물용 안전장갑
(2) 눈 : 보안경
(3) 몸 : 유기화합물용 보호복

04 단무지 공장에서 무릎 정도 물이 차 있는 상태에서 수중펌프 작동과 동시에 작업자가 접속부위에 감전된다. 습윤한 장소에서 사용되는 이동전선에 대한 사용 전 점검사항 2가지를 쓰시오.

해답 1. 접속부위의 절연 상태 점검
2. 전선 피복의 손상 유무 점검
3. 전선의 절연저항 측정
4. 감전방지용 누전차단기 설치 유무 확인

05 화면은 섬유기계의 운전 중 발생한 재해사례이다. 동영상에서 사용한 기계 작업 시 핵심위험요인 2가지를 쓰시오.

> [동영상 설명]
> 섬유공장에서 실을 감는 기계가 돌아가고 있고 작업자가 그 밑에서 일을 하고 있는데 갑자기 실이 끊어지며 기계가 멈춘다. 이때 작업자가 회전하는 대형 회전체의 문을 열고 허리까지 안으로 집어넣고 안을 들여다보며 점검할 때 갑자기 기계가 돌아가며 작업자의 몸이 회전체에 끼이는 상황이다.

해답 1. 기계의 전원을 차단하지 않고(기계를 정지시키지 않고) 점검을 하여 말려 들어갈 수 있다.

2. 회전기계의 문을 열면 기계가 작동하지 않도록 하는 연동장치가 설치되어 있지 않다.

06 안전장치가 없는 둥근톱기계에 고정식 접촉예방장치 설치 시 (1) 가공재 상면에서 덮개 하단까지 최대간격과 (2) 테이블면 상단에서 덮개 하단까지 최대간격은?

해답 (1) 가공재 상면에서 덮개 하단까지 최대간격 : 최대 8mm
(2) 테이블면 상단에서 덮개 하단까지 최대간격 : 최대 25mm

07 동영상 화면을 보고 위험요인을 3가지 쓰시오.

> [동영상 설명]
> 크레인을 이용하여 철제비계를 운반하는 중 와이어로프로 한 번만 빙 둘러서 인양하고 있다. 슬링벨트 옆 부분이 조금 찢겨져 있다. 보조로프는 없다. 신호수 간에 신호방법이 맞지 않아 물체가 흔들리며 철골이 부딪혀 작업자 위로 자재가 낙하한다.

해답 1. 작업 반경 내 관계근로자 이외의 자는 출입을 금지
2. 와이어로프의 안전상태를 점검
3. 훅의 해지장치 및 안전상태를 점검
4. 화물이 빠지지 않도록 점검
5. 보조로프 설치
6. 신호방법을 정하고 신호수의 신호에 따라 작업

08 화면은 공장지붕의 철골상에서 패널 설치작업 중 작업자가 실족하여 떨어지는 재해사례를 보여주고 있다. 이때 (1) 위험요인 및 (2) 안전대책을 2가지씩 쓰시오.

해답 (1) 위험요인
1. 안전대 부착설비 미설치 및 안전대 미착용
2. 추락방호망 미설치
3. 작업발판 미설치
(2) 안전대책
1. 안전대 부착설비에 안전대 걸고 작업
2. 작업장 하부에 추락방호망 설치 철저
3. 미끄럼 방지용 안전발판 설치

09 동영상의 내용 중 위험요인이 내재되어 있다. 위험요인 3가지를 쓰시오.

[동영상 설명]
교류 아크 용접 작업장에서 작업자가 혼자 대형 관의 플랜지 아래 부위를 아크 용접하고 있다. 작업자는 가죽제 안전장갑을 착용하고 있다. 작업자가 자신의 왼손으로는 플랜지 회전 스위치를 조작해 가며 오른손으로 용접을 하고 있다. 용접장갑을 낀 왼손으로 용접봉을 잡기도 한다. 작업장 주위에는 인화성 물질로 보이는 깡통 등이 용접작업 주변에 쌓여 있고 케이블이 정리되지 않고 널브러져 있으며, 불똥이 날리고 있다.

[해답] 1. 양손을 사용해서 작업하여 자세가 불안정하다.
2. 단독작업으로 감시인이 없어서 작업장의 상황 파악이 어렵다.
3. 용접 작업장 주위에 인화성 물질이 많이 있으므로 화재의 위험이 있다.

산업안전기사(2회 A형)

01 이동식 크레인으로 전주를 운반하는 도중에 크레인 운전자가 전주에 머리를 맞는 상황이다. 다음 물음에 답하시오.

(1) 재해형태를 쓰시오.
(2) 가해물을 쓰시오.
(3) 운전자가 착용해야 할 안전모의 종류 2가지를 영어 기호로 쓰시오.

[해답] (1) 재해형태 : 비래
(2) 가해물 : 전주
(3) 안전모 : AE, ABE

02 고속절단기로 파이프제단 작업 중, 불통이 튀는 모습이 보이고 작업자가 옆으로 피한다. 작업자는 안전화, 안전모를 착용하고 있다. 다음 화면에서 작업자가 추가로 착용해야 하는 보호구를 3가지 쓰시오.

[해답] 1. 차광 및 비산물 위험방지용 보안경, 2. 방음용 귀마개 또는 귀덮개,
3. 보호복

03 밀폐공간 작업 전 퍼지작업을 하고 있다. 퍼지의 종류 3가지를 쓰시오.

[해답] 1. 진공퍼지, 2. 압력퍼지, 3. 스위프퍼지, 4. 사이펀퍼지

04 터널공사 계측방법 3가지를 쓰시오.

[해답] 1. 내공변위 측정, 2. 천담침하 측정, 3. 록볼트 측정

05 화면은 실험실에서 H_2SO_4(황산)을 비커에 따르고 있고, 작업자는 맨손, 마스크를 미착용하고 있다. 인체로 흡수되는 경로를 2가지 쓰시오.

[해답] 1. 호흡기, 2. 소화기, 3. 피부점막

06 화면의 영상을 참고하여 (1) 공작기계에 사용할 수 있는 방호장치 4가지와 (2) 그중에 작업자가 기능을 무력화시킨 방호장치를 쓰시오.

[동영상 설명]
프레스기로 철판에 구멍을 뚫는 작업을 하고 있다. 수광부, 발광부 2개가 프레스 입구를 통해서 보인다. 작업자가 센서 1개를 옆으로 밀어두고 다시 작업을 하다가 끼임사고가 발생한다.

[해답] (1) 방호장치 : 1. 게이트가드식 방호장치, 2. 양수조작식 방호장치,
3. 손쳐내기식 방호장치, 4. 수인식 방호장치, 5. 광전자식 방호장치
(2) 광전자식 방호장치

07 동영상을 참고하여 배전반 작업 시 위험요인 2가지를 적으시오.

[동영상 설명]
배전반의 차단 스위치는 ON 상태이며 작업자는 맨손으로 작업을 하고 있다. 오른손이 배전반 도어 틈에 들어가는 상황에서 다른 작업자가 그 도어를 닫는 바람에 손가락이 틈에 끼게 된다.

해답 (1) 감전 위험
1. 정전작업 미실시에 의한 감전 위험
2. 개인보호구(감전방지용 보호구) 미착용에 의한 감전 위험
(2) 기타 재해위험 : 신호전달체계 미확립에 의한 협착 재해

08 화면은 김치제조 공장에서 슬라이스 작업 중 작동이 멈춰 기계를 점검하고 있는 도중에 재해가 발생한 상황을 보여주고 있다. 슬라이스 기계 중 무채를 썰어내는 부분에서 형성되는 (1) 위험점과 (2) 정의를 쓰시오.

해답 (1) 위험점 : 절단점
(2) 정의 : 회전하는 운동부 자체의 위험이나 운동하는 기계부분 자체의 위험에서 초래되는 위험점이다.

09 항타기 · 항발기의 조립작업 시 점검해야 할 사항 3가지를 쓰시오.

해답 1. 본체 연결부의 풀림 또는 손상의 유무
2. 권상용 와이어로프 · 드럼 및 도르래의 부착 상태의 이상 유무
3. 권상장치의 브레이크 및 쐐기장치 기능의 이상 유무
4. 권상기의 설치 상태의 이상 유무
5. 리더(leader)의 버팀 방법 및 고정상태의 이상 유무
6. 본체 · 부속장치 및 부속품의 강도가 적합한지 여부
7. 본체 · 부속장치 및 부속품에 심한 손상 · 마모 · 변형 또는 부식이 있는지 여부

산업안전기사(2회 B형)

01 화면은 금형제조를 하기 위하여 방전가공기를 사용하던 중에 발생한 재해사례를 보여준다. 화면 속에서 발견되는 재해 발생원인을 2가지 쓰시오.

[동영상 설명]
금형을 제작하는 과정에서 작업자는 계속 천을 이용하여 맨손으로 이물질을 직접 제거하고 있다. 금형의 한쪽에서는 연기가 조금씩 나고 작업자가 금형을 만지다가 감전되었다.

해답 1. 청소하기 전에 전원을 차단하지 않고 작업을 실시하였다.
2. 절연장갑 등의 절연용 보호구를 착용하지 않았다.

02 화면은 밀폐공간에 쓰러져 있는 의식불명의 피해자 모습을 보여주고 있다. 밀폐공간에서 구조자가 착용해야 할 보호구를 쓰시오.

해답 송기마스크, 공기마스크

03 화면에서 그라인더 작업 시 위험요인 2가지를 쓰시오.

[동영상 설명]
탱크 내부 밀폐된 공간에서 작업자가 그라인더 작업을 하고 있고, 다른 작업자가 외부에 설치된 국소배기장치를 발로 차서 전원 공급이 차단되어 작업자가 의식을 잃고 쓰러진다.

해답 1. 작업시작 전 산소농도 및 유해가스 농도 등 미측정과 작업 계속 환기를 시키지 않아 위험
2. 환기를 실시할 수 없거나 산소결핍 위험장소에 들어갈 때 호흡용 보호구를 착용하지 않아 위험
3. 국소배기장치의 전원부에 잠금장치가 없고, 감시인을 배치하지 않아 위험

04 프레스에 대한 작업시간 전 점검사항을 3가지 쓰시오.

해답 1. 클러치 및 브레이크의 기능
2. 크랭크축 · 플라이휠 · 슬라이드 · 연결봉 및 연결 나사의 풀림 여부
3. 1행정 1정지기구 · 급정지장치 및 비상정지장치의 기능
4. 슬라이드 또는 칼날에 의한 위험 방지 기구의 기능
5. 프레스의 금형 및 고정볼트 상태
6. 방호장치의 기능
7. 전단기(剪斷機)의 칼날 및 테이블의 상태

05 다음 화면에서 나타나는 위험요인을 3가지 쓰시오.

[동영상 설명]
타워크레인을 이용하여 와이어로 파이프를 체결한 상태, 와이어로프가 묶여 있다. 파이프를 높이 들어 작업자 쪽으로 이동한다. 작업자가 손을 잡으려다 머리를 맞고 뒤로 넘어진다.

해답 1. 유도로프를 사용하지 않아 화물이 흔들리며 낙하할 위험
2. 신호수가 낙하 위험구간에서 신호 실시
3. 인양 전 인양로프 미점검으로 로프 파단 위험
4. 작업 전 신호방법 및 신호계획 미수립

06 화면은 작업자가 전동 권선기에 동선을 감는 작업 중 기계가 정지하여 점검하던 중 발생한 재해사례이다. (1) 재해유형, (2) 원인 2가지를 쓰시오.

해답 (1) 재해유형 : 감전
(2) 재해발생원인 : 1. 정전작업 미실시, 2. 절연보호구(절연장갑) 미착용 등

07 작업자가 승강기 모터 벨트 부분을 걸레로 청소하다가 벨트 상단에 손이 협착되는 사고가 발생하는 동영상이다. (1) 위험점의 종류와 (2) 재해형태를 적고 (3) 그 정의를 쓰시오.

해답 (1) 위험점 : 접선물림점
(2) 재해형태 : 협착(끼임)
(3) 협착(끼임)의 정의 : 두 물체 사이의 움직임에 의하여 일어난 것으로 직선 운동하는 물체 사이의 협착, 회전부와 고정체 사이의 끼임, 롤러 등 회전체 사이에 물리거나 또는 회전체·돌기부 등에 감긴 경우

08 흙막이 지보공 설치 후 정기적으로 점검하고, 이상이 발견된 경우 즉시 보수해야 할 사항을 3가지 쓰시오.

해답 1. 부재의 손상·변형·부식·변위 및 탈락의 유무와 상태
2. 버팀대의 긴압의 정도
3. 부재의 접속부·부착부 및 교차부의 상태
4. 침하의 정도
5. 흙막이 공사의 계측관리

09 교량 하부 점검작업 중 추락재해가 발생하였다. 위와 같은 상황에서 작업발판을 설치할 경우 (1) 작업발판의 폭과 (2) 틈의 기준은?

해답 (1) 작업발판의 폭 : 40cm 이상
(2) 틈 : 3cm 이하

산업안전기사(2회 C형)

01 건설현장에서 화물의 낙하·비래 위험이 있는 경우 조치해야 할 사항 2가지를 쓰시오.

해답 1. 낙하물 방지망 설치
2. 출입금지구역의 설정
3. 방호선반 설치
4. 작업자의 안전모 착용 지시

02 승강기 내부 피트에서 폼타이 핀을 망치로 제거하는 작업을 하던 중 합판으로 설치된 발판에서 추락하는 재해가 발생하였다. 이때 재해발생원인을 3가지 쓰시오.

해답 1. 작업발판이 고정되지 않았다.
2. 작업자가 안전대를 착용하지 않았다.
3. 피트 내부에 추락방호망을 설치하지 않았다.

03 영상은 보호구를 착용하지 않은 작업자가 변압기의 양쪽에 나와 있는 선을 양손으로 들고 유기화합물통에 넣었다 빼서 앞쪽 선반에 올리는 작업을 하고 있다. 이때 작업자의 (1) 눈, (2) 손, (3) 신체에 필요한 보호구를 쓰시오.

해답 (1) 눈 : 보안경
(2) 손 : 화학물질용 안전장갑
(3) 신체 : 화학물질용 보호복

04 동영상을 참고하여 작업에 내재되어 있는 불안전한 요소를 3가지 쓰시오.

[동영상 설명]
작업자 1명은 밑에서 절연방호구를 올리고 다른 작업자 2명은 고소작업차 위에서 달줄을 이용하여 물건을 받아 활선에 절연방호구를 설치한다. 차량 혹은 작업자가 탑승한 붐대는 활선에 접촉되어 있지 않다. 펜스가 설치되어 있으나 도로 쪽에서는 없다. 형강 쪽의 얇은 봉에 와이어로프를 걸 수 있는 도르래로 와이어로프를 연결한 뒤 방호구와 연결하여 올려 보낸다. 와이어로프 혹이 전주 전선에 방호조치 없이 걸려 있다.

해답
1. 근접활선(절연용 방호구 미설치)에 대한 감전 위험
2. 절연용 보호구 착용상태 불량에 따른 감전 위험
3. 활선작업거리 미준수에 따른 감전 위험
4. 작업장소의 관계근로자 외의 자의 출입에 따른 감전 위험

05 화면은 승강기 컨트롤 패널을 맨손으로 점검(전압 측정) 중 발생한 재해사례이다. 감전방지대책 3가지를 서술하시오.

[동영상 설명]
MCCB 패널 점검 중으로 개폐기에는 통전 중이라는 표지가 붙어 있고, 작업자(면장갑 착용)가 개폐기 문을 열어 전원을 차단하고 문을 닫은 후 다른 곳 패널에서 작업하려다 쓰러진다.

해답
1. 전로의 개로 개폐기에 시건장치 및 통전금지 표지판 부착
2. 작업 전 신호체계 확립 및 작업지휘자에 의한 작업지휘
3. 차단기에 회로구분 표찰 부착에 의한 오조작 방지 등

06 차량계 하역운반기계 등의 수리 또는 부속장치의 장착 및 해체작업을 하는 때에 작업시작 전 조치사항을 2가지 쓰시오.

해답
1. 안전지지대 또는 안전블록 등의 사용상황 등을 점검할 것
2. 작업순서를 결정하고 작업을 지휘할 것
3. 작업계획서를 작성할 것
4. 원동기를 정지시키고 브레이크를 확실히 거는 등 갑작스러운 주행을 방지하기 위한 조치를 할 것

07 화면은 작업자가 수중펌프 접속 부위에 감전되어 발생한 재해사례이다. 작업자가 감전사고를 당한 원인을 인체의 피부저항과 관련하여 설명하시오.

[동영상 설명]
물에 잠긴 단무지가 보이고 무릎 정도 물이 차 있는 작업장에서 작업자가 펌프 작동과 동시에 감전되었다.

해답 피부저항은 물에 젖어 있을 경우 1/25로 저항이 감소하므로 그만큼 통전전류가 커져 전격의 위험이 높아진다.

08 화면과 같이 브레이크 라이닝 작업을 실시하고 있을 경우 작업자가 착용하여야 할 보호구의 종류를 3가지 쓰시오.

[동영상 설명]
작업자가 방진마스크 및 보안경을 착용한 상태에서 평상복을 입고 맨손으로 브레이크 라이닝의 이물질을 제거하는 작업을 하고 있다.

해답 1. 화학물질용 보호복, 2. 유기화합물용 안전장갑, 3.고무제 안전화

09 동영상에서 작업자는 크랭크 프레스로 철판을 뚫는 작업을 하고 있다. 동영상에서의 위험요인을 쓰시오.

해답
1. 프레스 방호장치가 설치되어 있지 않아서 재해의 위험이 있다.
2. 기계 점검 시 전원을 차단하지 않아서 재해의 위험이 있다.
3. 이물질 제거 시 수공구를 사용하지 않고, 손으로 작업해 재해의 위험이 있다.
4. 프레스 페달에 U자형 커버가 설치되어 있지 않아서 재해의 위험이 있다.

산업안전기사(2회 D형)

01 지게차가 주유 중이다. 지게차 운전자는 담배를 피우며 주유원과 이야기하고 있고 시동이 걸려 있는 상태이다. 담뱃불에 해당하는 발화원의 형태(유형)는 무엇인가?

해답 나화

02 특수화학설비 내부의 이상상태를 조기에 파악하기 위하여 설치해야 할 장치를 2가지 쓰시오.

해답 1. 온도계, 2. 유량계, 3. 압력계, 4. 자동경보장치

03 화면은 30[kV] 전압이 흐르는 고압선 아래에서 작업 중 발생한 재해사례이다. 크레인을 이용하여 고압선 주변에서 작업할 경우 사업주의 조치사항 3가지를 쓰시오.

[동영상 설명]
30kV의 전압이 흐르는 고압선 아래에서 이동식 크레인으로 작업하던 중 붐대가 전선에 닿아 감전된다.

해답 1. (이격거리 확보) 차량 등을 충전부로부터 300[cm] 이상 이격시키되, 대지전압이 50[kV]를 넘는 경우에는 10[kV]가 증가할 때마다 이격거리를 10[cm]씩 증가시킨다.
2. (절연용 방호구 설치) 절연용 방호구 등을 설치한 경우에는 이격거리를 절연용 방호구 앞면까지로 할 수 있다.
3. (울타리 설치 또는 감시인 배치) 울타리를 설치하거나 감시인 배치 등의 조치를 하여야 한다.
4. (접지점 관리 철저) 접지된 차량 등이 충전전로와 접촉할 우려가 있는 경우에는 근로자가 접지점에 접촉되지 않도록 조치하여야 한다.

04 다음 상황에서 핵심 위험요인을 2가지 쓰시오.

[동영상 설명]
작업자가 전기를 만지는 중에 또 다른 작업가자 신호를 받고 버튼을 눌러 작업자가 감전된다.

해답 1. 정전작업 미실시에 의한 감전 위험
2. 개인보호구(감전방지용 보호구) 미착용에 의한 감전 위험

05 화면은 정지된 기계 점검 중 작업자가 감전당하는 동영상이다. 이 동영상에서의 (1) 재해 발생 형태 및 (2) 원인을 쓰시오.

해답 (1) 재해 발생 형태 : 감전
(2) 재해 발생 원인 : 정전작업 미실시, 개인보호구(절연장갑 등) 미착용 등

06 어둡고 밀폐된 LPG저장소에서 작업자가 전등의 전원을 투입하는 순간 "펑" 하고 폭발사고가 발생하는 장면이다. 위 동영상에서 가스누설감지경보기를 설치할 때 적절한 (1) 설치 위치와 (2) 경보설정값을 쓰시오.

해답 (1) 설치 위치 : 바닥에 인접한 낮은 곳에 설치한다(LPG는 공기보다 무거우므로 가라앉음).
(2) 경보설정값 : 폭발하한계(LEL) 25% 이하

07 거푸집 동바리 등의 조립 또는 해체작업 시 준수사항 3가지를 쓰시오.

해답 1. 해당 작업을 하는 구역에는 관계 근로자가 아닌 사람의 출입을 금지할 것
2. 비, 눈, 그 밖의 기상상태의 불안정으로 날씨가 몹시 나쁜 경우에는 그 작업을 중지할 것
3. 재료, 기구 또는 공구 등을 올리거나 내리는 경우에는 근로자로 하여금 달줄·달포대 등을 사용하도록 할 것
4. 낙하·충격에 의한 돌발적 재해를 방지하기 위하여 버팀목을 설치하고 거푸집 동바리 등을 인양장비에 매단 후에 작업을 하도록 하는 등 필요한 조치를 할 것

08 경사진 박공지붕 설치 작업 중 건물의 하부에서 휴식을 취하던 작업자에게 박공지붕이 떨어져 재해가 발생하였다. 이때 재해 발생원인을 3가지 쓰시오.

해답 1. 경사지붕 하부에 낙하물방지망 미설치
2. 박공지붕 적치상태 불량 및 체결상태 불량
3. 박공지붕의 과적치
4. 근로자가 낙하(비래)위험 장소에서 휴식
5. 낙하(비래) 위험구간 출입통제 미실시

09 건설현장에서 화물의 낙하·비래 위험이 있는 경우 조치해야 할 사항 2가지를 쓰시오.

해답 1. 낙하물 방지망 설치
2. 출입금지구역의 설정
3. 방호선반 설치
4. 작업자의 안전모 착용 지시

산업안전기사(3회 A형)

01 파지압축장에서 작업자 두 명이 작업을 하고 있다. 핵심위험요인 3가지를 쓰시오.

> **[동영상 설명]**
> 파지압축장에서 작업자 두 명은 컨베이어 위에서 작업을 하고 있고, 집게암으로 파지를 들어서 작업자가 머리 위를 통과한 후 흔들어서 파지를 떨어뜨리고 있다.

해답 1. 보호구(안전모)를 착용하지 않고 작업을 함
　　　2. 작업자의 머리위로 화물이 이동함
　　　3. 컨베이어 위에서 작업을 함

02 화면은 밀폐된 공간에서의 작업을 보여주고 있다. 밀폐공간 작업 시 안전작업수칙 3가지를 쓰시오.

해답 1. 산소 및 유해가스 농도 측정 후 작업을 시작한다.
　　　2. 산소농도가 18% 미만일 때는 환기를 시키고, 작업 중에도 계속 환기를 한다.
　　　3. 가능한 급배기를 동시에 실시하고, 환기를 실시할 수 없거나 산소결핍장소에서 작업할 때에는 공기공급식 호흡용 보호구를 착용한다.

03 경사진 박공지붕 설치 작업 중 건물의 하부에서 휴식을 취하던 작업자에게 박공지붕이 떨어져 재해가 발생하였다. 이때 재해 발생원인을 3가지 쓰시오.

해답 1. 경사지붕 하부에 낙하물방지망 미설치
　　　2. 박공지붕 적치상태 불량 및 체결상태 불량
　　　3. 박공지붕의 과적치
　　　4. 근로자가 낙하(비래)위험 장소에서 휴식
　　　5. 낙하(비래)위험구간 출입통제 미실시

04 다음 동영상과 같은 작업에서 설치해야 하는 안전장치를 2가지 적으시오.

> **[동영상 설명]**
> 자동차 하부에서 정비작업을 하다가 보안경을 쓰지 않아 얼굴 쪽으로 이물질이 튀어 팔로 닦는다. 그러다가 리프트를 건드리며 작업자가 깔리게 된다.

해답 1. 안전블록, 2. 비상정지장치

05 압쇄기를 이용한 건물 해체작업이 실시되고 있다. 위와 같은 건물 해체작업 시 (1) 공법의 종류와 (2) 해체작업 계획에 포함되어야 하는 사항 3가지를 쓰시오.

해답 (1) 공법의 종류 : 압쇄공법
　　　(2) 해체작업계획 포함사항
　　　　　1. 해체의 방법 및 해체순서 도면
　　　　　2. 가설설비, 방호설비, 환기설비 및 살수·방화설비 등의 방법
　　　　　3. 사업장 내 연락방법
　　　　　4. 해체물의 처분계획
　　　　　5. 해체작업용 기계·기구 등의 작업계획서
　　　　　6. 해체작업용 화약류 등의 사용계획서

06 화면은 섬유기계의 운전 중 발생한 재해사례이다. 이 영상에서 사용한 기계작업 시 핵심위험요인 2가지를 쓰시오.

> **[동영상 설명]**
> 섬유공장에서 실을 감는 기계가 돌아가고 있고 작업자가 그 밑에서 일을 하고 있는데 갑자기 실이 끊어지며 기계가 멈춘다. 이때 작업자가 회전하는 대형 회전체의 문을 열고 허리까지 집어넣고 안을 들여다보며 점검할 때 갑자기 기계가 돌아가며 작업자의 몸이 회전체에 끼이는 상황이다.

해답 1. 기계의 전원을 차단하지 않고(기계를 정지시키지 않고) 점검을 하여 말려 들어갈 수 있다.
　　　2. 회전기계의 문을 열면 기계의 작동을 멈추게 하는 연동장치가 설치되어 있지 않다.

07 안전장치가 없는 둥근톱기계에 고정식 접촉예방장치 설치 시 가공재 상면에서 덮개 하단까지 최대간격과 테이블면 상단에서 덮개 하단까지 최대간격은?

해답 (1) 가공재 상면에서 덮개 하단까지 최대간격 : 최대 8mm
　　　(2) 테이블면 상단에서 덮개 하단까지 최대간격 : 최대 25mm

08 화면은 실험실에서 황산을 비커에 따르고 있고, 작업자는 맨손으로 작업을 수행하고 있다. 인체로 흡수되는 경로를 2가지 쓰시오.

해답 1. 피부 및 점막 접촉에 의한 피부로의 흡수
2. 흡입을 통한 호흡기로의 흡수
3. 구강을 통한 소화기로의 흡수

09 가정용 배전반 전기점검 중에 작업자가 감전되어 추락하였다. 핵심위험요인 2가지를 쓰시오.

[동영상 설명]
가정용 배전반 전기 점검 중에 작업발판으로 의자에 불안한 상태로 올라가서 작업하고 있다. 의자가 흔들리더니 갑자기 작업자가 감전되어 추락한다. 작업자는 차단기를 직접 손으로 만지다가 감전되었다.

해답 1. 정전작업 미실시에 의한 감전 위험
2. 개인보호구(감전방지용 보호구) 미착용에 의한 감전 위험

산업안전기사(3회 B형)

01 화면은 작업자가 사출성형기에 낀 이물질을 당기다 감전으로 뒤로 넘어져 발생하는 재해사례이다. 사출성형기 잔류물 제거 시 재해 발생 방지대책 3가지를 쓰시오.

해답 1. 작업 시작 전 전원을 차단한다.
2. 작업 시 절연용 보호구를 착용한다.
3. 금형 이물질 제거 작업 시 전용공구를 사용한다.

02 작업자가 고무장갑, 고무장화를 착용하고 담배를 피우면서 자동차부품을 도금한 후 세척하는 작업을 하고 있다. 다음 작업자에 해당되는 안전 작업수칙 2가지를 쓰시오.

해답 1. 유해물질에 대한 유해성 사전조사
2. 유해물질 발생원인의 봉쇄
3. 작업공정의 은폐, 작업장의 격리
4. 유해물의 위치 및 작업공정 변경

5. 전체 환기 또는 국소배기
6. 점화원의 제거
7. 환경의 정돈과 청소

03 영상은 전기형강작업 중이다. 핵심위험요인 3가지를 쓰시오.

[동영상 설명]
작업자 2명이 전주 위에서 작업을 하고 있다. 작업자 1명은 변압기 위에 올라가서 볼트를 풀면서 흡연을 하며 작업을 하고 있다. 발판용 볼트에 C.O.S(Cut Out Switch)가 임시로 걸쳐 있다. 그리고 다른 작업자 근처에서 이동식 크레인에 작업대를 매달고 또 다른 작업을 하고 있다.

해답 1. 안전수칙 미준수(작업자세 및 상태불량 등) : 작업자 흡연 등
2. 감전 위험
3. 추락 위험 : 작업발판 불안
4. 낙하 · 비래 위험 : COS 고정 상태 불량

04 이동식 크레인을 이용하여 배관 파이프를 운반하고 있다. 핵심위험요인 3가지를 쓰시오.

[동영상 설명]
신호자가 손짓을 하며 크레인이 이에 맞춰 운전을 하지만 신호가 잘 이루어지지 않아 배관이 H빔에 부딪힌다. 와이어로 양쪽 끝을 두 바퀴 감아서 샤클로 체결하고 근로자가 손으로 받으려고 하다가 안 되니 화물을 흔들다가 근로자가 맞는다. 훅 해지장치가 설치되어 있지 않았다.

해답 1. 유도로프를 사용하지 않았다.
2. 훅 해지장치가 설치되어 있지 않았다.
3. 작업 전 신호방법 및 신호계획을 수립하지 않았다.
4. 자재를 작업자 위로 운반하였다.

05 다음은 항타기 또는 항발기의 조립작업 시 도르래의 위치에 관한 법적 기준이다. 빈칸에 알맞은 단어를 채우시오.

권상장치의 드럼축과 권상장치로부터 첫 번째 도르래의 축과의 거리를 권상장치의 드럼폭의 (①) 이상으로 하여야 하고, 도르래는 권상장치 드럼의 (②)을 지나야 하며, 축과 (③)상에 있어야 한다.

해답 ① 15배, ② 중심, ③ 수직면

06 화면의 영상을 참고하여 발생한 재해를 산업재해 기록, 분류에 관란 기준에 따라 분류할 때 해당하는 재해발생형태를 쓰시오.

> [동영상 설명]
> 증기 스팀배관의 보수를 위해 플라이어로 노출부위를 점검하던 중 배관을 감싸고 있던 단열재(스펀지)를 툭툭 건드린다. 이때 스팀이 빠져나오면서 물이 떨어지고 작업자는 얼굴을 찡그린다. 작업자는 안전모와 장갑만 착용하고 있으며 보안경은 없다.

해답 이상온도 노출 · 접촉

07 특수 화학설비 내부의 이상상태를 조기에 파악하기 위하여 설치해야 할 장치를 2가지 쓰시오. (단, 계측장치는 제외한다)

해답 1. 자동경보장치, 2. 감시창

08 다음 영상의 재해형태 및 위험요인을 2가지 쓰시오.

> [동영상 설명]
> 용접 준비 중에 분전반 판넬에서 전원 차단 없이 용접기 케이블을 결선하고 있다. 이때 작업자는 절연장갑 대신 일반장갑을 착용하고 있다. 결선작업이 끝나고 용접기에 손을 대는 순간 감전사고가 발생한다.

> (1) 재해형태
> (2) 위험요인 2가지

해답 (1) 재해형태 : 감전
(2) 위험요인 2가지
　1. 정전작업 미실시에 의한 감전 위험
　2. 개인보호구(절연장갑) 미착용에 의한 감전 위험

09 다음과 같이 작업자가 지게차 포크 위에서 작업을 하고 있다. 불안전한 행동 3가지를 쓰시오.

> [동영상 설명]
> 작업자가 지게차 포크 위에 올라가서 전구가 켜진 상태에서 전구를 갈고 있다. 교체가 완료된 후 포크, 버킷 등이 지면에다 내려오지 않았는데, 지게차 운전자가 먼저 하역장치를 제동하여 반동에 의해 떨어지게 된다. 안전모 등 개인보호구는 제대로 착용하지 않고 있다.

해답 1. 지게차 위에 올라가서 작업을 함(용도 외 사용)
2. 보호구(안전모, 절연장갑 등) 미착용
3. 전원을 차단하지 않고 전구 교환

산업안전기사(3회 C형)

01 엘리베이터 피트 주변에서 작업 중 피트 단부로 추락하는 재해가 발생하였다. 이와 같은 추락재해의 발생원인을 3가지 쓰시오.

해답 1. 피트 내부에 추락방호망 미설치
2. 개구부(피트) 단부 안전난간 미설치
3. 안전대 부착설비 미설치 및 안전대 미착용

02 천장 부분의 작업을 위해서 이동식 사다리가 설치되어 있다. 이동식 사다리의 설치기준을 3가지 쓰시오.

해답 1. 견고한 구조로 할 것
2. 재료는 심한 손상 · 부식 등이 없을 것
3. 발판의 간격은 동일하게 할 것
4. 발판과 벽의 사이는 15cm 이상의 간격을 유지할 것
5. 폭은 30cm 이상으로 할 것
6. 사다리가 넘어지거나 미끄러지는 것을 방지하기 위한 조치를 할 것
7. 사다리의 상단은 걸쳐 놓은 지점으로부터 60cm 이상 올라가도록 할 것

03 수소의 취급 시 위험요인을 보고 수소의 특성을 2가지 쓰시오.

해답 1. 공기보다 가벼움, 2. 폭발성 있음

04 화면의 영상 속 핵심 위험요인 3가지를 쓰시오.

> **[동영상 설명]**
> 2명의 작업자가 보안경을 착용하지 않고 대리석 연삭작업 중이다. 작업장에는 이동전선 및 충전부가 어지럽게 널려 물에 닿은 채 있다. 연삭기의 덮개는 보이지 않고, 연삭기 측면을 사용하다가 대리석 가공물이 떨어진다.

> **해답** 1. 연삭기 덮개 미설치
> 2. 이동전선 및 충전부 감전 위험
> 3. 보안경 미착용으로 인한 눈 손상

05 아파트 건설현장에서 건설용 리프트가 작동 중이다. 이와 같이 건설용 리프트 작업을 할 때 작업시작 전 점검사항 2가지는 무엇인가?

> **해답** 1. 방호장치 · 브레이크 및 클러치의 기능
> 2. 와이어로프가 통하고 있는 곳의 상태

06 화면은 크롬도금작업을 보여준다. 이와 같이 유해물질 취급 시 일반적인 주의사항을 3가지 쓰시오.

> **해답** 1. 유해물질에 대한 유해성 사전조사
> 2. 유해물질 발생원의 봉쇄
> 3. 작업공정 은폐, 작업장의 격리
> 4. 유해물의 위치 및 작업공정 변경
> 5. 전체환기 또는 국소배기
> 6. 점화원의 제거
> 7. 환경의 정돈과 청소

07 동영상의 화면은 교류아크용접 작업을 하는 장면을 보여주고 있다. 다음 물음에 답하시오.

> (1) 교류아크용접기에 부착하는 방호장치를 쓰시오.
> (2) 교류아크용접 작업 시 착용하는 보호구를 5가지 쓰시오.

> **해답** (1) 자동전격방지장치

(2)

	재해의 구분	보호구
눈	아크에 의한 장애 (가시광선, 적외선, 자외선)	차광보호구 (보호안경과 보호면)
피부	감전 및 화상	가죽제품의 장갑, 앞치마, 각반, 안전화
	용접 흄 및 가스	방진마스크, 방독마스크, 송기마스크

08 화면의 영상 속 핵심 위험요인 3가지를 쓰시오.

> **[동영상 설명]**
> 작업자가 화약을 장전하고 있다. 작업자는 젖은 손으로 화약을 장전하고 있고 천공 구멍에 화약을 넣을 때 철근을 이용하여 수차례 찌르고 있다.

> **해답** 화약은 충격이나 마찰에 매우 민감하기 때문에 철근으로 찌를 경우 충격 또는 마찰에 의해 화약이 폭발할 수 있다.

09 다음과 같은 컴퓨터작업 자세에서 발생할 수 있는 문제는?

> **[동영상 설명]**
> 작업자가 사무실에서 의자에 앉아 컴퓨터를 조작중이다. 작업자가 의자 높이가 맞지 않아 다리를 구부리고 앉아 있으며 모니터를 가까이에서 바라보고 있다. 또한, 키보드를 손으로 조작하는데 키보드가 너무 높은 곳에 위치하고 있다.

> **해답** 1. 앉은 자세가 의자 앞쪽으로 기울어져 있어 요통을 유발할 위험이 있으므로 허리를 등받이 깊숙이 지지하여 앉는다.
> 2. 키보드가 너무 높은 곳에 있어 손목 통증의 위험이 있으므로 키보드를 조작하기 편한 위치에 놓는다.
> 3. 모니터가 작업자와 너무 근접하여 시력 저하의 우려가 있으므로 모니터를 보기 편한 위치에 놓는다.

산업안전기사(4회 A형)

01 화면은 크랭크 프레스로 철판에 구멍을 뚫는 작업을 하고 있다. 위험요소 3가지를 쓰시오.

> **해답** 1. 프레스 페달을 발로 밟아 프레스의 슬라이드가 작동해 손을 다친다.
> 2. 금형에 붙어 있는 이물질을 제거하려다 손을 다친다.
> 3. 금형에 붙어 있는 이물질을 제거하려다 눈에 이물질이 들어가 눈을 다친다.

02 작업자가 회전물을 샌드페이퍼로 청소하다가 회전물에 손이 말려 들어가는 영상이다. (1) 위험점과 (2) 정의를 쓰시오.

> **해답** (1) 위험점 : 회전말림점(Trapping Point)
> (2) 회전말림점의 정의 : 회전하는 물체의 길이, 굵기, 속도 등이 불규칙한 부위와 돌기 회전 부위에 장갑 및 작업복 등이 말려드는 위험점 형성

03 영상에서 볼 수 있듯이 유해물질 취급 시 일반적인 주의사항을 3가지 쓰시오.

> **[동영상 설명]**
> 실험실에서 피펫을 약품에 옮긴 후에 넣다가 연기가 나면서 놓쳐서 메스실린더가 깨진다. 작업자는 보호구를 착용하지 않고 실험복만 입은 상태이다.

> **해답** 1. 작업시작 전 안전보호구를 착용한다.
> 2. 약품 취급 작업은 후드 안쪽에서 하고 해당 작업 시 후드 개구면 주위에 흡입 방해물이 있는지 확인한다.
> 3. 약품은 정해진 용도 외에 사용을 금한다.

04 화면상에서의 (1) 재해요인과 (2) 재해발생 시 조치사항을 각각 1가지 쓰시오.

> **[동영상 설명]**
> 작업장에서는 경사진 컨베이어가 작동하고, 작업자는 작동 중인 컨베이어 위에 1명과 아래쪽 작업장 바닥에 1명이 있으며, 기계 오른쪽에 있는 포대를 컨베이어 벨트 위로 올리는 작업이 진행 중이다.
> 컨베이어 위 작업자는 벨트 양 끝부분 철로 된 모서리에 양발을 벌리고 서 있으며, 컨베이어 위의 포대와 작업자가 부딪히며 쓰러지게 된다.

> **해답** (1) 재해요인 : 안전장치(덮개 또는 울)가 설치되지 않았고, 작업자가 위험구역 내 위치해 있어 재해의 위험이 있다.
> (2) 재해발생 시 조치사항 : 컨베이어 기계 정지(비상정지장치 작동)

05 이동식 크레인을 사용하여 작업을 하는 때 작업시작 전 점검사항을 2가지 쓰시오.

> **해답** 1. 브레이크, 클러치 및 조정장치의 기능
> 2. 와이어로프가 통하고 있는 곳 및 작업장소의 지반 상태

06 다음과 같은 배관 작업 시 핵심위험요인을 2가지 쓰시오.

> **[동영상 설명]**
> 증기 스팀배관의 보수를 위해 플라이어로 누출부위를 점검하던 중 배관을 감싸고 있는 스펀지(단열재)를 툭툭 건드린다. 스팀이 빠져나오면서 물이 떨어져 작업자 얼굴을 찡그린다. 작업자는 안전모만 착용하고 있고 맨손이며 보안경은 없다.

> **해답** 1. 배관 보수 작업 전 배관 내 스팀을 제거하지 않아 작업 중 스팀 누출 위험이 있음
> 2. 방열장갑, 보안경을 착용하지 않아 배관 보수 중 고온의 배관이나 누출된 스팀에 화상 위험이 있음

07 밀폐공간 작업 전 퍼지작업을 하고 있다. 퍼지의 종류 3가지를 쓰시오.

> **해답** 1. 진공퍼지, 2. 압력퍼지, 3. 스위프 퍼지, 4. 사이펀 퍼지

08 자동차 브레이크 라이닝을 세척 중이다. 착용해야 할 보호구 3가지를 쓰시오.

> **해답** 1. 보안경, 2. 방독마스크, 3. 화학물질용 보호복

09 동영상은 작업자가 드릴작업 중 동시에 칩을 입으로 불어서 제거하고, 손으로 제거하려다가 드릴에 손을 다치는 사고 장면을 보여주고 있다. 동영상에 나타나는 위험요인 2가지를 쓰시오.

해답 1. 칩을 입으로 불어 제거하다가 칩이 눈에 들어갈 위험이 있다.
2. 브러시를 사용하지 않고 손으로 칩을 제거하다가 손을 다칠 위험이 있다.

산업안전기사(4회 B형)

01 화면은 터널 내 발파작업에 관한 사항이다. 동영상 내용 중 화약장전 시 준수해야 할 사항을 3가지 쓰시오.

해답 1. 장전구는 마찰·충격·정전기 등에 의한 폭발의 위험이 없는 것을 사용
2. 발파공의 충진재료는 발화성·인화성 위험이 없는 재료 사용
3. 화약이나 폭약 장전 시 그 부근에서 화기 사용이나 흡연 금지

02 동영상은 아파트 건설현장에서 작업하던 근로자가 추락하는 장면을 보여주고 있다. 이동식 비계에서의 재해를 방지하기 위해 설치해야 하는 사항을 3가지 쓰시오.

해답 1. 비계의 최상부에서 작업을 하는 경우에는 안전난간을 설치할 것
2. 승강용 사다리는 견고하게 설치할 것
3. 이동식 비계의 바퀴에는 뜻밖의 갑작스러운 이동 또는 전도를 방지하기 위하여 브레이크·쐐기 등으로 바퀴를 고정시킨 다음 비계의 일부를 견고한 시설물에 고정하거나 아웃트리거(Outrigger)를 설치하는 등 필요한 조치를 할 것

03 작업자가 엘리베이터 Pit 내부에서 거푸집작업을 하던 중 작업발판이 탈락되면서 추락하는 재해가 발생하였다. 이때 재해발생 위험요인 3가지를 쓰시오.

해답 1. 작업발판이 고정되지 않아 발판 탈락 및 추락 위험
2. 안전대 부착설비 미설치 및 작업자 안전대 미착용으로 인한 추락 위험
3. 엘리베이터 피트 내부에 추락방호망을 설치하지 않아 추락 위험

04 탱크 내부의 밀폐된 공간에서 작업자가 작업을 하고 있고, 다른 작업자가 외부에 설치된 국소배기장치를 발로 차서 전원공급이 차단되어 내부 작업자가 의식을 잃고 쓰러진다. 밀폐된 공간에서 안전관리자의 직무 3가지를 쓰시오.

해답 1. 작업 시작 전에 작업자에게 작업에 대한 위험요인과 이에 대한 대응 방법에 대하여 교육을 한다.
2. 작업 중 밀폐공간 내 공기상태가 적정한지 여부를 수시로 측정 및 확인하고 산소농도가 18% 미만인 경우 호흡보호구를 착용시킨다.
3. 국소배기장치의 정전 등에 의한 환기 중단 시에는 즉시 외부로 대피시키고, 의식불명의 작업자가 발생할경우 구출하기 위해 사다리, 섬유로프 등의 구명 용구가 작업현장에 비치되었는지 확인한다.

05 작업자가 보안경을 착용하지 않고 손에는 목장갑을 낀 상태로 띠톱을 이용하여 강재를 절단하고 있다. 강재를 절단한 후 전원을 차단하지 않은 상태에서 절단된 강재를 빼내고 있다. 이때 위험요소 3가지를 쓰시오.

해답 1. 장갑을 착용하고 있어 손이 톱날에 끼일 위험이 있다.
2. 보안경 미착용으로 강재의 비산물에 눈을 다칠 위험이 있다.
3. 강재를 빼낼 때 전원을 차단하지 않았고 동작스위치의 잠금장치를 하지 않아 실수로 티톱이 작동되어 다칠 위험이 있다.

06 크레인을 이용하여 고압선 주변에서 작업할 경우의 주의사항을 2가지 쓰시오.

해답 1. (이격거리 확보) 차량 등을 충전부로부터 300[cm] 이상 이격시키되, 대지전압이 50[kV]를 넘는 경우에는 10[kV]가 증가할 때마다 이격거리를 10[cm]씩 증가시킨다.
2. (절연용 방호구 설치) 절연용 방호구 등을 설치한 경우에는 이격거리를 절연용 방호구 앞면까지로 할 수 있다.
3. (울타리 설치 또는 감시인 배치) 울타리를 설치하거나 감시인 배치 등의 조치를 하여야 한다.
4. (접지점 관리 철저) 접지된 차량 등이 충전전로와 접촉할 우려가 있는 경우에는 근로자가 접지점에 접촉되지 않도록 조치하여야 한다.

07 지게차가 5km의 속도로 주행 시 좌우안정도를 구하시오.

해답 주행 시 좌우 안정도 $= (15 + 1.1V) = 15 + 1.1 \times 5 = 20.5[\%]$

08 컨베이어 수리에서 볼 수 있는 기계·기구의 작업 전 점검사항을 3가지 쓰시오.

해답 1. 원동기 및 풀리기능의 이상 유무
2. 이탈 등의 방지장치기능의 이상 유무
3. 비상정지장치 기능의 이상 유무
4. 원동기·회전축·기어 및 풀리 등의 덮개 또는 울 등의 이상 유무

09 화면에서 볼 수 있는 핵심위험요인을 2가지 쓰시오.

[동영상 설명]

임시배전반 앞 휴대용 연삭기로 그라인더 작업 중 다른 작업자가 임시 배전반을 열어 코드를 꼽고 전원을 올린건지 차단기를 올린건지 자세히 나오진 않으나 올린 후 감전되는 모습을 보여준다. 이때 휴대용 연삭기는 덮개가 설치되어 있지 않았고, 작업자 둘 다 안전모는 착용했지만 맨손이다. 그라인더 작업자는 보안경을 착용하지 않았고, 개폐기함엔 전기 위험 표찰이 붙어 있었고 열렸다가 힘없이 닫히는 모습 보여주고, 개폐기함에 아무 조치를 하지 않았다.

해답) 1. 정전작업 미실시에 의한 감전 위험
2. 개인보호구(절연장갑) 미착용에 의한 감전 위험

산업안전기사(4회 C형)

01 작업자가 배전반의 볼트를 조이는 작업을 하고 있다. (1) 사고형태와 (2) 가해물을 쓰시오.

[동영상 설명]

작업자가 배전반의 볼트를 조이는 작업을 하다가 갑자기 감전되어 뒤로 쓰러진다.

해답) (1) 사고유형 : 감전
(2) 가해물 : 전기(전류)

02 동영상과 같이 작업자가 넘어져서 부상을 입었다. 재해형태와 가해물을 쓰시오.

[동영상 설명]

작업자가 작업발판 위에서 한 다리는 발판 위에 두고 한 다리는 책상에 걸쳐놓는 상태로 톱질을 하다가 넘어져 바닥에 머리를 부딪힌다.

(1) 재해형태   (2) 가해물

해답) (1) 재해형태 : 전도(넘어짐)
(2) 가해물 : 바닥

03 화면은 아파트 건설현장을 보여주고 있다. 건설현장에서 화물의 낙하·비래 위험이 있는 경우 조치해야 할 사항 2가지를 쓰시오.

해답) 1. 낙하물 방지망 설치, 2. 출입금지구역의 설정, 3. 방호선반 설치, 4. 작업자 안전모 착용

04 인화성 물질 저장소에서 작업자가 옷을 벗는 도중 폭발이 일어났다. 동영상에서와 같은 (1) 가스폭발의 종류를 쓰고 (2) 그 정의를 설명하시오.

해답) (1) 폭발의 종류 : 증기운 폭발(UVCE)
(2) 정의 : 가압상태의 저장용기 내부의 가연성 액체가 대기 중에 유출되어 순간적으로 기화가 일어나 점화원에 의해 일어나는 폭발

05 용광로에서 작업 중인 작업자의 모습이 보인다. 영상에서 볼 수 있는 작업을 할 때 작업자를 보호할 수 있는 신체부위별 보호복을 3가지 쓰시오.

해답) 1. 손 : 안전장갑, 2. 몸 : 방열복, 3. 발 : 안전화

06 지게차 운행 영상을 보고 지게차 운행 시의 문제점을 3가지 쓰시오.

[동영상 설명]

지게차에 화물이 높게 적재되어 화물이 떨어질 것 같아 보인다. 화물은 2단으로 적재하였는데, 로프 등으로 결박하지 않아 맨 위에 있는 박스는 흔들리고 있다. 그러던 중 화물이 떨어져 지나가는 작업자가 다치게 된다.

해답) 1. 물건을 과적하여 운전자의 시야를 가려 다른 작업자가 다칠 수 있다.
2. 물건을 불안정하게 적재하여 화물이 떨어져 다른 작업자가 다칠 수 있다.
3. 다른 작업자가 작업통로에 나와서 작업을 하고 있어 지게차에 다칠 수 있다.

부록

07 화면은 탁상공구 연삭기로 봉강 연마작업 중 발생한 사고사례이다. (1) 기인물은 무엇이며, (2) 봉강 연마작업시 파편이나 칩의 비래에 의한 위험에 대비하기 위해 설치해야 하는 장치명을 쓰시오.

해답 (1) 기인물 : 탁상공구 연삭기
(2) 장치명 : 칩비산방지판

08 화면 속 동영상을 참고하여 작업자 행동의 (1) 위험요인 및 (2) 안전대책을 각각 2가지씩 쓰시오.

> [동영상 설명]
> 작업자가 보안경을 착용하지 않고 손에는 목장갑을 낀 상태로 띠톱을 이용하여 강재를 절단하고 있다. 강재를 절단한 후 전원을 차단하지 않은 상태에서 절단된 강재를 빼내고 있다.

해답 (1) 위험요인
　　1. 장갑을 착용하고 있어 손이 톱날에 끼일 위험이 있다.
　　2. 보안경 미착용으로 강재의 비산물에 눈이 다칠 위험이 있다.
　　3. 강재를 빼낼 때 전원을 차단하지 않았으며 동작스위치의 잠금장치를 하지 않아 띠톱이 작동되어 다칠 위험이 있다.
(2) 안전대책
　　1. 장갑을 착용하지 않아 톱날에 장갑이 끼이는 위험을 방지한다.
　　2. 보안경을 착용하여 비산물을 통해 눈이 다치는 것을 방지한다.
　　3. 강재를 빼낼 때 반드시 전원 차단 및 동작스위치 잠금장치를 시건하여 띠톱이 급작스럽게 작동되어 발생할 수 있는 위험을 방지한다.

09 황산으로 유리용기를 세척하는 중 발생할 수 있는 (1) 재해형태와 (2) 정의를 각각 쓰시오.

해답 (1) 재해형태 : 화학물질에 의한 화상
(2) 정의 : 부식성을 가지는 황산이 피부에 접촉하여 발생하는 재해

2021년 작업형 기출문제

산업안전기사(1회 A형)

01 산업안전보건기준에 관한 규칙에 따라서, 화면에서 보여주는 양중기를 사용하여 작업할 때 작업 시작 전 점검사항 3가지를 쓰시오.

> [동영상 설명]
> 이동식 크레인 붐대 와이어로프에 화물을 매달아 올린다. 크레인 훅, 호루라기를 부는 신호수, 지반 상태 등을 강조하면서 보여준다.

해답 1. 권과방지장치 그 밖의 경보장치의 기능
2. 브레이크 · 클러치 및 조정장치의 기능
3. 와이어로프가 통하고 있는 곳 및 작업장소의 지반상태

02 화면은 교량 하부 점검 중 일어난 사고를 보여주고 있다. 영상 속 재해발생원인 3가지를 쓰시오.

> [동영상 설명]
> 안전대 미착용한 작업자들이 교량 하부를 점검하고 있다. 제대로 된 안전난간이 없고 로프만 두 줄 설치되어 있으며, 추락방호망도 없다. 주변은 엉망이며, 발판 역시 부실하다. 작업자가 로프로 된 안전난간 쪽으로 기대다가, 로프가 느슨해지면서 추락한다.

해답 1. 작업(통로)발판 미설치
2. 안전대 부착설비 미설치 및 안전대 미착용
3. 추락방지용 추락방호망 미설치

03 화면은 롤러기 청소를 하고 있는 작업자를 보여주고 있다. 영상을 참고하여 작업자의 행동 문제점 및 안전 대책을 각각 2가지씩 쓰시오.

> [동영상 설명]
> 작업자가 가동 중인 롤러기의 전원 차단 스위치를 꺼 정지시킨 후 내부 수리를 하고 있고, 수리 완료 후 롤러기를 가동해 내부의 이물질을 장갑을 착용한 손으로 제거하다 롤러기에 말려 들어간다.

해답 1. 문제점 : 장갑을 착용하고 있다.
안전대책 : 장갑을 착용하지 않는다.
2. 문제점 : 전원을 차단하지 않았다.
안전대책 : 전원을 차단한다.
3. 문제점 : 안전장치 없이 작업하였다.
안전대책 : 안전장치를 설치한다.

04 화면은 연마 작업을 하는 작업자를 보여주고 있다. 영상을 참고하여 밀폐공간 질식방지 안전대책을 3가지만 쓰시오.

> [동영상 설명]
> 탱크 내부 밀폐된 공간에서 작업자가 그라인더로 연마작업을 하고 있다. 안전모는 쓰지 않았고, 그라인더에는 덮개가 없다. 다른 작업자가 외부에 설치된 국소배기장치(환풍기)를 발로 차서 전원공급이 차단되어 내부 작업자가 의식을 잃고 쓰러진다.

해답 1. 작업시작 전 산소농도 및 유해가스 농도 등을 측정. 산소농도가 18% 미만일 때에는 환기를 실시
2. 산소농도가 18% 이상인가를 확인하고 작업 중에도 계속 환기
3. 환기 시 급기 · 배기를 동시에 하는 것을 원칙
4. 국소배기장치의 전원부에 잠금장치를 하고 감시인을 배치
5. 환기를 할 수 없거나 산소결핍 위험장소에 들어갈 때는 호흡용 보호구를 착용

05 화면은 아파트 건설현장에서 작업하던 근로자가 추락하는 장면을 보여주고 있다. 이동식 비계에서 재해를 방지하기 위해 설치해야 하는 사항을 3가지 쓰시오.

해답 1. 이동식 비계의 바퀴에는 뜻밖의 갑작스러운 이동 또는 전도를 방지하기 위하여 브레이크ㆍ쐐기 등으로 바퀴를 고정한 다음 비계의 일부를 견고한 시설물에 고정하거나 아웃트리거(Outrigger)를 설치하는 등 필요한 조치를 할 것
2. 승강용 사다리는 견고하게 설치할 것
3. 비계의 최상부에서 작업할 경우 안전난간을 설치할 것
4. 작업발판은 항상 수평을 유지하고 작업발판 위에서 안전난간을 딛고 작업을 하거나 받침대 또는 사다리를 사용하여 작업하지 않도록 할 것
5. 작업발판의 최대 적재하중은 250kg을 초과하지 않도록 할 것

06 산업안전보건기준에 관한 규칙에 따라서, 용융고열물을 취급하는 설비를 내부에 설치한 건축물에 대하여 수증기 폭발을 방지하기 위하여 사업주가 해야 하는 조치 2가지를 쓰시오.

해답 1. 바닥은 물이 고이지 아니하는 구조로 할 것
2. 지붕ㆍ벽ㆍ창 등은 빗물이 새어들지 아니하는 구조로 할 것

07 화면을 참고하여 해당 내용에 대한 작업계획서에 제출할 내용을 산업안전보건기준에 관한 규칙에 따라 4가지 쓰시오.

> [동영상 설명]
> 회전체 물체를 분해하고 닦고 다시 조립하고 있다. 2인 1조 작업인데 작업자 1명이 중량물이 무거워서 허리를 삐끗하여 중량물을 놓치고 다른 작업자 발등에 중량물이 떨어진다.

해답 1. 추락위험을 예방할 수 있는 안전대책
2. 낙하위험을 예방할 수 있는 안전대책
3. 전도위험을 예방할 수 있는 안전대책
4. 협착위험을 예방할 수 있는 안전대책
5. 붕괴위험을 예방할 수 있는 안전대책

08 화면에 절연보호구 미착용 작업자가 보이고, 크레인이 전선에 근접하고 있다. 산업안전보건기준에 관한 규칙에 따라서, 충전전로에서 전기작업 중 조치사항에 대해서 다음 빈칸을 채우시오.

> (1) 충전전로를 취급하는 근로자에게 그 작업에 적합한 (①)를 착용시킬 것
> (2) 충전전로에 근접한 장소에서 전기작업을 하는 경우에는 해당 전압에 적합한 (②)를 설치할 것. 다만, 저압인 경우 해당 전기작업자가 (①)를 착용하되, 충전전로에 접촉할 우려가 없는 경우에는 (②)를 설치하지 아니할 수 있다.

해답 ① 절연용 보호구, ② 절연용 방호구

09 화면은 선반 샌드페이퍼 작업을 하다가 장갑이 말려들어가는 것을 보여주고 있다. 영상 내 (1) 위험점과 (2) 정의를 쓰시오.

해답 (1) 위험점 : 회전말림점
(2) 정의 : 회전하는 물체의 길이, 굵기, 속도 등이 불규칙한 부위와 돌기 회전부위에 장갑 및 작업복 등이 말려드는 위험점 형성

산업안전기사(1회 B형)

01 컨베이어 작업 시작 전 점검사항 3가지를 쓰시오.

➡해답 1. 원동기 및 풀리 기능의 이상 유무
2. 이탈 등의 방지장치 기능의 이상 유무
3. 비상정지장치 기능의 이상 유무
4. 원동기ㆍ회전축ㆍ기어 및 풀리 등의 덮개 또는 울 등의 이상 유무

02 화면은 작업자가 전동 권선기에 동선을 감는 작업 중 기계가 정지하여 점검 중 발생한 재해사례이다. 재해발생형태, 위험요소를 각 1가지 쓰시오.

> (1) 재해발생형태   (2) 위험요소

해답 (1) 재해발생형태 : 감전(=전류 접촉)
(2) 위험요소 : 맨손, 절연용 보호구(내전압용 절연장갑 등) 미착용

03 화면의 영상 속 (1) 불안전한 행동과 (2) 재해발생형태를 쓰시오.

[동영상 설명]
주유소에서 지게차에 주유 동안에 운전자가 시동을 건 채 내린다. 다른 작업자와 흡연을 하며 이야기를 나누다가 폭발하는 것을 보여주고 있다.

해답 (1) 불완전한 행동 : 공기 중에 인화성 가스가 존재하는 곳에서 점화원을 만듦(인화성 물질 옆에서 흡연).
(2) 발생한 재해발생 형태 : 폭발

04 동영상에서 작업자의 추락원인 2가지를 쓰시오.

[동영상 설명]
아파트 건설공사 현장 3층 창틀에서 작업하던 작업자가 작업발판이 없어 창틀의 옆쪽을 밟았다가 미끄러져 떨어진다.

해답 1. 안전대 부착설비 미설치
2. 안전대 미착용
3. 추락방호망 미설치
4. 안전난간 미설치
5. 작업발판 미설치

05 화면의 영상을 참고하여 관련 (1) 재해형태 및 그 (2) 정의를 쓰시오.

[동영상 설명]
실험실에서 H_2SO_4(황산)를 비커에 따르다가 손에 묻는다. 작업자는 맨손이며, 마스크를 미착용하고 있다.

해답 (1) 재해형태 : 화학물질에 의한 화상
(2) 정의 : 부식성을 가지는 황산이 피부에 접촉하여 발생하는 재해

06 영상은 아파트 건설현장에서 작업하던 근로자가 추락하는 장면을 보여주고 있다. 이동식 비계에서 재해를 방지하기 위해 설치해야 하는 사항을 3가지 쓰시오.

해답 1. 이동식 비계의 바퀴에는 뜻밖의 갑작스러운 이동 또는 전도를 방지하기 위하여 브레이크·쐐기 등으로 바퀴를 고정한 다음 비계의 일

부를 견고한 시설물에 고정하거나 아웃트리거(Outrigger)를 설치하는 등 필요한 조치를 할 것
2. 승강용 사다리는 견고하게 설치할 것
3. 비계의 최상부에서 작업할 경우 안전난간을 설치할 것
4. 작업발판은 항상 수평을 유지하고 작업발판 위에서 안전난간을 딛고 작업을 하거나 받침대 또는 사다리를 사용하여 작업하지 않도록 할 것
5. 작업발판의 최대 적재하중은 250kg을 초과하지 않도록 할 것

07 화면은 둥근톱을 이용하여 물을 뿌리면서 대리석를 자르는 작업을 보여주고 있다. 영상을 참고하여 둥근톱 작업 시 불안전한 행동 3가지를 쓰시오.

[동영상 설명]
작업자가 기계를 정지시키지 않고 쇠파이프 막대로 수압조절밸브를 치면서 조절한다. 그 손으로 벽면에 부착된 기계의 전원 스위치를 만진다. 그 후 가동 중인 기계 레일 위를 왔다갔다 한다. 좌측 둥근톱이 정지되자 면장갑 낀 손으로 톱날을 돌려본다. 반대편 오른편 둥근톱은 여전히 작동 중이다.

해답 1. 전원 차단 미실시
2. 운전 중 점검(=작동 중지 미실시)
3. 방호장치(톱날접촉예방장치) 미설치
4. 톱날을 손으로 만짐(절단점 위험)

08 화면의 영상을 참고하여 브레이크 라이닝 작업을 하는 경우 작업자가 착용하여야 할 보호구의 종류를 3가지 쓰시오.

[동영상 설명]
화면은 작업자가 방진마스크 및 보안경을 착용한 상태에서 평상복을 입고 맨손으로 브레이크 라이닝의 이물질을 제거하는 작업을 보여주고 있다.

해답 1. 화학물질용 보호복, 2. 유기화합물용 안전장갑, 3. 고무제 안전화

09 외부비계에 가설통로가 설치되어 있다. 이러한 가설통로의 설치기준 3가지를 쓰시오.

해답 1. 견고한 구조로 할 것
2. 경사는 30° 이하로 할 것. 다만, 계단을 설치하거나 높이 2미터 미만의 가설통로로서 튼튼한 손잡이를 설치한 경우에는 그러하지 아니하다.
3. 경사가 15°를 초과하면 미끄러지지 아니하는 구조로 할 것

4. 추락할 위험이 있는 장소에는 안전난간을 설치할 것. 다만, 작업상 부득이한 경우에는 필요한 부분만 임시로 해체할 수 있다.
5. 수직갱에 가설된 통로의 길이가 15m 이상이면 10m 이내마다 계단참을 설치할 것
6. 건설공사에 사용하는 높이 8m 이상인 비계다리에는 7m 이내마다 계단참을 설치할 것

산업안전기사(1회 C형)

01 화면을 보고 영상 속 지게차 운전 중 위험요인을 2가지만 쓰시오.

[동영상 설명]
지게차에 화물이 높게 적재되어, 화물이 떨어질 위험이 있다. 화물을 2단으로 적재하고 로프 등으로 묶지 않았고 맨 위 상자가 흔들거린다. 그러던 중 지나가는 다른 작업자를 치는 재해가 발생한다.

해답
1. 전방의 시야 불충분으로 지게차에 의해 다른 작업자가 다칠 수 있다.
2. 시야 확보가 되지 않는 경우, 유도자를 배정하여 차량 유도하지 않았다.
3. 시야 확보가 되지 않는 경우, 경적과 경광등을 사용하지 않았다.
4. 물건을 불안정하게 적재하여 화물이 떨어져 다른 작업자가 다칠 수 있다.

02 화면은 콘크리트 전주 세우기 작업 도중에 발생한 사례이다. 영상과 같은 동종재해를 예방하기 위한 대책 중 관리적 대책 3가지를 쓰시오.

[동영상 설명]
항타기·항발기 장비로 땅을 파고 전주를 묻는 장면으로 항타기에 고정된 전주가 조금 불안전한듯싶더니 조금씩 돌아가서 항타기로 전주를 조금 움직이는 순간 인접 활선 전로에 접촉되어서 스파크가 일어난다.

해답
1. 이격거리 확보 : 차량 등을 충전부로부터 300cm 이상 이격시키되, 대지전압이 50kV를 넘는 경우 10kV가 증가할 때마다 이격거리를 10cm씩 증가시킨다.
2. 절연용 방호구 설치 : 절연용 방호구 등을 설치한 경우에는 이격거리를 절연용 방호구 앞면까지로 할 수 있다.
3. 울타리 설치 또는 감시인 배치 : 울타리를 설치하거나 감시인 배치 등의 조치를 하여야 한다.

4. 접지점 관리 철저 : 접지된 차량 등이 충전전로와 접촉할 우려가 있는 경우에는 근로자가 접지점에 접촉되지 않도록 조치하여야 한다.

03 영상의 작업자는 탱크 내부 밀폐된 공간에서 작업을 하고 있다. 이때 다른 작업자가 외부에 설치된 국소배기장치를 발로 차서 전원공급이 차단되어 내부 작업자가 의식을 잃고 쓰러진다. 다음 빈칸 안에 알맞은 말을 쓰시오.

적정공기란 산소농도의 범위가 (①)% 이상 (②)% 미만, 이산화탄소의 농도가 (③)% 미만, 황화수소의 농도가 (④)ppm 미만인 수준의 공기를 말한다.

해답 ① 18, ② 23.5, ③ 1.5, ④ 10

04 화면은 천장크레인을 이용하여 배관파이프를 운반하는 과정을 보여주고 있다. 이 영상을 참고하여 낙하 비래위험을 방지하기 위한 작업시작 전 점검사항 3가지를 쓰시오.

[동영상 설명]
천장크레인을 이용하여 2줄걸이로 배관 파이프를 운반한다. 수신호자가 발판도 없는 비계 중간쯤 매달려서 안전대 안전모 없이 수신호 중이다. 신호수가 손짓하여 크레인이 이에 맞춰 운전하지만, 신호가 잘 이뤄지지 않아 배관 파이프가 철골 H 빔에 부딪힌다. 와이어로 양쪽 끝 두 바퀴 감아서 샤클로 체결하고 작업자가 손으로 받으려다 안되니 배관 파이프를 흔들다가 배관 파이프에 맞는다. 혹 해지장치는 보이지 않는다.

해답
1. 권과방지장치·브레이크·클러치 및 운전장치의 기능
2. 주행로의 상측 및 트롤리(trolley)가 횡행하는 레일의 상태
3. 와이어로프가 통하고 있는 곳의 상태

05 화면은 작업자가 엘리베이터 피트 내부의 나무로 엉성하게 만든 작업발판 위에서 폼타이 핀을 망치로 제거하는 작업 중 피트 내부로 떨어지는 장면을 보여주고 있다. 이러한 재해발생의 위험요인 3가지를 쓰시오.

해답
1. 피트 내부에 추락방호망 미설치
2. 작업발판 미고정
3. 안전대 부착설비 미설치 및 안전대 미착용
4. 개구부(피트) 단부에 안전난간 미설치

06 영상은 타워크레인을 작업하는 모습을 보여주고 있다. 산업안전보건기준에 관한 규칙에 따라서, 타워크레인을 사용하여 작업하는 경우 사업주가 관계 근로자에게 준수하도록 해야 할 안전수칙 3가지를 쓰시오.

> [동영상 설명]
> 타워크레인 작업에서 작업자가 소켓을 손으로 돌리면서 화물을 대충 고정한 작업자가 물러나고 화물을 조금 흔들리면서 감아 올라간다.

해답 1. 인양할 하물(荷物)을 바닥에서 끌어당기거나 밀어내는 작업을 하지 아니할 것
2. 유류드럼이나 가스통 등 운반 도중에 떨어져 폭발하거나 누출될 가능성이 있는 위험물 용기는 보관함(또는 보관고)에 담아 안전하게 매달아 운반할 것
3. 고정된 물체를 직접 분리·제거하는 작업을 하지 아니할 것
4. 미리 근로자의 출입을 통제하여 인양 중인 하물이 작업자의 머리 위로 통과하지 않도록 할 것
5. 인양할 하물이 보이지 아니할 때는 어떠한 동작도 하지 아니할 것(신호하는 사람에 의하여 작업하는 경우는 제외한다)

07 영상은 작업자가 롤러기에 장갑을 끼고 이물질을 제거하다가 손이 끼이는 것을 보여주고 있다. 롤러기의 급정지장치 설치 위치를 3가지 쓰시오.

해답 1. 손조작식 급정지장치 : 밑면에서 1.8m 이내
2. 복부조작식 급정지장치 : 밑면에서 0.8~1.1m 이내
3. 무릎조작식 급정지장치 : 밑면에서 0.4~0.6m 이내

08 영상은 드릴 작업의 모습을 보여주고 있다. 영상 내 드릴 작업 중 위험요인을 2가지만 쓰시오.

> [동영상 설명]
> 작업자가 보안경 미착용, 목장갑을 착용하고 탁상용 드릴 작업을 하면서 공작물을 바이스에 고정시켜 놓았고(발생한 쇠가루의 이물질을 입으로 불면서) 동시에 손으로 제거하려다 손이 말려 들어가 드릴 날에 검지 손가락이 접촉되어 피가 난다.

해답 1. 이물질 제거 중 전원 미차단(= 청소 중 드릴을 멈추지 않았다)
2. 목장갑 착용

3. 이물질 손으로 제거(= 이물질 제거 작업 시 전용공구 미사용)
4. 보안경 미착용

09 영상은 작업자가 휴대용 연삭기로 작업하는 것을 보여주고 있다. 산업안전보건법령상 휴대용 연삭기의 (1) 방호장치의 이름과 (2) 설치각도를 쓰시오.

해답 (1) 방호장치 : 덮개
(2) 설치각도 : 180° 이상

산업안전기사(2회 A형)

01 화면은 작업자가 연마작업을 하는 과정을 보여주고 있다. 이 영상을 참고하여 휴대용 연마작업 시 감전사고 예방을 위한 안전대책 2가지를 쓰시오.

> [동영상 설명]
> 고무장갑 착용, 방진 마스크 미착용한 작업자가 강재에 물을 뿌리며 열을 식히며 연마작업을 하고 있다. 전선의 접속부를 고무장갑 안에 넣어 물에 젖은 바닥에 둔다. 푸른색 전류가 작업자 손 주변을 타고 나간다. 물기 많은 바닥에 방치된 접속부를 보여준다.

해답 1. 감전방지용 누전차단기를 설치한다.
2. 전선을 서로 접속하는 경우에는 해당 전선의 절연성능 이상으로 절연될 수 있는 것으로 충분히 피복하거나 적합한 접속기구를 사용하여야 한다.
3. 습윤한 장소에서는 충분한 절연효과가 있는 이동전선을 사용한다.
4. 통로바닥에 전선 또는 이동전선 등을 설치하여 사용해서는 아니 된다.

02 화면은 롤러기 청소하고 있는 작업자를 보여주고 있다. 이 영상을 참고하여 롤러기 청소 시 작업자 행동의 문제점 및 안전대책을 각 2가지씩 쓰시오.

> [동영상 설명]
> 작업자가 가동 중인 롤러기의 전원 차단 스위치를 꺼 정지시킨 후 내부 수리를 하고 있고, 수리 완료 후 롤러기를 가동시켜 내부의 이물질을 장갑을 착용한 손으로 제거하다 롤러기에 말려 들어간다.

해답 1. 문제점 : 장갑을 착용하고 있다.
　　　안전대책 : 장갑을 착용하지 않는다.
　　2. 문제점 : 전원을 차단하지 않았다.
　　　안전대책 : 전원을 차단한다.
　　3. 문제점 : 안전장치 없이 작업하였다.
　　　안전대책 : 안전장치를 설치한다.

03 화면은 아파트 창틀에서 작업 중 발생한 재해사례를 나타내고 있다. 해당 영상에서 작업자의 추락사고 원인 3가지를 쓰시오.

[동영상 설명]

작업자 A는 아파트 대형 창틀에서, 작업자 B는 약 50cm 벽을 두고 옆 처마 위에서 작업하고 있다. 작업자 A가 창틀 밖으로 작업 발판을 작업자 B에게 건네준다. 그리고 작업자 B가 있는 옆 처마 위로 이동하다 발을 헛디뎌 바닥으로 추락한다. 주변에 정리정돈이 되어있지 않고, 작업자 A가 밟고 있던 콘크리트 부스러기가 추락할 때 같이 떨어진다. 작업 중의 높이는 알 수 없고, 바닥도 보이지는 않는다.

해답 1. 안전난간 미설치, 2. 안전대 미착용, 3. 추락방호망 미설치

04 화면은 선반 작업하고 있는 작업자를 나타내고 있다. 영상을 참고하여 선반 작업 시 작업자에게 사고가 발생할 수 있는 위험요소 3가지를 쓰시오.

[동영상 설명]

면장갑을 착용 및 보안경을 미착용한 작업자가 선반 작업을 하고 있다. 작업자가 회전축에 샌드페이퍼(사포)를 감아 손으로 지지하고 있다. 작업에 집중하지 못하고 있는데, 작업복과 손이 감겨 들어간다.

해답 1. 장갑 착용
　　2. 손으로 지지(고정장치 사용 안함)
　　3. 방호장치(덮개 혹은 울) 미설치

05 화면의 영상 속 (1) 재해발생형태 및 (2) 재해원인을 쓰시오.

[동영상 설명]

전선을 감는 작업 중에 기계가 멈추어, 작업자가 기계 밑에 문을 열고 맨손으로 전선 만지다가 푸른색 전류가 발생하는 사고가 발생하는 것을 보여주고 있다. 이때 작업자는 면장갑을 착용하였고 보안경, 안전모는 미착용 상태이다.

해답 (1) 재해발생형태 : 감전(=전류 접촉)
　　(2) 재해원인 : 작업자가 전원을 차단하지 않고 점검, 작업자가 절연용 보호구(내전압용 절연장갑 등)를 착용하지 않음

06 화면은 에어콤프레셔를 사용해 작업하는 작업자를 보여주고 있다. 영상을 참고하여 에어콤프레셔로 작업 할 때 착용해야 하는 보호구를 3가지만 쓰시오.

[동영상 설명]

작업자가 개폐기함에 전원을 올리고 기계 장비 및 주변을 에어건로 불어 버리며 청소하고 있다. 바닥에까지 엎드려서 기계 밑 공장바닥에 있는 먼지까지 맨눈으로 확인하다가, 눈을 감싸고 아파한다.

해답 1. 방진마스크, 2. 보안경, 3. 귀마개

07 화면과 같은 재해의 발생원인 2가지를 쓰시오.

[동영상 설명]

A 작업자가 변압기의 2차 전압을 측정하기 위해 유리창 너머의 B 작업자에게 전원을 투입하라는 신호를 보낸다. 측정 완료 후 다시 차단하라고 신호를 보내고 측정기기를 철거하다 감전사고가 발생하였다. 이때 작업자는 맨손이고 슬리퍼를 착용하였다.

해답 1. 개인보호구(절연장갑 등) 미착용
　　2. 신호전달체계 불량
　　3. 작업자 안전수칙 미준수(활선 및 정전상태 미확인 후 작업)

08 이동식 비계를 설치하여 사용할 때 준수사항을 3가지 쓰시오.

해답 1. 이동식 비계의 바퀴에는 뜻밖의 갑작스러운 이동 또는 전도를 방지하기 위하여 브레이크·쐐기 등으로 바퀴를 고정시킨 다음 비계의 일부를 견고한 시설물에 고정하거나 아웃트리거(Outrigger)를 설치하는 등 필요한 조치를 할 것
2. 승강용 사다리는 견고하게 설치할 것
3. 비계의 최상부에서 작업할 경우 안전난간을 설치할 것
4. 작업발판은 항상 수평을 유지하고 작업발판 위에서 안전난간을 딛고 작업을 하거나 받침대 또는 사다리를 사용하여 작업하지 않도록 할 것
5. 작업발판의 최대 적재하중은 250kg을 초과하지 않도록 할 것

09 화면은 이동식 크레인을 이용하여 배관 파이프를 운반하고 있다. 영상 내 핵심위험요인 3가지를 쓰시오.

[동영상 설명]
신호자가 손짓을 하며 크레인이 이에 맞춰 운전하지만, 신호가 잘 이루어지지 않아 배관이 H빔에 부딪힌다. 와이어로 양쪽 끝을 두 바퀴 감아서 샤클로 체결하고 근로자가 손으로 받으려고 하다가 안 되니 화물을 흔들다가 근로자가 맞는다. 훅 해지장치가 설치되어 있지 않았다.

해답 1. 유도로프를 사용하지 않았다.
2. 훅 해지장치가 설치되어 있지 않았다.
3. 작업 전 신호방법 및 신호계획을 수립하지 않았다.
4. 자재를 작업자 위로 운반하였다.

산업안전기사(2회 B형)

01 화면에서 작업자가 보안경을 착용하지 않고 손에는 목장갑을 낀 상태로 띠톱을 이용하여 강재를 절단하고 있다. 강재를 절단한 후 전원을 차단하지 않은 상태에서 절단된 강재를 빼내고 있다. 이때 위험요소 3가지를 쓰시오.

해답 1. 장갑을 착용하고 있어 손이 톱날에 끼일 위험이 있다.
2. 보안경 미착용으로 강재의 비산물에 눈을 다칠 위험이 있다.
3. 강재를 빼낼 때 전원을 차단하지 않았고 동작스위치의 잠금장치를 하지 않아 실수로 띠톱이 작동되어 다칠 위험이 있다.

02 화면 속 영상의 위험요인 2가지를 쓰시오.

[동영상 설명]
작업자 1명이 변압기 볼트 위 매우 불안한 발판 위에 올라가서 스패너로 볼트를 치면서 풀면서 작업을 하다가, 추락한다. 작업자는 면장갑을 끼고 있으며, 안전대를 허리에 착용하고는 있으나, 어디에 걸지 않았다.

해답 1. 작업자가 딛고 선 발판이 불안 → 작업발판 흔들리지 않게 고정
2. 안전대를 연결하지 않음 → 안전대 연결
3. 절연용 보호구(내전압용 절연장갑 등)를 미착용 → 절연용 보호구 착용

03 화면에는 천장크레인(호이스트)를 통해 배관 이동 작업하고 있다. 영상 속 천장크레인(호이스트)로 배관 이동 작업의 위험요인 3가지를 쓰시오.

[동영상 설명]
천장크레인(호이스트)으로 화물 인양 중. 한 손에는 조작 스위치 한 손에는 배관(인양물)을 잡고 있다. 배관을 한줄걸이로 걸어서 막 흔들다가 결국 기울며 추락하고, 작업자도 바닥은 정리되지 않아서 부품에 걸려서 넘어지며 소리 지른다. 훅에 훅 해지장치가 없다.

해답 1. 1줄걸이
2. 유도로프를 사용하지 않아 흔들림 방지 불량
3. 단독 장업자의 양손 작업
4. 주변 정리정돈 및 청소상태가 불량
5. 훅에 해지장치 미설치

04 다음 기계·기구 3가지에 대한 안전장치를 1가지씩 쓰시오.

(1) 컨베이어 벨트   (2) 선반 축
(3) 그라인더

해답 (1) 컨베이어 벨트 : 비상정지장치, 덮개, 울
(2) 선반 축(샤프트) : 덮개, 울
(3) 그라인더(휴대용 연삭기) : 덮개

05 화면은 지게차 작업 고정을 보여주고 있다. 영상 속 지게차 운전 재해발생요인을 3가지만 쓰시오.

[동영상 설명]
지게차에 화물이 높게 적재되어, 화물이 떨어질 위험이 있다. 화물을 2단으로 적재하고 로프 등으로 묶지 않았고 맨 위 상자가 흔들거린다. 그러던 중 지나가는 다른 작업자를 치는 재해가 발생한다.

해답 1. 물건을 과적하여 운전자의 시야를 가려 다른 작업자가 다칠 수 있다.
2. 물건을 불안정하게 적재하여 화물이 떨어져 다른 작업자가 다칠 수 있다.
3. 다른 작업자가 작업통로에 나와서 작업을 하고 있어 지게차에 다칠 수 있다.

06 화면은 가설통로가 외부비계에 설치되어 있다. 이러한 가설통로의 설치기준 3가지를 쓰시오.

해답 1. 견고한 구조로 할 것
2. 경사는 30° 이하로 할 것. 다만, 계단을 설치하거나 높이 2m 미만의 가설통로로서 튼튼한 손잡이를 설치한 경우에는 그러하지 아니하다.
3. 경사가 15°를 초과하면 미끄러지지 아니하는 구조로 할 것
4. 추락할 위험이 있는 장소에는 안전난간을 설치할 것. 다만, 작업상 부득이한 경우에는 필요한 부분만 임시로 해체할 수 있다.
5. 수직갱에 가설된 통로의 길이가 15m 이상이면 10m 이내마다 계단참을 설치할 것
6. 건설공사에 사용하는 높이 8m 이상인 비계다리에는 7m 이내마다 계단참을 설치할 것

07 화면 속 VDT 자세 개선점을 3가지 쓰시오.

[동영상 설명]
작업자가 사무실에서 의자에 앉아 컴퓨터 조작 중이다. 작업자가 의자 높이가 맞지 않아 다리를 구부리고 앉아 있으며, 모니터를 가까이에서 바라보고 있다. 또한, 키보드를 손으로 조작하는데 키보드가 너무 높은 곳에 있다.

해답 1. 허리를 등받이 깊숙이 지지하여 앉는다.
2. 키보드를 조작하기 편한 위치에 놓는다.
3. 모니터를 보기 편한 위치에 놓는다.

08 고압전선로 인근에서 항타기·항발기 작업 시 안전작업수칙 3가지를 쓰시오.

해답 1. 이격거리 확보 : 차량 등을 충전부로부터 300cm 이상 이격시키되, 대지전압이 50kV를 넘는 경우 10kV가 증가할 때마다 이격거리를 10cm씩 증가시킨다.
2. 절연용 방호구 설치 : 절연용 방호구 등을 설치한 경우에는 이격거리를 절연용 방호구 앞면까지로 할 수 있다.
3. 울타리 설치 또는 감시인 배치 : 울타리를 설치하거나 감시인 배치 등의 조치를 하여야 한다.
4. 접지점 관리 철저 : 접지된 차량 등이 충전전로와 접촉할 우려가 있는 경우에는 근로자가 접지점에 접촉되지 않도록 조치하여야 한다.

09 이동식 비계를 설치하여 사용할 때 준수사항을 3가지 쓰시오.

해답 1. 이동식 비계의 바퀴에는 뜻밖의 갑작스러운 이동 또는 전도를 방지하기 위하여 브레이크·쐐기 등으로 바퀴를 고정한 다음 비계의 일부를 견고한 시설물에 고정하거나 아웃트리거(Outrigger)를 설치하는 등 필요한 조치를 할 것
2. 승강용 사다리는 견고하게 설치할 것
3. 비계의 최상부에서 작업할 경우 안전난간을 설치할 것
4. 작업발판은 항상 수평을 유지하고 작업발판 위에서 안전난간을 딛고 작업을 하거나 받침대 또는 사다리를 사용하여 작업하지 않도록 할 것
5. 작업발판의 최대 적재하중은 250kg을 초과하지 않도록 할 것

01 화면에서 마그네트 크레인으로 프레스 금형을 옮기고 있다. 영상을 참고하여 작업자의 위험요인 3가지를 쓰시오.

[동영상 설명]
마그네틱 크레인을 금형 위에 올리고 손잡이를 작동시켜 이동시키고 있다. 작업자는 안전모 미착용, 목장갑 착용, 신발은 안 보인다. 작업자가 오른손으로 금형을 잡고, 왼손으로 상하좌우 조정장치(전기배선 외관에 피복이 벗겨져 있음)를 누르면서 이동한다. 위를 바라보면서 이동하다가 넘어지면서 오른손이 마그네틱 ON/OFF봉을 건드려 금형을 발등으로 떨어뜨리고, 넘어지면서 뒤에 금속제 다이에 머리를 부딪힌다. (크레인은 훅 해지 장치가 없고, 훅에 샤클이 3개 연속으로 걸려 있고 마지막 훅에도 훅 해지장치 없다)

해답 1. 마그네틱 크레인에 훅 해지장치가 없고, 작동 스위치의 전선이 벗겨져 있는 상태라서 재해의 위험이 있다.
2. 보조(유도)로프를 사용하지 않아 재해 위험이 있다.
3. 신호수를 배치하지 않았고 조종수가 위험구역에 접근해 있어 재해 위험이 있다.
4. 작업자가 안전모를 착용하지 않았다.

02 화면에서 작업자는 컨베이어 벨트를 이용해 작업하고 있다. 영상을 참고하여 컨베이어 벨트 작업의 위험요인 2가지를 쓰시오.

[동영상 설명]

30도 정도 경사진 컨베이어 벨트가 작동하고, 작업자는 작동 중인 컨베이어 위에 1명과 아래쪽 작업장 바닥에 1명이 있으며, 기계 오른쪽에 있는 포대를 컨베이어 벨트 위로 올리는 작업을 하고 있다. 작업장 오른쪽에 포대가 많이 쌓여 있다. 작업자 한 명은 경사진 컨베이어 위에 회전하는 벨트 양끝 부분 철로 된 모서리에 양발을 벌리고 서 있다. 밑에 작업자가 포대를 일정한 방향이 아닌 삐뚤게 포대를 컨베이어에 올리는 중 컨베이어 위에 양발을 벌리고 있는 작업자 발에 포대 끝부분이 부딪혀 무게 중심을 잃고 기계 오른쪽으로 쓰러진다. 이때 팔이 풀리 하단으로 들어가는 재해가 발생한다. 작업자 둘 다 캡모자를 쓰고 있다.

해답 1. 작업자가 양발을 컨베이어 양끝에 지지하여 불안정한 자세로 작업을 하고 있다.
2. 시멘트 포대가 작업자의 발을 치고 있어서 넘어져 상해를 당할 수 있다.

03 화면에는 절연보호구 미착용 작업자가 보이고, 크레인이 전선에 근접하고 있다. 산업안전보건기준에 관한 규칙에 따라서, 충전선로에서의 전기작업 중 조치사항에 대하여 다음 빈칸을 채우시오.

• 충전전로를 취급하는 근로자에게 그 작업에 적합한 (①)를 착용시킬 것
• 충전전로에 근접한 장소에서 전기작업하는 경우 해당 전압에 적합한 (②)를 설치할 것. 다만, 저압인 경우 해당 전기작업자가 (①)를 착용하되, 충전전로에 접촉할 우려가 없는 경우에는 (②)를 설치하지 아니할 수 있다.

해답 ① 절연용 보호구, ② 절연용 방호구

04 화면은 지게차 포크 위에 기다란 철봉 2개를 백레스트에 상차하여 지게차 폭보다 튀어나온 상태로 운행, 철봉으로 옆에 다른 작업자를 치고 있다. 이 작업의 작업계획서에 포함될 사항 2가지를 쓰시오.

해답 1. 해당 작업에 따른 추락 · 낙하 · 전도 · 협착 및 붕괴 등의 위험 예방 대책
2. 차량계 하역운반기계 등의 운행경로 및 작업방법

05 화면은 2만 볼트가 인가된 배전 "판"에 절연내력시험기로 앞의 작업자가 시험하다 미처 뒤에 있던 다른 작업자를 발견하지 못한 관계로 발생한 재해사고 사례이다. 영상을 참고하여 (1) 재해유형과 (2) 가해물을 쓰시오.

[동영상 설명]

배전반 뒤쪽에서 작업자 1명이 작업을 한다. 배전반 앞쪽에는 다른 작업자 1명이 절연내력시험기를 들고 1선은 배전반 접지에 꽂은 후 장비의 스위치를 ON 시키고 배선용 차단기에 나머지 1선을 여기저기 대고 있다. 그러다가, 앞쪽 작업자가 놀라더니 일어나, 뒤쪽 가서 쓰러져 있는 뒤쪽 작업자를 발견한다.

해답 (1) 재해유형 : 감전
(2) 가해물 : 전류 또는 전기

06 화면은 작업자가 선반 작업하는 과정을 보여주고 있다. 영상을 참고하여 관련된 (1) 위험점과 (2) 그 정의를 쓰시오.

[동영상 설명]

면장갑을 착용 및 보안경을 미착용한 작업자가 선반 작업을 하고 있다. 작업자가 회전축에 샌드페이퍼(사포)를 감아 손으로 지지하고 있다. 작업에 집중하지 못하고 있는데, 작업복과 손이 감겨 들어간다.

해답 (1) 위험점 : 회전말림점
(2) 정의 : 회전하는 물체의 길이, 굵기, 속도 등이 불규칙한 부위와 돌기 회전 부위에 장갑, 작업복 등이 말려드는 위험점 형성

07 화면은 작업자가 용적 작업하는 과정을 보여주고 있다. 영상을 참고하여 용접작업 시 불안전한 요인 3가지를 쓰시오.

[동영상 설명]

작업자가 혼자 작업장에서 용접용 보안면, 용접용 가죽장갑, 용접용 앞치마를 착용한 상태에서 모재를 집게에 물려놓고 피복아크용접(전기용접, 수동용접)을 하고 있다. 빨간색과 주황색 드럼통이 뒤에 보인다. 작업장 바닥이 어질러져 있다. 한 손으로 용접기, 다른 손으로 작업봉을 받친 채 용접한다. 용접하는 모재 옆에 작업대 위 어질러진 용접봉이나 잡다한 물건들에 불티가 튄다.

해답 1. 화기작업에 따른 인근 가연성 물질에 대한 방호조치 및 소화기구 비치 미흡
2. 용접불티 비산방지 덮개, 용접방화포 등 불꽃, 불티 등 비산방지조치 미흡
3. 인화성 액체의 증기 및 인화성 가스가 남아 있지 않도록 환기 등의 조치 미흡

08 화면은 작업자가 화학실험 하는 과정을 보여주고 있다. 영상을 참고하여 필요한 보호구를 3가지 쓰시오.

[동영상 설명]

실험실에서 처음에 페놀 용기 보여주고 다음으로 황산(H_2SO_4) 용기를 보여준다.
맨얼굴, 맨손에 실험 가운만 입고 있는 사람이 피펫이랑 삼각플라스크를 만지다가 화학반응으로 발열이 발생하여 떨어뜨려 비커가 깨져 바닥에 퍼진다. 마지막에 신발이 나오는 데, 일반 갈색 캐쥬얼화(장화 아님)를 신고 있다.

해답 1. 화학물질용 보호복, 2. 화학물질용 보호장갑, 3. 화학물질용 보호장화

09 화면은 작업자가 프레스기 외관을 점검하고 있다. 페달도 밟아보고 전원을 올려 작동도 해본다. 프레스 작업 시작 전 점검사항을 4가지 쓰시오.

해답 1. 클러치 및 브레이크의 기능
2. 크랭크축 · 플라이휠 · 슬라이드 · 연결봉 및 연결 나사의 풀림 여부
3. 1행정 1정지기구 · 급정지장치 및 비상정지장치의 기능

4. 슬라이드 또는 칼날에 의한 위험방지 기구의 기능
5. 프레스의 금형 및 고정볼트 상태
6. 방호장치의 기능
7. 전단기(剪斷機)의 칼날 및 테이블의 상태

산업안전기사(3회 A형)

01 화면은 타워크레인의 작업 중지에 관한 내용이다. 영상을 참고하여 산업안전보건법령상에 따라 빈칸에 알맞은 숫자를 넣으시오.

[동영상 설명]

타워크레인을 이용하여 철제 비계를 운반 도중 신호수(안전모, 안전대 미착용) 머리 위로 지나가며 다소 흔들리며 내리다 철제배관과 부딪히며 재해가 발생한다.

• 설치 · 수리점검 또는 해체작업 중지하여야 하는 순간풍속 (①)m/s
• 운전작업을 중지하여야 하는 순간풍속 (②)m/s

해답 ① 10, ② 15

02 화면은 교류아크 용접 작업 중 재해가 발생한 사례이다. 영상을 참고하여 용접작업 시 사고를 예방하기 위해 착용해야 할 보호구를 4가지만 쓰시오.

[동영상 설명]

용접용 보안면은 미착용, 일반 캡모자와 목장갑, 절연장화를 착용한 작업자가 교류아크 용접을 한다. 용접을 한번 하고서 슬러지를 털어낸 뒤 육안으로 확인 후 다시 한번 용접을 위해 아크 불꽃을 내는 순간 감전되어 쓰러진다.

해답 1. 용접용 보안면, 2. 용접용 장갑, 3. 용접용 앞치마, 4. 용접용 안전화

03 화면상에 나타난 건물 해체작업의 작업계획서 작성 시 포함사항을 산업안전보건법령에 맞추어 3가지만 쓰시오. (단, 그 밖에 안전 · 보건에 관련된 사항은 제외)

[동영상 설명]
집게가위 압쇄공법(Crusher Method) 포크레인를 이용해서 건물을 해체하는 중, 해체물을 작업자에게 떨어뜨리는 재해가 발생한다.

해답 1. 해체의 방법 및 해체 순서 도면
2. 가설설비 · 방호설비 · 환기설비 및 살수 · 방화설비 등의 방법
3. 사업장 내 연락방법
4. 해체물의 처분계획
5. 해체작업용 기계 · 기구 등의 작업계획서
6. 해체작업용 화약류 등의 사용계획서

04 화면을 참고하여 영상의 재해를 예방할 수 있는지 방안 3가지를 쓰시오.

[동영상 설명]
단무지 공장에서 무릎 정도 물이 차 있는 상태에서 수중펌프 작동과 동시에 작업자가 접속 부위에 감전된다.

해답 1. 모터와 전선의 이음새 부분을 작업 시작 전 확인
2. 수중 및 습윤한 장소에서 사용하는 전선은 수분의 침투가 불가능한 것을 사용
3. 감전방지용 누전차단기를 설치

05 산업안전보건법령상 낙하물방지망 관련 (   )를 채우시오.

- 설치각도 : 수평면과의 각도는 (①)도 이상 (②)도 이하
- 설치 간격 : 높이 10m 이내마다 설치
- 내민 길이 : 벽면으로부터 2m 이상

해답 ① 20, ② 30

06 터널 건설공사 시 가연성 가스가 존재하여 폭발 또는 화재가 발생할 위험이 있을 때 가연성 가스 농도의 이상 상승을 조기에 파악하기 위해 (1) 설치해야 하는 장치와 (2) 작업 시작 전 점검해야 하는 사항을 3가지 쓰시오.

해답 (1) 장치 : 자동경보장치
(2) 점검사항
1. 계기의 이상 유무
2. 검지부의 이상 유무
3. 경보장치의 작동상태

07 화면은 롤러기를 청소하다가 손이 말려 들어가는 상황이다. 영상을 참고하여 관련 (1) 위험점과 (2) 정의를 쓰시오.

[동영상 설명]
롤러기 기계 정지 후 정비 끝내고 다시 가동시키고, 두 개의 회전체 사이에 목장갑 낀 손을 넣고 털다가 손이 물려 들어간다.

해답 (1) 위험점 : 물림점
(2) 정의 : 회전하는 두 개의 회전체에 물려 들어가는 위험점

08 영상을 참고하여 산업안전보건법령상 지게차의 작업 시작 전 점검사항 3가지를 쓰시오.

[동영상 설명]
지게차를 운행하기 전 운전자가 바퀴를 차는 등, 유압장치, 조정장치, 경보등 등을 점검하고 있다.

해답 1. 제동장치 및 조종장치 기능의 이상 유무
2. 하역장치 및 유압장치 기능의 이상 유무
3. 바퀴의 이상 유무
4. 전조등 · 후미등 · 방향지시기 및 경보장치 기능의 이상 유무

09 산업안전보건법령상 방열복 내열원단의 시험성능 기준 관련 ( )를 채우시오.

> (1) 난연성 : 잔염 및 잔진시간이 (①)초 미만이고 녹거나 떨어지지 말아야 하며, 탄화길이가 (②)mm 이내일 것
> (2) 절연저항 : 표면과 이면의 절연저항이 (③)MΩ 이상일 것

해답 ① 2, ② 10^2, ③ 1

산업안전기사(3회 B형)

01 산업안전보건법령상 컨베이어 작업 시작 전 점검사항 3가지를 쓰시오.

➡해답 1. 원동기 및 풀리 기능의 이상 유무
2. 이탈 등의 방지장치 기능의 이상 유무
3. 비상정지장치 기능의 이상 유무
4. 원동기 · 회전축 · 기어 및 풀리 등의 덮개 또는 울 등의 이상 유무

02 화면은 절연보호구 미착용 작업자가 보이고, 크레인이 전선에 근접하고 있다. 영상을 참고하여 산업안전보건법령상 충전전로에서 전기작업 중 조치사항에 대해서 다음 ( )을 채우시오.

> • 충전전로를 취급하는 근로자에게 그 작업에 적합한 (①)를 착용시킬 것
> • 충전전로에 근접한 장소에서 전기작업을 할 때는 해당 전압에 적합한 (②)를 설치할 것. 다만, 저압일 때 해당 전기작업자가 (①)를 착용하되, 충전전로에 접촉할 우려가 없는 경우에는 (②)를 설치하지 아니할 수 있다.

해답 ① 절연용 보호구, ② 절연용 방호구

03 화면은 작업자가 휴대용 연삭기로 작업을 하고 있다. 산업안전보건법령상 휴대용 연삭기 방호장치의 (1) 이름 및 (2) 설치 각도를 쓰시오.

해답 (1) 방호장치 : 덮개
(2) 설치각도 : 180° 이상

04 화면은 LPG 저장소에서 작업자가 전기 스위치를 켜자 폭발하는 것을 보여주고 있다. 산업안전보건법령상 누설감지경보기의 적절한 (1) 설치 위치 (2) 경보설정값이 몇 % 이하가 적당한지 쓰시오.

해답 (1) 설치 위치 : 바닥에 인접한 낮은 곳에 설치한다(LPG는 공기보다 무거우므로 가라앉음).
(2) 경보설정값 : 폭발하한계(LEL) 25% 이하

05 화면은 작업자가 전주에 오르다가 장애물에 머리를 부딪혀 추락하는 재해를 보여주고 있다. 이와 같은 전주 작업에서 위험요소를 2가지 쓰시오.

해답 1. 안전대 부착설비 미설치(수직구명줄 미설치)
2. 안전대 미착용(추락방지대 미착용)

06 화면은 아파트 창틀에서 작업하던 근로자가 옆쪽 창문으로 이동하던 도중 발을 헛디뎌 떨어지는 장면을 보여주고 있다. 이때 작업자의 추락사고 원인 2가지를 쓰시오.

> [동영상 설명]
> 작업자 A, B가 작업을 하고 있으며, A는 아파트 창틀에서 B는 옆 처마 위에서 작업하고 있다. 창틀에서 작업 중인 A가 작업발판을 처마 위에 B에게 건네준 후, B가 있는 옆 처마 위로 이동하다 발을 헛디뎌 바닥으로 추락하는게 된다. (주변에 정리정돈이 되어있지 않고, A 작업자가 밟고 있던 콘크리트 부스러기가 추락할 때 같이 떨어진다)

해답 1. 안전대 부착설비 미설치
2. 안전대 미착용
3. 추락방지용 추락방호망 미설치
4. 통로 정리정돈 미실시
5. 안전대 미착용

07 화면을 보고, 필요한 보호구를 3가지 쓰시오.

[동영상 설명]

실험실에서 처음에 페놀 용기 보여주고 두 번째는 황산(H_2SO_4)용기 보여준다. 맨얼굴, 맨손에 실험 가운만 입고 있는 사람이 피펫이랑 삼각플라스크를 만지다가 화학반응으로 발열이 발생하여 떨어뜨려 비커가 깨져 바닥에 퍼진다. 마지막에 신발이 나오는데, 일반 갈색 캐쥬얼화를 신고 있다.

해답 1. 화학물질용 보호복
2. 화학물질용 보호장갑
3. 화학물질용 보호장화

08 화면은 드릴 작업하고 있는 작업자를 보여주고 있다. 영상 내 드릴 작업 중 위험요인을 2가지만 쓰시오.

[동영상 설명]

작업자가 보안경 미착용, 목장갑을 착용하고 탁상용 드릴 작업을 하면서 공작물을 바이스에 고정해 놓았고(발생한 쇠가루의 이물질을 입으로 불면서) 동시에 손으로 제거하려다 손이 말려 들어가 드릴 날에 검지손가락이 접촉되어 피가 난다.

해답 1. 이물질 제거 중 전원 미차단(청소 중 드릴을 멈추지 않았다)
2. 목장갑 착용
3. 이물질 손으로 제거(이물질 제거 작업시 전용공구 미사용)
4. 보안경 미착용

09 화면을 참고하여 휴대용 연마작업 시 감전사고 예방을 위한 안전대책 3가지를 쓰시오.

[동영상 설명]

고무장갑 착용, 방진 마스크 미착용한 작업자가 강재에 물을 뿌리며 열을 식히며 연마작업을 하고 있다. 전선의 접속부를 고무장갑 안에 넣어 물에 젖은 바닥에 둔다. 푸른색 전류가 작업자 손 주변을 타고 나간다. 물기 많은 바닥에 접속부가 방치되어 있다.

해답 1. 감전방지용 누전차단기를 설치한다.
2. 전선을 서로 접속하는 경우에는 해당 전선의 절연성능 이상으로 절연될 수 있는 것으로 충분히 피복하거나 적합한 접속기구를 사용하여야 한다.

3. 습윤한 장소에서는 충분한 절연효과가 있는 이동전선을 사용한다.
4. 통로바닥에 전선 또는 이동전선 등을 설치하여 사용해서는 아니 된다.

산업안전기사(3회 C형)

01 화면을 참고하여 영상 내 작업 시 위험요인 3가지를 쓰시오.

[동영상 설명]

면장갑을 낀 2명이 이동식 크레인 위 전선 작업 중인데 케이블 전선이 매우 복잡하다. 크레인의 붐대가 전주와 거의 붙어 이격거리가 미확보 상태임 1명은 이동식 크레인에 탑승하고 안전대 미착용. 안전모 미착용하였고 1명은 안전대 착용 및 체결. 안전모 착용하였다. 니퍼, 헤라(실리콘 제거 도구) 등으로 작업하고 있다. 대나무로 엉성하게 만든 사다리를 쓰고 있다. 아래쪽 구석에 안전모 쓴 다른 작업자가 있다. 작업 중인 전주 아래로 일반인이 지나가면서 작업하는 것을 쳐다본다.

해답 (1) 추락 관점
1. 안전모 미착용, 2. 안전대 미착용, 3. 작업발판 부실
(2) 낙하 관점
1. 관계근로자 외 출입금지 조치 미흡
(3) 감전 관점
1. 내전압용 절연장갑 미착용, 2. 이동식 크레인이 전선과 근접

02 이동식 비계를 설치하여 사용할 때 준수사항을 3가지 쓰시오.

해답 1. 이동식 비계의 바퀴에는 뜻밖의 갑작스러운 이동 또는 전도를 방지하기 위하여 브레이크 · 쐐기 등으로 바퀴를 고정한 다음 비계의 일부를 견고한 시설물에 고정하거나 아웃트리거(Outrigger)를 설치하는 등 필요한 조치를 할 것
2. 승강용 사다리는 견고하게 설치할 것
3. 비계의 최상부에서 작업할 경우 안전난간을 설치할 것
4. 작업발판은 항상 수평을 유지하고 작업발판 위에서 안전난간을 딛고 작업을 하거나 받침대 또는 사다리를 사용하여 작업하지 않도록 할 것
5. 작업발판의 최대 적재하중은 250kg을 초과하지 않도록 할 것

부록

03 화면의 영상을 참고하여 브레이크 라이닝 작업을 하고 있을 때 작업자가 착용하여야 할 보호구의 종류를 3가지 쓰시오.

> [동영상 설명]
> 화면은 작업자가 방진마스크 및 보안경을 착용한 상태에서 평상복을 입고 맨손으로 브레이크 라이닝의 이물질을 제거하는 작업을 하고 있다.

해답 1. 화학물질용 보호복, 2. 유기화합물용 안전장갑, 3. 고무제 안전화

04 화면을 참고하여 영상 내 사고의 문제점 2가지를 쓰시오.

> [동영상 설명]
> 맨손에 슬리퍼를 착용한 A 작업자가 변압기의 2차 전압을 측정하기 위해 유리창 너머의 B 작업자에게 개폐기함에 전원을 투입하라는 신호를 보낸다. A 작업자가 측정 완료 후 B 작업자에게 다시 차단하라고 신호를 보내고 측정기기를 맨손으로 철거하다 사고가 발생한다.

해답 1. 개인보호구(절연장갑 등) 미착용
2. 신호전달체계 불량
3. 작업자 안전수칙 미준수(활선 및 정전상태 미확인 후 작업)

05 화면을 참고하여 영상 내 추락 위험요인 2가지를 쓰시오.

> [동영상 설명]
> 작업자 1명이 변압기 볼트 위 매우 불안한 발판 위에 올라가서 스패너로 볼트를 치면서 풀면서 작업을 하다가, 추락한다. 작업자는 면장갑을 끼고 있으며, 안전대를 허리에 착용하고는 있으나, 어디에 걸지 않았다.

해답 1. 안전대를 걸지 않음
2. 발판 불안

06 화면은 교량 하부 점검작업 중 추락재해가 발생하고 있다. 영상과 같은 상황에서 작업발판을 설치할 경우 (1) 작업발판의 폭과 (2) 틈의 기준은?

해답 (1) 작업발판의 폭 : 40cm 이상
(2) 틈 : 3cm 이하

07 경사지붕 설치작업 중 건물의 하부에서 휴식을 취하던 작업자 쪽으로 지붕 위에 쌓아 놓았던 경사지붕 자재가 낙하·비래하여 재해가 발생하였다. 이와 같은 재해의 발생원인을 3가지만 쓰시오.

해답 1. 경사지붕 하부에 낙하물방지망 미설치
2. 경사지붕 적치상태불량 및 체결상태불량
3. 경사지붕의 과적치
4. 근로자가 낙하(비래)위험 장소에서 휴식
5. 낙하(비래)위험구간 출입통제 미실시

08 산업안전보건법에서 사업 내 안전보건교육 중 밀폐공간작업 시 특별교육 내용 4가지를 쓰시오. (단, 그 밖에 안전·보건관리에 필요한 사항은 제외한다.)

해답 1. 산소농도 측정 및 작업환경에 관한 사항
2. 사고 시의 응급처치 및 비상 시 구출에 관한 사항
3. 보호구 착용 및 사용방법에 관한 사항
4. 작업내용·안전작업방법 및 절차에 관한 사항
5. 장비·설비 및 시설 등의 안전점검에 관한 사항

09 화면을 참고하여 영상 속 용접작업 시 위험요인 3가지를 쓰시오.

> [동영상 설명]
> 작업자가 혼자 작업장에서 용접용 보안면, 용접용 가죽장갑, 용접용 앞치마, 일반 운동화를 착용한 상태에서 모재를 집게에 물려놓고 피복아크 용접(전기용접, 수동용접)을 하고 있다. 빨간색과 주황색 드럼통이 뒤에 보인다. 작업장 바닥이 어질러져 있다. 작업자가 한 손으로는 용접기, 다른 손으로 작업봉을 받친 채 용접한다. 용접하는 모재 옆에 작업대 위 어질러진 용접봉이나 잡다한 물건들에 불티가 튄다.

해답 1. 화기작업에 따른 인근 가연성물질에 대한 방호조치 및 소화기구 비치 미흡(소화기가 없다)
2. 용접불티 비산방지덮개, 용접방화포 등 불꽃, 불티 등 비산방지조치 미흡(불티가 튀어 주변에 물체에 불붙을 가능성)
3. 인화성 액체의 증기 및 인화성 가스가 남아 있지 않도록 환기 등의 조치 미흡(주변에 인화물질이 있다)

2022년 작업형 기출문제

산업안전기사(1회 A형)

01 화면의 재해를 막기 위한 안전 대책 2가지를 쓰시오.

[동영상 설명]
작업복을 입고 안전모, 안전화를 착용한 작업자 2명 피트에서 양동이로 더러운 물을 퍼내는 작업을 한다. 작업자 1명이 손으로 양동이로 물 퍼내서 다른 작업자에게 건네주는 작업을 반복한다. 마지막에 물 퍼내는 작업자가 거의 물에 빠질려고 할 때 다른 작업자가 빠지지 않게 옷을 잡아준다.

해답 1. 안전대 착용 및 구명줄 체결
2. 양동이에 달줄을 연결해서 작업
3. 사람의 힘(인력)이 아닌 기계(동력, 양수기 등)를 이용

02 산업안전보건법에서 사업 내 안전보건교육 중 밀폐공간작업 시 특별교육 내용 4가지를 쓰시오. (단, 그 밖에 안전 · 보건관리에 필요한 사항은 제외한다.)

해답 1. 산소농도 측정 및 작업환경에 관한 사항
2. 사고 시의 응급처치 및 비상시 구출에 관한 사항
3. 보호구 착용 및 보호 장비 사용에 관한 사항
4. 작업내용 · 안전작업방법 및 절차에 관한 사항
5. 장비 · 설비 및 시설 등의 안전점검에 관한 사항

03 산업안전보건법령상 충전전로에서의 전기작업 중 조치사항에 대해서 다음 빈칸을 채우시오.

[동영상 설명]
절연보호구를 미착용한 작업자가 크레인을 통해 작업을 하고 있다. 크레인이 전선에 근접한다.

(1) 충전전로를 취급하는 근로자에게 그 작업에 적합한 (①)을/를 착용시킬 것
(2) 충전전로에 근접한 장소에서 전기작업을 하는 경우에는 해당 전압에 적합한 (②)을/를 설치할 것. 다만, 저압인 경우에는 해당 전기작업자가 (①)을/를 착용하되, 충전전로에 접촉할 우려가 없는 경우에는 (②)을/를 설치하지 아니할 수 있다.

해답 ① 절연용 보호구, ② 절연용 방호구

04 동영상의 재해를 예방할 수 있는지 방안 3가지를 쓰시오.

[동영상 설명]
단무지 공장에서 무릎 정도 물이 차 있는 상태에서 수중펌프 작동과 동시에 작업자가 접속부위에 감전된다.

해답 1. 사용 전 수중펌프와 전선 등의 절연상태 점검(절연저항 측정 등)
2. 감전방지용 누전차단기 설치
3. 작업 전 수중펌프 모터 외함 접지상태 확인

05 동영상의 롤러기 청소 시 작업자 행동의 문제점 및 안전대책을 각각 2가지씩 쓰시오.

[동영상 설명]
작업자가 가동 중인 롤러기의 전원 차단 스위치를 꺼 정지시킨 후 내부수리를 하고 있고, 수리 완료 후 롤러기를 가동시켜 내부의 이물질을 장갑을 착용한 손으로 제거하다 롤러기에 말려 들어간다.

해답 1. 문제점 : 장갑을 착용하고 있다.
　　　안전대책 : 장갑을 착용하지 않는다.
　　2. 문제점 : 전원을 차단하지 않았다.
　　　안전대책 : 전원을 차단한다.
　　3. 문제점 : 전용 청소도구를 사용하지 않았다.
　　　안전대책 : 전용 청소도구를 사용한다.

06 산업안전보건법령상 지게차의 작업 시작 전 점검사항 3가지를 쓰시오.

[동영상 설명]
지게차를 운행하기 전, 별다른 보호구를 착용하지 않은 지게차 운전자가 바퀴를 발로 차고 포크를 올렸다 내렸다 하고, 포크 안쪽을 점검한 후, 지게차 운행한다.

해답 1. 제동장치 및 조종장치 기능의 이상 유무
　　2. 하역장치 및 유압장치 기능의 이상 유무
　　3. 바퀴의 이상 유무
　　4. 전조등 · 후미등 · 방향지시기 및 경보장치 기능의 이상 유무

07 동영상은 발파시작 전 천공작업과 취급에 관한 영상이다. 동영상에서와 같이 터널 등의 건설작업에 있어서 낙반 등에 의하여 근로자에게 위험을 미칠 우려가 있을 때 위험을 방지하기 위하여 필요한 조치사항 3가지 쓰시오.

해답 1. 터널지보공 설치
　　2. 록(Rock)볼트 설치
　　3. 부석 제거

08 물체 인양 중 물체가 떨어져 작업자가 맞는 재해가 발생하였다. 이때 (1) 재해의 종류와 (2) 정의를 쓰시오.

해답 (1) 발생형태 : 낙하, 비래(떨어짐, 맞음)
　　(2) 정의 : 물체가 위에서 떨어지거나, 다른 곳으로부터 날아와 작업자가 맞음으로써 발생하는 재해

09 산업안전보건법령에 따른 낙하물방지망 관련 빈칸을 채우시오.

(1) 설치각도 : 수평면과의 각도는 (①)도 이상 (②)도 이하
(2) 설치 간격 : 높이 10m 이내마다 설치
(3) 내민 길이 : 벽면으로부터 2m 이상

해답 ① 20, ③ 30

산업안전기사(1회 B형)

01 휴대용 연마작업 시 감전사고 예방을 위한 안전대책을 3가지를 쓰시오.

[동영상 설명]
고무장갑 착용, 방진마스크 미착용한 작업자가 강재에 물을 뿌리며 열을 식히며 연마작업을 하고 있다. 전선의 접속부를 고무장갑 안에 넣어 물에 젖은 바닥에 둔다. 푸른색 전류가 작업자 손 주변을 타고 나간다. 이때 물기 많은 바닥에 접속부가 방치되어 있다.

해답 1. 감전방지용 누전차단기를 설치한다.
　　2. 전선을 서로 접속하는 경우에는 해당 전선의 절연성능 이상으로 절연될 수 있는 것으로 충분히 피복하거나 적합한 접속기구를 사용하여야 한다.
　　3. 습윤한 장소에서는 충분한 절연효과가 있는 이동전선을 사용한다.
　　4. 통로바닥에 전선 또는 이동전선 등을 설치하여 사용해서는 아니 된다.

02 동영상의 지게차 재해사고 원인을 3가지 쓰시오.

[동영상 설명]
지게차의 포크에 김치냉장고 상자들을 2열로 높게 쌓아 올렸는데, 높이도 안 맞고 고정되어 있지도 않으며, 운전자의 시야가 가린다. 다른 작업자가 수레로 공구 등을 내려놓고 정리한 뒤 뒤돌아서 나오는 순간 지게차와 부딪힌다.

해답 1. 지게차 접촉 우려 장소에 다른 작업자 출입
2. 작업지휘자 또는 유도자가 미배치
3. 운전자의 시야를 가릴 만큼 화물을 높게 적재

03 이동식 비계를 설치하여 사용할 때 준수사항을 3가지 쓰시오.

해답 1. 이동식 비계의 바퀴에는 뜻밖의 갑작스러운 이동 또는 전도를 방지하기 위하여 브레이크, 쐐기 등으로 바퀴를 고정한 다음 비계의 일부를 견고한 시설물에 고정하거나 아웃트리거(Outrigger)를 설치하는 등 필요한 조치를 할 것
2. 승강용 사다리는 견고하게 설치할 것
3. 비계의 최상부에서 작업할 경우 안전난간을 설치할 것
4. 작업발판은 항상 수평을 유지하고 작업발판 위에서 안전난간을 딛고 작업을 하거나 받침대 또는 사다리를 사용하여 작업하지 않도록 할 것
5. 작업발판의 최대 적재하중은 250kg을 초과하지 않도록 할 것

04 방호장치 자율안전기준 고시상 방호장치가 없는 둥근톱 기계에 고정식 접촉 예방장치를 설치하고자 한다. 이때 간격은 각각 얼마로 조정하는지 쓰시오.

[동영상 설명]
둥근톱을 이용하여 나무판자를 일자로 밀며 자르는 작업 중, 누군가 작업자를 부르고 따라서 곁눈질을 하는 등 부주의를 보이며 다시 판자를 밀 때 작업자의 빨간 코팅 목장갑을 손의 손가락이 반 정도 절단되면서 넘어진다. 이때 둥근톱에 덮개가 없으며, 재해자는 보안경 및 방진마스크를 착용하지 않았다. 다른 작업자는 검은색 장갑을 끼고 있다.

(1) 가공재의 상면에서 덮개 하단까지의 최대 간격
(2) 덮개의 하단과 테이블면 사이의 최대 간격

해답 (1) 8mm
(2) 25mm

05 산업안전보건법령상 사업주가 비계(달비계, 달대비계 및 말비계는 제외한다)의 높이가 2m 이상인 작업장소에 작업발판을 설치할 경우, 설치기준 3가지를 쓰시오. (단, 폭과 틈에 관한 설치기준은 제외)

[동영상 설명]
작업자 2명이 비계를 조립 중이다. 나무발판을 안전난간에 걸치고 위에 올라서서 고정철물을 전달받다가 떨어진다.

해답 1. 발판재료는 작업할 때의 하중을 견딜 수 있도록 견고한 것으로 할 것
2. 추락의 위험이 있는 장소에는 안전난간을 설치할 것. 다만, 작업의 성질상 안전난간을 설치하는 것이 곤란한 경우, 작업의 필요상 임시로 안전난간을 해체할 때에 추락방호망을 설치하거나 근로자로 하여금 안전대를 사용하도록 하는 등 추락위험 방지 조치를 한 경우에는 그러하지 아니하다.
3. 작업발판의 지지물은 하중에 의하여 파괴될 우려가 없는 것을 사용할 것
4. 작업발판 재료는 뒤집히거나 떨어지지 않도록 둘 이상의 지지물에 연결하거나 고정시킬 것
5. 작업발판을 작업에 따라 이동시킬 경우에는 위험 방지에 필요한 조치를 할 것

06 콘크리트 파일 권상용 항타기의 다음 빈칸을 채우시오.

(1) 화면에 나타난 항타기 권상장치의 드럼축과 권상장치로부터 첫 번째 도르래의 축과의 거리를 권상장치의 드럼 폭의 (①)배 이상으로 해야 한다.
(2) 도르래는 권상장치의 드럼의 (②)을/를 지나야 하며 축과 (③)상에 있어야 한다.

해답 ① 15, ② 중심, ③ 수직면

07 동영상에서 기계의 운동 형태에서 발생할 수 있는 (1) 위험점 및 (2) 정의를 쓰시오.

[동영상 설명]
김치공장에서 무채를 썰어내는 기계(슬라이스 기계)에 무를 넣으며 써는 작업 중 기계가 갑자기 멈추자, 고무장갑을 착용한 작업자가 앞에 기계 덮개를 열고 무채를 털어내는데, 무채 기계의 회전식 기계 칼날 회전을 시작하면서 재해가 발생한다.

해답 (1) 위험점 : 절단점
(2) 정의 : 회전하는 운동 부분 자체의 위험

08 산업안전보건법령상 동영상의 작업을 하는 때의 작업 시작 전 점검사항 2가지 쓰시오.

해답 1. 방호장치, 브레이크 및 클러치의 기능
2. 와이어로프가 통하고 있는 곳의 상태

09 산업안전보건법령상 건물 해체작업의 작업계획서 작성 시 포함사항 3가지를 쓰시오. (단, 그 밖에 안전·보건에 관련된 사항은 제외)

해답 1. 해체의 방법 및 해체 순서 도면
2. 가설설비·방호설비·환기설비 및 살수·방화설비 등의 방법
3. 사업장 내 연락방법
4. 해체물의 처분계획
5. 해체작업용 기계·기구 등의 작업계획서
6. 해체작업용 화약류 등의 사용계획서

산업안전기사(1회 C형)

01 이동식 비계를 설치하여 사용할 때 준수사항을 3가지 쓰시오.

해답 1. 이동식 비계의 바퀴에는 뜻밖의 갑작스러운 이동 또는 전도를 방지하기 위하여 브레이크, 쐐기 등으로 바퀴를 고정시킨 다음 비계의 일부를 견고한 시설물에 고정하거나 아웃트리거(Outrigger)를 설치하는 등 필요한 조치를 할 것
2. 승강용 사다리는 견고하게 설치할 것
3. 비계의 최상부에서 작업을 할 경우에는 안전난간을 설치할 것
4. 작업발판은 항상 수평을 유지하고 작업발판 위에서 안전난간을 딛고 작업을 하거나 받침대 또는 사다리를 사용하여 작업하지 않도록 할 것
5. 작업발판의 최대 적재하중은 250kg을 초과하지 않도록 할 것

02 동영상을 보고 습윤한 장소에서 사용되는 이동전선에 대한 사용 전 점검사항 2가지를 쓰시오.

[동영상 설명]
단무지 공장에서 무릎 정도 물이 차 있는 상태에서 수중펌프 작동과 동시에 작업자가 접속 부위에 감전된다.

해답 1. 이동전선의 절연상태
2. 접속기구의 절연상태

03 동영상의 위험점과 그 정의를 쓰시오.

[동영상 설명]
면장갑을 착용 및 보안경을 미착용한 작업자가 선반 작업을 하고 있다. 작업자가 회전축에 샌드페이퍼(사포)를 감아 손으로 지지하고 있다. 작업에 집중하지 못하고 있는데, 작업복과 손이 감겨 들어간다.

해답 1. 위험점 : 회전말림점
2. 정의 : 회전하는 축에 작업복 등이 말려 들어가는 것

04 산업안전보건법령상 방열복 내열원단의 시험성능 기준 관련 빈칸을 채우시오.

(1) 난연성 : 잔염 및 잔진시간이 (①)초 미만이고 녹거나 떨어지지 말아야 하며, 탄화길이가 (②)mm 이내일 것
(2) 절연저항 : 표면과 이면의 절연저항이 (③)MΩ 이상일 것

해답 ① 2, ② 10^2, ③ 1

05 고압전선로 인근에서 항타기·항발기 작업 시 안전작업수칙 3가지를 쓰시오.

해답 1. 이격거리 확보 : 차량 등을 충전부로부터 300cm 이상 이격시키되, 대지전압이 50kV를 넘는 경우 10kV가 증가할 때마다 이격거리를 10cm씩 증가시킨다.
2. 절연용 방호구 설치 : 절연용 방호구 등을 설치한 경우에는 이격거리를 절연용 방호구 앞면까지로 할 수 있다.
3. 울타리 설치 또는 감시인 배치 : 울타리를 설치하거나 감시인 배치 등의 조치를 하여야 한다.
4. 접지점 관리 철저 : 접지된 차량 등이 충전전로와 접촉할 우려가 있는 경우에는 근로자가 접지점에 접촉되지 않도록 조치하여야 한다.

06 산업안전보건법령상 누전에 의한 감전 위험을 방지하기 위하여 해당 전로의 정격에 적합하고 감도가 양호하며 확실하게 작동하는 감전방지용 누전차단기를 설치하는 조건을 3가지만 쓰시오.

[동영상 설명]
철물을 핸드그라인더로 작업하고 있다. 그 주변에 물이 흥건하고 마지막에는 전선 같은 것이 보인다.

해답
1. 대지전압이 150V를 초과하는 이동형 또는 휴대형 전기기계 · 기구
2. 물 등 도전성이 높은 액체가 있는 습윤장소에서 사용하는 저압용 전기기계 · 기구
3. 철판 · 철골 위 등 도전성이 높은 장소에서 사용하는 이동형 또는 휴대형 전기기계 · 기구
4. 임시배선의 전로가 설치되는 장소에서 사용하는 이동형 또는 휴대형 전기기계 · 기구

07 산업안전보건법령상 고소작업대 이동 시 준수사항 3가지만 쓰시오.

해답
1. 작업대를 가장 낮게 내릴 것
2. 작업대를 올린 상태에서 작업자를 태우고 이동하지 말 것
3. 이동통로의 요철상태 또는 장애물의 유무 등을 확인할 것

08 화면에서와 같이 마그네틱 크레인(Magnetic Crane)으로 물건을 옮기다 발생한 재해위험요인 2가지를 쓰시오.

[동영상 설명]
작업자가 마그네틱 크레인(천정크레인, 호이스트)으로 물건을 옮기는 작업을 하고 있다. 마그네틱을 금형 위에 올리고 손잡이를 작동시켜 이동한다. 안전모 미착용, 목장갑 착용한 작업자가 오른손으로 금형을 잡고, 왼손으로 상하좌우 조정장치(전기배선 외관에 피복이 벗겨져 있음)를 누르면서 이동한다. 갑자기 작업자가 쓰러지면서 오른손이 마그네틱 ON/OFF 봉을 건드려 금형이 발등으로 떨어져 협착사고가 발생하였다. 이때 크레인은 훅 해지장치가 없고, 훅에 샤클이 3개 연속으로 걸려있으며 마지막 훅에도 훅 해지장치는 없다.

해답
1. 마그네틱 크레인에 훅 해지장치가 없고, 작동스위치의 전선이 벗겨져 있는 상태라서 재해위험이 있다.
2. 보조(유도)로프를 사용하지 않아 재해위험이 있다.

09 산업안전보건법령상 사업주가 흙막이 지보공을 설치하였을 때에는 정기적으로 다음 각 호의 사항을 점검하고 이상을 발견하면 즉시 보수하여야 하는 사항 3가지를 쓰시오.

해답
1. 부재의 손상 변형 부식 변위 탈락의 유무와 상태
2. 버팀대의 긴압의 정도
3. 부재의 접속부 부착부 및 교차부의 상태
4. 침하의 정도

산업안전기사(1회 D형)

01 산업안전보건법령상 동영상의 작업 시작 전 점검사항 3가지를 쓰시오.

[동영상 설명]
큰 공장 안에 대형 컨베이어가 가동 중이며, 컨베이어 위에 상자가 줄지어 이동한다. 컨베이어 벨트를 청소하는 작업자가 정지 중이던 벨트와 풀리 사이를 청소하려고 손을 집어넣을 때, 다른 작업자가 기계를 작동하면서 청소 작업자의 손이 물려 들어간다.

해답
1. 원동기 및 풀리 기능의 이상 유무
2. 이탈 등의 방지장치 기능의 이상 유무
3. 비상정지장치 기능의 이상 유무
4. 원동기 · 회전축 · 기어 및 풀리 등의 덮개 또는 울 등의 이상 유무

02 산업안전보건법령상 동영상의 작업에서 착용해야 하는 보호구를 4가지를 쓰시오.

[동영상 설명]
자동차부품(브레이크 라이닝)을 화학약품을 사용하여 세척하고 있다. 세정제가 바닥에 흩어져 있으며, 고무장화 등을 착용하지 않고 작업을 하고 있다. 운동화를 신고 일반 작업복을 입고 방진마스크와 면장갑을 착용하고 있다.

해답
1. 송기마스크 혹은 방독마스크
2. 화학물질용 보호복
3. 화학물질용 보호장갑
4. 화학물질용 보호장화
5. 보안경

03 양중기 운전자가 준수해야 할 사항 3가지 쓰시오.

해답
1. 일정한 신호방법을 정하고 신호수의 신호에 따라 작업한다.
2. 인양물을 매단 채 운전석을 이탈하지 않는다.
3. 작업 종료 후 크레인에 동력을 차단시키고 정지조치를 확실히 한다.

04 화면 속 동영상은 크랭크 프레스로 철판에 구멍을 뚫는 작업을 하고 있다. 이때 위험요소 3가지를 쓰시오.

해답
1. 프레스 방호장치가 설치되어 있지 않아서 재해의 위험이 있다.
2. 기계 점검 시 전원을 차단하지 않아서 재해의 위험이 있다.
3. 이물질 제거 시 수공구를 사용하지 않고, 손으로 작업해 재해의 위험이 있다.
4. 프레스 페달에 U자형 커버가 설치되어 있지 않아서 재해의 위험이 있다.

05 동영상을 참고하여 관련 작업의 작업계획서에 포함되어야 할 사항 2가지를 쓰시오.

[동영상 설명]
포크 위에 기다란 철봉 2개를 백레스트에 상차하여 지게차의 폭보다 튀어나온 상태로 운행하여, 철봉으로 옆에서 다른 작업자를 친다.

해답
1. 해당 작업에 따른 추락 · 낙하 · 전도 · 협착 및 붕괴 등의 위험 예방대책
2. 차량계 하역운반기계 등의 운행경로 및 작업방법

06 동영상은 작업자가 롤러기에 장갑을 끼고 이물질을 제거하다가 손이 끼이는 것을 보여주고 있다. 롤러기의 급정지장치 설치 위치를 3가지 쓰시오.

해답
1. 손조작식 급정지장치 : 밑면에서 1.8m 이내
2. 복부조작식 급정지장치 : 밑면에서 0.8~1.1m 이내
3. 무릎조작식 급정지장치 : 밑면에서 0.4~0.6m 이내

07 동영상의 (1) 위험점과 (2) 위험점의 정의를 적으시오.

[동영상 설명]
작업자가 장갑을 착용한 손으로 동력이 걸리지 않은 모터 벨트를 몇 차례 위에서 아래쪽으로 밀면서 점검한다. 위에서 아래쪽으로 2/3 지점에서 벨트 가장자리에서 장갑이 끼어 작업자가 비명을 지른다. 모터 벨트가 반대 방향인 아래쪽에서 위로 돌면서 장갑이 벨트를 타고 올라가서 위쪽에 있는 모터 상부 고정 외부덮개에 손이 낀다.

해답
(1) 위험점 : 접선물림점
(2) 위험점의 정의 : 회전하는 부분의 접선방향으로 물려 들어가는 위험점

08 동영상의 (1) 추락방지대책과 (2) 낙하물 방지대책을 각각 1가지씩 쓰시오.

[동영상 설명]
건설공사 현장 높이 5미터 지점에서 안전대를 착용하지 않고 안전발판 설치작업 중 가지고 있던 망치를 떨어뜨린다.

해답
(1) 추락방지대책
1. 추락방호망 설치
2. 안전대 착용 및 구명줄에 체결
(2) 낙하물 방지대책
1. 낙하물 방지망 설치
2. 방호선반 설치

09 동영상의 (1) 재해발생형태 및 (2) 재해원인을 1가지 쓰시오.

[동영상 설명]
전동권선기(전기줄 마는) 기계가 멈추어, 작업자가 전원을 차단하지 않고, 맨손으로 점검하다가 푸른색 전류가 발생한다.

해답
(1) 재해발생형태 : 감전(=전류 접촉)
(2) 재해원인
1. 작업자가 전원을 차단하지 않고 점검하였다.
2. 작업자가 절연용 보호구(내전압용 절연장갑 등)를 착용하지 않았다.

01 화면상의 (1) 폭발 종류와 (2) 그에 해당하는 설명을 쓰시오.

[동영상 설명]
화기주의, 인화성 물질이라고 쓰여 있는 드럼통(200ℓ)이 여러 개 보관된 창고 안에서 작업자가 인화성 물질이 든 운반용 캔 (약 40ℓ)을 몇 개 운반하다가 잠시 쉰다. 작업자가 작은 용기에 있는 걸 큰 용기에 옮겨 담으려 드럼통 뚜껑을 연다. 내부의 기온이 높아 스웨터를 벗는 순간 폭발한다.

해답 (1) 폭발 종류 : 증기운 폭발(UVCE ; Unconfined Vapor Cloud Explosion)
(2) 설명 : 저장용기 내부의 인화성 물질의 증기가 대기 중에 유출되어 공기와 혼합된 뒤 폭발 분위기의 구름 형태로 존재하다가 점화원에 의해 일어나는 폭발

02 이동식 비계를 설치하여 사용할 때 준수사항을 3가지 쓰시오.

해답 1. 이동식 비계의 바퀴에는 뜻밖의 갑작스러운 이동 또는 전도를 방지하기 위하여 브레이크, 쐐기 등으로 바퀴를 고정한 다음 비계의 일부를 견고한 시설물에 고정하거나 아웃트리거(Outrigger)를 설치하는 등 필요한 조치를 할 것
2. 승강용 사다리는 견고하게 설치할 것
3. 비계의 최상부에서 작업할 경우 안전난간을 설치할 것
4. 작업발판은 항상 수평을 유지하고 작업발판 위에서 안전난간을 딛고 작업을 하거나 받침대 또는 사다리를 사용하여 작업하지 않도록 할 것
5. 작업발판의 최대 적재하중은 250kg을 초과하지 않도록 할 것

03 화면의 영상 속 재해의 (1) 기인물과 (2) 가해물을 쓰시오.

[동영상 설명]
김치제조 공장에서 무채를 썰어내는 기계 작업 중 기계가 멈추자 고무장갑을 착용한 근로자가 이를 점검한다. 갑자기 무채 기계의 회전식 칼날이 다시 회전을 시작하면서 재해가 발생한다.

해답 (1) 기인물 : 슬라이스 기계
(2) 가해물 : 슬라이스 기계 칼날

04 화면을 보고 위험요인 2가지를 쓰시오.

[동영상 설명]
보안경 및 안전모 미착용 작업자가, 면장갑을 낀 양손으로 작은 원통형 철물을 움켜쥐고 고정드릴로 판에 구멍을 하나 뚫는다. 그 이후, 뒤로 돌아서 바닥에 놓인 나무각목을 면장갑을 낀 한 손으로 움켜쥐고 나머지 한 손으로 유선 드릴을 들고 나무각목에 구멍을 연달아 3개를 뚫는다. 목재 각목을 뚫을 때, 가루가 많이 날리는데, 작업자가 방진마스크를 착용하지 않았다. 면장갑을 낀 한 손을 드릴 비트에 대고 가루를 털어낸다. 유선 드릴에 전기선이 길어 보이고 중간에 흰색 테이프가 붙어 있다.

해답 1. 공작물(작업물)을 고정하지 않았다.
2. 공작물(작업물)을 손으로 고정하였다.
3. 목장갑을 끼고 작업하였다.
4. 보안경 미착용하였다.

05 해당 영상 속 위험원인을 3가지 쓰시오.

[동영상 설명]
왼쪽 작업자 A가 면장갑을 착용하고 작동 중인 경운기 양수기(동력부와 벨트)를 점검하면서 작업자 B를 바라보면서 대화를 하고, 작업자 B에게 수공구를 던져준다. 작업자 A의 작업복이 양수기 벨트에 근접한다. 오른쪽 작업자 B는 맨손으로 작동 중인 경운기 양수기 벨트를 점검하다가 회전하는 벨트에 손을 쑥 넣는다. 뒤에는 연료통과 연료통 덮개가 보이며, 양수기 벨트에는 덮개나 울이 없다. 작업장 뒤편은 건물 해체 현장으로 집게 기계(압쇄기)가 보인다.

해답 1. (기계 점검 전) 전원 차단 미실시
2. 기계 운전 중 점검
3. 회전 부위에 덮개 · 울 미설치
4. 적합한 공구를 사용하지 않고 손으로 점검

06 산업안전보건법령상 습윤한 장소에서 사용하는 교류 아크용접기에 부착해야 하는 안전장치를 쓰시오.

> [동영상 설명]
> 작업자는 교류아크용접기의 전원을 키면서 상수도 용접을 실시한다.

해답 자동전격방지기

07 동영상에서 사용하여야 하는 기계의 (1) 방호장치와 (2) 설치각도를 쓰시오.

> [동영상 설명]
> 작업자가 보호구(장갑)를 착용하지 않은 상태에서 휴대용 연삭기 작업을 하고 있다. 작업자는 부품을 고정시키지 않고 작업하다 손으로 지지하여 연삭작업을 하고 있다.

해답 (1) 방호장치 : 덮개
     (2) 설치각도 : 180도 이내

08 동영상의 재해를 막기 위한 예방대책을 2가지만 쓰시오.

> [동영상 설명]
> 실내 작업장에서 작업자가 천장크레인으로 인양물(원통형 철구조물)을 들고 뒷걸음으로 이동 중에, 인양물이 흔들린다. 그러는 와중에, 후진하는 지게차와 작업자가 부딪힌다. 작업장에 지게차 유도자는 없으며, 노란색으로 표시된 보행자/차량 통로 경계선을 지게차가 침범하였다.

해답 1. 지게차에 접촉되어 근로자가 위험해질 우려가 있는 장소에는 근로자를 출입 금지
     2. 작업지휘자 또는 유도자를 배치하고 지게차를 유도
     3. 지게차에 후진경보기와 경광등을 설치
     4. 지게차에 후방감지기를 설치
     5. 지게차가 보행자 통로를 침범하지 않도록 안전난간 등을 설치함

09 동영상과 같이 폭발성 물질 저장소에 들어가는 작업자가 (1) 신발에 물을 묻히는 이유는 무엇인지 상세히 설명하고, (2) 화재 시 적합한 소화방법은 무엇인지 쓰시오.

> [동영상 설명]
> 작업장 출입구 바닥에 물받이가 있다. 작업자가 작업장에 들어오면서 물받이를 발로 툭툭 치면서 신발에 물을 묻힌다. 다른 작업장에는 바닥에 가루가 떨어져 있다. 작업자가 작업장에 들어가는데, 신발이 미끄러지듯 하더니, 신발 바닥에서 불꽃이 발생한다.

해답 (1) 신발에 물을 묻히는 이유 : 작업화와 바닥면의 접촉으로 인한 정전기(점화원) 발생을 줄이기 위해서
     (2) 소화방법 : 다량 주수에 의한 냉각소화

산업안전기사(2회 B형)

01 동영상과 같은 컨베이어 작업에서 재해예방대책을 2가지만 쓰시오. (단, 조도 관련된 사항은 제외)

> [동영상 설명]
> 어두운 컨베이어 작업장에서 목장갑을 착용한 작업자가 왼손에 휴대형 손전등, 오른손에 스패너를 들고, 작동 중인 컨베이어를 점검한다. 스패너가 안으로 떨어지고, 장갑을 낀 손이 벨트에 낀다. 컨베이어 벨트에 별도의 방호장치는 보이지 않는다.

해답 1. 점검 전 전원 차단
     2. 방호 장치(덮개 또는 울)을 설치
     3. 비상정지장치를 설치
     4. 밀착이 잘되는 가죽 장갑 등과 같이 손이 말려 들어갈 위험이 없는 장갑을 착용

부록

02 산업안전보건법령상 지게차의 작업 시작 전 점검사항 3가지를 쓰시오.

해답 1. 제동장치 및 조종장치 기능의 이상 유무
2. 하역장치 및 유압장치 기능의 이상 유무
3. 바퀴의 이상 유무
4. 전조등 · 후미등 · 방향지시기 및 경보장치 기능의 이상 유무

03 동영상과 같은 고압선 인근 작업 시 안전대책을 3가지만 쓰시오.

[동영상 설명]
도로변에서 카고 크레인을 이용하여 전주(전봇대)를 세우고 있다. 안전모를 착용한 작업자가 서서 목장갑을 낀 오른팔을 수평으로 쭉 펴서 전봇대에 지탱하고 있고, 바닥만 주시한채로 왼손바닥으로 올리고 내리라는 신호를 하고 있다. 다른 안전모를 착용하지 않은 작업자는 지면에서 오른팔은 팔짱을 끼고 카고 크레인에 기대서서 왼손으로 카고 크레인 레버를 조작한다. 크레인의 끝부분이 전선에 닿아 지지직 소리를 내며 스파크가 발생한다. 울타리 등은 보이지 않는다.

해답 1. 이격거리 확보 : 차량 등을 충전부로부터 300cm 이상 이격시키되, 대지전압이 50kV를 넘는 경우 10kV가 증가할 때마다 이격거리를 10cm씩 증가시킨다.
2. 절연용 방호구 설치 : 절연용 방호구 등을 설치한 경우에는 이격거리를 절연용 방호구 앞면까지로 할 수 있다.
3. 울타리 설치 또는 감시인 배치 : 울타리를 설치하거나 감시인 배치 등의 조치를 하여야 한다.
4. 접지점 관리 철저 : 접지된 차량 등이 충전전로와 접촉할 우려가 있는 경우에는 근로자가 접지점에 접촉되지 않도록 조치하여야 한다.

04 공기압축기의 점검사항을 2가지만 쓰시오.

[동영상 설명]
근로자 2명이 공기압축기실이라고 적혀 있는 문을 열고 들어가서 방안을 돌면서 전체 시설을 점검하고 단독형 캐비넷 안의 공기탱크도 점검한다. 공기탱크는 대형 배관에 연결되어 있고 압력계가 붙어 있다.

해답 1. 공기저장 압력용기의 외관 상태
2. 드레인밸브의 상태
3. 압력방출장치 (안전밸브)의 상태
4. 언로드밸브의 상태
5. 윤활유의 상태
6. 회전부의 덮개 또는 울 상태

05 산업안전보건법령상 권상용 와이어로프 폐기기준을 3가지만 쓰시오.

해답 1. 이음매가 있는 것
2. 와이어로프의 한 꼬임에서 끊어진 소선(素線)의 수가 10% 이상인 것
3. 지름의 감소가 공칭지름의 7%를 초과인 것
4. 꼬인 것
5. 심하게 변형되거나 부식된 것
6. 열과 전기충격에 의해 손상된 것

06 고소작업대에 올라 산소절단 작업 중이다. 소화기를 확대해서 보여준다. 고소작업대 안전 작업 준수사항 3가지를 쓰시오.

해답 1. 작업자가 안전모 안전대 등 보호구를 착용하여야 함
2. 관계자가 아닌 사람이 작업구역에 들어오는 것을 방지하기 위하여 필요한 조치를 할 것
3. 안전한 작업을 위하여 적정수준의 조도를 유지할 것
4. 전로에 근접하여 작업하는 경우에는 작업감시자를 배치하는 등 감전사고를 방지하기 위하여 필요한 조치를 할 것
5. 작업대를 정기적으로 점검하고 붐 작업대 등 각 부위의 이상 유무를 확인할 것
6. 작업대는 정격하중을 초과하여 물건을 싣거나 탑승하지 말 것
7. 작업대의 붐대를 상승시킨 상태에서 탑승자는 작업대를 벗어나지 말 것. 다만, 작업대에 안전대 부착설비를 설치하고 안전대를 연결하였을 때에는 그러지 아니하다.

07 동영상에서 작업자의 추락원인 2가지를 쓰시오.

[동영상 설명]
아파트 건설공사 현장 3층 창틀에서 작업하던 작업자가 작업발판이 없어 창틀의 옆쪽을 밟았다가 미끄러져 떨어진다.

해답 1. 안전대 부착설비 미설치
2. 안전대 미착용
3. 추락방호망 미설치
4. 안전난간 미설치
5. 작업발판 미설치

08 화면에는 천장크레인(호이스트)를 통해 배관 이동 작업하고 있다. 동영상 속 천장크레인(호이스트)로 배관 이동 작업의 위험요인 3가지를 쓰시오.

[동영상 설명]
천장크레인(호이스트)으로 화물 인양 중. 한 손에는 조작 스위치 한 손에는 배관(인양물)을 잡고 있다. 배관을 한줄걸이로 걸어서 막 흔들다가 결국 기울며 추락하고, 작업자도 바닥은 정리되지 않아서 부품에 걸려서 넘어지며 소리 지른다. 혹에 훅 해지장치가 없다.

해답 1. 1줄걸이
    2. 유도로프를 사용하지 않아 흔들림 방지 불량
    3. 단독 장업자의 양손 작업
    4. 주변 정리정돈 및 청소상태가 불량
    5. 혹에 해지장치 미설치

09 철골공사현장에 설치한 추락방호망을 보여주고 있다. 추락방호망 설치기준 3가지를 쓰시오.

해답 1. 추락방호망의 설치위치는 가능하면 작업면으로부터 가까운 지점에 설치하여야 하며, 작업면으로부터 망의 설치지점까지의 수직거리는 10m를 초과하지 아니할 것
    2. 추락방호망은 수평으로 설치하고, 망의 처짐은 짧은 변 길이의 12% 이상이 되도록 할 것
    3. 건축물 등의 바깥쪽으로 설치하는 경우 망의 내민 길이는 벽면으로부터 3m 이상 되도록 할 것

산업안전기사(2회 C형)

01 화면은 롤러기를 청소하다가 손이 말려 들어가는 상황이다. 동영상을 참고하여 관련 (1) 위험점과 (2) 정의를 쓰시오.

[동영상 설명]
롤러기 기계 정지 후 정비 끝내고 다시 가동시키고, 두 개의 회전체 사이에 목장갑 낀 손을 넣고 털다가 손이 물려 들어간다.

해답 (1) 위험점 : 물림점
    (2) 정의 : 회전하는 두 개의 회전체에 물려 들어가는 위험점

02 동영상을 참고하여 관련 (1) 재해 발생형태 이름과 (2) 재해 발생원인을 2가지만 쓰시오.

[동영상 설명]
배전반에서 START 버튼 누르고 방전가공기 작업을 시작한다. 이때 재료에서 물이 계속 흘러 나와서 맨손으로 흰 천을 들고 꼼꼼하게 닦다가 넘어져서 온몸을 부들거린다.

해답 (1) 재해 발생형태 : 감전(=전류 접촉)
    (2) 재해 발생원인
        1. 전원을 차단하지 않고 작업
        2. 작업자가 절연용 보호구(내전압용 절연장갑 등)를 착용하지 않고 작업

03 동영상의 (1) 재해 발생원인 1가지와 (2) 방호장치의 종류 2가지를 쓰시오.

[동영상 설명]
둥근톱을 이용하여 나무판자를 일자로 밀며 자르는 작업을 하고 있다. 누군가 작업자를 부르고 따라서 곁눈질을 하는 등 부주의 중, 다시 판자를 밀 때 작업자의 빨간 코팅 목장갑을 손의 손가락이 반 정도 절단되면서 넘어진다. 둥근톱에 덮개가 없으며, 재해자는 보안경 및 방진마스크 미착용했다. 다른 작업자는 검은색 장갑을 끼고 있다.

해답 (1) 재해 발생원인 : 방호장치 미설치
    (2) 방호장치 : 1. 날 접촉 예방장치, 2. 분할날, 3. 반발방지기구

04 화면상의 밀폐공간에서의 작업에서 착용해야 하는 호흡용 보호구 2가지를 쓰시오.

해답 1. 공기호흡기, 2. 송기마스크

05 산업안전보건법령상 보일러 관련 빈칸에 알맞은 것을 쓰시오.

> (1) 사업주는 보일러의 안전한 가동을 위하여 보일러 규격에 맞는 압력방출장치를 1개 또는 2개 이상 설치하고 (①) 이하에서 작동되도록 하여야 한다.
> (2) 다만, 압력방출장치가 2개 이상 설치된 경우에는 (①) 이하에서 1개가 작동되고, 다른 압력방출장치는 (①)의 (②)배 이하에서 작동되도록 부착하여야 한다.

해답 ① 최고사용압력, ② 1.05

06 산업안전보건법령상 특수화학설비를 설치하는 경우, 그 내부의 이상 상태를 조기에 파악 및 이상 상태의 발생에 따른 폭발·화재 또는 위험물의 누출을 방지하기 위해서 사업주가 설치해야 하는 장치 2가지를 쓰시오. (단, 온도계·유량계·압력계 등의 계측장치는 제외)

> [동영상 설명]
> 작업자가 화학설비를 스패너로 두드리다가 위에서 떨어진다.

해답 1. 자동경보장치
2. 긴급차단장치

07 화면에는 천장크레인(호이스트)를 통해 배관 이동 작업하고 있다. 동영상 속 천장크레인(호이스트)로 배관 이동 작업의 위험요인 3가지를 쓰시오.

> [동영상 설명]
> 작업자가 천장크레인(호이스트)으로 화물 인양 작업을 하고 있다. 한 손에는 조작 스위치 한 손에는 배관(인양물)을 잡고 있다. 배관을 한줄걸이로 걸어서 막 흔들다가 결국 기울며 추락하고, 작업자도 바닥은 정리되지 않아서 부품에 걸려서 넘어지며 소리 지른다. 훅에 훅 해지장치가 없다.

해답 1. 1줄걸이
2. 유도로프를 사용하지 않아 흔들림 방지 불량
3. 단독 작업자의 양손 작업
4. 주변 정리정돈 및 청소상태가 불량
5. 훅에 해지장치가 없음

08 동영상과 같은 작업상황에서 재해발생 원인을 3가지 쓰시오.

> [동영상 설명]
> 타워크레인으로 H빔 또는 배관용 자재를 운반하는 작업 중 화물이 흔들리고 인양로프는 심하게 손상되었으며 신호수는 운반경로 하부에서 수신호를 하고 있다.

해답 1. 유도로프를 사용하지 않아 화물이 흔들리며 낙하할 위험
2. 신호수가 낙하위험구간에서 신호실시
3. 인양 전 인양로프 미점검으로 로프파단 위험
4. 작업 전 신호방법 및 신호계획 미수립

09 비계 위 작업발판을 설치할 때 작업발판의 설치기준 3가지를 쓰시오.

해답 1. 발판재료는 작업 시의 하중을 견딜 수 있도록 견고한 것으로 할 것
2. 작업발판의 폭은 40cm 이상으로 하고, 발판재료 간의 틈은 3cm 이하로 할 것
3. 추락의 위험성이 있는 장소에는 안전난간을 설치할 것
4. 작업발판의 지지물은 하중에 의하여 파괴될 우려가 없는 것을 사용할 것
5. 작업발판재료는 뒤집히거나 떨어지지 않도록 둘 이상의 지지물에 연결하거나 고정시킬 것
6. 작업발판을 작업에 따라 이동시킬 때에는 위험 방지에 필요한 조치를 할 것

산업안전기사(3회 A형)

01 동영상을 참고하여 관련 위험요인을 2가지 쓰시오.

> [동영상 설명]
> 작업자가 걸어오다가 바닥에 깔린 빨간색 에어 배관 플랜지 볼트를 점검한다. 거의 눕다시피 자세를 숙이고 플라이어로 볼트를 풀었다가 조이는데, 하얀 증기(스팀)가 갑자기 분출되면서 작업자의 얼굴로 향하고 작업자가 쓰러진다.

해답 1. 작업 전 배관의 잔압을 제거하지 않음(=작업 전 배관 내용물(증기)을 제거하지 않음)
2. 보안경, 방열복 등 보호구 미착용

02 화면은 교류아크 용접 작업 중 재해가 발생한 사례이다. 동영상을 참고하여 용접작업 시 사고를 예방하기 위해 착용해야 할 보호구를 4가지만 쓰시오.

> [동영상 설명]
> 용접용 보안면은 미착용, 일반 캡모자와 목장갑을 착용한 작업자가 교류아크 용접을 한다. 용접을 한번 하고서 슬러지를 털어낸 뒤 육안으로 확인 후 다시 한번 용접을 위해 아크 불꽃을 내는 순간 감전되어 쓰러진다. 절연장화를 착용한 것으로 보인다.

해답 1. 용접용 보안면, 2. 용접용 장갑, 3. 용접용 앞치마, 4. 용접용 안전화

03 산업안전보건법령상 밀폐공간 관련해서 빈칸에 알맞은 숫자를 쓰시오.

> "적정공기"란 산소농도의 범위가 (①)% 이상 (②)% 미만 이산화탄소의 농도가 (③)% 미만, 일산화탄소의 농도가 (④)ppm 미만, 황화수소의 농도가 (⑤)ppm 미만인 수준의 공기를 말한다.

해답 ① 18, ② 23.5, ③ 1.5, ④ 30, ⑤ 10

04 화면의 영상 속 (1) 재해 발생형태 종류와 (2) 재해 발생원인을 2가지 쓰시오.

> [동영상 설명]
> 회전체에 코일(구리선)을 감는 전동권선기가 갑자기 멈추어, 작업자가 기계의 전원을 수차례 On Off 하더니, 기계의 배전반을 열어서 맨손으로 점검하다 푸른색 번개가 발생한다.

해답 (1) 재해 발생형태 : 감전(=전류 접촉)
(2) 재해 발생원인
  1. 전원을 차단하지 않고 점검
  2. 절연용 보호구(내전압용 절연장갑 등)를 미착용(=맨손으로 작업)

05 다음 설명에 맞는 이동식크레인의 방호장치를 쓰시오.

> (1) 권과를 방지하기 위하여 인양용 와이어로프가 일정한계 이상 감기게 되면 자동적으로 동력을 차단하고 작동을 정지시키는 장치 : (①)
> (2) 훅에서 와이어로프가 이탈하는 것을 방지하는 장치 (②)
> (3) 전도 사고를 방지하기 위하여 장비의 측면에 부착하여 전도 모멘트에 대하여 효과적으로 지탱할 수 있도록 한 장치 : (③)

해답 ① 권과방지장치, ② 훅 해지장치, ③ 아웃트리거

06 동영상을 참고하여 관련 화물 이송 작업의 위험요인을 2가지 쓰시오.

> [동영상 설명]
> 백호(굴착기) 끝 버킷에 화물 (반원형 거푸집)을 아무런 장치가 없는 와이어로프에 2줄걸이로 매달고 오른쪽에서 왼쪽으로 세우는 중 잡담을 하면서 작업자 2명이 무릎 정도 높이에 떠 있는 화물 양쪽으로 잡고 세우는데, 화물이 계속 흔들린다. 작업자가 한 손은 화물을 잡고, 다른 한 손으로 수신호(올려 내려)를 하는데, 굴착기 운전자가 이를 잘 보지 못한다. 화물을 바닥에 세우려는 순간, 갑자기 로프가 탈락되면서 75도 정도로 바닥에 기울어져 있던 화물이 더 뒤로 기울면서 화물을 잡고 있던 작업자가 뒤로 넘어진다. 와이어로프에 소선이 일부 튀어나와 있다.

해답 1. 달기구에 해지장치 미사용
2. 신호수나 작업지휘자 미배치
3. 인양물과 근로자가 접촉할 우려가 있는 장소에 근로자의 출입을 금지하지 않음

07 동영상을 참고하여 다음 설명에 답하시오.

> [동영상 설명]
> 작업자가 유해위험물질 냄새를 맡는다.

(1) 유해위험물질이 인체로 유입되는 경로를 3가지 쓰시오.

(2) 빈칸에 알맞은 것을 쓰시오. (단, 답의 순서는 상관없음)

> 사업주는 근로자가 '특별관리물질'을 취급하는 경우에는 그 물질이 '특별관리물질'이라는 사실과 「산업안전보건법 시행규칙」에 별표 18 제1호나목에 따른 (①), (②), (③) 등 중 어느 것에 해당하는지에 관한 내용을 게시판 등을 통하여 근로자에게 알려야 한다.

해답 (1) ① 호흡기, ② 소화기, ③ 피부점막(= 피부)
　　 (2) ① 발암성 물질, ② 생식세포 변이원성 물질, ③ 생식독성 물질

08 화면상의 드릴작업 위험요인을 2가지 쓰시오.

[동영상 설명]
방진마스크, 보안경 및 장갑을 착용하지 않은 작업자가 드릴을 이용해 나무판 위에 작은 가공물 재료(금속 새들)를 손으로 잡고 구멍을 뚫는 중, 나무판이 흔들리며 공작물이 이탈한다.

해답 1. 바이스나 클램프를 사용하여 고정하지 않음(= 손으로 고정)
　　 2. 보안경을 착용하지 않음
　　 3. 방진마스크를 착용하지 않음

09 산업안전보건법령상 인화성 물질 저장소에서 인체에 대전된 정전기에 의한 화재 또는 폭발 위험이 있는 경우에 조치사항을 4가지 쓰시오. (단, 작업시설에 관련된 것은 제외하고 작업자, 작업장 관련 내용만 해당한다.)

[동영상 설명]
화기주의, 인화성 물질이라고 써 있는 드럼통(200ℓ)이 여러 개 보관된 창고 안에서 일반 작업복과 운동화를 착용한 작업자가 작업자가 인화성 물질이 든 운반용 캔(약 40ℓ)을 몇 개 운반하다가 잠시 쉰다. 작업자가 작은 용기에 있는 걸 큰 용기에 담으려고 하는지 드럼통 뚜껑을 열고 더워서인지 스웨터를 벗는 순간 폭발한다.

해답 1. 제전복 착용
　　 2. 정전기 대전방지용 안전화 착용
　　 3. 제전용구 사용
　　 4. 작업장 바닥 등에 도전성 부여
　　 5. 인화성 물질저장 용기는 누출되지 않도록 확실하게 밀폐
　　 6. 통풍, 환기 실시

산업안전기사(3회 B형)

01 사업주는 사업장에서 지게차를 이용하여 하역 및 운반작업을 진행할 때에는 보유하고 있는 지게차별로 미리 작업에 관련되는 작업계획서를 작성하고 그 작업계획에 따라 작업하여야 한다. 일상작업 시 최초 작업개시 전에 작성하는 경우를 제외하고, 작업계획서를 작성해야 하는 경우를 2가지만 쓰시오.

[동영상 설명]
지게차 운행 중, 지게차 옆에 다른 작업자가 매달려서 손을 흔들며 신호를 하는 중에 추락한다.

해답 1. 작업장 내 구조, 설비 및 작업방법이 변경
　　 2. 작업장소 또는 화물의 상태가 변경
　　 3. 지게차 운전자가 변경

02 화면에는 천장크레인(호이스트)를 통해 배관 이동 작업하고 있다. 동영상 속 천장크레인(호이스트)으로 배관 이동 작업의 위험요인 3가지를 쓰시오.

[동영상 설명]
작업자가 천장크레인(호이스트)으로 화물 인양 작업을 하고 있다. 한 손에는 조작 스위치 한 손에는 배관(인양물)을 잡고 있다. 배관을 한줄걸이로 걸어서 막 흔들다가 결국 기울며 추락하고, 작업자도 바닥은 정리되지 않아서 부품에 걸려서 넘어지며 소리 지른다. 훅에 훅 해지장치가 없다.

해답 1. 1줄걸이
　　 2. 유도로프를 사용하지 않아 흔들림 방지 불량
　　 3. 단독 장업자의 양손 작업
　　 4. 주변 정리정돈 및 청소상태가 불량
　　 5. 훅에 해지장치가 없음

03 활선작업 시 근로자가 착용해야 하는 절연용 보호구를 3가지만 쓰시오.

해답 1. 내전압용 절연장갑
2. 절연장화
3. 안전모(AE형 혹은 ABE형)

04 산업안전보건법령상 밀폐공간에서 근로자에게 작업하도록 하는 경우, 사업주가 수립 시행해야 하는 밀폐공간 작업 프로그램의 내용 3가지를 쓰시오. (단, 그 밖에 밀폐공간 작업근로자의 건강장해예방에 관한 사항 제외)

해답 1. 사업장 내 밀폐공간의 위치 파악 및 관리 방안
2. 밀폐공간 내 질식 · 중독 등을 일으킬 수 있는 유해 · 위험 요인의 파악 및 관리 방안
3. 밀폐공간 작업 시 사전 확인이 필요한 사항에 대한 확인 절차
4. 안전보건교육 및 훈련

05 산업안전보건법령상 양중기를 사용하여 작업할 때 작업 시작 전 관리감독자의 점검사항 3가지를 쓰시오.

해답 1. 권과방지장치나 그 밖의 경보장치의 기능
2. 브레이크 · 클러치 및 조정장치의 기능
3. 와이어로프가 통하고 있는 곳 및 작업장소의 지반상태

06 콘크리트 양생 시 사용되는 열풍기 사용 시 안전수칙 3가지를 쓰시오.

해답 1. 소화기 비치
2. 열풍기 주변 불티방지포 설치
3. 적정 온도 셋팅
4. 열풍기와 가연물질 사이 안전거리 확보
5. 화시감시자 작업구역 수시 확인
6. 전기기계 · 기구 접지 및 누전차단기 설치

07 화면은 가설통로가 외부비계에 설치되어 있다. 이러한 가설통로의 설치기준 3가지를 쓰시오.

해답 1. 견고한 구조로 할 것
2. 경사는 30° 이하로 할 것. 다만, 계단을 설치하거나 높이 2m 미만의 가설통로로서 튼튼한 손잡이를 설치한 경우에는 그러하지 아니하다.
3. 경사가 15°를 초과하면 미끄러지지 아니하는 구조로 할 것

4. 추락할 위험이 있는 장소에는 안전난간을 설치할 것. 다만, 작업상 부득이한 경우에는 필요한 부분만 임시로 해체할 수 있다.
5. 수직갱에 가설된 통로의 길이가 15m 이상이면 10m 이내마다 계단참을 설치할 것
6. 건설공사에 사용하는 높이 8m 이상인 비계다리에는 7m 이내마다 계단참을 설치할 것

08 동영상을 참고하여 작업장의 불안전한 요소 3가지를 쓰시오. (단, 작업자의 불안전한 행동은 채점에서 제외)

[동영상 설명]
사방에서 불꽃이 튀고 있는 가스 용접 절단 작업 중, 야외 용접 작업장 바닥에 여러 자재(철판, 목재, 인화성 물질이라 표시된 페인트통)가 널브러져 있고, 산소통이 용접 · 절단 작업장 가까이에서 바닥에서 20도 정도로 눕혀 있고, 작업장에 소화기는 보이지 않는다. 용접용 보안면 등 안전 보호구를 착용하지 않은 작업자들이 목장갑을 끼고 용접하면서 산소통 줄을 당겨서 호스가 뽑혀 산소가 새어 나오고 불꽃 튀어나온다.

해답 1. 산소 용기가 바닥에 눕혀져 있음
2. 화기작업에 따른 인근 가연성물질에 대한 방호조치 및 소화기구 비치 미흡(＝소화기가 없음)
3. 용접불티 비산방지덮개, 용접방화포 등 불꽃, 불티 등 비산방지조치 미흡(＝불티가 튀어 주변에 물체에 불붙을 가능성)
4. 산소용기 호스 고정 미흡

09 산업안전보건법령상 중량물을 들어 올리는 작업 시 조치사항 관련해서, 빈칸에 알맞은 것을 쓰시오. (단, 답의 순서는 상관없음)

사업주는 근로자가 취급하는 물품의 (①), (②), (③), (④) 등 인체에 부담을 주는 작업의 조건에 따라 작업시간과 휴식시간 등을 적정하게 배분하여야 한다.

해답 ① 중량, ② 취급빈도, ③ 운반거리, ④ 운반속도

01 건설기계 안전기준에 관한 규칙에 따라서, 지게차의 안정도 관련해서 빈칸에 알맞은 것을 쓰시오.

> [동영상 설명]
> 지게차 작업 도중 다른 작업자가 부딪혀 넘어진다.

(1) 지게차는 다음 각 호에 해당하는 지면에서 중심선이 지면의 기울어진 방향과 평행할 경우 앞이나 뒤로 넘어지지 아니하여야 한다.
  - 지게차의 최대하중상태에서 쇠스랑을 가장 높이 올린 경우 기울기가 (①)(지게차의 최대하중이 5톤 이상인 경우에는 (②)인 지면
  - 지게차의 기준부하상태에서 주행할 경우 기울기가 (③)인 지면
(2) 지게차는 다음 각 호에 해당하는 지면에서 중심선이 지면의 기울어진 방향과 직각으로 교차할 경우 옆으로 넘어지지 아니하여야 한다.
  - 지게차의 최대하중상태에서 쇠스랑을 가장 높이 올리고 마스트를 가장 뒤로 기울인 경우 기울기가 (④)인 지면
  - 지게차의 기준무부하상태에서 주행할 경우 구배가 지게차의 최고주행속도에 1.1을 곱한 후 15를 더한 값인 지면. 다만, 규격이 5,000kg 미만인 경우에는 최대 기울기가 100분의 50, 5,000kg 이상인 경우에는 최대 기울기가 100분의 40인 지면을 말한다.

해답 ① 100분의 4 혹은 4%, ② 100분의 3.5 혹은 3.5%, ③ 100분의 18 혹은 18%, ④ 100분의 6 혹은 6%

02 동영상 속 용접작업 시 위험요인 3가지를 쓰시오.

> [동영상 설명]
> 일반 운동화를 신은 작업자가 혼자 작업장에서 용접용 보안면, 용접용 가죽장갑, 용접용 앞치마를 착용한 상태에서 모재를 집게에 물려놓고 피복아크 용접(전기용접, 수동용접)을 하고 있다. 빨간색과 노란색 드럼통이 뒤에 보인다. 작업장 바닥이 전선과 공구 등으로 어질러져 있다. 작업자가 한 손으로 용접기, 다른 손으로 작업봉을 받친 채 용접한다. 용접하는 모재 옆에 작업대 위 어질러진 용접봉이나 잡다한 물건들에 불티가 튄다.

해답 1. 화기작업에 따른 인근 가연성물질에 대한 방호조치 및 소화기구 비치 미흡(＝소화기가 없음)
2. 용접불티 비산방지덮개, 용접방화포 등 불꽃, 불티 등 비산방지조치 미흡(＝불티가 튀어 주변에 물체에 불붙을 가능성)
3. 인화성 액체의 증기 및 인화성 가스가 남아 있지 않도록 환기 등의 조치 미흡(＝주변에 인화물질이 있음)

03 산업안전보건법령상 근로자가 충전전로를 취급하거나 그 인근에서 작업하는 경우에는 사업주의 조치사항 관련해서 빈칸에 알맞은 것을 쓰시오.

> [동영상 설명]
> 작업자들이 전주에서 전선 작업을 하고 있다.

(1) 충전전로를 취급하는 근로자에게 그 작업에 적합한 (①)을/를 착용시킬 것
(2) 충전전로에 근접한 장소에서 전기작업을 하는 경우에는 해당 전압에 적합한 (②)을/를 설치할 것. 다만, 저압인 경우에는 해당 전기작업자가 (①)을/를 착용하되, 충전전로에 접촉할 우려가 없는 경우에는 (②)을/를 설치하지 아니할 수 있다.
(3) 고압 및 특별고압의 전로에서 전기작업을 하는 근로자에게 활선작업용 기구 및 장치를 사용하도록 할 것
(4) (②)의 설치·해체작업을 하는 경우에는 (①)을/를 착용하거나 활선작업용 기구 및 장치를 사용하도록 할 것

(5) 유자격자가 아닌 근로자가 충전전로 인근의 높은 곳에서 작업할 때에 근로자의 몸 또는 긴 도전성 물체가 방호되지 않은 충전전로에서 대지전압이 50kV 이하인 경우에는 (③)cm 이내로, 대지전압이 50kV를 넘을 경우에는 10kV당 10cm씩 더한 거리 이내로 각각 접근할 수 없도록 할 것

해답 ① 절연용 보호구, ② 절연용 방호구, ③ 300

04 동영상에서 말비계를 보여주고 있다. 말비계 사용 시 작업발판의 설치기준을 3가지 쓰시오.

해답
1. 지주부재의 하단에는 미끄럼 방지장치를 하고, 양측 끝부분에 올라서서 작업하지 아니하도록 할 것
2. 지주부재와 수평면의 기울기를 75° 이하로 하고, 지주부재와 지주부재 사이를 고정시키는 보조부재를 설치할 것
3. 말비계의 높이가 2m를 초과할 경우에는 작업발판의 폭을 40cm 이상으로 할 것

05 산업안전보건법령상 차량계 건설기계의 붐·암 등을 올리고 그 밑에서 수리·점검작업 등을 하는 경우 붐·암 등이 갑자기 내려옴으로써 발생하는 위험을 방지하기 위하여, 사업주가 해당 작업에 종사하는 근로자에게 사용하도록 해야 하는 방호장치 2가지를 쓰시오.

해답 1. 안전지지대, 2. 안전블록

06 동영상을 참고하여 관련 위험요인 4가지를 쓰시오.

[동영상 설명]
베어링이 담긴 상자를 액체가 담긴 상자에 크레인으로 내려 담갔다가 올려서 빼는 작업장. 조종기의 전선이 세척조에 담가진다. 작업자는 노란색 고무장갑, 고무장화는 착용했지만, 안전모·마스크 등 얼굴에 아무것도 없는 상태로 담배를 피우면서 한 손으로는 크레인 조작스위치를 조작하고, 한 손으로는 베어링 상자가 걸린 훅을 잡고 있다. 훅 해지장치는 보이지 않는다. 베어링 상자를 올린 후에 앞만 보며 크레인 조작 스위치와 훅을 당겨 이동한다. 작업자는 구멍 뚫린 팔레트 위에서 작업 중으로, 젖은 바닥과 장화, 구멍이 뚫린 배수구를 보여준다.

해답
1. 달기구에 해지장치 미사용
2. 손으로 훅을 잡음(= 인양물과 근로자가 접촉할 우려가 있는 장소에서 작업)
3. 작업 중 흡연
4. 조종기의 전선이 액체에 담가짐
5. 안전모 미착용

07 화면은 이동식 비계 위로 작업자가 올라가고 있는 장면을 보여주고 있다. 이와 같은 작업 시 추락재해가 발생하였을 때 재해예방대책 3가지를 쓰시오.

해답
1. 승강용 사다리를 견고하게 설치
2. 갑작스러운 이동 또는 전도를 방지하기 위해 비계를 견고한 시설물에 고정하거나 아웃트리거를 설치
3. 비계의 최상부 작업발판 단부에는 안전난간을 설치

08 보호구 안전인증고시상 안전대 충격방지장치 중 벨트의 제원 관련해서 빈칸에 알맞은 것을 쓰시오. (단, U자걸이로 사용할 수 있는 안전대는 제외한다.)

(1) 너비 : (①)mm 이상
(2) 두께 : (②)mm 이상
(3) 정하중 : (③)kN 이상

해답 ① 50, ② 2, ③ 15

09 건설용 리프트 방호장치를 3가지만 쓰시오.

해답
1. 과부하방지장치
2. 권과방지장치
3. 비상정지장치
4. 제동장치

부록

2023년 작업형 기출문제

산업안전기사(1회 A형)

01 산업안전보건법령상 화면상의 작업을 하는 때 작업시작 전, 사업주가 관리감독자로 하여금 점검하도록 해야 할 사항을 4가지 쓰시오.

> **[동영상 설명]**
> 작업자가 프레스 외관을 점검하고 있다. 페달도 밟아보고 전원을 올려 레버를 조작하고 금형의 상태도 확인하고 있다.

[해답] 1. 클러치 및 브레이크의 기능
2. 크랭크축 · 플라이휠 · 슬라이드 · 연결봉 및 연결 나사의 풀림 여부
3. 1행정 1정지기구 · 급정지장치 및 비상정지장치의 기능
4. 슬라이드 또는 칼날에 의한 위험방지 기구의 기능
5. 프레스의 금형 및 고정볼트 상태
6. 방호장치의 기능
7. 전단기(剪斷機)의 칼날 및 테이블의 상태

02 산업안전보건법령상 동영상의 작업을 하는 경우, 사업주는 근로자의 위험을 방지하기 위하여, 작업계획서를 작성하고 그 계획에 따라 작업을 하도록 하여야 한다. 그 작업계획서에 포함되어야 할 사항을 2가지 쓰시오.

> **[동영상 설명]**
> 작업자가 지게차를 이용하여 작업하고 있다.

[해답] 1. 해당 작업에 따른 추락 · 낙하 · 전도 · 협착 및 붕괴 등의 위험 예방 대책
2. 차량계 하역운반기계등의 운행경로 및 작업방법

03 화면상의 작업과정에서 근로자가 착용해야 할 보호구 4가지를 쓰시오.

> **[동영상 설명]**
> 파괴해머를 이용하여 작업자 1명이 보도블럭 옆 인도를 파헤치고 있다. 주변에는 울타리가 쳐 있지 않다. 작업을 관리하는 관리감독자는 없으며 작업자는 안전화, 안전모, 목장갑을 착용했다. 전원은 리드선에 연결되어 있으며 리드선이 파괴해머에 엉켜 있다. 작업자의 안면부에 방진마스크, 귀마개, 보안경을 착용하고 있지 않다.

[해답] 1. 안전모
2. 안전화
3. 보안경
4. 방진마스크
5. 청력보호구(귀마개 또는 귀덮개)
6. 진동보호구(방진장갑)

04 산업안전보건법령상 사업주는 가솔린이 남아 있는 화학설비(위험물을 저장하는 것으로 한정), 탱크로리, 드럼 등에 등유나 경유를 주입하는 작업을 하는 경우에는 미리 그 내부를 깨끗하게 씻어내고 가솔린의 증기를 불활성 가스로 바꾸는 등 안전한 상태로 되어 있는지를 확인한 후에 그 작업을 하여야 한다. 다만, 다음 각 호의 조치를 하는 경우에는 그러하지 아니하다. 빈칸에 알맞은 것을 쓰시오.

> **[동영상 설명]**
> 작업자가 가솔린이 남아있는 설비에 등유를 주입한다.

1. 등유나 경유를 주입하기 전에 탱크 · 드럼 등과 주입설비 사이에 접속선이나 접지선을 연결하여 (①)을/를 줄이도록 할 것
2. 등유나 경유를 주입하는 경우에는 그 액표면의 높이가 주입관의 선단의 높이를 넘을 때까지 주입속도를 초당 (②)m 이하로 할 것

해답 ① 전위차, ② 1

05 화면상의 작업 중 안전대책을 4가지만 쓰시오.

[동영상 설명]
안전난간과 추락방호망이 설치되지 않은 (삼각형) 박공지붕 중간에서, 안전모와 안전화를 착용한 작업자들이 앉아 휴식 중이다. 이때 작업자 뒤에 있던 삼각형 적재물이 굴러와 작업자의 등에 부딪혀 작업자가 앞으로 쓰러진다.

해답 1. 지붕 가장자리 안전난간 설치
2. 추락방호망 설치
3. 작업자 안전대 착용 및 안전대 부착설비 체결
4. 구름멈춤대, 쐐기 등을 이용하여 중량물의 동요나 이동 조절
5. 중량물이 구르는 방향인 경사면 아래로 작업자 출입제한

06 산업안전보건법령상 사업주가 분진 등을 배출하기 위하여 설치하는 국소배기장치(이동식은 제외)의 덕트(duct)의 기준을 3가지 쓰시오.

[동영상 설명]
브레이크 라이닝 연마공정을 보여주고 있다.

해답 1. 가능하면 길이는 짧게 하고 굴곡부의 수는 적게 할 것
2. 접속부의 안쪽은 돌출된 부분이 없도록 할 것
3. 청소구를 설치하는 등 청소하기 쉬운 구조로 할 것
4. 덕트 내부에 오염물질이 쌓이지 않도록 이송속도를 유지할 것
5. 연결 부위 등은 외부 공기가 들어오지 않도록 할 것

07 산업안전보건법령상 밀폐공간의 산소 및 유해가스 농도를 측정하여 적정공기가 유지되고 있는지를 평가할 수 있는 사람 또는 기관의 종류를 4가지 쓰시오.

해답 1. 관리감독자
2. 안전관리자 또는 보건관리자
3. 안전관리전문기관 또는 보건관리전문기관
4. 건설재해예방전문지도기관
5. 작업환경측정기관
6. 산소 및 유해가스 농도의 측정 · 평가에 관한 교육을 이수한 사람

08 동영상과 같은 활선 작업에서 내재되어 있는 핵심 위험요인을 3가지 쓰시오.

[동영상 설명]
[장면 1]
절연고소작업차(활선차)에 탑승한 작업자가 충전전로에 주황색 플라스틱(절연용 방호구)을 설치를 하고 있다. 이때 작업자는 절연장갑(두꺼운 장갑) 및 절연용 안전모를 착용하고 있으나 안전대는 미착용하고 있다.
차량 밑에서 얇은 장갑을 착용한 다른 작업자가 자재(절연용 방호구)를 달줄로 매달고, 형강 쪽의 얇은 봉에 와이어로프를 걸 수 있는 도르래로 와이어로프를 연결한 뒤 잡아당기면서 올려보낸다. 그런데, 와이어로프가 전주 전선에 방호조치 없이 걸쳐 있다.
위에 탑승한 작업자가 손으로 인양하는데, 1줄 걸이로 흔들거리며 인양된다. 작업자 2명이 서로 신호를 하지는 않는다.

[장면 2]
1대의 절연고소작업차에 2개의 탑승칸이 있고, 각각 작업자 후 탑승한 상태로 탑승칸 위치를 조정하니, 아웃트리거를 설치했지만, 차량이 좀 흔들거린다.
전로에 절연용 방호구를 설치하는데, 주 작업자가 활선전로에 가까이 붙어서 작업하며, 차량도 주변 전신주 활선전로에 매우 가까워 접촉될 듯하다.

해답 1. 작업자가 절연용 보호구를 착용하지 않아 감전 위험
2. 작업자가 활선작업용 기구 및 장치를 사용하지 않아 감전 위험
3. 작업자가 충전전로에서 접근한계거리 이내로 접근

09 산업안전보건법령상 사업주가 흙막이 지보공을 설치하였을 때에는 (1) 그 설치 목적과 (2) 정기적으로 점검하고 이상을 발견하면 즉시 보수하여야 하는 사항 3가지를 쓰시오.

> [동영상 설명]
> 굴착공사 현장에 설치된 흙막이벽을 보여준다.

해답 (1) 설치 목적 : 지반의 붕괴 방지
　　 (2) 정기적으로 점검하고 이상을 발견하면 즉시 보수하여야 하는 사항
　　　　 1. 부재의 손상 변형 부식 변위 탈락의 유무와 상태
　　　　 2. 버팀대의 긴압의 정도
　　　　 3. 부재의 접속부 부착부 및 교차부의 상태
　　　　 4. 침하의 정도

산업안전기사(1회 B형)

01 선반 작업 시 근로자에게 발생할 수 있는 내재된 위험요인 3가지를 쓰시오.

> [동영상 설명]
> 작업자는 선반 작업을 진행하고 있다. 이때 덮개 또는 울이 없고, 길이가 긴 공작물이 흔들린다. 칩 브레이커(chip breaker)가 설치되지 않아서 칩이 끊어지지 않고 길게 나와 있으며 작업자가 장갑을 끼지 않았고 뒷주머니에 넣어 둔 상태이다.
> 작업자는 장비 조작부에 손을 올려놓은 채 선반에서 칩이 나오는 모습을 계속 보고 있다. 선반에 "비산 주의"라는 표지판이 부착되어 있다.

해답 1. 기계의 회전축에 작업자 말림 위험
　　 2. 선반으로부터 돌출하여 회전하고 있는 가공물이 작업자를 칠 위험
　　 3. 선반 가공 시 발생하는 칩이 작업자에게 날아올 위험

02 건설기계 안전기준에 관한 규칙에 따라서, 지게차의 안정도 관련해서 빈칸에 알맞은 것을 쓰시오.

> (1) 지게차는 다음 각 호에 해당하는 지면에서 중심선이 지면의 기울어진 방향과 평행할 경우 앞이나 뒤로 넘어지지 아니하여야 한다.
> 　① 지게차의 최대하중상태에서 쇠스랑을 가장 높이 올린 경우 기울기가 (㉠)(지게차의 최대하중이 5톤 이상인 경우에는 (㉡)인 지면)
> 　② 지게차의 기준부하상태에서 주행할 경우 기울기가 (㉢)인 지면
>
> (2) 지게차는 다음 각 호에 해당하는 지면에서 중심선이 지면의 기울어진 방향과 직각으로 교차할 경우 옆으로 넘어지지 아니하여야 한다.
> 　① 지게차의 최대하중상태에서 쇠스랑을 가장 높이 올리고 마스트를 가장 뒤로 기울인 경우 기울기가 (㉣)인 지면
> 　② 지게차의 기준무부하상태에서 주행할 경우 구배가 지게차의 최고주행속도에 1.1을 곱한 후 15를 더한 값인 지면. 다만, 규격이 5,000kg 미만인 경우에는 최대 기울기가 50%, 5,000kg 이상인 경우에는 최대 기울기가 40%인 지면을 말한다.

해답 ㉠ 4%, ㉡ 3.5%, ㉢ 18%, ㉣ 6%

03 롤러기 작업 시 (1) 위험점의 이름과 해당 (2) 위험점이 형성되는 조건을 쓰시오.

해답 (1) 위험점 : 물림점
　　 (2) 형성 조건 : 두 개의 회전체가 서로 반대 방향으로 맞물려 회전

04 플레어 시스템은 화학설비 및 그 부속설비 중 안전밸브 등으로부터 방출된 기체 및 액체 물질을 안전하게 처리하며, 플레어헤더, 녹아웃드럼, 액체 밀봉드럼 및 이 설비를 포함한다. 이 설비는 스택지지대, 플레어팁, 파이롯버너 및 점화장치 등으로 구성된 설비 일체를 말한다. (1) 플레어 시스템의 설치 목적과 (2) 이 설비 명칭을 쓰시오.

해답 (1) 설치 목적

안전밸브 등에서 배출되는 위험물질을 안전하게 "연소" 처리 = (긴급 상황 발생 시) 공정 중에서 발생하는 미연소가스를 "연소"하여 안전하게 밖으로 배출

(2) 설비 명칭

플레어 스택(flare stack) = 플레어 타워(flare tower)

05 영상에서 위험요인 3가지를 쓰시오.

[동영상 설명]

2명의 작업자가 방진마스크, 보안경을 착용하지 않고 휴대용 연삭기(7인치 핸드 그라인더)로 기다란 대리석 돌판 연마 작업 중이며 연삭기의 덮개는 낡아 보인다. 작업자는 팔을 조금 들며 연삭기 측면을 사용하다 손으로 잡고 있던 대리석 가공물이 떨어진다. 작업장 바닥에는 이동전선 및 충전부가 어지럽게 널부러져 있고 물에 닿은 채 있다. 작업자 2명이 기다란 대리석 돌판을 들고 가는데, 허리가 굽고 휘청이면서 옮기고 있다.

해답 1. 보안경 미착용
2. 방진마스크 미착용
3. 연삭기 측면을 사용
4. 연마 가공물 미고정
5. 통로바닥에 전선 또는 이동전선등을 설치
6. 습윤한 장소에서는 충분한 절연효과가 있는 이동전선 및 이에 부속하는 접속기구를 사용해야 하는데 그렇지 않음

06 유리병을 H_2SO_4(황산)에 세척 시 발생할 수 있는 (1) 재해발생형태 및 (2) 그 정의를 각각 쓰시오.

[동영상 설명]

작업자가 보호구 미착용 상태로 화학물질 실험 도중 통증을 호소한다.

해답 (1) 재해발생형태 : 유해 · 위험물질 노출 · 접촉
(2) 정의 : 유해 · 위험물질에 노출 · 접촉 또는 흡입하였거나 독성동물에 쏘이거나 물린 경우

07 동영상에서 보여주고 있는 해체 작업을 할 때 준수사항을 3가지 쓰시오.

[동영상 설명]

작업자는 가위 기계로 아파트를 으스러트리는 해체 작업을 하고 있다. 신호수가 압쇄기 근처에서 신호 보내고 있는데, 그 신호수가 떨어진 해체물에 맞는다.

해답 1. 압쇄기의 중량, 작업충격을 사전에 고려하고, 차체 지지력을 초과하는 중량의 압쇄기부착을 금지하여야 한다.
2. 압쇄기 부착과 해체에는 경험이 많은 사람으로서 선임된 자에 한하여 실시한다.
3. 압쇄기 연결구조부는 보수점검을 수시로 하여야 한다.
4. 배관 접속부의 핀, 볼트 등 연결구조의 안전 여부를 점검하여야 한다.
5. 절단날은 마모가 심하기 때문에 적절히 교환하여야 하며 교환대체품목을 항상 비치하여야 한다.

08 산업안전보건법령상 아세틸렌 용접장치 관련해서 다음 빈칸에 알맞은 것을 쓰시오.

사업주는 아세틸렌 용접장치를 사용하여 금속의 용접 · 용단 또는 가열작업을 하는 경우에는 게이지 압력이 (   )kPa을 초과하는 압력의 아세틸렌을 발생시켜 사용해서는 아니 된다.

해답 127

09 화면상의 작업에서 위험요인(안전 작업 수칙) 2가지를 쓰시오.

[동영상 설명]

건설 현장 발판이 미설치된 높은 곳에서 안전모는 착용했지만, 안전대는 미착용한 작업자가 강관 비계에 발을 올리고 플라이어와 케이블 타이로 녹색 그물을 강관 비계에 묶다가 추락한다.

해답 1. 작업발판을 설치하지 않음. (→ 적절한 작업발판 설치)
2. 안전대를 사용하지 않음. (→ 안전대 착용 및 체결)

부록

01 화면은 봉강 연마 작업 중 발생한 사고사례이다. (1) 기인물과 (2) 봉강 연마 작업 시 파편이나 칩의 비래에 의한 위험에 대비하기 위해 설치해야 하는 방호 장치명을 쓰시오.

[동영상 설명]
맨손에 보안경, 방진마스크, 귀마개를 미착용한 작업자가 탁상용 연삭기 전원을 켜고, 봉강 연마 작업을 한다. 이때 연삭기에는 덮개는 설치되어 있는데, 칩비산방지투명판이 없다. 작업자가 두 손으로 연삭 가공을 하는데, 칩이 눈에 튀어서, 한 손으로는 비산물이 눈 앞으로 튀는 것을 막으며 작업한다. 봉강이 덜덜 흔들리다가 결국엔 튀어 작업자 가슴으로 날아간다. 작업장 주변이 정리정돈 되어 있지 않다.

해답 (1) 기인물 : 탁상용 연삭기(= 연마기, 그라인더(Grinder))
(2) 장치명 : 칩 비산 방지 투명판(= 칩 비산 방지판(shield))

02 산업안전보건법령상 입구 측의 압력이 설정압력에 도달하면 판이 파열하면서 유체가 분출하도록 용기 등에 설치된 얇은 판으로 다시 닫히지 않는 압력방출 안전장치 관련해서 (1) 장치명과 (2) 설치하여야 하는 경우 2가지를 쓰시오.

해답 (1) 장치명 : 파열판
(2) 설치하여야 하는 경우 2가지
1. 반응 폭주 등 급격한 압력 상승 우려가 있는 경우
2. 급성 독성물질의 누출로 인하여 주위의 작업환경을 오염시킬 우려가 있는 경우
3. 운전 중 안전밸브에 이상 물질이 누적되어 안전밸브가 작동되지 아니할 우려가 있는 경우

03 급정지기구가 설치되어 있지 않은 프레스에 사용가능한 방호장치 종류를 4가지를 쓰시오.

[동영상 설명]
작업자는 프레스를 페달 밟아 작동시키고 있다.

해답 1. 가드식, 2. 양수기동식, 3. 수인식, 4. 손쳐내기식

04 다음은 계단 설치 기준이다. 산업안전보건법령상 다음 빈칸을 채우시오.

(1) 사업주는 계단 및 계단참을 설치하는 경우 매제곱미터당 (①)kg 이상의 하중에 견딜 수 있는 강도를 가진 구조로 설치하여야 하며, 안전율은 (②) 이상으로 하여야 한다.
(2) 사업주는 계단을 설치하는 경우 그 폭을 (③)m 이상으로 하여야 한다(다만, 급유용·보수용·비상용 계단 및 나선형 계단이거나 높이 (④)m 미만의 이동식 계단인 경우에는 그러하지 아니하다.).
(3) 사업주는 높이가 (⑤)m를 초과하는 계단에 높이 3m 이내마다 너비 (⑥)m 이상의 계단참을 설치하여야 한다.

해답 ① 500, ② 4, ③ 1, ④ 1, ⑤ 3, ⑥ 1.2

05 화면에서 보이는 재해의 직접적인 원인 2가지를 쓰시오.

[동영상 설명]
작업자는 면장갑은 착용했지만, 안전모는 쓰지 않은 작업자가 항타기로 땅을 파고, 항타기가 들어가 있는 구멍으로 손을 넣어 보도블럭을 끄집어낸다. 이동식 크레인이 1줄걸이로 전주 가운데를 2번 감아서 전주를 세로로 세워서 들고 이동한다. 전주에 흔들림이 많아 작업자 3명이 아래서 흔들리지 못하도록 잡고 있다. 기존에 설치된 전주가 있는 상태에서 항타기가 파놓은 구멍으로 전주를 넣으려다 활선에 닿아 지지직 소리가 난다.

해답 1. 차량을 충전전로의 충전부로부터 이격시키지 않음
2. 충전전로의 전압에 적합한 절연용 방호구 등을 미설치

06 산업안전보건법령상 동영상의 작업에서 착용해야 하는 보호구를 4가지를 쓰시오. (단, 안전모는 착용한 상태 기준이다.)

[동영상 설명]
작업자는 자동차부품(브레이크 라이닝)을 화학약품을 사용하여 세척하고 있다. 바닥에는 세정제가 흘러져 있으며, 작업자는 고무장화 등을 착용하지 않고 운동화를 비롯하여 일반 작업복, 방진마스크, 면장갑을 착용하고 있다.

해답 1. 송기마스크 혹은 방독마스크
2. 화학물질용 보호복
3. 화학물질용 보호장갑
4. 화학물질용 보호장화
5. 보안경

07
산업안전보건법령상 정전 작업을 마친 후 전원을 공급하는 경우에는 작업에 종사하는 근로자 또는 그 인근에서 작업하거나 정전된 전기기기등(고정 설치된 것으로 한정한다)과 접촉할 우려가 있는 근로자에게 감전의 위험이 없도록 준수하여야 하는 사항 3가지를 쓰시오.

[동영상 설명]
작업자는 전주 위에서 작업 중이다.

해답 1. 작업기구, 단락 접지기구 등을 제거하고 전기기기등이 안전하게 통전될 수 있는지를 확인할 것
2. 모든 작업자가 작업이 완료된 전기기기등에서 떨어져 있는지를 확인할 것
3. 잠금장치와 꼬리표는 설치한 근로자가 직접 철거할 것
4. 모든 이상 유무를 확인한 후 전기기기등의 전원을 투입할 것

08
다음 설명에 맞는 크레인의 방호장치를 쓰시오.

[동영상 설명]
작업자가 이동식크레인으로 단관파이프를 인양하고 있다.

(1) 권과를 방지하기 위하여 인양용 와이어로프가 일정한계 이상 감기게 되면 자동적으로 동력을 차단하고 작동을 정지시키는 장치 : (①)
(2) 훅에서 와이어로프가 이탈하는 것을 방지하는 장치 : (②) 해지장치
(3) 전도 사고를 방지하기 위하여 장비의 측면에 부착하여 전도 모멘트에 대하여 효과적으로 지탱할 수 있도록 한 장치 : (③)

해답 ① 권과방지장치, ② 훅, ③ 아웃트리거(outrigger) = 전도방지용 지지대 = 전도방지장치

09
해당 그림에 맞는 장치 이름을 쓰시오.

[동영상 설명]
건설용리프트 방호장치(A, B, C, D, E, F)를 보여준다.

(A)

(B)

(C)

(D)

(E)

(F)

해답 A. 과부하방지장치(운반구 하부)
B. 완충 스프링(땅바닥 스프링)
C. 비상정지장치(빨간색 누름 버튼)
D. 출입문 연동장치(운반구에 설치됨)
E. 방호울 출입문 연동장치(방호울에 설치됨)
F. 3상 전원차단장치(오른쪽 레버)

01 화면상의 작업 중 안전 수칙 3가지를 쓰시오.

[동영상 설명]
시내버스를 정비하기 위하여 차량용 리프트로 차량을 들어 올린 상태에서 한 작업자가 버스 밑에 들어가 샤프트 계통을 점검한다. 그런데 다른 한 작업자가 주변 상황을 전혀 살피지 않고 버스에 올라 엔진을 시동을 건다. 그 순간 밑에 있던 작업자의 팔이 버스의 회전하는 샤프트에 말려들어 사고를 일으킨다. 작업장 주변에는 아무런 작업감시자가 없다.

해답 1. 기동장치에 잠금장치를 하고 그 열쇠를 별도 관리
2. 정비작업 중임을 나타내는 표지판을 설치
3. 작업지휘자를 배치
4. 관계 근로자가 아닌 사람의 출입을 금지
5. 안전지지대 또는 안전블록을 설치

02 다음은 강관비계에 관한 내용이다. 산업안전보건법령상 다음 빈칸을 채우시오.

비계기둥의 간격은 띠장 방향에서는 (①)m 이하, 장선 방향에서는 (②)m 이하로 할 것

해답 ① 1.85, ② 1.5

03 동영상을 참고하여 다음 설명에 답하시오.

[동영상 설명]
작업자가 거푸집 동바리작업을 하고 있다.

(1) 규격화 · 부품화된 수직재, 수평재 및 가새재 등의 부재를 현장에서 조립하여 거푸집으로 지지하는 동바리 형식의 이름을 쓰시오.
(2) 산업안전보건법령상 거푸집 동바리 관련 ( )에 알맞은 것을 쓰시오.

동바리 최상단과 최하단의 수직재와 받침철물은 서로 밀착되도록 설치하고 수직재와 받침철물의 연결부의 겹침길이는 받침철물 전체길이의 ( ) 이상 되도록 할 것

해답 (1) 시스템동바리
(2) 3분의 1

04 동영상의 작업 중에 내재되어 있는 위험요인을 2가지를 쓰시오.

[동영상 설명]
마스크를 미착용한 작업자가 머리에 걸친 용접용 보안면을 내리고, 가죽 용접장갑 착용한 오른손으로 대형관 플랜지 하부에 교류 아크 용접을 시작한다. 가죽 용접장갑을 착용한 왼손으로는 플랜지를 회전시키고, 용접봉을 잡기도 한다. 작업장 주위에는 인화성 물질로 보이는 페인트통 등이 주변에 쌓여 있고 케이블이 정리되지 않고 늘어져 있다. 단독 용접작업으로 불똥이 날리는데, 약 3m×3m 정도 되는 녹색판(불티 비산방지판)이 몇 개 보이나, 페인트통 사이에는 설치되어 있지 않다.

해답 1. 용접불꽃에 의한 화상 및 화재 위험
2. 교류아크용접기에 의한 감전 위험
3. 방진마스크 미착용에 따른 용접흄 흡입 위험
4. 화기작업구역 인근 인화성 물질(페인트 통 등) 비치로 인한 화재 위험
5. 인화성 물질 주변 불티 비산방지판 미설치로 인한 화재 위험

05 산업안전보건법령상 사업주는 근로자가 노출된 충전부 또는 그 부근에서 작업함으로써 감전될 우려가 있는 경우에는 작업에 들어가기 전에 해당 전로를 차단하여야 한다. 그러나 전로를 차단하지 않아도 되는 경우를 3가지 쓰시오.

해답 1. 생명유지장치, 비상경보설비, 폭발위험장소의 환기설비, 비상조명설비 등의 장치 · 설비의 가동이 중지되어 사고의 위험이 증가되는 경우
2. 기기의 설계상 또는 작동상 제한으로 전로차단이 불가능한 경우
3. 감전, 아크 등으로 인한 화상, 화재 · 폭발의 위험이 없는 것으로 확인된 경우

06 산업안전보건법령상 고열의 정의와 다량의 고열물체를 취급하거나 매우 더운 장소에서 작업하는 근로자에게 사업주가 지급하고 착용하도록 하여야 하는 보호구 2가지를 쓰시오.

> [동영상 설명]
> 안전모 및 마스크를 하지 않은 작업자가 펄펄 끓고 있는 물질을 휘젓고 있다. 물질을 살짝 퍼내어 바닥으로 내려놓으니 물질의 색깔이 회색으로 변한다. 작업자의 신발을 클로즈업된다.
> ※ 고열 : 열에 의하여 근로자에게 열경련 · 열탈진 또는 열사병 등의 건강장해를 유발할 수 있는 더운 온도

해답 1. 방열장갑, 2. 방열복

07 동영상과 같은 상황에서 (1) 추락방지대책과 (2) 낙하방지대책을 각각 1가지씩 쓰시오.

> [동영상 설명]
> 가로수 위로 약 3m 높이에 있는 건설 현장에서, 안전대를 착용하지 않은 작업자가 망치를 들고 약간 기울어진 발판을 발로 여러 번 두드리며 설치하다가 망치를 떨어트린다.

해답 (1) 추락방지대책
　　　1. 발판 설치
　　　2. 추락방호망 설치
　　　3. 안전대 착용 및 구명줄에 체결
　　　(2) 낙하방지대책
　　　1. 낙하물 방지망 설치
　　　2. 방호선반 설치

08 산업안전보건법령상 용융(鎔融)한 고열의 광물(용융고열물)을 취급하는 피트(고열의 금속찌꺼기를 물로 처리하는 것은 제외한다)에 대하여 수증기 폭발을 방지하기 위하여 사업주가 해야하는 조치 1가지를 쓰시오.

> [동영상 설명]
> 철강 용광로 작업을 하고 있는 작업자가 쇳물이 흐르는 작은 통로를 도구로 긁다가 쇳물이 발에 튀었는지 아래를 보며 깜짝 놀란다.

해답 1. 지하수가 내부로 새어드는 것을 방지할 수 있는 구조로 할 것. 다만, 내부에 고인 지하수를 배출할 수 있는 설비를 설치한 경우에는 그러하지 아니하다.
　　　2. 작업용수 또는 빗물 등이 내부로 새어드는 것을 방지할 수 있는 격벽 등의 설비를 주위에 설치할 것

09 브레이크 라이닝 제조 · 취급 작업자가 석면분진에 노출되어 있지만, 일반 마스크를 착용하고 있어 직업성 질병이 발병할 가능성이 있다. 석면에 장기간 노출 시 발생할 가능성이 있는 직업성 질병을 3가지만 쓰시오.

> [동영상 설명]
> 작업장은 석면이 날리고 있으며 작업자는 석면을 포대에서 플라스틱 용기를 사용하여 배합기에 넣고, 아래 작업자는 철로 된 용기에 주변 바닥으로 흩어진 석면을 빗자루로 쓸어 담고 있다. 주변에는 국소배기장치가 없고, 작업자는 일반작업복, 일반장갑, 일반마스크를 착용하고 있다.

해답 1. 폐암, 2. 악성 중피종, 3. 석면폐

산업안전기사(2회 A형)

01 뇌격(雷擊)에 따른 뇌서지(雷, surge)를 전압 억제 절연저항 차단하여, 전주를 보호하기 위하여, 동영상에 표시된 (1) 방호장치의 명칭과 (2) 그 장치가 갖추어야 할 구비조건을 3가지만 쓰시오.

> [동영상 설명]
>
> • 동그라미 : 피뢰기 (퓨즈링크가 없음)
> • 동그라미 옆 : COS

해답 (1) 명칭 : 피뢰기(Lightening Arrestor)
　(2) 피뢰기가 갖추어야 할 구비조건
　　1. 반복동작 가능할 것
　　2. 구조 견고할 것
　　3. 특성이 변하지 않을 것
　　4. 점검 · 보수가 간단할 것
　　5. 방전 개시 전압이 낮을 것
　　6. 제한 전압이 낮을 것
　　7. 방전능력이 클 것
　　8. 속류 차단이 확실할 것

02 동영상의 장소에 적절한 (1) 가스누출감지경보기 설치위치 (2) 경보설정값이 몇 %가 적당한지 쓰시오.

[동영상 설명]
작업자가 LPG 저장소라고 표시되어 있는 문을 열고 들어가려니 어두워서 들어가자마자 왼쪽에 있는 스위치를 눌러서 불을 켜는 순간 스파크가 발생하면서 폭발한다.

해답 (1) 설치위치 : 바닥 근처 낮은 곳에 설치
　(2) 경보설정값 : 폭발하한계(LEL) 25% 이하

03 화면상의 작업에서 작업자가 착용해야 하는 방독마스크에 사용되는 흡수제의 종류를 2가지 쓰시오.

[동영상 설명]
작업자가 분무기로 스프레이 분사를 하고 있다.

해답 1. 활성탄(Activated Charcoal)
　2. 소다라임(Sodalime)
　3. 실리카겔(Silica Gel)

04 산업안전보건법령상 사업주가 비계(달비계, 달대비계 및 말비계는 제외)의 높이가 2m 이상인 작업장소에 작업발판을 설치할 경우, 설치기준 3가지를 쓰시오. (단, 폭과 틈에 관한 설치기준은 제외)

[동영상 설명]
작업자 2명이 비계를 조립 중이다. 나무발판을 안전난간에 걸치고 위에 올라서서 고정철물을 전달받다가 떨어진다.

해답 1. 발판재료는 작업할 때의 하중을 견딜 수 있도록 견고한 것으로 할 것
　2. 추락의 위험이 있는 장소에는 안전난간을 설치할 것. 다만, 작업의 성질상 안전난간을 설치하는 것이 곤란한 경우, 작업의 필요상 임시로 안전난간을 해제할 때에 추락방호망을 설치하거나 근로자로 하여금 안전대를 사용하도록 하는 등 추락위험 방지 조치를 한 경우에는 그러하지 아니하다.
　3. 작업발판의 지지물은 하중에 의하여 파괴될 우려가 없는 것을 사용할 것
　4. 작업발판재료는 뒤집히거나 떨어지지 않도록 둘 이상의 지지물에 연결하거나 고정시킬 것
　5. 작업발판을 작업에 따라 이동시킬 경우에는 위험 방지에 필요한 조치를 할 것

05 산업용로봇 안전매트 관련하여 (1) 작동원리와 (2) 안전인증의 표시 외에 추가로 표시할 사항 2가지를 쓰시오.

[동영상 설명]
작업자가 작업실 들어갈 때 검은색 매트 밟는다.

해답 (1) 작동원리 : 유효감지영역 내의 임의의 위치에 일정한 정도 이상의 압력이 주어졌을 때 이를 감지하여 신호를 발생
　(2) 표시할 사항
　　1. 작동하중
　　2. 감응시간
　　3. 복귀신호의 자동 또는 수동 여부
　　4. 대소인공용 여부

06 산업안전보건법령상 낙하물 방지망을 설치하는 경우에는 사업주의 준수사항에 대해서 빈칸에 알맞은 것을 쓰시오.

[동영상 설명]
작업자가 아파트 건설 현장에서 낙하물방지망을 설치하고 있다.

1. 높이 (①)m 이내마다 설치하고, 내민 길이는 벽면으로부터 (②)m 이상으로 할 것
2. 수평면과의 각도는 (③)도 이상 (④)도 이하를 유지할 것

해답 ① 10, ② 2, ③ 20, ④ 30

07 급정지기구가 설치되어 있지 않은 프레스에 사용가능한 방호장치 종류를 4가지를 쓰시오.

[동영상 설명]
프레스 작업을 하던 작업자가 작동 스위치페달을 밟고 손이 끼인다.

해답 1. 가드식, 2. 양수기동식, 3. 수인식, 4. 손쳐내기식

08 산업안전보건법령상 화면상의 기계·기구 작업을 하는 때 작업시작 전, 사업주가 관리감독자로 하여금 점검하도록 해야 할 사항 3가지를 쓰시오.

[동영상 설명]
지게차를 운행하기 전, 별다른 보호구를 착용하지 않은 지게차 운전자가 바퀴를 발로 차고 포크를 올렸다 내렸다 하고, 포크 안쪽을 점검한 후, 지게차 운행한다.

해답 1. 제동장치 및 조종장치 기능의 이상 유무
2. 하역장치 및 유압장치 기능의 이상 유무
3. 바퀴의 이상 유무
4. 전조등·후미등·방향지시기 및 경보장치 기능의 이상 유무

09 산업안전보건법령상 내부의 이상 상태를 조기에 파악하기 위하여 특수화학설비에 설치해야 하는 계측장치 3가지를 쓰시오.

[동영상 설명]
특수화학설비시설을 보여준다. 작업자들이 화학설비를 점검하고 있다.

해답 1. 온도계, 2. 유량계, 3. 압력계

01 산업안전보건법령상 컨베이어 "안전장치"를 4가지 쓰시오.

[동영상 설명]
30도 정도 경사진 컨베이어 벨트가 작동하고, 작업자는 작동 중인 컨베이어 위에 1명과 아래쪽 작업장 바닥에 1명이 있으며, 기계 오른쪽에 있는 갈색 종이 포대를 컨베이어 벨트 위로 올리는 작업을 하고 있다.
화면 오른쪽에 포대가 많이 쌓여 있고, 작업자 한 명은 경사진 컨베이어 위에 회전하는 벨트 양끝 부분 철로 된 모서리에 양발을 벌리고 서 있으며, 밑에 작업자가 포대를 일정한 방향이 아닌 불규칙하게 포대를 컨베이어에 올리는 중 컨베이어 위에 양발을 벌리고 있는 작업자 발에 포대 끝부분이 부딪쳐 무게 중심을 잃고 한 바퀴 구르면서 기계 오른쪽에 포대가 쌓인 곳에 쓰러진 후 팔이 풀려 하단으로 들어간다.
아래쪽 작업자는 비상정지장치는 누르지 않고 떨어지는 작업자를 부둥켜안고 있다. 작업자 둘 다 캡모자를 쓰고 있다.

해답 1. 비상정지장치, 2. 덮개, 3. 울, 4. 건널다리, 5. 역전방지장치(역주행방지장치)

02 동영상의 지게차 재해 사고 원인을 3가지 쓰시오.

[동영상 설명]
지게차의 포크에 김치냉장고 박스를 2열로 높게 쌓아 올렸는데, 높이도 안 맞고 고정되어 있지도 않으며, 운전자의 시야가 가린다. 다른 작업자가 수레로 공구 등을 내려놓고 정리한 뒤 하품하면서 뒤돌아서 나오는 순간 지게차와 부딪힌다.

해답 1. 지게차 접촉 우려 장소에 다른 작업자 출입
2. 작업지휘자 또는 유도자가 미배치
3. 운전자의 시야를 가릴 만큼 화물을 높게 적재

03 타워크레인의 작업 중지에 관한 내용이다. 산업안전보건법령상 빈칸에 알맞은 숫자를 넣으시오.

[동영상 설명]
타워크레인을 이용하여 배관을 운반 도중 신호수(안전모, 안전대 미착용) 머리 위로 지나가며 다소 흔들리며 내리다 배관에 부딪힌다.

- 설치 · 수리 · 점검 또는 해체 작업 중지하여야 하는 순간 풍속 (①)m/s
- 운전작업을 중지하여야 하는 순간풍속 (②)m/s

해답 ① 10, ② 15

04 산업안전보건기준에 관한 규칙에서 산업용 로봇 운전 시 높이 1.8m 이상의 울타리를 설치할 수 없는 일부 구간에 대해서 설치해야 하는 방호장치를 2가지만 쓰시오.

[동영상 설명]
산업용 로봇을 보여준다.

해답 1. 안전매트
2. 광전자식 방호장치

05 (1) 금형 프레스기에 발로 작동하는 조작 장치에 설치해야 하는 방호장치와 (2) 프레스의 상사점에 있어서 상형과 하형과의 간격을 몇 mm 이하로 해야 하는지 쓰시오. (단, 단위를 반드시 적을 것)

해답 (1) U자형 페달 덮개
(2) 8mm

06 산업안전보건법령상 가스집합용접장치(이동식을 포함)의 배관을 설치하는 경우에는 사업주의 준수사항을 2가지만 쓰시오.

해답 1. 플랜지 · 밸브 · 콕 등의 접합부에는 개스킷을 사용하고 접합면을 상호 밀착시키는 등의 조치를 할 것

2. 주관 및 분기관에는 안전기를 설치할 것. 이 경우 하나의 취관에 2개 이상의 안전기를 설치하여야 한다.

07 산업안전보건법령상 이동식 비계 작업 시 준수사항 3가지를 쓰시오.

[동영상 설명]
안전모 착용, 안전대 미착용한 작업자 A가 이동식 비계의 최상층에서 작업 중, 다른 작업자 B가 이동식 비계를 흔들며 밀며 옆으로 이동시키다가, 바닥에 동바리에 걸려서 이동식 비계가 멈추고 작업자 A가 넘어진다.
이동식 비계에 아웃트리거가 4개 설치되어 있지만, 고정되지는 않았다. 이동식 비계 최상층에는 안전난간이 4면에 있다. 승강용사다리나 작업 발판은 있으나, 작업발판이 밖으로 튀어나와 있다.

해답 1. 이동식비계의 바퀴에는 뜻밖의 갑작스러운 이동 또는 전도를 방지하기 위하여 브레이크 · 쐐기 등으로 바퀴를 고정시킨 다음 비계의 일부를 견고한 시설물에 고정하거나 아웃트리거(outrigger, 전도방지용 지지대)를 설치하는 등 필요한 조치를 할 것
2. 승강용사다리는 견고하게 설치할 것
3. 비계의 최상부에서 작업을 하는 경우에는 안전난간을 설치할 것
4. 작업발판은 항상 수평을 유지하고 작업발판 위에서 안전난간을 딛고 작업을 하거나 받침대 또는 사다리를 사용하여 작업하지 않도록 할 것
5. 작업발판의 최대적재하중은 250kg을 초과하지 않도록 할 것

08 산업안전보건법령상 (1) 반복적인 동작, 부적절한 작업자세, 무리한 힘의 사용, 날카로운 면과의 신체접촉, 진동 및 온도 등의 요인에 의하여 발생하는 건강장해로서 목, 어깨, 허리, 팔 · 다리의 신경 · 근육 및 그 주변 신체조직 등에 나타나는 질환의 명칭과 (2) 근로자가 컴퓨터 단말기의 조작업무를 하는 경우에 사업주의 조치사항을 4가지만 쓰시오.

[동영상 설명]
작업자가 등이 굽은 상태로 키보드를 통해 타이핑 작업을 하고 있다.

해답 (1) 근골격계질환
(2) 사업주의 조치사항
1. 실내는 명암의 차이가 심하지 않도록 하고 직사광선이 들어오지 않는 구조로 할 것
2. 저휘도형(低輝度型)의 조명기구를 사용하고 창 · 벽면 등은 반사되지 않는 재질을 사용할 것

3. 컴퓨터 단말기와 키보드를 설치하는 책상과 의자는 작업에 종사하는 근로자에 따라 그 높낮이를 조절할 수 있는 구조로 할 것
4. 연속적으로 컴퓨터 단말기 작업에 종사하는 근로자에 대하여 작업시간 중에 적절한 휴식시간을 부여할 것

09 화면의 영상을 참고하여 재해의 (1) 재해발생형태, (2) 가해물, (3) 감전사고를 방지할 수 있는 안전모의 종류 2가지를 영어 기호로 쓰시오.

[동영상 설명]
크레인으로 전주를 운반하는 도중, 전주가 회전하면서, 크레인 운전자가 전주에 머리를 맞는다.

해답 (1) 재해발생형태 : (날아오거나 떨어진 물체에) 맞음
(2) 가해물 : 전주(＝전봇대＝전신주)
(3) 안전모 종류 : 1. AE종, 2. ABE종

산업안전기사(2회 C형)

01 연마 작업 시 착용해야 하는 보호구를 3가지 쓰시오.

[동영상 설명]
작업자는 맨손으로 접속부에 연마기를 꽂고 연마 작업을 하고 있다.

해답 1. 보안경
2. 방진마스크
3. 안전모
4. 방진장갑＝안전장갑＝보호장갑
5. 귀마개 또는 귀덮개
6. 안전화

02 운반하역 표준안전 작업지침상 크레인으로 하물 인양 시 걸이 작업 관련 준수사항 3가지를 쓰시오.

[동영상 설명]
크레인에 쇠파이프를 걸고, 작업자가 올라가다 넘어진다.

해답 1. 와이어로프 등은 크레인의 후크 중심에 걸어야 한다.
2. 인양 물체의 안정을 위하여 2줄 걸이 이상을 사용하여야 한다.
3. 밑에 있는 물체를 걸고자 할 때에는 위의 물체를 제거한 후에 행하여야 한다.
4. 매나는 각도는 60도 이내로 하여야 한다.
5. 근로자를 매달린 물체 위에 탑승시키지 않아야 한다.

03 영상에 나오는 (1) 크레인의 명칭 및 (2) 작업장 바닥에 고정된 레일을 따라 주행하는 크레인의 새들(saddle) 돌출부와 주변 구조물 사이의 안전공간은 최소 얼마 이상이어야 하는지 쓰시오.

해답 (1) 명칭 : 갠트리 크레인(Gantry Crane)
(2) 간격 : 40cm

04 산업안전보건법령상 화면상의 기계·기구 작업을 하는 때 작업시작 전, 사업주가 관리감독자로 하여금 점검하도록 해야 할 사항 4가지를 쓰시오. (단, 연결부 이상 유무 제외)

[동영상 설명]
공기압축기를 통해 작업을 하고 있는 작업자를 보여준다.

해답 1. 공기저장 압력용기의 외관 상태
2. 드레인밸브의 상태
3. 압력방출장치(안전밸브)의 상태
4. 언로드밸브의 상태
5. 윤활유의 상태
6. 회전부의 덮개 또는 울 상태

05 동영상에서 기계의 운동 형태에서 발생할 수 있는 (1) 위험점의 명칭과 (2) 그 위험점의 정의를 쓰시오.

> [동영상 설명]
> 보안경을 착용하지 않고 면장갑은 착용한 작업자가 선반 작업 중, 회전축에 샌드페이퍼(사포)를 감아 손으로 지지하고 하다가 작업복과 장갑이 말려 들어간다. 이때 기계 운동방향으로 함께 온몸이 휘어 감긴다.

해답 (1) 위험점 : 회전말림점
(2) 정의 : 회전하는 축에 작업복 등이 말려 들어가는 것

06 방호장치 자율안전기준 고시상 방호장치가 없는 둥근톱 기계에 고정식 접촉예방장치를 설치하고자 한다. 이때 간격은 각각 얼마로 조정하는지 쓰시오.

> [동영상 설명]
> 보안경 및 방진마스크를 미착용한 작업자가 톱날 접촉 예방장치가 없는 둥근톱을 이용하여 나무판자를 밀며 절단 작업 중 다른 사람이 이 작업자를 불렀는지 곁눈질하다가, 작업자의 빨간색 코팅 반장갑을 낀 손가락이 반 정도 절단되면서 자빠진다. 다른 작업자는 검은색 장갑을 착용하고 있다.

해답 (1) 가공재의 상면에서 덮개 하단까지의 최대 간격 : 8mm
(2) 덮개의 하단과 테이블면 사이의 최대 간격 : 25mm

07 화면은 작업자가 수중펌프 접속부위에 감전되어 발생한 재해사례이다. 작업자가 감전사고를 당한 원인을 인체의 피부저항과 관련하여 설명하시오.

> [동영상 설명]
> 단무지 공장에서 무릎 정도 물이 차 있는 상태에서 수중펌프 작동과 동시에 작업자가 접속부위에 감전된다.

해답 인체가 수중에 있으므로 인체 피부저항이 1/25로 감소되어 쉽게 감전된 것이다.

08 화면의 작업 시 다음 신체 부위를 보호할 수 있는 보호구를 쓰시오.

> [동영상 설명]
> 변압기를 유기화합물에 담가서 절연처리와 건조작업을 하고 있다. 소형변압기(TR)의 양쪽에 나와 있는 선을 일반 작업복만 입은 작업자(안전모 미착용, 보안경 미착용, 맨손, 신발 안 보임)가 양손으로 들고 유기화합물통(도금욕조 : 스텐으로 사각형)에 넣었다 빼서 앞쪽 선반에 올리는 작업함(유기화합물을 손으로 작업) 화면 바뀌면서 선반 위 소형변압기를 건조기에 넣고 문을 닫고 작업자는 냄새 때문에 얼굴을 찡그리고 계속 작업을 하고 있다.

(1) 눈 :
(2) 손 :
(3) 피부 :

해답 (1) 눈 : 보안경
(2) 손 : 화학물질용 보호장갑
(3) 피부 : 화학물질용 보호복

09 (1) 영상과 같은 근골격계부담작업 시 유해요인 조사 항목 2가지와 (2) 신설되는 사업장의 경우에는 신설일부터 얼마 기간 이내에 최초의 유해요인 조사를 하여야 하는지 쓰시오.

> [동영상 설명]
> 작업자가 구부정하게 앉아서 컴퓨터 단말기 작업을 하고 있다.

해답 (1) 유해요인 조사 항목
1. 설비 · 작업공정 · 작업량 · 작업속도 등 작업장 상황
2. 작업시간 · 작업자세 · 작업방법 등 작업조건
3. 작업과 관련된 근골격계질환 징후와 증상 유무 등
(2) 1년 이내

01 화면은 철골공사현장에 설치한 추락방호망을 보여주고 있다. 추락방호망 설치기준 3가지를 쓰시오.

해답) 1. 추락방호망의 설치위치는 가능하면 작업면으로부터 가까운 지점에 설치하여야 하며, 작업면으로부터 망의 설치지점까지의 수직거리는 10m를 초과하지 아니할 것
2. 추락방호망은 수평으로 설치하고, 망의 처짐은 짧은 변 길이의 12% 이상이 되도록 할 것
3. 건축물 등의 바깥쪽으로 설치하는 경우 망의 내민 길이는 벽면으로부터 3m 이상 되도록 할 것

02 화면의 영상을 보고 관련 위험요인 3가지를 쓰시오.

[동영상 설명]
밑이 보이지 않는 낭떠러지(승강기 설치되기 전의) 승강기 피트 안, 나무판자로 엉성하게 이어 붙인 작업발판 위에서 작업자가 피트 내 벽면에 돌출되어 있는 콘크리트타이핀(거푸집용 콘크리트 판넬 지지 철물)을 망치, 장도리로 때려 빼고 있다. 작업자는 보안경을 착용하고 있지 않은데, 콘크리트타이핀 철물이 작업자 얼굴로 튕겨오고 있다. 작업자는 안전모는 착용했고, 허리에 벨트형 공구 주머니를 차고 있다. 승강기 피트 입구에는 안전난간이 있지만, 작업반경 주위에는 없다. 작업자가 발을 헛디뎌 피트 바닥으로 추락한다. 추락방호망은 미설치 상태이다.

해답) 1. 안전난간 미설치
2. 추락방호망 미설치
3. 적절한 안전대를 착용하지 않음
4. 적절한 작업발판 미설치
5. 보안경 또는 보안면 미착용

03 탱크 내부 슬러지 작업 중 필요한 호흡용 보호구 2가지를 쓰시오.

해답) 1. 공기호흡기, 2. 송기마스크

04 항타기·항발기의 조립작업 시 점검해야 할 사항 3가지를 쓰시오.

해답) 1. 본체 연결부의 풀림 또는 손상의 유무
2. 권상용 와이어로프·드럼 및 도르래의 부착상태의 이상 유무
3. 권상장치의 브레이크 및 쐐기장치 기능의 이상 유무
4. 권상기의 설치상태의 이상 유무
5. 리더(leader)의 버팀 방법 및 고정상태의 이상 유무
6. 본체·부속장치 및 부속품의 강도가 적합한지 여부
7. 본체·부속장치 및 부속품에 심한 손상·마모·변형 또는 부식이 있는지 여부

05 화면의 영상과 같이 작업자가 넘어져서 부상을 입었다. 이때 관련 (1) 재해형태와 (2) 가해물을 쓰시오.

[동영상 설명]
작업자가 작업발판 위에서 한 다리는 발판 위에 두고 한 다리는 책상에 걸쳐 놓는 상태로 톱질을 하다가 넘어져 바닥에 머리를 부딪친다.

해답) (1) 재해형태 : 전도(넘어짐)
(2) 가해물 : 바닥

06 동력식 수동대패기에 작업자가 목재를 밀어 넣으면 작업을 하고 있으며 노란색 덮개가 보이고, 기계 아래로 톱밥이 떨어진다. (1) 동력 시 수동대패기의 방호장치 및 (2) 설치방법을 쓰시오.

해답) (1) 방호장치 : 날접촉예방장치
(2) 설치방법
1. 대패날을 항상 덮을 수 있는 덮개를 설치하고 그 덮개는 가공재를 자유롭게 통과시킬 수 있어야 함
2. 대패기의 테이블 개구부는 가능한 작게 하고, 또한 테이블 개구 단과 대패날 선단과의 빈틈은 3mm 이하로 해야 함
3. 수동대패기에서 테이블 하방에 노출된 날부분에도 방호 덮개를 설치하여야 함

부록

07 동영상에서 차량계 하역운반기계(지게차)의 작업을 보여주고 있다. 해당 (1) 기계의 명칭과 (2) 필요한 방호장치를 4가지 쓰시오.

해답 (1) 명칭 : 지게차
(2) 방호장치 : 1. 헤드가드, 2. 백레스트, 3. 전조등, 4. 후미등, 5. 안전벨트

08 전기기계 · 기구 중 누전에 의한 감전위험을 방지하기 위하여 감전방지용 누전차단기를 설치해야 하는 경우 3가지를 쓰시오.

해답 1. 대지전압이 150볼트를 초과하는 이동형 또는 휴대형 전기기계 · 기구
2. 물 등 도전성이 높은 액체가 있는 습윤 장소에서 사용하는 저압용 전기기계 · 기구
3. 철판 · 철골 위 등 도전성이 높은 장소에서 사용하는 이동형 또는 휴대형 전기기계 · 기구
4. 임시배선의 전로가 설치되는 장소에서 사용하는 이동형 또는 휴대형 전기기계 · 기구

09 동영상을 참고하여 다음 설명에 답하시오.

[동영상 설명]
작업자가 유해위험물질 냄새를 맡는다.

(1) 유해위험물질이 인체로 유입되는 경로를 3가지 쓰시오.
(2) 빈칸에 알맞은 것을 쓰시오. (단, 답의 순서는 상관없다.)

사업주는 근로자가 '특별관리물질'을 취급하는 경우에는 그 물질이 '특별관리물질'이라는 사실과 산업안전보건법 시행규칙」에 [별표 18] 제1호 나목에 따른 (①), (②), (③) 등 중 어느 것에 해당하는지에 관한 내용을 게시판 등을 통하여 근로자에게 알려야 한다.

해답 (1) ① 호흡기, ② 소화기, ③ 피부점막(= 피부)
(2) ① 발암성 물질, ② 생식세포 변이원성 물질, ③ 생식독성 물질

---

01 근로자의 추락 등에 의한 위험방지를 위해 안전난간을 설치할 경우 다음 기준을 준수해야 한다. 아래 빈칸을 채우시오.

(1) 상부 난간대는 바닥면 · 발판 또는 경사로의 표면으로부터 (①)cm 이상 지점에 설치하고, 상부 난간대를 120cm 이하에 설치하는 경우에는 중간 난간대는 상부 난간대와 바닥면 등의 중간에 설치하여야 하며, 120cm 이상 지점에 설치하는 경우에는 중간 난간대를 2단 이상으로 균등하게 설치하고 난간의 상하 간격은 (②)cm 이하가 되도록 할 것
(2) 발끝막이판은 바닥면 등으로부터 (③)cm 이상의 높이를 유지할 것
(3) 난간대는 지름 (④)cm 이상의 금속제 파이프나 그 이상의 강도가 있는 재료일 것

해답 ① 90, ② 60, ③ 10, ④ 2.7

02 산소결핍장소(밀폐공간작업 시)에 대한 (1) 안전수칙 및 (2) 착용해야 하는 보호장비를 쓰시오.

해답 (1) 안전수칙
1. 근로자 입장 및 퇴장 시 인원점검
2. 감시인 지정 및 밀폐공간 외부 배치
3. 작업시작 전 및 작업 중 적정 공기상태가 유지되도록 환기 실시
4. 관계자가 아닌 사람의 출입 금지
5. 대피용 기구의 비치
6. 안전대 및 구명밧줄 지급 및 착용(추락위험 우려가 있는 경우)
(2) 산소결핍장소(밀폐공간 작업 시) 착용해야 하는 장비
1. 공기호흡기
2. 송기마스크

03 롤러기의 방호장치별 설치 위치를 쓰시오.

해답 1. 손조작식 : 밑면으로부터 1.8m 이내
2. 복부조작식 : 밑면으로부터 0.8~1.1m 이내
3. 무릎조작식 : 밑면으로부터 0.4~0.6m 이내

04 산업안전보건법령상 특수화학설비를 설치하는 경우, 그 내부의 이상 상태를 조기에 파악 및 이상 상태의 발생에 따른 폭발 · 화재 또는 위험물의 누출을 방지하기 위해서 사업주가 설치해야 하는 장치 2가지를 쓰시오. (단, 온도계 · 유량계 · 압력계 등의 계측장치는 제외한다.)

> [동영상 설명]
> 작업자가 화학설비를 스패너로 두드리다가 위에서 떨어진다.

> 해답 1. 자동경보장치
> 2. 긴급차단장치

05 산업안전보건법상 작업발판의 구조 5가지를 쓰시오. (단, 폭, 넓이 관련 제외한다.)

> 해답 1. 발판재료는 작업할 때의 하중을 견딜 수 있도록 견고한 것으로 할 것
> 2. 추락의 위험성이 있는 장소에는 안전난간을 설치할 것
> 3. 작업발판의 지지물은 하중에 의하여 파괴될 우려가 없는 것을 사용할 것
> 4. 작업발판재료는 뒤집히거나 떨어지지 않도록 둘 이상의 지지물에 연결하거나 고정시킬 것
> 5. 작업발판을 작업에 따라 이동시킬 경우에는 위험방지에 필요한 조치를 할 것

06 동영상에서 사용하여야 하는 기계의 (1) 방호장치와 (2) 설치각도를 쓰시오.

> [동영상 설명]
> 작업자가 보호구(장갑)를 착용하지 않은 상태에서 휴대용 연삭기 작업을 하고 있다. 작업자는 부품을 고정시키지 않고 작업하다 손으로 지지하여 연삭작업을 하고 있다.

> 해답 (1) 방호장치 : 덮개
> (2) 설치각도 : 180도 이내

07 산업안전보건법령상 근로자가 물 · 땀 등으로 인하여 도전성이 높은 습윤 상태에서 작업하는 장소에서 사용하는 교류아크용접기의 (1) 안전장치의 명칭과 (2) 용접봉 홀더의 구비조건 각각 쓰시오.

> 해답 (1) 안전장치 : 자동전격방지기
> (2) 용접홀더 구비조건 : 절연내력, 내열성

08 동영상에서 말비계를 보여주고 있다. 말비계 사용 시 작업발판의 설치기준을 3가지 쓰시오.

> 해답 1. 지주부재의 하단에는 미끄럼 방지장치를 하고, 양측 끝부분에 올라서서 작업하지 아니하도록 할 것
> 2. 지주부재와 수평면의 기울기를 75˚ 이하로 하고, 지주부재와 지주부재 사이를 고정시키는 보조부재를 설치할 것
> 3. 말비계의 높이가 2m를 초과할 경우에는 작업발판의 폭을 40cm 이상으로 할 것

09 다음과 같이 작업자가 지게차 포크 위에서 작업을 하고 있다. 불안전한 행동 3가지를 쓰시오.

> [동영상 설명]
> 작업자가 지게차 포크 위에 올라가서 전구가 켜진 상태에서 전구를 갈고 있다. 교체가 완료된 후 포크, 버킷 등이 지면에다 내려오지 않았는데, 지게차 운전자가 먼저 하역장치를 제동하여 반동에 의해 떨어지게 된다. 안전모 등 안전장구는 제대로 착용하지 않고 있다.

> 해답 1. 지게차 위에 올라가서 작업을 함(용도 외 사용)
> 2. 보호구(안전모, 절연장갑 등) 미착용
> 3. 전원을 차단하지 않고 전구 교환

산업안전기사(3회 C형)

01 화면은 작업자가 장갑을 착용한 상태에서 드릴작업을 하던 중 사고가 발생하는 동영상이다. 드릴 작업 중 위험요인 2가지를 쓰시오.

> 해답 1. 손이 말려 들어갈 수 있는 장갑을 끼고 작업하지 말아야 한다.
> 2. 드릴작업에서 이물질의 제거방법은 회전을 중지시킨 후 솔로 제거하여야 한다.

02 동영상은 사출성형기 V형 금형 작업 중 재해발생 모습이다. (1) 재해발생형태와 (2) 기인물을 쓰시오.

> [동영상 설명]
> 작업자가 사출성형기에서 작업 후 잔류물을 제거하기 위해 금형의 볼트를 손으로 빼려다 손이 눌린다.

해답 (1) 재해발생형태 : 끼임
(2) 기인물 : 사출성형기

03 산업안전보건법에서 사업 내 안전보건교육 중 밀폐공간작업 시 특별교육 내용 4가지를 쓰시오. (단, 그 밖에 안전 · 보건관리에 필요한 사항은 제외한다.)

해답 1. 산소농도 측정 및 작업환경에 관한 사항
2. 사고 시의 응급처치 및 비상시 구출에 관한 사항
3. 보호구 착용 및 사용방법에 관한 사항
4. 작업내용 · 안전작업방법 및 절차에 관한 사항
5. 장비 · 설비 및 시설 등의 안전점검에 관한 사항

04 천장 부분의 작업을 위해서 사다리가 설치되어 있다. 고정식 사다리의 설치기준을 3가지 쓰시오.

해답 1. 견고한 구조로 할 것
2. 재료는 심한 손상 · 부식 등이 없을 것
3. 발판의 간격은 동일하게 할 것
4. 발판과 벽의 사이는 15cm 이상의 간격을 유지할 것
5. 폭은 30cm 이상으로 할 것
6. 사다리가 넘어지거나 미끄러지는 것을 방지하기 위한 조치를 할 것
7. 사다리의 상단은 걸쳐 놓은 지점으로부터 60cm 이상 올라가도록 할 것

05 동영상은 인화성 물질의 저장소에서 작업자가 옷을 벗는 도중 일어난 폭발이다. 동영상에서와 같은 (1) 가스폭발의 종류를 쓰고 (2) 정의를 쓰시오.

해답 (1) 폭발의 종류 : 증기운 폭발(UVCE)
(2) 정의 : 가압상태의 저장용기 내부의 가연성 액체가 대기 중에 유출되어 순간적으로 기화가 일어나 점화원에 의해 일어나는 폭발

06 화면은 이동식 비계 위로 작업자가 올라가고 있는 장면을 보여주고 있다. 이와 같은 작업 시 추락재해가 발생하였을 때 재해예방대책 3가지를 쓰시오.

해답 1. 승강용 사다리를 견고하게 설치
2. 갑작스러운 이동 또는 전도를 방지하기 위해 비계를 견고한 시설물에 고정하거나 아웃트리거를 설치
3. 비계의 최상부 작업발판 단부에는 안전난간을 설치

07 산업안전보건법령상 낙하물방지망 관련 빈칸을 채우시오.

> • 설치각도 : 수평면과의 각도는 (①)도 이상 (②)도 이하
> • 설치 간격 : 높이 10m 이내마다 설치
> • 내민 길이 : 벽면으로부터 2m 이상

해답 ① 20, ② 30

08 교류아크용접기 자동전격방지기 종류를 4가지 쓰시오.

해답 1. 외장형
2. 내장형
3. 저저항 시동형(L형)
4. 고저항 시동형(H형)

09 전동권선기(전기줄 마는) 기계가 멈추어, 작업자가 전원을 차단하지 않고, 맨손으로 점검하다가 푸른색 전류가 발생한다. (1) 재해 유형, (2) 재해발생원인 1가지를 쓰시오.

해답 (1) 재해 유형 : 감전
(2) 재해발생원인 : 맨손, 절연용 보호구(내전압용, 절연장갑 등) 미착용

memo

참고문헌

1. 김동원 「기계공작법」(청문각, 1998)
2. 서남섭 「표준 공작기계」(동명사, 1993)
3. 강성두 「산업기계설비기술사」(예문사, 2008)
4. 강성두 「기계제작기술사」(예문사, 2008)
5. 박은수 「비파괴검사개론」(골드, 2005)
6. 원상백 「소성가공학」(형설출판사, 1996)
7. 김두현 외 「최신전기안전공학」(신광문화사, 2008)
8. 김두현 외 「정전기안전」(동화기술, 2001)
9. 송길영 「최신송배전공학」(동일출판사, 2007)
10. 한경보 「최신 건설안전기술사」(예문사, 2007)
11. 이호행 「건설안전공학 특론」(서초수도건축토목학원, 2005)
12. 한국산업안전보건공단 「거푸집동바리 안전작업 매뉴얼」(대한인쇄사, 2009)
13. 한국산업안전보건공단 「만화로 보는 산업안전 · 보건기준에 관한 규칙」(안전신문사, 2005)
14. 유철진 「화공안전공학」(경록, 1999)
15. DANIEL A. CROWL 외 「화공안전공학」(대영사, 1997)
16. 조성철 「소방기계시설론」(신광문화사, 2008)
17. 현성호 외 「위험물질론」(동화기술, 2008)
18. Charles H. Corwin 「기초일반화학」(탐구당, 2000)
19. 김병석 「산업안전관리」(형설출판사, 2005)
20. 이진식 「산업안전관리공학론」(형설출판사, 1996)
21. 김병석 · 성호경 · 남재수 「산업안전보건 현장실무」(형설출판사, 2000)
22. 정국삼 「산업안전공학개론」(동화기술, 1985)
23. 김병석 「산업안전교육론」(형설출판사, 1999)
24. 기도형 「(산업안전보건관리자를 위한)인간공학」(한경사, 2006)
25. 박경수 「인간공학, 작업경제학」(영지문화사, 2006)
26. 양성환 「인간공학」(형설출판사, 2006)
27. 정병용 · 이동경 「(현대)인간공학」(민영사, 2005)
28. 김병석 · 나승훈 「시스템안전공학」(형설출판사, 2006)
29. 갈원모 외 「시스템안전공학」(태성, 2000)

저자소개

▶ 저자

신우균(申宇均)   e - mail : wooguni0905@naver.com

| 약력 |
- 공학박사(안전공학)
- 지도사 · 기술사(화공안전 · 산업보건 · 산업위생관리)
- 안전보건공단/산업안전보건연구원
- 고용노동부 산업안전보건 근로감독관
- 수도권 중대산업사고예방센터 공정안전관리(PSM) 담당 감독관
- 환경부 화학재난합동방재센터장
- 호서대학교 안전행정공학과/중대재해예방학과 교수

| 저서 |
- 산업안전지도사(예문사), 산업보건지도사(예문사)
- 화공안전기술사(예문사), 산업위생관리기술사(예문사)
- 산업안전기사(예문사), 산업안전산업기사(예문사), 건설안전기사(예문사),
  건설안전산업기사(예문사)
- 산업안전보건법령(예문사)

산업안전기사 실기 [필답형+작업형]
초간단 핵심완성

초 판 발 행	2024년 05월 20일	
편 저	신우균	
발 행 인	정용수	
발 행 처	예문사	
주 소	경기도 파주시 직지길 460(출판도시) 도서출판 예문사	
T E L	031) 955 – 0550	
F A X	031) 955 – 0660	
등 록 번 호	11 – 76호	
정 가	38,000원	

홈페이지 http://www.yeamoonsa.com

ISBN   978 – 89 – 274 – 2107 – 8   [14530](전 2권)